民國 40 年 12 月 10 日，蔣中正總統（前排左）視導政工幹校建校工程，前排右一教育長沈祖懋，右二總政治部主任蔣經國中將，右三校長胡偉克上校。

政工幹部學校創辦人蔣經國先生蒞校主持學生部隊講話。

政工幹部學校創辦人蔣經國步出「我們的家」，前排左一為校長王永樹少將，前排右一為訓導處長王昇上校。

民國 65 年 8 月 21 日，行政院蔣經國院長主持三軍四校聯合畢業典禮。政戰學校第 22 期畢業生 486 人。

民國 64 年間，國防部總政戰部主任王昇上將視導、慰問
在田間助割官兵，右為海軍陸戰隊司令孔令晟中將。

民國 109 年 8 月 6 日，高齡 103 歲的老校長許歷農上將，接見復興崗文教基金會董事長李天鐸，「政戰風雲路」編撰主持人王漢國、顧問王明我等一行人。

民國 80 年 1 月 6 日，政戰學校第 39 屆校慶，總政戰部主任楊亭雲上將校閱學生部隊。

民國 110 年 9 月 10 日，楊亭雲上將第四次接見「政戰風雲路」編撰小組訪談、合影。

民國110年1月12日，前總政戰部主任曹文生上將，接見「政戰風雲路」編撰小組訪談、合影。

民國110年2月2日，前總政戰局局長陳邦治上將，接見「政戰風雲路」編撰小組訪談、合影。

民國109年11月24日，郭岱君教授與「政戰風雲路」編撰小組合影。

民國110年3月3日，前駐拉脫維亞大使葛光越中將，接受「政戰風雲路」編撰小組訪談、合影。

民國110年3月15日，前陸軍副司令黃奕炳中將，接見「政戰風雲路」編撰小組訪談、合影。

政工幹部學校民國 57 年班校旗隊。

國防部核准政工幹部學校於民國 40 年 7 月 1 日成立。

政治作戰學校民國 80 年班校旗隊。

民國 42 年 6 月 25 日，政工幹校第二期學生搭艦前往金門實習，部分
學生在一個月後參加東山島戰役。

政工幹校第二期學生自動請纓參加民國 42 年 7 月 16 日東山島戰役。

民國 43 年間，民族正氣碑已矗立。學生於課餘時間，克難建校，辛
勤構工。

民國 43 年 1 月 15 日，政工幹校研究班第一期同學，赴韓國迎接反共義士返國後，與美國女性軍官合影。

民國 56 年間，由木蘭村女同學組成的文化工作隊，巡迴臺灣民間各校園宣講。

民國 60 年 9 月 3 日軍人節，政戰學校遠朋班越南、高棉第一期學員，受邀至外文系法文組學生家裡作客，在桃園縣大溪鎮太武新村家中合影，後排右一為學生李天鐸。

政戰學校女生連參加國慶閱兵分列式，精神煥發，英姿颯爽，一直是總統府前最亮麗的隊伍，贏得不少中外人士的掌聲。

女青年工作隊赴大膽島巡迴宣教後合影。

國防大學政戰學院校慶活動，女同學擔任標兵，巾幗不讓鬚眉。

民國 102 年 6 月 17 日，瓜地馬拉共和國培瑞茲總統獲頒國防大學政戰學院名譽博士學位，為創校以來首位。

民國 109 年 8 月 18 日，中華民國軍人之友社理事長李棟樑敬軍活動，前往空軍基地慰問官兵們辛勞。

民國 108 年上半年「三戰策略諮詢會議」，由王漢國教授主持。

國軍政治作戰

 沿　　　革

　　民國肇建之初，軍閥餘毒流害，主義不行，革命未竟，國父孫中山先生萌意建軍，遂於民國十三年創立黃埔軍校，指派廖仲愷任黨代表，並成立政治部，以育學生中心思想，弘揚革命精神，此為政戰制度之發軔。十五年，政府首開政工會議，明訂各級政工編制與職責。此後歷經北伐、剿共、抗日等階段，政工體制亦隨局勢更迭。迄三十五年，抗戰方歇而共黨動亂乘勢而起，迫使「軍事委員會政治部」改組為「國防部新聞局」，政治工作式微，國軍精神武裝與抗敵意志急遽崩解。迨三十七年二月，為肆應戡亂需要，復將「國防部新聞局」改組為「國防部政工局」，惟已難挽戰事頹勢。

　　民國三十八年政府遷臺，先總統蔣公檢討大陸失敗教訓，決心重建政工制度。故於次年四月一日頒布改制令，「國防部政工局」調整為「國防部政治部」，任命蔣故總統經國先生為第一任主任，重啟政工，以應時勢，翌年五月一日復改銜為「國防部總政治部」。五十二年八月十六日，為增強政工之戰鬥本質，並避免與共軍政工名稱混淆，再次易銜為「國防部總政治作戰部」，同時修訂各級政工機構稱謂與人員職銜，值此，國軍政戰體制之職掌分工已燦然大備。

　　民國八十七年起，配合國軍「精實案」系列政策，各級政戰編組大幅精簡。九十一年三月一日，配合國防二法及「總政治作戰局組織條例」立法施行，「國防部總政治作戰部」更名為「國防部總政治作戰局」，政戰制度自此邁向法制之新紀元，嗣因配合國防組織改造，「政治作戰局組織法」於一〇一年十一月廿七日完成三讀立法，並經總統於十二月十二日明令公布，著即於一〇二年一月一日更銜為「政治作戰局」。至此，政戰之典章制度完備，望政戰人員賡續努力精進，展布新局，再創宏猷。

國防部總政治作戰部（局）歷任主任（局長）

陸軍軍官學校
黨代表
廖 仲 愷
民國13年5月9日
至
民國14年8月20日

陸軍軍官學校
政治部主任
軍事委員會
政治訓練部主任
戴 傳 賢
13年5月10日至14年8月20日
17年2月15日至17年11月15日

國民革命軍總司令部
政治部主任
吳 敬 恆
民國16年4月26日
至
民國17年1月18日

訓練總監部
政治訓練處主任
陳 立 夫
民國18年2月1日
至
民國18年5月1日

訓練總監部
政治訓練處處長
張 靜 愚
民國21年1月1日
至
民國21年6月1日

軍事委員會
政治訓練處處長
劉 健 羣
民國21年6月1日
至
民國22年1月31日

軍事委員會
政治訓練處處長
賀 衷 寒
民國22年2月1日
至
民國26年2月15日

軍事委員會
政治訓練處處長
袁 守 謙
民國26年2月16日
至
民國27年1月10日

軍事委員會
政治部部長
陳 誠
民國27年2月1日
至
民國29年9月15日

國防部新聞局局長
國防部政工局局長
鄧 文 儀
35年6月1日至37年2月22日
37年2月23日至39年3月24日

政 工 改 制 後

國防部總政治部
第一任
中將主任
蔣 經 國
民國39年4月1日
至
民國43年6月30日

國防部總政治部
第二任
中將主任
張 彝 鼎
民國43年7月1日
至
民國45年6月30日

國防部總政治部
第三任
中將主任
蔣 堅 忍
民國45年7月1日
至
民國49年12月31日

國 防 部
總政治（作戰）部
第四任上將主任
高 魁 元
民國50年1月1日
至
民國54年8月31日

國防部總政治作戰部
第五任
上將主任
唐 守 治
民國54年9月1日
至
民國58年1月4日

國防部總政治作戰部
第六任
上將主任
羅 友 倫
民國58年1月5日
至
民國64年4月4日

國防部總政治作戰部
第七任
上將主任
王 昇
民國64年4月5日
至
民國72年5月15日

國防部總政治作戰部
第八任
上將主任
許 歷 農
民國72年5月16日
至
民國76年11月15日

國防部總政治作戰部
第九任
上將主任
言 百 謙
民國76年11月16日
至
民國79年11月15日

國防部總政治作戰部
第十任
上將主任
楊 亭 雲
民國79年11月16日
至
民國83年12月15日

國防部總政治作戰部
第十一任
上將主任
杜 金 榮
民國83年12月16日
至
民國86年12月15日

國防部總政治作戰部
第十二任
上將主任
曹 文 生
民國86年12月16日
至
民國89年5月15日

政 工 改 制 後

國　防　部
總政治作戰部（局）
第十三任
上將主任（局長）
鄧　祖　琳
民國89年6月1日
至
民國92年1月31日

國防部總政治作戰局
第十四任
上將局長
陳　邦　治
民國92年2月1日
至
民國94年1月31日

國防部總政治作戰局
第十五任
上將局長
胡　鎮　埔
民國94年2月1日
至
民國95年2月15日

國防部總政治作戰局
第十六任
上將局長
吳　達　澎
民國95年2月16日
至
民國96年2月1日

國防部總政治作戰局
第十七任
上將局長
陳　國　祥
民國96年3月16日
至
民國97年2月29日

國防部總政治作戰局
第十八任
上將局長
楊　天　嘯
民國97年3月1日
至
民國98年2月5日

國防部總政治作戰局
第十九任
中將代局長
鄭　瑞　堅
民國98年2月5日
至
民國98年11月1日

國防部（總）政治作戰局
第二十任
中將（代）局長
王　明　我
民國98年11月1日
至
民國104年11月30日

國防部政治作戰局
第二十一任
中將局長
聞　振　國
民國104年12月1日
至
民國107年10月31日

國防部政治作戰局
第二十二任
中將局長
黃　開　森
民國107年11月1日
至
民國108年8月31日

國防部政治作戰局
第二十三任
少將代局長
于　親　文
民國108年9月1日
至
民國108年9月30日

國防部政治作戰局
現任局長
陸軍中將
簡　士　偉

任職：
民國108年10月1日

國軍政治作戰指導原則與實踐要領表解

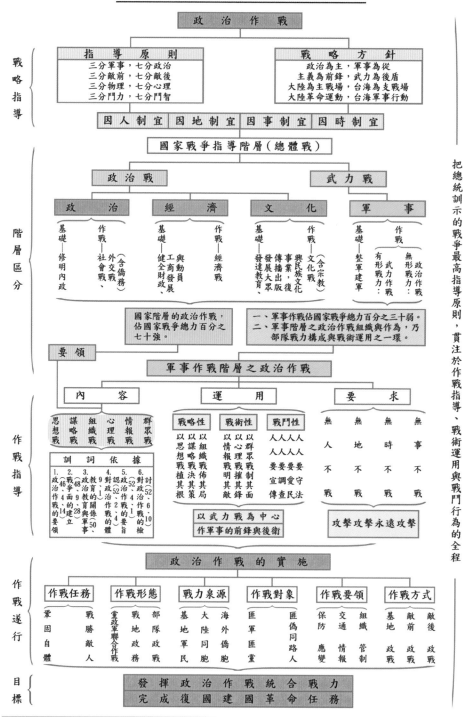

本表係引用國防部民國58年6月30日望得字第8279號令印頒《國軍政治作戰典則》之附錄圖表。

政戰風雲路

歷史
傳承
變革

主編 王漢國

編撰 陳東波 柴漢熙 程富陽
謝奕旭 王先正 祁志榮

復興崗文教基金會

目　錄

目　錄

表目次

圖目次

推薦序一

　　「政戰」於我，先是服膺先總統蔣公所揭示「三分軍事，七分政治」的軍事戰略；上世紀自九十年代迄今，「政戰」更轉為在中華民族兩岸統合運作上的重要角色。

　　在我一百有三的歲月人生，對「政戰」產生階段性的轉變，有與因時代俱進、制度嬗變，及人物更迭等關鍵因素。大家都知道，「政治作戰」，是講求以支持軍事作戰的政治手段與力量；在 21 世紀，由於科技與媒體的發展，戰爭形態的驟變，已把 19 世紀英國李德哈特「間接路線」的軍事戰略，作了無限擴大與延伸。但歸根究柢，都還是我們二千多年前《孫子兵法》的「上兵伐謀」。

　　我曾任政戰學校第九任校長，對復興崗有一份特別的感情，今日看到年輕優秀師生，願為政戰七十週年探往開來，所以我雖年邁，仍樂為《政戰風雲路》口述作序。

陸軍二級上將 **許歷農**
中華民國 110 年 12 月 13 日

推薦序二

　　欣逢母校創校七十週年校慶，忝為政戰老兵，能與眾多校友們共同見證國軍政戰的發展歷程，深感榮幸。自從離開軍（公）職以後，多年來已習慣深居簡出、不問世事。如今回首前塵往事，非常高興能與眾多師長、校友們一同走過這段風雲路，也要感謝大家一路上的相知相惜，齊心協力，百折不撓，共赴事功。

　　國軍政戰制度的創制與變革，皆為因應國家重大情勢變化的實際需要。民國十三年，國父 孫中山先生創設黃埔軍校，建立黨軍，以武力統一全國。此後剿共、抗日與戡亂戰爭期間，國軍始終有政工制度的運作與實效。及至中央政府播遷來臺，基於「反攻復國」的需要，自民國三十九年間開始，次第進行政工改制、創辦學校、廣招人才、精研戰法等重大作為，有效穩定軍心士氣，支持軍事任務達成，進而鼓舞社會民心，協力國家重大建設。

　　母校創辦人蔣經國先生，在民國六十七年就任中華民國總統以後，審時度勢，洞察機先，將國家整體國力帶向高峰。同時，國軍政戰也伴隨著時代的腳步，發揮集體智慧，殫精竭慮，取精用宏，順應政治民主化與軍事事務革新等浪潮，從「革命政工」轉型為「專業政戰」。時至今日，在全志願役的募兵制度下，面對中共武力犯臺威脅與實力遽增的情況，刻正考驗著新一代復興崗子弟們的智慧、知識與能力。

　　長期以來，國軍政戰功能是被肯定的，它始終圍繞一項工作主軸，亦即「確保部隊的純淨與安全，維護部隊的紀律與士氣」。國軍部隊的政戰實務，以「思想、組織、安全、服務」為主，經緯萬端，幸賴全體同仁宵旰憂勤，有條不紊，貫徹執行，卓然有成。此外，政戰同仁尤須

潔身自愛，時時刻刻要以鞏固部隊中心思想，確保部隊戰力，保障部隊安全，防止腐化惡化，使軍隊能夠打勝仗為念。凡有損團體榮譽和形象的事情都不能做，要有所為、有所不為。

　　本書主要在述說政戰歷史的故事，時間跨距七十年，歷經反攻復國、革新保臺、兵力精簡、組織再造等重要時期；空間向度從軍隊延伸到社會、兩岸、國際等不同層面。整體涵括的素材相當豐富，作者群對史實的考證也翔實可信，充分體現學術研究的嚴謹態度和客觀精神。

　　本書編撰期間，我曾多次參與談話互動，深感此事的意義重大，殊值鼓勵。閱讀初稿內容，未臧否人物，不針砭時事，平鋪直敘，娓娓道來，發人深思，引起共鳴。其中雖有浮光掠影，亦有實情顯露，相信必能觸動每一位復興崗子弟的心弦，和過往軍旅生涯的點點滴滴。

　　我以一介政戰老兵，幸能躬逢其盛，乃用綴數語，以為序言。

陸軍二級上將 **楊亭雲**

中華民國 110 年 12 月 1 日

推薦序三

　　國防大學政戰學院創校七十周年前夕，復興崗文教基金會完成《政戰風雲路》專書，李天鐸董事長偕同編撰主持人王漢國與陳東波兩位教授來訪，特囑提供序言，共襄盛舉。乃不揣冒昧，謹述幾點淺見，就教於各位先進、讀者，並祝政戰學校生日快樂。

　　在長期服務軍旅期間，非常榮幸與許多優秀、傑出的政戰同仁共事，並在他們的鼎力襄助下，獲益良多。因而一般軍事幹部，需對政戰工作有正確的體認和素養，否則可能產生誤解或扭曲。況且，國軍在當前的環境下，若無視於無形戰力的蓄積，對於建軍備戰工作是不利的。

　　首先，戰爭的主體是「人」，政戰工作的對象也是「人」，核心工作直指「人心」。若能由此破題，更能體認政戰的精髓。在國軍史上，黃埔建軍以後的東征、北伐戰事順利成功，「贏得民心」是主要關鍵因素，這也是當時國軍政工努力的成果之一。民國38年大陸淪陷，中共建立政權，其中的關鍵因素之一，即為共軍政工發揮了無形戰力所致。

　　其次，在中華民國110年歷史裡，除對日抗戰八年外，都是在進行內戰。自辛亥革命以來，袁世凱稱帝失敗，各地軍閥割據，互相攻伐，後來國民革命軍北伐、剿共也是內戰，及至對日抗戰勝利後，緊接著又是國共內戰，四年後雙方隔著臺灣海峽對峙至今，互七十二年來，依然尚未結束內戰的本質、格局與形式。然而，內戰最主要特性是「輸贏在於民心的向背」。

　　民國38年12月間，中央政府播遷來臺後，臺澎金馬地區得以長期固守，政戰工作發揮極大作用，展現出穩定軍心、鼓舞士氣的重要功能。此為我國與他國歷史演進迥異之處，即在於長期的內戰歷史發展與政戰制度

運作，如何做好群眾工作，爭取人心支持，一直關係著中華民國的興衰。

再者，上世紀的第二次世界大戰，關乎人類歷史發展的重大分野；戰前是帝國主義國家間弱肉強食的世界，戰後各地殖民地紛紛獨立為新興國家，形成美、蘇兩大集團長期冷戰對抗的世界格局。此後，大國之間沒有直接戰爭，民主國家之間亦未發生戰爭，美、蘇之間最嚴重的衝突數 1962 年的「古巴飛彈危機」事件。

由此可知，隨著國際社會文明發展愈高，未來戰爭爆發的機率愈低，包括當前美、中之間針鋒相對的情況，亦復如此。在此要強調的是，過去以軍事為主的「硬性」戰略，需要調整為以政治作戰為主的「柔性」戰略，包括經濟戰略在內。準此以觀，政戰在未來扮演著更加重要的角色，可惜的是，我國迄今仍未重視柔性戰略的研究與規劃，從整體國際情勢發展的特性分析，凸顯柔性戰略、政治作戰的價值及其重要性。

此外，面對中共綜合國力快速崛起的客觀形勢，時間已經不站在臺灣這一邊了。時至今日，中共的國際影響力愈來愈大，我國外交空間愈來愈小，雙方經濟實力差距持續、快速增大。我國國防即使投資再多經費，永遠趕不上中共的軍事實力、規模與發展腳步。此非國家領導人、國防主事者的主觀意志問題，而是雙方總體國力對比的客觀形勢使然。美國也因有鑑於此而加緊腳步，多方協助我國的建軍備戰。

值得思考的一項問題，國防投資如此龐大，能否保證日後戰爭勝利？直言之，今日國防投入再多的金錢，更嚴格的部隊訓練，固有其必要性，但永遠無法超越中共。如此一來，我方勢必要憑藉無形（精神）戰力的優勢，超敵制勝。弔詭的是，目前我們卻有許多政策施為，正在傷害無形戰力的建構，破壞全民的團結。今後的政戰工作，必將較以往更為重要，可惜的是，現在領導者似無這樣的體認。識者嘗謂，自己製造社會的對立與分裂，是在幫助敵人（中共）製造機會。

當美國在臺海的軍事優勢不再，若介入兩岸軍事衝突，恐將是其立國以來最大的風險，從近期中共試射極音速飛彈，即已顯示其對美國的威

脅日益增大。以前我曾指出：未來兩岸戰爭打不打？操在我方手中（只要我們不逾越紅線，中共師出無名）；戰爭規模大小？取決於美國介入的程度（僅限於臺海或擴及大陸）；戰爭時間長短？則端視中共的意志與決心。

持平地說，不論是今年四月三十日英國《經濟學人》雜誌所指出的：臺灣是「地球上最危險的地方」；或是國防部長邱國正公開表示：目前兩岸情勢是他從軍四十年來最嚴峻的時刻。這些都說明了如何化解臺海險峻情勢，防止「不義之戰」，讓兩岸人民遠離戰爭陰霾，方屬智者之舉。

早些年前，中共實力尚未坐大，美國就曾輕易放棄我國；今日，在敵強我弱的情況下，還能將國家安全寄望於外力的協助嗎？從利比亞、敘利亞、伊拉克、阿富汗的殘酷戰火、生靈塗炭之中，得到一個結論，即上述戰爭不但未能解決問題，更增添許多棘手的難題。若臺海間一旦兵戎相見，將是中華民族最大的不幸，至盼兩岸領導人能以智慧和同理心，以蒼生為念，來化解迫在眉睫的危機。

最後，政戰要始終擔負一項重大任務，亦即確保「軍隊國家化」。我在以往的工作中，深刻體認到「軍情中立」的重要性，曾見聞友邦情治機關不中立，對國家造成嚴重傷害，亦曾觀察其他友邦嚴守情治中立原則，國力強大。今日的政戰工作非常艱難，經緯萬端，但要共同體認、努力確保軍隊國家化，讓國軍真正屬於國家所有，是每位領導者必須努力的方向。

很高興見到《政戰風雲路》專書的付梓，書中有系統的爬梳政戰創校七十年來的歷程，內容豐富，立論允當，非常具有可讀性和參考價值。恭喜基金會與編撰小組，歷經一年半的努力，完成一項非常有意義的事情，故樂於為序。

陸軍二級上將　丁渝洲

中華民國 110 年 11 月 12 日

推薦序四

　　民國 111 年 1 月 6 日，為國防大學政戰學院（前身為政治作戰學校）七十週年院慶，由傑出校友集體創作的《政戰風雲路》一書，適時推出，可敬可賀。

　　中華民國立足於臺澎金馬地區，政戰諸前賢追隨先總統 蔣公、經國先生為自由民主而奮鬥的歷程，典範永垂，昭然于心。而本書的重要價值，除闡述國軍所處的複雜時局與艱難困境，揭示中共於兩岸各時期的軍事威嚇與統戰作為，並深刻省思當前政戰幹部必須具備的國際學養，深識國家威脅，凝聚軍民向心，以有效支援軍事作戰，提升精神戰力，確保國家之慎固安重。

　　從過去七十年來的史實證明，無數政戰先進已在中華民國建國的百年歷史中，為國家的興衰而披肝瀝膽，為國民的存亡而犧牲奉獻，為自由民主的制度而戮力不懈。而本書所呈現的，正是創作團隊雖身處江湖，仍不忘對國軍未來的殷切期盼，且轉化為深具價值的抒論行動，深值吾人敬佩。

　　不容諱言，中華民國目前所面臨的威脅與挑戰，是劇烈而深重的，毫不遜於上世紀政府播遷來臺之初的 50 或 60 年代。就國際環境而言，肇始于 2010 年的「美『中』博弈」，讓我們陷入主權能否確保的憂懼。就臺灣內部穩定而言，因長期的「統獨爭議」，已讓國家整體發展頻受遲滯；就臺灣外部危機而言，則因近三十年來中共整體國力的快速提升，而激化其以武力解決統一問題的威脅日趨嚴峻。尤以中共的「三戰」（心理戰、輿論戰及法律戰）乃是以非戰爭手段為眩惑，以戰爭手段為實質，企圖併吞臺灣，最為可憂。

　　有鑑於此，如何提升兼具承擔國家安全與社會安定雙重責任的政治作戰能量，使成為對內鞏固國軍戰力，凝聚全民向心；對外嚇阻中共威脅，發揮國際戰略諮詢角色，已屬刻不容緩之課題。有賴我全體政戰同仁，率以昔日政戰先賢典範為念，為中華民國的永續而奮鬥不懈，為臺灣的自由民主而盡瘁於斯。

　　誠如本書所一再強調的，臺灣與大陸僅一水之隔，彼此雖擁有共同的血緣、歷史、文化；但人權、政治、社會卻存在巨大差異。尤當美、「中」兩強競逐霸權之際，我應如何在這場世紀「博弈」的國際縱橫捭闔中，審時度勢，建構自我防衛能力，秉循《孫子兵法》的全勝思維，形塑「避戰而不畏戰」的國防信念，以確保中華民國的主權與尊嚴，維護臺灣二千三百萬國民的生存福祉，這不但是我國軍現階段的首要之務，也是我政戰人員無可旁貸的責任。

　　余深切以為，這也正是此時出版《政戰風雲路》的目的與終極關懷。故樂為之序。

國防部部長 **邱 國 正**

中華民國 110 年 12 月 1 日

推薦序五

民國 38 年，神州沉淪，政府播遷來臺，檢討失敗原因，除了抗戰力竭，經濟崩盤，美援中止，俄援輸共之外，何以身經百戰的國軍，輸給了草莽共軍之手？何以抗戰全期，國軍抵戰到底，無一降將；而國共內戰時，各大戰役每在節骨眼上，就有黃埔出身將領率眾投降？導致國軍幾個精銳兵團被圍、被困、被殲！數以百萬軍隊易幟，溯其原因在於「思想分裂」。

其實早在黃埔建校之初，周恩來就創「馬克斯讀書會」，許多熱血知識份子投身其中，後來蔣公識破共產黨真面目，毅然清黨，國共正式分裂。但是三民主義與共產主義分裂的種子，已經埋下或潛存其中，又逢抗戰軍興，全國全民奮起抗戰，一致對外，當時國共兩軍都有黨代表指導員之編制，但是組成份子卻截然不同。共軍利用地下抗大（「抗日軍政大學」）招募許多青年學子，知識份子其素質遠高於共黨農民軍，遂有「筆桿子」領導「槍桿子」。

而國軍政工多半以軍職幹部兼任指導員，凡有升遷又恢復指揮職，這是我先父所親歷。國軍是一元領導，共軍是二元領導。一個是兼差而式微，一個是專職而興盛。試想共軍起家之初，既缺裝備又乏資源，只能潛伏於山區，在農村、在荒野，全靠那些基層政工與農民打成一片，取得給養生存。在淪陷區由點至面，由鄉村包圍城市，經營戰爭面，是遼瀋會戰失利之主因。徐蚌會戰有共軍與 85 萬民工助戰，平津會戰傅作義投降，只歸責於匪諜亦不盡然。民心士氣不振，思想教育、政工素質都有影響，這是不爭的事實。

蔣公來臺痛定思痛，才有政工制度之重建，亦全賴政工幹校校友數

十年努力之下，穩定軍心，襄助國軍守護臺灣，功不可沒。「軍隊國家化」，那不是陳水扁自詡的功績，政黨輪替後，「暗獨」以省籍意識、擅改課綱，模糊國家意識，加上軍隊裁編，使我政戰幹部的反毒教育面臨更大挑戰。未來政戰幹部在思想教育、文宣方式上，需隨教育對象由早年農民士兵換到高中、大學及碩士生，往昔教條式文宣或教育方式，必須更張精進。溝通、思辨、身教代替言教，才能化解「台獨」之遺毒。

今天欣見李天鐸會長，發心和出版《政戰風雲路》一書，彰顯政戰先賢之榮光，亦可勉勵後繼政戰幹部效法，有堅定不移的思想，才有堅實精壯的國軍，祝願我中華民國國祚長存。

陸軍中將 **帥化民**

中華民國 110 年 11 月 25 日

推薦序六

　　復興崗的歷史已經不見了嗎？又是誰，把網站上的每段歷史簡化成這個樣子？擔任復興崗校友總會長的第二年，想要從網站上搜尋：政工幹校、政治作戰學校、復興崗的資訊、資料、歷史……？維基百科、Yahoo！Google，卻史料缺缺！似乎沒誰關心過？我們前後期這麼多畢業的學長學姊們，及正在部隊從事政戰工作的學弟妹，正在國防大學政戰學院求學的同學們！又誰注意到了呢？真是感嘆！

　　感嘆：沒有歷史、沒有過去，又如何展望未來？

　　常言道：歷史看得愈深，未來看得愈遠！主義、領袖、國家、責任、榮譽是所有的政戰人，銘刻在心的思想堅持；吃苦、耐勞、忍氣、冒險是所有的政戰人，奉行不渝的精神標誌。這些精神讓我們的國家從艱困走出來，讓我們的國軍從頹局中壯盛，如今，我們當年政戰人的信念，在不自知時被偷偷銷聲滅影，致使我們的國家，走到今天的地步！

　　但沒有一個人，可以磨滅過去七十年，政工幹校、政治作戰學校，以及所有從事政戰工作的復興崗人，對中華民國、國軍、社會各階層、角落所做的貢獻。這段史料匱缺的經歷，我們一定要自己來寫，這是我在決定邀請 14 期王漢國學長，擔綱這項重要任務的原因。

　　任務既定，在將近兩年的時間中，團隊思考、討論、訪談、協調、挫折、專業、取捨，所有的過程辛苦，幾經周折，超出預期和想像！特別請王漢國學長，要把所有參與這項工作人的大名、期別，都做下見證記錄。

　　回顧個人在校友會長三年任期內，我偕同眾家熱情校友舉辦《走過璀璨　懷念　經國先生》音樂會，分別由畢業 70、60、50、40、30 年的

同學爲軸心，每年在臺北大安森林公園，接棒辦理、凝聚復興崗人綿綿不斷的精神。特邀請喬振中學長總成：全球會訊 100 期，作爲七十年校慶，「政戰風雲路」鋪墊工作。

更敬邀所有復興崗人，共同完成校友會館 500 萬元，捐款歸墊工作，是因爲在空軍清泉崗基地，眼見一位聯隊長，可以蓋出一個完整的紀念博物館，而我們政戰，那麼多的前、後期，學長姊、弟妹們，卻沒有一座完全、眞正屬於我們的紀念館！

這是我三年校友會長任內，最大的感慨！而這感慨也在捨我其誰的自我負重下，步向正軌！任期有限，任務無限，如今《政戰風雲路》付梓，願復興崗人能持志續史繼行！

復興崗文教基金會董事長 **李天鐸**

中華民國 110 年 12 月 1 日

推薦序七
翰墨七十襟國心《政戰風雲路》成城

　　時光如織，大數據紀錄歷史，雲端無聲，日月柔成大文化！

　　人類從開枝散葉，奔騰世界各地，從生存的爭鬥，到文明的綻放，民化為族，族化為國，各式的征戰，各式的革命，東化西化的潛移，南化北化的明移，逐步糅進了人的科技技藝、知識養分、人道精神，經營千百年，默化成今日人類的輝煌！

　　史錄著各國各地民主、民權、民生的文化，史錄著各行各業勤、誠、樸、慎、信的文化，這一篇篇一段段的史跡，無可諱言地，均是有一群一群人圍著一位位大視野、大素養、大格局、大胸襟的人，共同寫下的歷史大數據！

　　這份胸襟不是「只緣身在此山中」，而是愛生民於先，憂天下於前；放開己難，放飛苦難，放眼國難的日月無私大器識，他們是：

　　襟懷如獄江山，精英橫空，多少雄才劈災劈難，古今淘盡風流情

　　襟抱如天壯志，霹靂驚心，多少豪傑折戟無悔，從容笑談訴不盡

　　襟心如淚黎庶，拯救生民，多少德燈亮照苦民，國憂盡化成國優

　　翻開五千年中華史，歷史真長，國難真多，國運真舛，國民真慘……

　　歷史遠的太長，走回近史，五千年裡，七十年真短；但是，揹著《中華》扛著《民國》走完七十年，這一輩子就真長；又如果揹著《國難》走完七十年，人生這一輩子就更長！

　　七十年前有群人，國難驚起了他們的靈幡，初心祭旗，毅然民服換軍裝，從戎的他們同窗共硯，人生的行囊裝滿復興崗，此後一路，無論

風雨驟變狂烈，一路始終帶著它！

　　國難思將也思相，這群政戰人，他們從軍，把軍隊從軍文化，默化為文化軍，秉於智囊文化裡的：「兵無常勢，水無常形」、「攻心為上，攻城為下；心戰為上，兵戰為下」、「氣實則鬥，氣奪則走」等等成經成典的智言慧語，轉化為六大戰法，在〈術中有數，數中有術〉的應變轉換中，將這柔思繞心，陽動遣行，柔器剛之內，動行剛之外，剛柔應變而成理！

　　淘沙成形的政戰「心」、「柔」、「氣」，在國軍文化裡，打造了「政戰人」的柔形戰力！凝思聚想，持志護國！在國難飄搖時，默化成相；攻守詭譎時，軍化成將！

　　七十年裡，這群人襟抱那顆政戰心，在國難時，走進化難的隊伍；歷位本島、遷位外島，從戎流轉山巔水湄，馳騁海內海外；歷史跌宕的襟情，在耳邊迴盪，變革的風雨，偏見偏識，灌滿了呼嘯；風口，忍氣；浪尖，負苦；這種謀事忍氣負苦，智不言己，是何等襟抱！這種事成不必是我，柔不言勇，又是何等襟懷！

　　春秋有時盡，文化無盡時，不同的江湖，這群政戰人，也曾是民，他們遍布在不同時空的各行各業，人才輩出，他們的心襟，同樣默默奉獻，讓這「團結齊心」、「柔合生力」、「士氣如虹」的朗朗文化，揮灑在企業文化的社會責任間，公司行號的同儕同仁裡，發揮了「牆內開花牆外香」的魅力！

　　七十年來，耐忍挺起了度量，擔當裝滿了氣量，險夷擔下了史量！如今，「翰墨七十襟國心　政戰風雲路成城」！政戰人將這份無聲潤風雲的襟國情義，寫下了歷史心晶！這本豪膽壯情崢嶸，大情大懷騰躍的新書，傳心也傳薪；願與你、我、他，迎新共分享！

前青年日報社總編輯　喬振中

中華民國 110 年 11 月 20 日

本書導讀

　　無參驗而必之者，愚也；弗能必而據之者，誣也。

～韓非子‧顯學

壹、緣起

　　民國 109 年的四月間，我突然接到復興崗校友會李天鐸總會長（兼復興崗文教基金會董事長）的來電，他說：「學長好，我是十九期外文系的李天鐸，冒昧打電話想請您幫個忙，好嗎？」也就是從這通電話開始，我跟天鐸兄便結下了「墨緣」，同時也為本書開啓了催生之路。

　　讀者若問：「這本書是為誰而寫？為何而作？」我們的答案是：為感念和追懷政戰先賢而寫；為期勉和砥礪政戰袍澤而作；為「不容青史盡成灰」的信念而寫；更為回應海內外無數校友們的心聲而作。所以說，這既是一本回顧和前瞻政治作戰的書，也是一本屬於歷史的、人文的、軍事的書。欣逢復興崗政工幹部學校（現稱國防大學政治作戰學院）創校七十週年之際，要呈獻給母校，也同時獻給曾經在這條風雲路上，歷盡艱辛，百折不撓的每一位復興崗子弟。

　　荷蘭史學家慧辛迦（Johan Huizinga）曾說過：「對於歷史而言，問題永遠是：『向何處去？』」此言，道出了歷史研究者的終極關懷，言簡意賅，發人深省。不容諱言，此時要從政戰七十年的歷史中，撥雲霧見青天，呈現其全貌，乃是一項無比沉重而艱鉅的任務。因為，我們既要了解國軍政戰在不同歷史階段的使命角色，也要透析軍政之間千絲萬縷的錯綜關係；既要梳理在風雲變幻中的萬端經緯，也要刻畫出在風雲路上精英薈萃的悲歡歲月。

貳、主題的確立與開展

「周雖舊邦，其命維新。」回顧國民革命軍史，政工制度肇始於民國十三年黃埔建軍的「黨代表制」，隨著國家環境與革命情勢的轉變，期間的稱謂、體制、組織及教育訓練等系統運作，皆不免有所更迭。但總體而論，政戰人員在執行國家政策、支援軍事任務、達成國防使命的作為上，則始終如一、為所當為。

我們既要為國民革命軍史溯源，也要為政工制度演進理緒，我們的基本理念是：不以成敗論英雄，而以是非評天下。在考察重要歷史事件或辯證某些爭議性議題時，除須關注其宏觀面、長時段的整體趨勢，以及跨域性的影響之外，也要格外留意微觀面的情節，如事件現場與人物動態，所可能導致的迥然不同的結果。畢竟，歷史是無法逆轉的，其演進也非直線式的；研究歷史的難度，不在史料太多，唯恐史識不足。

因此，為政戰七十年立傳，「信史」是最高原則，「考證」是基本功課，「敘事」則是學術常規，惟精惟一，允執厥中。歷史既以人文為載體，文以載道，道貫古今，故研究政戰史的重要意義，在呈現其社會與人文、軍事與政治上的獨特風采，而政戰制度的存續與發皇，尤繫於執政者之真知灼見。

參、核心問題的探討

基本上，本書旨在闡述和論證以下六個問題，藉以敘明國軍是否需要政戰？為何需要政戰？政戰的真實價值何在？尤當全球各地名目繁多的各種「實力」，針鋒相對、精銳盡出之際，未來的國軍政戰又將何去何從？

一、本書旨在說明黃埔建軍與政工制度的背景因素、工作理念與核心任務，為過去七十年來所曾經歷過的制度變革與任務轉型，分從國際、兩岸與國內各不同層面和視角，提出確切的考證和評析，以理性客觀的態度，

究明箇中的原委與眞相。

二、一部國共鬥爭史明白揭示，政戰雖有穩定軍心，蓄積戰力之功，卻屢遭多方貶抑和非議。此一存在已久的現象，究係制度設計的闕漏，組織運作的瑕疵，政戰人員的「僭越」，抑或內部管理的歧見所致？對此，本書有進一步的剖析和詮釋。

三、史實昭明，國軍需要政戰，因爲它不只是「面對衝突、達致共識」的力源，也是「凝聚向心、攻堅拔銳」的利器。這好有一比，政戰功能即在提升國軍的「免疫力」－抗外敵、除內奸。若環視當下全球重視政治作戰之趨勢，又豈容吾人視若無睹？

四、當前美「中」的「新冷戰」格局，動見觀瞻，影響深遠。不禁要問：「這場『新冷戰』會變得更冷？」瞻望臺灣的未來，居上位思考的「國家政略」，應如何妥爲因應，趨吉避凶？國軍政戰又當如何本諸法定職責，爲保國衛民，善盡其力？

五、長期以來，有關政戰制度的存續問題，議論已久。此固涉及若干深層組織結構和領導心理因素，惟正反兩造間缺乏相互尊重和坦誠對話，亦爲不爭事實，甚或以偏概全，以訛傳訛，其對國軍整體戰力與精神士氣之斲喪，不容小覷。

六、「道在邇，不在遠。」本書不以研究政戰制度的沿革變遷，探究某些重要歷史事件的眞相爲已足，還要進一步針對影響官兵中心思想、近代史觀、憲政原理與戰鬥心理，乃至蓄意扭曲政戰專業之各種言行，提出客觀而嚴謹之評述。

肆、本書架構：範圍與方法

本書內容共分爲七章，計二十萬餘字。內附有歷任政戰首長玉照與任期時間，國軍政戰工作大事年表，以及國軍政治作戰指導原則與實踐要領表解等。圖文並茂，史實俱現，相信必有助於讀者了解國軍政戰制

度之全貌。

在時間範圍上，從民國 38 年迄今，亦即以政府遷臺與政工改制爲起點。因爲這是國軍政工重新恢復在軍隊運作的關鍵時刻。至於民國 13 年至 38 年間，本書所陳述者，爲黃埔建軍成立政工制度的背景，及其參與北伐、抗戰與戡亂時期之概況。而空間範圍，因國軍政戰曾經參與過不少國內外的重大事件，對比之下，益見國家階層與軍隊階層政治作戰兩者關係，實乃環環相扣，密不可分。

在研究方法上，採文獻分析法爲主，包括國家檔案、專書、傳記、個人日記、學術期刊、報章雜誌，及網路資料等。另輔以深度訪談法，就政戰史上的一些重要事件，或爲釐清事件脈絡，或爲探索人物掌故，而進行個人專訪，這部分固受疫情影響但收穫頗豐。

本書首篇爲「歷史篇」，主在探討建立政工制度的時代背景與歷史沿革，及政工改制後，大力推動的各項興革舉措，如興學辦校、完善體系、發展理論、精研戰法、落實基層等，並置重點於不同時期的政戰角色與實際作爲，由柴漢熙博士執筆。

其次爲「傳承篇」，內容包括國際環境的制約、兩岸情勢的衝擊與國內環境的影響等三部份，並強調政戰人員一貫秉持的「傳道人」的精神與信念，在思想與組織，安全與服務的工作場域中，承先啓後，繼往開來，以身作則，發光發熱。全篇分別由謝奕旭博士、祁志榮博士及王先正博士擔綱。

第三篇爲「變革篇」，除探討國家目標與國防戰略、軍隊組織與兵力調整、國防法制與組織變革，以及政戰轉型與實務運作之外，並論證國軍政戰在面對敵情威脅與組織變革上的各種因應作爲，以凸顯其在專業上的素養、修爲、識見及擔當。本篇分由陳東波博士與程富陽先生撰述。

伍、對新世代政戰的期許：

一、從史料出發，藉專訪求證，問道於智，窮理研幾，究明政戰對國家、對軍隊，以及對社會的具體貢獻。

二、就政戰現行的法令規章、制度設計及組織功能，作「與時俱進」的深刻反思，有則改之，無則嘉勉。

三、就未來的敵情態勢，以勝兵先勝思維，作「繼往開來」的大局思考，因勢利導，扭轉情勢，再創新猷。

四、直面當下的政戰情境，從教育、訓練、武德素養與官兵心理著手，兼容並蓄，大破大立，推陳出新。

五、對於新世代政戰人員的期許是：從政戰歷史的遞嬗，論興替之道；從政戰制度的興革，論事在人為；從敵情動向的掌握，論超克作為；從國家認同的漂移，談武德修為；從精神戰力的確保，談政戰價值；從政戰專業的發皇，談教育改革。

最後我們衷心期待，透過本書能夠幫助國人及國軍袍澤，認識政戰、了解政戰，進而支持政戰、與政戰相偕同行，再造國軍新榮光。

主編 **王漢國** 博士 謹誌

民國 110 年 10 月 31 日

第 一 章

國難思將
反躬自省振綱紀

中華民國的建立，固然終結了數千年的帝制，然民主共和國的體制僅存在於國民黨人憧憬的理想中，[1]因爲中國仍處於「危險時代，內亂未靖，外患頻聞，譬之建造大廈，基礎已定，尚待建築」。[2]其中又以袁世凱的北洋軍閥勢力爲最，他不僅擁有配備現代化武器裝備的十萬兵力，更掌握天津一帶的各種工業與農業資源。[3]故辛亥革命雖然成功地推翻了滿清政府，但所有的革命果實卻被其全盤劫奪。

國父孫中山先生深知，若無實力組織，不足以掃除軍閥。而當時俄國革命的成功經驗，對其有著深刻的影響。他認爲，俄國革命之能夠成功，全由於黨員之奮鬥所致。故主張欲達革命成功之目的，在軍事上應當學習蘇俄的方法、組織及訓練，始有成功的可能性。[4]此乃政工制度在中華民國創設的初心，同時也是日後國軍遷臺，著手改革政工制度，並因反共復國而轉型爲政治作戰的時代背景。

第一節　黃埔建軍　組建政工制度

一、制度緣引史　異途不同路

1917年，列寧革命成功之後，俄國其實是被資本主義國家包圍的。他爲了瓦解列強勢力，在1919年建立「共產國際」，希望突破現狀，並將革命勢力擴及歐洲與其他地區，而最便捷的方法，就是在各殖民地地區鼓動革命，進行民族解放運動，藉以削弱列強力量。中國當時的處境與其國際情勢狀況，自然而然的成爲「共產國際」策略運作的對象。

---

1 本文所稱國民黨，係泛指以國父孫中山爲中心所領導之興中會（1894~1905，創設於夏威夷檀香山）、同盟會（1905~1912，組成於日本東京）、國民黨（1912~1914，於北京聯合數個政黨在北京組成）、中華革命黨（1914~1919，於日本東京改組而成）、中國國民黨（1919改名，至1924年1月舉行第一次全國代表大會，正式改組完成）。

2 孫中山，〈凡事須論公理不必畏懼〉，1912年10月10日，秦孝儀主編《國父全集（第二冊）》（臺北：近代中國出版社，1989年），頁96~97。

3 許倬雲，《萬古江河：中國歷史文化的轉折與展開》（臺北：英文漢聲，2006年），頁421~424。

4 孫中山，〈要靠黨員成功不專靠軍隊成功〉，1923年11月25日，《國父全集，（第三冊）》（臺北：近代中國出版社，1989年），頁369。

蘇俄代表鮑羅廷（Mikhail Borodin, 1884~1951）對國民黨的黨務組織與軍隊組織改造，提供了不少建議。鮑氏力主協助中山先生建立一支明瞭主義、有思想、紀律嚴明、精神整齊之國民革命軍。[5]

　　眾所周知，鮑羅廷來華並非出於仗義，而是奉「共產國際」指示而來的。他的工作目標固為協助整頓國民黨內部組織，但其最終目的，則為擴張中國共產黨在中國的勢力，並使中國革命轉變為反帝國主義的世界革命的一部分。[6]而國父認為革命建國事業的關鍵因素，在於「一日軍隊之力量，二日主義之力量」。[7]在衡量國民黨所能掌握的廣州軍事力量後，中山先生除期待能擁有軍費、武器裝備等硬體的供應外，軟體上莫過於建立一支有紀律、對國家政策有正確的認識，以及訓練精良的軍事組織。

　　民國12年，中山先生與蘇俄代表越飛發表「孫越聯合宣言」時，蘇俄為迎合中國而表明：「中國最重要最急迫之問題，乃在民國的統一之成功，與完全國家的獨立之獲得。關於此項大事業，蘇俄代表越飛（Adolf Joffe）並向孫氏保證，中國當得到俄國國民最摯熱之同情，且可以俄國援助為依賴」。[8]可見，中山先生心目中所指「按照蘇聯的樣式」的軍隊，乃是以國民黨的三民主義政治理念為思想訓練主軸，並為實踐黨的政治理念而奮鬥的軍隊。

　　改造軍隊，是國民黨在民國初年的重要任務。民國13年初，國民黨完成改組後，隨即召開第一次全國代表大會，此次大會通過了多項議案，其中軍事建設部分，以開辦軍官學校，創立黨軍為首要。中山先生指派蔣中正先生為陸軍軍官學校籌備委員會委員長，另以王柏齡、鄧演達、沈應時、林振雄、俞飛鵬、張家瑞、宋榮昌等七人為籌備委員。同

---

5 韋慕庭，（C. Martin Wilbur），〈孫中山的蘇聯顧問，1920~1925〉，《中央研究院近代史研究所集刊》，16期，1986年6月，頁277~295。
6 吳學明，〈孫中山與蘇俄〉，收錄於張玉法主編《中國現代史論集，（第十輯）》，（臺北：聯經，1982年），頁87。
7 孫中山，〈黨員應協同軍隊來奮鬥〉，1923年12月9日，《國父全集（第三冊）》（臺北：近代中國出版社，1989年），頁380~381。
8 孫中山，〈為中俄關係與越飛聯合宣言〉，1923年1月26日，《國父全集（第二冊）》（臺北：近代中國出版社，1989年），頁116-117。

時，又指派蔣中正先生為中國國民黨本部軍事委員會委員，使其名實相副。並隨即擇定黃埔島為陸軍軍官學校校址，依序展開校務籌備事宜。

國父的理念十分明確，即國民黨雖以三民主義與五權憲法為立國依據，若無軍事武力，即不可能達成，所以必須要建立一支以黨救國，誓死達成建國使命的軍隊，此亦為蘇俄軍事顧問之建議。民國13年4月26日，蔣中正先生在軍校籌備期間，對隊職幹部講話也強調軍校的特質，在為「本黨培植幹部人才，預備將來做本黨健全的幹部，擴張本黨勢力，實行本黨三民主義，使中國成為一個真正的獨立國家，使中國的民族成為一個真正的自由民族」。[9] 黃埔軍校的辦學宗旨，即具有強烈的黨軍色彩，亦為軍校師生普遍的認知與共識。

依據陸軍軍官學校考選學生簡章的規定，[10] 報考學生必須先成為中國國民黨黨員，始具有應試資格，並明確區分黃埔軍校與舊時代軍校（武備學堂或保定軍校）的差異。亦即除接受一般軍事教育外，須以三民主義作為思想教育的核心價值，成為國民黨黨軍幹部，畢業之後為國民黨服務。換言之，黃埔軍校要名副其實的成為一所軍事與政治兩者兼備之學府。

黃埔軍校設立黨代表與政治部，為軍隊政工制度之發軔，又名「黨代表制」。校本部最高領導單位為總理、校長、中國國民黨代表（簡稱黨代表），校長承總理之命進行校務治理；黨代表則以黨政策之執行作為監督項目指導校長。[11] 黨代表之設置與其職權，於建校初期並未明確，直至民國14年初始由軍校政治部提出〈中國國民革命軍各部隊黨代表職權〉，其要項為黨代表對軍隊進行政治監察工作，其職權與部隊長相同。軍事長官之命令須經黨代表簽署，除非命令有明顯疏失或違法，黨代表必須簽署同意執行。值得注意的是，黨代表對於官兵是否獲取應得

---

9 孫中山，〈為中俄關係與越飛聯合宣言〉，1923年1月26日，《國父全集（第二冊）》（臺北：近代中國出版社，1989年），頁116-117。

10 呂芳上，《北伐時期國民革命軍的政治組織與政治工作（1924-1928）》，〈附錄一〉，行政院國科會專題研究計畫成果報告，（臺北：中研院近史所，1997年），頁126~127。

11 國軍政工史編撰委員會，《國軍政工史稿（上冊）》（臺北：國防部總政治部，民國49年8月），頁91。

之物品具有監察之責，對於士兵識字教育具有督管責任。[12]

　　軍隊設有黨部組織，亦自教導團開始，在團、營、連各層級均設有黨代表。但黨部的設立，僅限於軍、師、團與連級單位，營、排級不設。其主要考量在於軍隊移動性高，應減少層級、以利指揮。軍隊設立的特別黨部，直屬中央，軍級以下單位之黨部，由特別黨部管轄。此時，軍校與教導團已擴充為國民革命軍第一軍，蔣中正先生任軍長，軍級政治部主任為周恩來，專責督導下級各連隊之黨務活動。

二、政工制度的成效

　　民國 16 年，第二屆 84 次中央常會通過〈修正國民革命軍黨代表條例〉後，黨代表職權進入法制化階段。修正後之條例，對軍隊的政治工作與鞏固軍紀監察，賦與黨代表明確的職責與義務。此一修正條例，使黨代表的職權益臻明確有據，且在政治工作上，要求專注於落實三民主義的信念。自黃埔軍校第一期學生入學起，即設有特別區黨部，以管理軍校黨員之黨務事宜，並於 13 年 7 月 6 日完成第一屆執行與監察委員選舉，由校長蔣中正先生任執行委員並兼監察委員。

　　當時的黨務活動，主要為發展黨員、指導黨員組織分部、組織小組，舉行小組會議，並進行組織訓練工作。初期參與社會活動，組織義助會，辦理撫卹袍澤家屬病喪事宜。必要時，得參與軍校所在地區之民眾活動，或參與廣州各區黨部所舉辦的示威遊行活動；同時，兼有配合政治部進行宣傳與黨員教育工作。

　　民國 14 年 9 月 11 日，軍校特別區黨部改組為特別黨部，直屬中央黨部。校務行政單位各部、處，按其層級設有區黨部、區分部與小組，軍校參與黨務活動更為擴大，甚而參與國民黨第二次全國代表大會。孫中山先生逝世後，中央黨部以辦理「總理紀念週」活動之名，作為黨員

---

12 陳佑慎，《持駁殼槍的傳教者：鄧演達與國民革命軍政工制度》（臺北：時英出版社，2009 年），頁 58~61。

固定集體會議，並通令各級黨部遵行辦理。軍校自 14 年 11 月 9 日起，每週一上午舉行總理紀念週，成爲例行的黨務活動。至於黨務活動爲軍校生所帶來的效應是正面的。例如，袁同疇代表軍校在國民黨第二次全國代表大會中報告軍校黨務工作時指出：「黃埔軍校除有軍事的組織外，還有黨的組織，這種黨的組織，就是三民主義所寄託的地方。兩次東征……最足以使我們致勝的原因，還是在有黨的組織」。[13]

　　黃埔軍校培養軍校生的思辨能力，同時透過黨化教育，使黨與軍合一，用以貫徹黨的意志，以人數較少，但意志集中、訓練精良的革命武力，擊破意志分散、但人數較多的軍閥。[14] 從軍校政治教育所展現的成果而言，以主義爲根基，凝聚愛國思想，並養成軍官忠誠、堅忍、服從的榮譽與責任理念，與國父心目中的理想軍人相符。[15] 政工制度遂成爲黃埔軍校的特色。

　　民國一〇年代借鏡蘇聯紅軍政工體制所成立的黃埔軍校，主要在掃除軍閥、廢除不平等條約，以完成國家的統一。在軍官人格的養成教育上，除具有克敵致勝之軍事決策能力，勇敢果決率領部屬陷陣殺敵之外，尚須以辨是非、明利害、知禮義、尙廉恥，並具有政治常識，以及對於三民主義之認知，建立革命精神，實現明恥教戰之古訓爲鵠的。[16] 故政治教育的重要性，即在指導軍人認識國家處境與政治情勢，建立起對國家的認同，以及對自身職責的認同。

三、政工制度跌宕 存廢因勢多變

　　孫中山先生爲能獲得蘇俄援助而採取「聯俄容共」之策略，其最擔

---

13 王鳳翔主編，第6篇，《中央陸軍軍官學校史稿（第七冊）》（臺北：龍文出版社，民國79年12月），頁14。

14 范英，〈國父晚期的軍事思想與黃埔軍校的創立〉，《黃埔建校六十週年論文集，上冊》（臺北：國防部史政編譯局，1984年），頁17~18。

15 孫中山〈革命軍的基礎在高深的學問〉，1924年6月16日，《國父全集（第三冊）》（臺北：近代中國出版社，1989年），頁473。

16 《中央陸軍軍官學校史稿（第七冊）》，第7篇，頁1。

憂者，中國共產黨在俄共的援助下單獨發展，破壞國民革命。唯有使共產黨員在國民黨的領導之下，接受國民黨的指揮，才能防制其製造階級鬥爭，顛覆國家建設的步驟。[17]然而，蘇俄援助中國共產黨人，雖採取秘密方式，中共卻透過個別黨員加入國民黨的方式發展組織，利用國民黨資源建立「共產國際」，遂其奪取我中華民國國柄之目的。

鮑羅廷的政治指導和策動，主要將國民黨分成左、右兩派。把黨中央當作左派，而廣州市黨部當成右派，使雙方相互攻訐、互為排擠；或慫恿國民黨員攻訐與共黨左派劃清界線之黨員。黃埔軍校的共產黨員在俄國顧問的掩護之下，更處處排擠國民黨員。[18]當鮑羅廷與親共左派黨員把持武漢黨部後，共黨份子更進一步借勢汪精衛，以國民黨中央名義掀起「反蔣」風潮，並透過革命軍總政治部的策動，推展至軍中。最嚴峻的影響，乃是國民革命軍已然分裂，造成百姓對國民黨的諸多負面認知，亦即「迎汪」、「倒蔣」、「中立」或「民主」等等的黨務鬥爭風潮。[19]

民國 15 年 4 月 16 日，中央黨部與國民政府聯席會議，推選蔣中正先生為軍事委員會主席，譚延闓為政治委員會主席。[20]6 月 5 日，蔣中正先生出任國民革命軍總司令。7 月 5 日，蔣中正先生就任國民黨中央黨部軍人部部長，對所轄革命軍及軍事機關黨代表有任免之權；次日，被選為中央執行委員會常務委員會主席。[21]隨即，國民政府發佈總司令辦公室組織方案，詳列蔣中正先生對於政工制度採取軍令系統直接掌握，而且是由總司令直接掌握。此舉雖阻止了共黨政工人員的掣肘，而以黨領軍的建軍目標，反而朝向以軍制黨的方向前進。[22]

---

17 蔣永敬，《鮑羅廷與武漢政權》（臺北：中國學術著作獎助委員會，1963 年），頁 2-3。
18 郭廷以校閱、張朋園、馬天綱、陳三井訪談，《袁同疇先生訪問記錄》（臺北：中央研究院近代史研究所，1988 年），頁 35~37。
19 蔣永敬，〈胡漢民與清黨運動〉，收錄於《中國現代史論集第十輯》（臺北：聯經，1982 年），頁 157~158。
20 秦孝儀主編，《總統蔣公大事長編初稿（第一卷）》（臺北：中正文教基金會，1978 年），頁 119~120。
21 呂芳上主編，《蔣中正先生年譜長編（第一冊）》（臺北：國史館，2014 年），頁 66。
22 李翔，〈北伐前黃埔軍校與第一軍的黨軍體制─以國共關係的演變為視角〉，《江蘇社會科學》，第 4 期，2016 年 8 月，頁 229。

有鑑於此，民國 16 年 4 月，國民黨決定採取非常手段，清除東南
地區軍隊、機關、黨部組織與團體中的共黨份子，並在南京成立國民政
府與中央黨部，形成南京與武漢兩地各自為政的對峙局勢。[23] 然而，寧
漢分裂所引發的清黨運動與剿共行動，對政工制度產生極大的影響。不
僅影響國共關係，對於黨代表制的存廢，亦產生擴散效應。蔣中正總司
令甚且一度提出取消黨代表制的觀點。[24] 此舉，固然遏阻了中共對第一
軍及黃埔軍校的染指，但對政治工作的推動也因此大受影響，黨軍體制
的活力亦大不如前。

民國 17 年 2 月，國民黨二屆四中全會在南京召開，決議「與聯俄、
容共政策有關之決議一律取消」，全會之軍事委員會決議「不恢復黨代
表制」，黨代表制才正式宣告結束。[25] 與此同時，軍隊政治部的職權受
到極大限制，政治部與黨部的地位，也受到重大衝擊，總政治部主任鄧
演達憤而辭職，國民革命軍黨代表制、政治部和黨部「三位一體」的制
度為之一變。如設立訓練總監部，將政治部置於其下，政工體系完全變
成了一個幕僚機關。

不容諱言，清黨運動的同時，也將黨內最積極、最有活力的左傾年
輕黨員排除在外，此後保守、腐化的勢力，即不斷的吞噬國民黨。軍中
的政治工作顯然已產生了質變。抗戰期間，擔任軍事委員會第一任政治
部主任的陳誠回憶：

> 當時的政工制度不如現在完密，就已然不大受部隊長的歡迎。
> 從小處說，他們看政工人員是「賣膏藥的」，只會耍「嘴把
> 式」，並不能治病；從大處說，他們覺得政工人員，如中國古
> 代的「監軍」，或當時俄軍中的「政委」，是不信任部隊長的

---

23 蔣永敬，〈胡漢民與清黨運動〉，頁 148。
24 呂芳上主編，《蔣中正先生年譜長編（第一冊）》，頁 451。
25 陳巧云，〈國民革命軍黨代表制度的演變與失敗〉，《濮陽職業技術學院學報》，第 30 卷第 1 期，
  2017 年 1 月，頁 43。

一種安排，是部隊長的對立物。這兩種看法，都是造成政工人員在部隊中的尷尬地位：認真做一點事，便會製造摩擦；一點事都不做，又會形同綴旒，真是左右為難，進退失據。[26]

抗戰勝利未幾，國共內戰爆發，國民政府爲謀求與美國軍事調處的成功，同意美方建議，取消軍事委員會政治部的建制，改設新聞局，政工制度因而爲之中輟。[27]政治協商會議與美國軍事調處相繼失敗之後，國共爆發全面內戰，國民政府發現新聞制度不足以適應戡亂時期之需，爲加強綏靖政務，於民國 36 年 12 月決議恢復政工制度，將新聞局改爲政工局，以強化軍隊政治訓練、文化宣傳及民眾組訓等工作。[28]但爲時已晚，難以挽回大陸河山全面赤化之局勢。

第二節　戡亂戰敗　重振軍心士氣

一、國軍思想領導與政治教育的形成

美國特使馬歇爾（George Catlett Marshall, Jr.）來華調停失敗後，國共武裝衝突於民國 36 年 2 月全面展開。同年 7 月 19 日，國民政府頒佈「動員戡亂完成憲政實施綱要」，直指中共叛亂爲中華民國憲政實行的阻礙，戡平叛亂成爲憲政實施基礎。因此，急遽加速國共內戰的擴大。[29]

中共與國軍的全面鬥爭，歷經三大關鍵性的戰役：遼西會戰、平津戰役及徐蚌會戰，國軍擁有二戰精良武器裝備與優勢兵力，但卻節節敗退，主力部隊將近 450 萬人損耗殆盡。[30]民國 37 年爲戡亂戰爭全面崩敗

---

26 薛月順編輯，《陳誠先生回憶錄─建設臺灣（上冊）》（臺北：國史館，2005 年），頁 268。
27 《國軍政工史稿（上冊）》，頁 1040~1043。
28 《國軍政工史稿（上冊）》，頁 1198~1200。
29 「動員戡亂完成憲政實施綱要」，係屬行政命令，由國務會議依據國家動員法制訂。本綱要於民國 80 年 5 月 17 日由行政院以（80）臺防字第 15808 號令發布廢止。
30 林桶法，《大撤退－蔣介石暨政府機關與人民遷臺之探析》（臺北：輔大出版社，2009 年），頁 25~26、45。

的一年，國民政府在政治、經濟與軍事等層面均告失利。唯一的成果則為中華民國宣告結束訓政時期，同時正式施行憲法。由第一屆國民大會選舉中華民國行憲後第一任總統，蔣中正先生於同年 5 月 20 日在國民大會主席團吳敬恆監誓下就任總統，並組成行憲政府。[31]

蔣中正先生認為軍隊的組織架構與各種制度，在於「新制度未能適合現在之國情與需要，而且並未成熟與確立，而舊制度先已放棄崩潰」，導致國家整體政策失能，及各項建設的重大挫敗，遂加強其下野之決心。在《蔣中正日記》中有如下的記載：

> 紀律敗壞，軍隊腐敗，黨部內訌，組織崩潰，政治制度背謬，
> 國家綱紀掃地，社會素亂，民心渙散，威信蕩然，精神喪失，
> 革命基礎完全毀滅，若不下野，無法復興，若不退休，更無暇
> 整理軍事，政治黨務以及制度、紀綱組織已至無可收拾地步，
> 而且人心與威信，若不下野，無法挽救也。[32]

或許因下野之後，有較多時間思考制度改革的細節規劃。蔣中正總裁初步認為，軍事組織應設立政治部、作戰部、後勤部，凡有關政治、民事、經濟、教育、民眾自衛武力與徵兵徵糧及財政、司法等之軍令，必須政治部副署。對於政務空轉、社會經濟的通貨膨脹，蔣中正先生認為國家的未來發展，需要一套周延的教育制度，以培育幹部推動國家政策。進而建立與黨、國意志相符的軍事組織，藉以恢復民心士氣。[33]

蔣中正先生下野後，藉由深入觀察中共組織，發現共產黨員對於黨的政策、實施步驟、工作方法，皆有明確的解釋架構，因此黨員對於黨的理想、信仰，成為熱情追求之寄託。蔣中正先生在日記中整理其對思

---

31 郝柏村，《郝柏村解讀蔣公日記，1945~1949》（臺北：天下文化，2011 年），頁 322~324。
32 《蔣中正日記》（手稿本）檔案，史丹福大學胡佛研究院（Hoover Institute, Stanford University）館藏，1949 年 1 月 12 日〈雜錄〉。
33 《蔣中正日記》，1949 年 1 月 17 日〈雜錄〉。

想領導的心得，以及思想領導與組織、政策系統的關聯性，原文摘錄如下：

> 甲、不只是理想，思想是包括其立場、觀察、一切事物及探討、
> 一切問題之原則與一切結論之依據，並由此作解答問題之結論。
> 乙、領導包括原則之指示、原則應用到現實問題上所構成之政
> 策、實現政策之戰略，實現戰略之戰術，執行戰術之各部門工
> 作及工作的技術等項之指示。
> 丙、理想引起信仰，政策爭取共鳴，而戰略戰術激發工作者之
> 興趣。
> 丁、幹部訓練與政治教育之項目。
> （子）在高級者為討論政策；（丑）在中級者為確定戰略；（寅）
> 下級者為研求戰術指導之法則。[34]

另為澄明「思想領導」與「思想教育」兩者的關係，蔣中正先生亦有其具體的構想：

> 黨之政策須以理想為指導之原則，而適應於事實。政策之確立
> 須先在幹部的思想上溝通，而後政策始可及於幹部之擁護遵行
> 而為之熱忱奮鬥。效果確立之後，有戰略指導，有戰術上工作
> 之分配，每一幹部思想上搞通，始可自發的去做，此所謂思想
> 上搞通，即為政治教育。共黨之結合黨員設計，青年控制群眾，
> 幾乎全恃其政策及戰略戰術，而戰略戰術實為青年興趣與熱情
> 之所寄。與其戰略戰術每一部皆有其詭辯哲學為之解釋，無不
> 歸宿於其共黨主義之理想，故信仰炳然常存，思想領導必須就
> 下列三個步驟使幹部在思想上搞通。

---

34 《蔣中正日記》，1949 年大事紀要，1 月份。

　　甲、明確的社會性之政策。

　　乙、實施政策之戰略戰術。

　　丙、實施戰略之戰術。[35]

　　蔣中正先生從中共的組織發展中，觀察到思想領導的重要性。他認為思想教育的目的，在於使被領導者明瞭國家建設的政策思維，進而使被領導者全然認知國家政策、實施次序，以及攸關工作方法的執行步驟。如此，國家政策方不致因人而異，率爾更張，而得以延續其效果。蔣中正先生回顧早年黃埔軍校政工制度的經驗，再次認定「黨應為政治之神經中樞與軍隊之靈魂」。

　　蔣中正先生心目中的思想領導，與中共顯有不同。從《蔣中正日記》中可知，他所謂思想領導，著重於國家政策之理解與行政執行效能之發揮；其所描述的訓練程序，亦即訓練黨、政、軍的領導者，須明瞭國家政策的意涵，進而順暢的執行其所掌理之業務，使各部門在政策執行上，不相扞格，最終目標在國家建設與政策之實現，與中共一黨專政之黨國概念，大不相同。

　　整體言之，蔣中正先生認為思想領導須以國家政策為主軸，透過政治教育宣傳政策意涵，為此一階段的重心。他期許達到「恢復其革命精神，喚醒其民族靈魂，提高其政治警覺，加強其戰鬥意志」之目標。

二、設置政工穩軍心　精神戰力墊實心

　　中華民國政府播遷臺灣後，蔣中正先生反覆思考反攻作戰的各種可能性，並從檢討中找到反攻大陸的關鍵因素。經由國、共軍隊組織的各項對比，使他更深刻體悟到政工制度的重要。因此，改革政工制度成為國軍遷臺初期的重點工作。民國40年代初期，蔣中正總統面對國共內

35《蔣中正日記》，1949年大事紀要，1月份。

戰失利後所導致的混亂局勢，不但不氣餒，反就國軍的現況進行檢討分析，其目的欲挽救瀰漫軍中的失敗主義與投降心理，進而同步構思各項組織的重整與再造計畫。[36]

首先為改革攸關軍事方面的人事、教育、後勤、監察與政工制度，其中政工制度的改革，列為軍隊組織的基礎建設，而軍事制度的建立應著重監察系統，由優秀的幹部充當政工人員。

就制度言，我們所以失敗，最重要的還是因為軍隊監察制度沒有確立的結果。自從黨代表制取消，政治部改成部隊長的幕僚機關以後，軍隊的監察即無從實施，同時因為政工人事不健全，故政訓工作亦完全失敗。

由於政工人員本身程度的低落，對於主義的認識不夠，於是官兵皆缺乏政治訓練，對敵作戰就意志薄弱，戰鬥精神完全喪失，尤其對民眾則不知愛護聯繫，甚至恣意騷擾，以致軍風紀蕩然無存。這種沒有靈魂的軍隊，自然非走上失敗的道路不可。

國民革命軍初期所以設置黨代表者，一方面在監察各級部隊長貫徹革命主義，達成作戰任務；一方面在加強士兵政治認識，以充實其戰鬥力量，提高其戰鬥精神。北伐時期因為黨代表能負起這雙重的任務，所以革命軍摧堅陷陣，所向無敵。[37]

其次則為健全組織，以政工人員負起嚴密軍隊組織的職責，強化軍隊組訓工作，避免共黨滲透。對蔣中正總統而言，遷臺初期的軍事改革，千頭萬緒，但須從改革政工制度做起。蔣中正先生深諳政工制度弱化的

36《蔣中正日記》，1950 年 1 月 8 日。
37 蔣中正，〈國軍失敗之原因與雪恥復國之急務〉，蔡相煇編，《蔣中正先生在臺軍事言論集（第一冊）》（臺北：中國國民黨黨史委員會，民國 83 年 1 月），頁 4。

主因，爲一般將領對政工的誤解，而編裝概念錯誤，導致功能不彰。

蔣中正先生所謂「沒有建立軍事制度導致戰敗」的說法，就是專指紅軍的政工制度而言。在「聯俄容共」政策下，俄國藉軍事援助的輸出，將政工制度納入國民政府的軍隊，這不僅爲當時國民黨人之殷盼，也爲唯一的「黨軍」，增添許多想像，如結合黃埔軍校與教導團，建構以思想領導爲核心，凝聚軍心士氣與軍民合一的武裝力量，進而轉變爲一支有思想、有組織、有紀律的國民革命軍。這是一段蔣中正先生親歷目睹、刻骨銘心的經歷。但當民國 16 年國民黨發動清黨運動後，軍隊政工亦遭到邊緣化，國軍的組訓與宣傳工作，軍民關係，軍紀監察，皆形同虛設，聊備一格。所以，這也就是必須改革政工制度的根本原因。

第三節　除弊務盡勤改革　政工制度擘經緯

一、政工制度在臺建構歷程

民國 38 年 10 月中旬，蔣中正先生尚未復行視事，即已展開整頓軍務的決心，企圖重建國軍成爲「以主義與信仰爲軍人之靈魂，以紀律、組織、理論與學術爲精神」的必勝軍隊，並由政工負責此項軍事教育，使國軍能成爲「維護民眾自由，保衛國家獨立而戰；爲實行三民主義，掃除革命障礙」的軍隊。[38]

民國 39 年初，黨、軍、政主要的活動，均在於黨務與政工制度的改造，經過兩個月的研討，國防部主要將領對政工的職權與編制達成共識，並提出「國軍政治工作綱領草案」與「各級政治部（處）事業費預算表」兩項。針對政工職責，定位在強化軍隊的「精神武裝」，確定「以黨領軍」原則，恢復軍中黨務組織，設立「政治特派員」職務，取代「黨代表」名稱，遂行監軍之責。在編制上，國防部設立總政治部，爲國防部之幕

---

38 秦孝儀主編，《先總統蔣公思想言論總集（第七卷下）》，（臺北：中正文教基金會，民國 67 年 10 月），頁 403~404。

僚單位，直隸國防部參謀總長，各單位政工主官為各部隊之政務副主官；政工人員應擇優選拔，高階政工人員應送「革命實踐研究院」進修，中低階政工人員則送「政工研究院」訓練，經審定合格者始得任命。

然其中部分將領的反對意見在於：根據黨務現況，「以黨領軍」不足以遂行任務，建議改採「以黨領政」、「以政領軍」的模式。其次，推行政工應以先改革黨務為要件。同時，也提出軍隊政工與軍事主官產生二元領導的疑慮等等。至於監察官的名稱未定，議決由總裁核定。值得一提的是，政工制度建立後，當時反對最力的陳誠、孫立人、桂永清等將領均列席參與研討，但並未提出任何修正或反對議案。[39] 政工改制審查研討會議最後做出結論，完成「國軍政治工作綱領草案」的審查，確立政工與軍事部門的權責劃分。

政工改制案確立之後，隨即進行法制化作業，國防部以參謀總長名義發布政工改制命令與法規，計有「國軍政治工作綱領」、「國軍政治工作幹部徵選辦法」、「國軍政治工作人員人事處理辦法」、「各級政治工作單位文書處理通則」，及「各級政治工作單位印信刊發辦法」等五種；並明訂於 39 年 4 月 1 日實施。蔣中正總統隨即任命經國先生為國防部政工局主任。至此，國軍政工制度完成其法制化的基礎。[40]

國軍政工完成法制化之後，其組織、編裝、業務、預算均告確立。政工局改組為政治部，各級政工單位在軍事組織（軍事機關、醫院、學校、部隊）系統上為政治幕僚機構。政治部主任為各該單位主官之政治幕僚長；在工作職權上，對主管業務有主動規劃與副署之權，對其所屬政工單位有指揮監督權責。對其所屬政工幹部之任免獎懲有簽核之權，對於政工事業費有支配任用之權。各單位首長與部隊主官應竭力督促，

---

39 「東南區高級將領研討會（政工改制審查案）會議記錄（計四次）」，（1950 年 2 月 20~21 日），國史館館藏，〈中央政工業務（一）〉《蔣中正總統文物》，典藏號：002-080102-00014-004。
40 「國防部一般命令：國軍政工制度自四月一日起實施及頒佈政工改制法規五種」，（1950 年 4 月 1 日），國史館館藏，〈國防部總政治部任內文件（三）〉《蔣經國總統文物》，典藏號：005-010100-00052-012。

確保政工制度之運作順遂。

政工組織法制化的另一項重要貢獻，在於政工體系與軍事體系的權責分明，依新頒「國軍政治工作綱領」，對於國軍政工組織在軍事系統的編配，具有詳盡明確的說明。國防部設政治部與主任一職，直隸參謀總長，為各級政工機關最高主官，專責策劃政治工作，對於主管之政治業務有直接行文職權；國防部對各級政工單位之命令文告，政治部主任應有副署之責。政治部主任的職掌包括：軍中政治工作的策劃與主持、監察軍風紀、督導軍法執行、參與作戰計畫並協助軍事興革，以及有指揮各級政工主官之權。

其次，各軍事機關、學校與師級以上部隊，設立政治部與主任職務，為各該單位之幕僚機構。主任為該單位政治幕僚長，有關政治命令或文告，有副署之責。醫院與團級（含獨立營）單位設立政治處，以上單位均設政治指導員。營級單位設政治指導員、連級設立政治指導員與政治幹事，獨立排則為政治指導員。以上各單位政治主官為該單位之副主官。另各級政治部得因業務之需要，酌情設置組織、政訓、監察、保防、通訊、各種工作隊與軍報社。

至於海、空軍單位，則以軍區設政治部。飛行與艦艇大隊設政治處，其所屬地面部隊與廠庫，則比照陸軍政工機構設立相當之政工單位與政治指導員。有關政工人事，各級政治工作人員為部隊之成員，政工編制納入部隊編裝。[41] 值得注意的是，戰時，師級以上政治部主任，基於軍事需要得對戰地實施軍事管制。同時，具有指揮縣（市）以下政府之權能，要求地方政府配合軍事行動，對於新收復之地區，組織政務辦事處，維持臨時市政，直到地方政府行政能力恢復後，軍事管制方告結束。

民國 40 年 5 月 1 日，國防部政治部欲更名為「國防部總政治部」，藉以區隔與下級單位之銜稱。但公文上呈後，蔣中正總統批示不必變

---

41 「國防部 1950 年 4 月 1 日第 1 號一般命令」，國史館藏，〈國防部總政治部任內文件（三）〉《蔣經國總統文物》，典藏號：005-010100-00052-012。

更，但國防部堅持並再次上呈，5 月 22 日蔣中正總統同意備查。[42] 此一時期的政工組織已具規模，對人事、獎懲、預算編列與經費支用，均不受部隊長節制；政治部主任雖名為部隊指揮體系的副主官，但對部隊政治工作業務擁有主動規劃與副署權力。

有關於部分高階將領反對國軍設政治部，或美軍顧問團的干預，多出於以下幾方面的疑慮，如「政治部加入參謀組織，可能會導致參謀作業混亂」；「政工具有軍令的副署權、政工主官干預參謀長職權」；「政治課程瓜分總訓練時數，對於尋常軍事訓練產生排擠效應」，以及「文康隊人員是否屬於軍職」等，最後在蔣中正總統親自出面，或通過會議說明，[43] 或派員與美方溝通等，紛爭逐漸告平息。[44]

即便如此，經國先生面對這些明暗交織的反對勢力，只有忍辱負重，為所當為，並勉勵所有政工幹部要低調行事。如民國 39 年 4 月 20 日發表〈告政工軍官同志書〉，並印行〈統一思想與作法：誰配得上做政工〉、〈統一政治思想〉、〈統一我們的作法〉，期使國軍政工有著堅定的意志、奮鬥的精神與堅忍的人格，為政工制度爭取榮譽。同年 6 月 20 日又發布〈政工人員信條〉，揭櫫政工人員的實踐行動；（一）冒人家所不敢冒的險；（二）吃人家所不能吃的苦；（三）負人家所不能負的責；（四）受人家所不願受的氣。[45]

二、踐履政工新理想 攬人納才融軍民

蔣中正總統對於政工制度的期待，著重於監察機制，以穩定軍心，進而建立思想領導之教育系統，使官兵明白為何而戰、為誰而戰，藉以

42 陳鴻獻，〈1950 年代初期國軍政工制度的重建〉，《國史館館刊》，第 42 期，2014 年 12 月，頁 71。

43 《蔣中正日記》，1951 年 7 月 30 日。

44 「美軍顧問團蔡斯團長與蔣經國談話紀要中英文本」，（1951 年 11 月 16 日），國史館藏，〈國防部總政治部任內文件（三）〉《蔣經國總統文物》，典藏號：005-010100-00052-022。

45 「蔣經國呈蔣中正軍隊政工人員信條暨政工改制的重要指示與辦法」，（1950 年 4 月 20 日），國史館藏，〈中央政工業務（二）〉《蔣中正總統文物》，典藏號：002-080102-00015-001。

凝聚官兵對國家的向心與認同，鞏固反共鬥爭之意志。進一步提出「三分軍事、七分政治」與「三分敵前、七分敵後」的口號，確立政治作戰係爲完成軍事反攻任務之核心。[46]

　　由於政工組織法制化之後，對於政工幹部的需求倍增，政工培訓先於民國39年2月由東南軍政長官公署成立「政治幹部訓練班」，另在臺、澎、金、馬等地區成立十個分班，訓期爲四週，共計完訓九千餘人，主要以現職政工幹部爲主。[47]由於訓練時間從一年縮減爲四個月，實際政工訓練僅有四週，時間太短，無法提升政工人員素質。王昇時任國防部總政治部第一組副組長，並兼任「政治幹部訓練班」第一分班副主任，職掌政工人員訓練業務，認爲政府要培育優秀政工幹部，設一長期性的教育學府，乃是根本要務。[48]

　　設立「政工幹部學校」的初步構想，幾乎全由經國先生與王昇二人，在淡水沙崙的成功閣經月反覆討論、探研所建構，雙方經多次討論研商，而達成創校共識。民國40年7月成立的「政工幹部學校」，主要以招訓有志參與政工事業之軍官爲主，訓期從十八週至十八個月不等，並於次年元月六日由蔣中正總統主持第一期學生開學典禮。

　　在典禮中，蔣中正總統揭櫫政工幹部的工作核心，乃爲加強組織基礎與思想領導。政工的角色，首要爲士兵的保護者與督導者，使其成爲遵守紀律、服從命令，精幹有爲的革命軍人。其次爲團結軍隊和聯繫官兵情感，能使下情上達，使部屬了解主官意志決心，始能精誠團結；第三、政工成爲黨政軍合作的核心；第四、促進軍隊與民眾互助合作，使得一般民眾與軍隊打成一片。[49]

---

46 蔣中正，〈指示黨政軍聯合作戰的要領〉，（1955年8月7日），《蔣中正先生在臺軍事言論集（第一冊）》（臺北：中國國民黨黨史委員會，1994年），頁403~422。

47 同註13，頁1563~1564。

48 武治自，〈最難忘的一件事－協辦政工幹校建校的曲折經過〉，《政工幹部學校第一期畢業五十週年專集》（臺北：政工幹部學校第一期畢業五十週年紀念活動籌備委員會，2003年），頁96~97。

49 蔣中正，〈主持政工幹部學校第一期學生開學典禮講詞〉，1952年1月6日，《總統蔣公大事長編初稿（第廿五卷）》（臺北：中正文教基金會，1978年），頁1~6。

政府遷臺初期，政工的主要任務在建立軍隊政治教育的思想領導、嚴密軍隊組織、確保「人事、經理、賞罰、意見」四大公開政策之落實、促進軍事與社會關係（包含官兵、軍民、友軍、軍政等）的緊密合作、監察軍隊弊端，確保官兵生活，以及保密防諜工作等。嚴謹而論，政工是以鞏固部隊組織，凝聚官兵向心為任務導向的。

民國 40 年 11 月，經國先生對政工幹校第一期學生的訓話中，首次提出了政工幹部的四項應有的特質，表達對學生的期許。[50]

> 政工幹部學校應該樹立起一個幹部的特質，它的具體要求應該是：一、絕對性的信仰主義，二、無條件的服從領袖，三、不保留的自我犧牲，四、極嚴格的執行命令。唯有做到這四點，才是革命的新幹部，也唯有這種新幹部，才能在天翻地覆的時代裡，完成驚天動地的偉大事業。

以上這四項政工幹部的特質，也就是「政工幹校」的精神教育宗旨，直到 43 年 6 月，經國先生對全校官生明確宣告為「復興崗精神」，至此成為校訓與思想教育的核心。經國先生在演講時特別強調：「政工幹校的學生，要同人家比的，就是看誰能夠保持民族的氣節，和革命的精神」，此即以復興崗的精神來表明立志成為政工的決心。[51]

政工幹校軍官教育學制的確立，始於民國 43 年，因校制列入軍事學校體系，必須按照國軍軍官教育體系，建立基礎、專科、深造三階段的歷程發展，亦即原有之本科班、業科班列為基礎教育，比照各軍事學校。幹校原設之研究班，比照初級班（國軍遷臺初期，屬於指參教育前階段之軍官深造教育，等同現階段的正規班隊）。44 年學制再行修正，

---

50 蔣經國，〈本校的革命任務〉，1951 年 11 月 1 日，《復興崗講詞（第一輯）》，（臺北：政治作戰學校訓導處，1977 年 11 月），頁 5。
51 蔣經國，〈革命課程的必修科與選修科〉，1954 年 6 月 21 日，《復興崗講詞（第三輯）》（臺北：政治作戰學校訓導處，1977 年 11 月），頁 1456~1457。

原有之研究班停辦，業科班的名義取消，除設立政治作戰研究班爲深造教育外，並增設監察、民事、心戰、軍樂、反情報等專長訓練班次，短期政工專業訓練班隊的規模，日後更加擴增，使政工幹校成爲具備軍官養成教育與專業訓練雙軌機制的軍事院校。

此一階段的改制，奠定日後學制的基礎，與其他軍事院校相較，在名稱與學制上更爲統一。民國 45 年基礎教育時間，亦延長爲二年的專科學制，不僅軍事學歷比照各軍事院校，並獲教育部承認之二年制專科學歷，達到文武合一的教育目標。49 年起，政工幹校的學制改爲四年制大學，由當時的第八期學生開始實施。空軍官校亦同時改制爲四年大學學程，成爲最後轉型爲大學教育的兩所軍事院校。另爲配合學制改變，自 49 年起，陸續針對非大學學制畢業的政工幹部，開設補修學分班，使其獲得專科以上學歷，並使國軍政工軍官的學資與素質更爲一致。此一階段，蔣中正總統所規劃的政工，乃是針對國軍的思想領導爲主軸。

軍中政治工作的對象，區分軍官、士官、士兵與民眾三大類。對於軍官，雖有個別不同的差異，但都受過一定程度之教育。一般而言，政治工作的推動較爲順利，其內容以對國家、領袖的忠誠教育爲主。除政治教育外，政訓工作以監察考核爲主，政工人員對軍官負有日常考核之責。至於基層官兵之政訓工作，則以士兵的識字教育爲主。

蓋自國軍遷臺之後，不論是大陸籍或是徵召之臺籍士兵，都有大量的文盲。因此政訓工作在基礎教育的建立，藉以提升識字率。不論政治課程講述或互動討論，以三民主義、總統訓詞等教材，提高識字率優先於政訓工作之推展。識字率的提升，意味著軍事訓練成效與速率的提升，同時也是增長民智的最佳方式。由此觀之，識字率的提升，會使一元化的宣傳效果遞減，設若認定國軍政治教育爲意識形態的洗腦教育，顯有違反事實之推論。

政工法制化之後，對國軍所產生的成效，主在掃除國軍遷臺後所籠罩的失敗主義的陰霾。對軍隊而言，遷臺初期首在收攏頹廢渙散之軍

心，以重建戰鬥對抗的士氣。政工主要工作目標在於：嚴密組織紀律與凝聚軍隊士氣。政治工作內容，則以政治教育、軍事監察、軍事安全與軍民關係為主；政治教育的核心理念，在於嚴防共軍犯臺，以及抵抗共產主義的侵略。冷戰時期，國軍政工制度雖於民國39年完成法制化，惟因總政治部組織與工作的更迭，曾於40至43年間先後修正兩次。46年為配合軍事參謀組織的調整，進行了最後一次修正。[52]

　　如前所述，蔣中正總統改革政工制度的決策，雖遭到內外不少的反對聲浪與阻力，然民國39至49年期間，國軍的各項建設不斷進步，官兵士氣與體能戰技的素質亦逐年提升。美方軍援現代化武器裝備，並協助訓練與制訂軍令，使國軍軍備戰力為之充實。此期間國軍雖經歷「八二三砲戰」的洗禮，士氣並未受到影響，臺灣反而成為穩定與發展的狀態。不但臺澎金馬地區得以鞏固，國軍尚且掌握臺海地區的制空與制海權。[53] 簡言之，政工制度對提升官兵士氣，強固國軍戰力，起了相當的積極作用，若較之遷臺初期景況，不可同日而語。

第四節　政工制度轉新貌 政治作戰勢所需

一、反攻大陸政策的導向

　　民國47年底，蔣中正總統在日記裡顯現出遷臺以來奮鬥有成的信心，同時也開始著手規劃反攻大陸策略。而蔣中正總統早在44年時，面對國民黨第七屆中央委員會第六次大會代表，即已提出反攻軍事行動的三個方法：即以「大陸同胞群起響應」、「大陸同胞自動的起義發難」、「國軍反攻與大陸抗暴運動的發展，彼此呼應，內外夾攻」為前提。[54]45

---

52 《國軍政工史稿（下冊）》，頁1536~1542。

53 柴漢熙，《強人眼下的軍隊－1949年後蔣中正反攻大陸的復國夢與強軍之路》（臺北：黎明文化，2020年），頁80~83。

54 蔣中正，〈國民黨中央委員會第七屆第六次全會閉幕講〉，1955年10月6日，《先總統蔣公思想言論總集（第廿六卷）》（臺北：中國國民黨黨史委員會，1984年），頁371。

年 10 月，蔣中正總統在日記中記載，反攻大陸的前提是發動大陸各地區抗暴運動，繼之以三萬兵力之空降部隊投入大陸各縣。由此觀之，國軍反攻大陸的基本構想，已經脫離正規部隊的登陸作戰，而改以滲透與顛覆的方式，觸發大陸地區發生大規模的暴亂，以利國軍的登陸行動。

　　惟此一構想遭到美方反對，據美方觀察我對大陸敵後工作，均因共黨嚴密控制並未成功。[55] 但日後蔣中正總統仍不斷強化空降部隊的反攻計畫，其特點是以秘密滲透方式，鼓煽大陸人民製造紛亂。同時，組織大陸群眾抗暴決心與運動，藉此推翻共產政權。當大陸人民對共產政權感到憤怒與厭煩時，就會揭竿而起，約四至五年反攻大陸當可成就。

　　此外，由於韓戰的緣故，美蘇兩大陣營在東亞的對峙情勢漸已明確，中共則與蘇聯保持密切關係，甚至採取封閉國境之舉措。臺灣因此成為美國偵蒐大陸地區情資的重要基地，此一時期，經國先生主導與美方合作，對大陸地區進行情報偵蒐與軍事滲透等計畫，及相關參謀作業，其主掌的國軍特戰中心下轄兩個特戰群，約有 7 千人。另有反共救國軍兵力約 1 千 5 百人。蔣中正總統認為仍有百萬以上反共武裝勢力，在大陸地區潛伏，等待反共軍事行動的號角響起而裡應外合。[56] 而國軍對大陸地區採取的秘密滲透、突擊、情蒐等非正規軍事行動，儼已成為驗證政治作戰戰術與戰法的基礎。

　　民國 44 年，蔣中正總統對國民黨第七屆中央委員會第五次大會，提出「展開對匪政治作戰，掀起大陸反共革命運動的高潮」、「反攻戰爭中，政治登陸應在軍事登陸之前完成」，並指出政治作戰的主要方法，就是「心戰」與「反心戰」，亦即情報、策反與宣傳，[57] 而「政治作戰」

---

55 United States Department of State, "Document 198: Memorandum of a Conversation, Presidential Residence, Yang Ming Shan, Taiwan, (August 1, 1956）", in John P. Glennon ed., *Foreign Relations of the United States 1955~57*, Volume III, pp.411~415.

56 陶涵（Jay Taylor）著，林添貴譯，《蔣經國傳－臺灣現代化的推手》（臺北：時報文化，2000 年），頁 224~226。

57 蔣中正，〈國民黨中央委員會第七屆第五次全會閉幕講〉，1955 年 3 月 3 日，《先總統蔣公思想言論總集（第廿六卷）》（臺北：中國國民黨黨史委員會，1984 年），頁 296。

（以下簡稱政戰）一詞成為國軍日後的戰訓方針。

民國 46 年，蔣中正總統在政工幹校「政治作戰研究班」第一期開學典禮講話時，特別提出政戰的定義與內涵，即為「心理戰、組織戰、情報戰、謀略戰、群眾戰」，並說明政戰範疇廣泛，重心則在於建立心理作戰，而軍事戰爭乃是達成政戰目的的手段之一。換言之，政戰的重要意涵，乃為整體軍事鬥爭的最高指導原則，藉以達到政治目的。[58]

蔣中正總統的政治作戰概念，基本上得自克勞塞維茨（Carl von Clausewitz）的《戰爭論》。因此，蔣中正總統認為政治的道理就是政治作戰原理的基礎。更進一步的提醒政工幹部，「務必先建立好了正確的政治作戰理論和觀念，才可以言政治作戰，也只有對政治作戰有了絕對的把握，才能進而言軍事作戰」。[59]

曾任蔣中正總統軍事思想體系編撰工作的陶滌亞將軍（1912~1999），歸納蔣中正總統對華夏政治哲學的闡述，藉以說明政治作戰原理的基礎，而有以下四點結論：[60]

（一）中華的政治哲學，一切皆以「人」為本。中華的政治理想，就是把人的品格提高、把人的價值發揮、把人與人的關係修明。

（二）中華政治哲學與倫理合一。政治制度與組織具有強烈的倫理色彩，此為政治哲學的特點。

（三）中華政治哲學為施行仁政。所謂仁政就是發動人民力量，救濟人民的痛苦，為政之要，在於竭盡能力，救治人民的困乏。

（四）中華政治哲學的最高目的在使人盡其才，各得其所，各遂其生，而安樂共存。

故此，即得以明瞭政治作戰的最終目的，即「在這反共抗俄戰爭中，

58 蔣中正，〈政治作戰的要領〉，1957 年 4 月 14 日，《先總統蔣公思想言論總集（第廿七卷）》（臺北：中國國民黨黨史委員會，1984 年），頁 70~84。
59 蔣中正，〈對政治工作的檢討〉，1963 年 6 月 10 日，《先總統蔣公思想言論總集（第廿八卷）》（臺北：中國國民黨黨史委員會，1984 年），頁 167。
60 陶滌亞，《國父與領袖的戰略思想》，（臺北市：黎明文化 1985 年），頁 237~ 239。

要恢復中國國家爲獨立自由的民主國家，必須有計畫、有步驟，重建中國社會爲自由安全的社會，來做這獨立民主的國家的基礎」。[61] 其目的乃是從戰爭的勝利換得中華民國整體建設的機會，並與共軍政治工作之目的相區隔。

如前所述，軍隊的政工制度，不僅是藉政治教育，強化官兵對國家、主義、領袖、責任與榮譽的信念，同時透過組訓工作，嚴防敵人分化與滲透。此一時期，蔣中正總統的軍事策略已從鞏固自我，轉變爲積極反攻，而政工制度的思想領導策略，亦即以「嚴密組織」、「照顧官兵」的作爲，使軍人「恢復其革命精神，喚醒其民族靈魂，並提高其政治警覺，加強其戰鬥意志」，促使軍隊成爲「有主義、有思想、有紀律、有精神」的作戰部隊。所以，蔣中正總統認爲「政治作戰的功用，不僅是瓦解敵人最重要、最有力的精神武器，亦爲加強自身思想武裝，嚴防敵人分化滲透的心防利器」，因此提出四項實踐要領，勉勵學員深入體察：

第一、政治作戰實施的方法，應先統一其各種的名稱和術語，才能統一大家的思想，集中工作的目標，畫一我們的行動。將理論線索，歸納成爲簡單的詞句、論題與論點；尤其對作戰對象，要確立其名稱和口號。

第二、如要消滅敵人，先要健全本身陣容，尤應注重精神武裝，使敵人在精神和心理上，先爲我所剋制，然後才能進而消滅其有形的力量。

第三、黨政軍進入匪區（大陸地區）以後，對於保密防奸的安全措施，應特別提高警覺。這就是要大家知道，反攻大陸的政治作戰，最重要的情報工作，亦就是情報戰的重要，所以說要「情報第一」。如果你沒有健全的情報，

---

61 蔣中正，〈三民主義：附錄 民生主義育樂兩篇補述第一章〉，1953 年 11 月 14 日，《國父全集（第一冊）》（臺北：近代中國出版社，1989 年），頁 182。

　　就亦無法講求安全了。

第四、政治作戰必須注意其對象，尤應對於各類對象的歷史背
　　　景、精神意識和實際需要，力求了解，並提出各種切合
　　　需要的有效對策，這就可知政治作戰中，謀略戰是要佔
　　　到很重要的地位，亦可以說政治作戰不能脫離謀略戰而
　　　獨立的。[62]

　　民國 47 年 1 月 6 日，蔣中正總統在政工幹校建校六週年的校慶書
面致詞中又指出：「政工是軍隊的靈魂，和軍隊的基礎骨幹。面對反攻
大陸的戰爭，乃是以武力為中心的思想總體戰；作戰途徑必須以政戰為
基礎，發揮統合戰力，以獲致全面的勝利。」「政工在軍隊裡面，負有
執行政戰的使命，對於如何發揮統合戰力，實為當前首要的任務」。並
進一步提出三項努力目標：

　（一）加強革命的思想教育，發揚國民革命軍傳統的革命精神。

　（二）研究政治作戰，講求戰勝敵人的方法和技術。

　（三）注重戰地政務教學，依各種可能情況，研究對策，以備

　反攻時支援軍事作戰。[63]

　　顯然，在蔣中正總統的心目中，政工幹校已成為國軍政戰戰術驗證
與戰略研究的重鎮。故須透過幹部教育，加強政治作戰研究，確立政治
作戰體系，並結合專精訓練及戰術與戰法的運用，使官兵對政治作戰有
一致的認知與理解，進而成為部隊演訓操作的實兵計畫。

二、政治作戰要領新 確立優勢逆轉情

　　民國 51 年，對蔣中正總統而言，「無論在主觀與客觀的條件上，

---

62 秦孝儀主編，《先總統蔣公思想言論總集（第廿七卷）》，頁 74~79。
63 秦孝儀主編，《先總統蔣公思想言論總集（第四十卷）》，頁 54。

無論在國內與國際的環境上，皆不容許我們再有猶豫徘徊的餘地，也沒有觀望等待的時間」。[64] 然而，正當國軍部隊浸淫於「救國救民，成大功立大業」的氛圍並預備反攻之際，[65] 中共方面已積極的備戰因應。5月29日，毛澤東指示總參謀長羅瑞卿，加強東南沿海備戰事宜，並要求共軍「要準備蔣介石集團40萬人秋後登陸。不要為西邊把我們的注意力吸引過去。我們的戰略方向還是東面，這是我們的要害」。6月5至8日，中共中央軍委對總參謀部、總政治部、總後勤部、海軍、空軍和各兵種，以及各大軍區和省軍區發出召集令，會商研究東面作戰和備戰措施。[66] 6月10日，中共中央軍委會發出「準備粉碎臺灣國民黨軍進犯東南沿海地區」的指令，動員全大陸軍民積極應戰。兩日後，50萬的部隊以及超過300架戰機和800門火砲，沿著臺灣海峽的福建前線完成部署。[67]

美國甘迺迪總統隨即召開記者會，針對臺海地區情勢表達嚴正立場，強調美國政府在臺海地區的目的，是「和平性與防衛性的」（peaceful and defensive），並聲明對中華民國政府已作明確表達，基於兩國的共識，在未獲得美國同意之前，中華民國不得採取反攻大陸的軍事行動。[68] 此一聲明，無疑約制了蔣中正總統反攻大陸的各項正規軍事作為。在形格勢禁的情況下，政戰戰略便成為正規軍事行動之外的唯一選項。

民國52年6月，國軍召開第十屆軍事會議，蔣中正總統在國軍戰力報告上，針對政工業務提出特別指示：「貫徹三分軍事、七分政治的戰爭指導原則」，明確規範政戰為各級指揮官的職責，政戰不宜局限在

---

64 秦孝儀主編，《先總統蔣公思想言論總集（第廿三卷）》，頁298。

65 蔣中正，〈1962年青年節告全國青年書〉，1962年3月29日，《先總統蔣公思想言論總集（第三十三卷）》（臺北：中國國民黨黨史委員會，1984年），頁302。

66 黃瑤、張明哲，《羅瑞卿傳》（北京：當代中國出版社，2007年），頁225~231。

67 軍事科學研究院軍事歷史研究部編，〈中國人民解放軍70年大事紀〉，《中國人民解放軍全國解放戰爭史，第2卷》（北京：軍事科學出版社，1996年），頁245。

68 Kennedy, John F. （John Fitzgerald），*Public Paper of the President of the United States, 1962: The President's News Conference of June 27, 1962*（Washington D.C.: United States Government Printing Office），pp. 509~510.

政工部隊，一般部隊都應參與政戰，並要求通令各部隊對政戰必須具備基本認識。同時，總政治部更易名銜為「總政治作戰部」，但組織、制度與職權不變。推究其主要原因，在於國軍政工須轉變為對共軍作戰，並且與中共的政工制度形成區隔。

值得注意的是，美軍顧問團少將團長桑鵬（Kenneth O. Sanborn）與美軍協防臺灣司令部（United States Taiwan Defense Command）少將司令梅爾遜（Charles L. Melson），皆對國軍戰力報告持正面評價，對國軍政治部轉型為政治作戰部，並無異議。

此外，蔣中正總統在該屆軍事會議中更進一步指示政戰目標，是以秘密滲透方式，在大陸按國軍政治工作要領發展地方組織，進而拓展具有武裝暴力的組織動能。同時在敵後地區對民眾展開心戰作為，結合群眾，引發大陸抗暴運動，逐步向敵後內陸地區躍進，形成局部優勢。其佈建要領為：「三分敵前、七分敵後」、「三分軍事、七分政治」、「三分會戰行動、七分間接路線」。此項指示為首次定義政戰，並以六個工作方向，作為建構、研究國軍政戰戰術與戰法之目標。

茲按「政治作戰要領」，基於我軍兵力與共軍相較，處於敵眾我寡狀態，須透過政戰的靈活運用，以抵銷並打破敵軍優勢，逆轉軍事勝算。基於達成反攻復國的總目標，本次軍事會議對開展政戰制度及確立政戰要領，具有創新性的意義。它不僅使國軍的政工制度轉型為政治作戰，而且意味著將投入大量資源於建構有效的政戰作為。

三、六大戰法立論建 制敵勝敵連環行

早在政工制度轉型為政戰之前，王昇於擔任政工幹校校長（民國44~49年）期間，即已往來國防大學與陸軍指參學院講述政戰概論課程，透過軍官深造教育，將政戰構想轉化為系統性之論述。王昇於講述六大戰法作為時，輔以戡亂戰役國軍慘痛教訓之案例，具體呈現敵我之間運用六大戰法的差異，建構國軍六大戰法的運用方式。嗣後，並彙整教案

講稿，於民國 48 年完成校訂勘誤後出版。[69] 在《政治作戰概論》中，首次明確指出：「政治作戰就是爲了實現三民主義崇高的政治理想，掃除革命障礙而作戰」。

政治作戰爲《戰爭論》之戰爭手段的衍生發展。軍事行動目標如設定爲瓦解敵人（overthrow the enemy），則須盡一切手段殲滅敵方軍隊；如欲規劃整體作戰計畫，必須明確找到作戰目標；設若不知戰爭所欲達到之目的，或者缺乏明確行動目標，即不能投入兵力。用兵之思維，繫於策定作戰方針、建立行動規模與計算兵力數量，故爲影響軍事行動的最細小環節。[70] 克氏認爲「打敗敵人」（The defeat of the enemy）的定義：「觀察並找到敵人整體所依賴的重心，亦即其整體力量與行動的樞紐（the hub of all power and movement），然後集中一切資源與武力打擊敵人重心。是否佔領敵國領土並非關鍵，只有不斷找到敵人的重心，以最大企圖心投入一切武力，以求取全勝」。[71]

基於此，政戰在國家戰爭指導階層則爲「政治」、「經濟」、「文化」、「軍事」的總體戰。政戰在軍事作戰的指導上則爲六大戰法的運用，可區分爲「戰略性」、「戰術性」與「戰鬥性」三者。申言之，所謂戰略性，係根源於國家政略，以國家利益爲依歸，亦即以組織戰爲布局、以謀略戰爲決策、以思想戰爲植根；戰術性即以情報戰揭露敵情、以心理戰摧毀敵軍攻勢，以群眾戰控制全面。至於戰鬥性則是以守法、愛民、調查與宣傳等手段與光復地區民眾密切合作，使其歸順，此亦爲政戰之綏靖性。亦即以武力戰爲中心，作爲軍事戰的前鋒與後衛。在軍事要求上，則是「攻擊、攻擊、永遠攻擊」，最終目的在發揮政治作戰的統合戰力，完成剋敵致勝的軍事任務。[72]

---

69 王昇，《政治作戰概論》（臺北市：國防部總政治作戰部，1971 年），頁 1~113。
70 Carl von Clausewitz, eds., op. cit., pp. 697~700.
71 Carl von Clausewitz, eds., op. cit., pp. 719~722.
72〈國軍政治作戰指導原則與實踐要領表解〉《國軍政治作戰典則》，國防部 1969 年 6 月 30 日望得字第 8279 號令頒。

　　歸納言之，六大戰法，乃是尋找及確認敵人的「重心」，以祕密滲透的方式，運用各種手段解構其「重心」，最終以武力戰獲致全勝。因此，不論「重心」如何變化與調整，政戰乃是針對「解構重心」的作為始終不變。

　　在軍事作為上，政戰從未取代武力戰，而是將一切政戰的手段與作為，視為達成武力戰目的之核心要件。易言之，政治作戰就是在整個社會領域內，運用政治的諸般手段，來擊敗敵人，以實現我方政治理想的一種戰爭行為。[73] 有關對政戰六大戰法的詮釋，詳如表 1-1：

表 1-1　政戰六大戰法之詮釋

項目	要領	說　明	運　用
謀略戰	決策	有計畫的策略活動，對我鞏固政策遂行；同時，造成敵人的錯誤，有助於我方計畫之實現。	對我：為作戰之最高目標，在軍事與政治的策略上，鞏固我方之政策遂行，一切軍事行動之規劃必須遂行謀略戰任務。 對敵：誘使敵人的政略與構想陷於猶豫與模糊之錯誤。 對敵工作：區分政治、經濟、心理、軍事等層面。
思想戰	根源	以信念為主導的戰爭，破壞敵人的思想與信仰，爭取敵統治地區之廣大軍民群眾。	對我：建立中心思想體系、集中意志，完成精神武裝。 對敵：解除其精神武裝、削弱其戰力，不戰而屈人之兵。 工作方法： 鞏固我方思想：凝聚全民共識，提升國防戰力，建立制敵信心。 瓦解敵人思想：宣揚「臺灣經驗」，確立民主法治地位，持續民間交流，逆轉敵我對立意識，建立多元資訊傳媒，瓦解敵人思想戰略。

---

73 王國琛，《戎馬四十年的省思與信念》（臺北市：黎明文化，1988 年），頁 499~503。

項目	要領	說　明	運　用
組織戰	布局	有計畫、有目的、有系統，將人、事、時、地、物統合，發揮最高度力量，瓦解敵人。	對我：從政治、經濟、軍事、文化、社會等層面予以統合，集結全力打擊敵人。 對敵：以滲透、分化、破壞，瓦解等方法，進入其各領域組織，使其分崩離析，結合軍事武力為中心，消滅敵人。 工作方法：健全我方組織結構，確保功能發揮，培養團隊精神，凝聚組織向心，建構組織發展能力，建立新組織。對敵則為發展敵後組織，發展群眾優勢，弱化並瓦解敵人組織力量。
心理戰	直接作戰	軍事性以外之手段，從精神意志上去制勝敵人。以謀略為指導、以思想為基礎、以情報為依據，運用組織並掌握群眾，使敵人發生心理變化。	對我：健全我軍民心理，團結並凝聚民心士氣，強化戰鬥意志，全力打擊敵人。 對敵：打擊敵軍民心理弱點，影響其戰鬥意志、動搖其軍心、削弱其戰力。結合軍事武力為中心，消滅敵人。 工作方法：持續思想教育，確立軍人信念、軍人武德之精神戰力。對敵則以諸般手段，運用科技與局勢，影響敵人心智，逆轉敵後民心向我。
情報戰	秘密作戰	蒐集敵情，達成知己知彼之戰鬥。區分嚴密我方情報，稱為反情報。蒐集敵情為攻勢情報。	對我：保障自我內部安全，杜絕敵人一切滲透，確保我軍行動自由。 對敵：徹底掌握並了解敵情，控制敵軍行動，兵不血刃而獲取勝利。 工作方法：佈建發展、強化情報蒐集、策反離間、破壞與制裁行動。
群眾戰	基礎	號召群眾予以結合，進而領導群眾，對敵戰鬥。亦為政戰之戰場。	對我：統合我方民眾，投入總體戰。 對敵：擴大敵方群眾反抗心理，掌握其群眾為我運用。 工作方法：爭取群眾、組織群眾、領導群眾。對內為群眾事件的疏導與因應。對敵則為加強政治號召與敵後組織發展。
總結	壯大自己、消滅敵人		

資料來源：依據《政治作戰概論》《政治作戰研究班六大戰法等教材》編輯而成。

　　國軍政工制度緣起於黃埔軍校，在「聯俄容共」政策下，引進蘇俄紅軍的黨代表制度。在蘇聯的援助與建議下，於廣東建立黃埔軍校，藉以掃蕩軍閥，完成中國統一。政工的首要工作，在宣導主義與國民黨的建國信念，並藉黨員組織之整合與訓練，強化三民主義教育成效，以統一軍隊的意志。故藉由軍事組織，加強對官兵的照顧，凝聚軍隊的向心，即為政工制度的核心價值。當時教導團的東征、北伐之舉，能夠所向披靡，確實得力於政工制度。

　　惟遺憾的是，當共黨份子快速在國民黨內部擴張勢力時，首當其衝的就是政工制度，導致軍隊逐漸「紅軍化」。隨後，由於清黨運動的雷厲風行，全面驅除共黨份子，使得政工制度中最具代表性的黨代表制，亦受到相當程度牽連，最後竟遭到廢除的命運。尤其是，日後在國民黨組織改造的歷程上，卻是極力削弱「以黨領軍」的組織架構；[74] 而「清共」的結果，則與蘇聯分道揚鑣。

　　然而，為修正蘇聯紅軍的政工制度，改採以三民主義為中心思想，這本是一條漫長的道路，但並未落實於國軍的政工制度。戡亂失利，退守臺灣，其成敗誠如蔣中正總統所言，皆因政工制度之利鈍所使然。此亦呼應戴傳賢所言：「政治工作之作戰方略訓育計畫，若有錯誤，其禍害不僅於一國一世」是也。[75]

　　政府遷臺後，在蔣中正總統的領導下，整軍經武，勵精圖治。從國軍政工制度的改革、轉型與開展過程，已在在顯示它不僅是鞏固軍隊組織，凝聚民心士氣的重要支柱，同時也是反共與防共的重要武裝機制。改革政工制度的目的，是為「嚴密軍隊組織」與「照顧官兵生活」，此皆為鞏固國軍內部安全、發揮國軍精神戰力之必要舉措。若從早期政工制度的五大工作範疇，探討組織、政訓、監察、保防、民運等實際內涵，

---

74 陳佑慎，《國防部的籌建與早期運作（1946-1950）》，國立政治大學歷史研究所博士論文（2017年），未刊本，頁32~34。
75 戴季陶，〈致政工幹部學校某君書信，1944年〉，收錄於《戴季陶先生文存第二冊》，（臺北市：中國國民黨中央委員會黨史史料編纂委員會，1959年），頁755。

一切坦然於事，廓然於胸。

　　況且，基於對敵作戰之需要，將政工制度轉型為政治作戰，則思想戰、心理戰、組織戰、情報戰、謀略戰、群眾戰等六大戰法，皆重在因敵制敵、超敵勝敵。這也是政戰的建制，何以須在一般部隊與特種作戰部隊之間，予以區隔的道理，故政戰專業單位與政戰專業部隊的設置，實有其任務執行上的必要性。

　　尤其是，當年政工制度轉型為政戰架構，是基於反攻作戰需要而為的，絕非靈光乍現之舉，其轉型過程，主要得自蔣中正總統豐富的治軍經驗，以及反共保臺的各種軍事演訓、攻防的實證經驗。又如政工幹校更名為政治作戰學校，也不僅是名稱的轉換，而是在反共戰爭中，加速人員培育與擴張戰力戰果之積極作為。因此，冷戰時期及後冷戰初期，國軍能夠支援韓國、越南、中南美洲等國家之軍隊，建構其政戰思維與架構，且卓然有成，乃事有必至，理所當然。

　　「以史為鑑，可以知興替。」政戰功能的強弱與國軍士氣的盛衰成正比例，當政戰制度遭受貶抑挫折之時，即為國軍精神渙散、戰力衰敗之時。更嚴重的是，對於「為誰而戰、為何而戰」的軍隊目標，亦隨政戰功能的弱化而日趨模糊。如今，我們所期待的「一個有主義、有思想、有紀律、有精神之革命軍即為能戰之軍隊」，似乎只能在歷史的陳跡中去尋覓了。箇中辛酸，一言難盡，但正如蔣中正總統所警示的，政戰的弱化將導致國軍「缺乏戰鬥意志與精神」，因為「政戰制度是國軍具有靈魂意義的基本制度」。[76]

---

76 趙明義，〈政戰制度與國軍現代化〉，《復興崗學報》，第73期，2001年12月，頁23。

第二章

內外交迫
秘辛件件驚詭譎

　　冷戰開始未久，美國的全球戰略思想乃是以圍堵共產主義的擴張爲主軸，由於中華民國當時秉持「漢賊不兩立」的原則與精神，堅決反共，因此，自然而然就成爲美國圍堵共產主義擴張不可或缺的成員。此外，臺灣位於第一島鏈的核心位置，在這樣的反共氛圍與環境情勢下，中華民國與美國領導的多數自由民主國家，建立了外交關係。[1]

　　1950 年韓戰爆發時，美國基於其在亞洲的利益，除了提供我國軍事與經濟方面的協助外，在國軍部隊裡面也有許多的美軍顧問，但美軍方面所堅持的理念是，軍隊裡不應該設置政治作戰人員。[2]之所以會有這樣的想法，是美國方面認爲這是蘇聯的黨代表制度。以美國對民主政治的認知與理解，軍隊應當獨立於黨派之外，保持政治中立，政黨不應該滲透到軍隊甚或是控制軍隊，否則這無異於專制獨裁國家的作爲。

　　民國 40 年 5 月 23 日，蔣中正總統在接見美籍顧問柯克（Charles M. Cooke）時，聽他轉達美國軍事顧問對中華民國國防部設置總政治部的意見之後，自己記下了一些想法：「聽取柯克美國對政治部制度極懷疑，認此爲俄國之制度也。乃屬宣傳組擬議答案，使其息疑也。彼國務院以此時攻余不成，乃轉而攻擊經國，認政治部乃爲其攻擊我父子毀蔣賣華之重要資料也，可痛。」[3]同年 6 月，美軍顧問團團長蔡斯（William C. Chase）爲了要進一步了解政工，乃指派美軍顧問鮑伯（Bar Ber）與我國的總政治部接觸，從這個時候開始，美國方面對政工制度的批判與質疑就再也沒有停歇過，因爲他們認爲這種制度幾乎完全是仿效蘇聯的政委制度。[4]美國國務院甚至以國軍部隊不夠民主爲由，要求取消總政治部。[5]

1 彭懷恩，《中華民國政府與政治》（臺北：風雲論壇，1991 年 5 月），頁 16。
2 段彩華，〈悼念王老師化行先生〉，《永遠的化公》（臺北：促進中國現代化學術研究基金會，2006 年 11 月），頁 176。
3 陳鴻獻，〈1950 年代初期國軍政工制度的重建〉，《國史館館刊》，第 42 期，2014 年 12 月，頁 75。
4 陳鴻獻，《反攻三部曲：1950 年代初期國軍軍事反攻之研究》（臺北：中國文化大學歷史學系博士論文，2013 年），頁 73。
5 陳鴻獻，〈1950 年代初期國軍政工制度的重建〉，頁 79。

時至今日，不喜歡政治作戰的觀點，一直存在於美國軍中。美國智庫蘭德公司（RAND Corporation）在 2018 年的研究也點出了這樣的事實，「政治作戰從未被好好的體現在美國的戰略對話中，美國許多的軍官原本就排斥這個詞彙。」[6]

國軍政工復制的時候，除了遭受美軍的反對與質疑之外，在國軍內部也有部分將領持反對態度，如當年的陸軍總司令孫立人上將、海軍總司令桂永清上將，他們都堅決反對在軍中設置政戰人員。[7]然而，是非成敗與歷史評斷，總會因時空、環境而異，或許今日之「非」到明日又會變成「是」，歷史上的是是非非全是因人所站的立場與角度不同所致。

第一節　東西冷戰分壁壘　反共長城在寶島

1950 年 6 月 25 日，韓戰爆發，整個東亞的局勢產生了鉅變；6 月 27 日，美國杜魯門（Harry S. Truman）政府改變對華政策，宣佈臺灣海峽中立化，並派遣第七艦隊巡防臺灣海峽，同時開始對臺灣提供軍事及經濟方面的援助。韓戰爆發及美國對中國政策的改變，解除臺灣命在旦夕的危機。美國對臺灣的援助，在短期之內協助並穩定了臺灣的情勢。

民國 43 年 9 月 3 日，中共發動「九三砲戰」，對金門展開猛烈轟擊，此次攻擊事件讓美國認知到，毛澤東有可能從東亞展開向外擴張的政策。因此，為圍堵共產勢力的對外擴張，美國旋於當年 12 月 2 日指派杜勒斯（John Foster Dulles）為美方代表與中華民國代表葉公超在華盛頓簽訂《中華民國與美利堅合眾國間共同防禦條約》（Mutual Defense Treaty between the United States of America and the Republic of China，簡稱《中美共同防禦條約》），44 年 3 月 3 日雙方互換批准書，條約

---

6 Linda Robinson et al., Modern Political Warfare: Current Practices and Possible Responses (Santa Monica, California: RAND Corporation, 2018), p. 2.

7 高靖，〈高靖觀點：蔣經國推動政戰制度引發國府內部政爭〉，《風傳媒》，2018 年 5 月 20 日。〈https://www.storm.mg/article/438678?page=1〉（檢索日期：2021 年 5 月 5 日）

於當日正式生效。除軍事上的同盟之外，美國也藉由經濟援助的方式來協防臺灣，一起對抗共產主義，特別是中國共產黨所帶給臺灣的威脅。[8]依據《中美共同防禦條約》第六條的規定，協防中華民國的領土僅包括臺灣與澎湖而已，美國政府刻意將金門、馬祖排除在條約的涵蓋範圍之外，在某種程度上也限制了蔣中正總統的反攻大陸計畫。[9]

民國 44 年 1 月 18 日，共軍集結登陸部隊，開始攻擊位於浙江台州灣外的一江山、大陳島，以及杭州灣外的舟山群島時，受限於《中美共同防禦條約》的協防範圍，美國並未加入實際的戰役中，當時共軍在一個小時內就投射了 1 萬 2 千發左右的砲彈，攻擊十分猛烈。中共軍隊佔領一江山後，火力已經可以涵蓋到大陳島，當時的國防部長俞大維向蔣中正總統提出建議，認為大陳島「不可守、不能守、不必守」，應集中兵力在金門、馬祖地區。2 月 8 日，中華民國在美軍第七艦隊的支援下實施名為「金剛計畫」的撤退行動，協助大陳島上的居民和國軍撤退。

在《中美共同防禦條約》的內容中，有這樣的陳述：[10]

> ⋯⋯兩國人民為對抗帝國主義侵略，而在相互同情與共同理想之結合下，團結一致並肩作戰之關係；願公開正式宣告其團結之精誠，及為其自衛而抵禦外來武裝攻擊之共同決心，俾使任何潛在之侵略者不存有任一締約國在西太平洋區域立於孤立地位之妄想；並願加強兩國為維護和平與安全而建立集體防禦之現有努力，以待西太平洋區域更廣泛之區域安全制度之發展。

---

8 林正義，〈「中美共同防禦條約」及其對蔣介石總統反攻大陸政策的限制〉，《國史館館刊》，第 47 期，2016 年 3 月，頁 123。

9 參見〈中華民國與美利堅合眾國間共同防禦條約〉，《全國法規資料庫》。〈https://law.moj.gov.tw/LawClass/LawAll.aspx?pcode=y0010095〉（檢索日期：2020 年 6 月 11 日）；林正義，〈「中美共同防禦條約」及其對蔣介石總統反攻大陸政策的限制〉，頁 124。

10 "China Mutual Defense (1954)," American Institute in Taiwan. At https://web-archive-2017.ait.org.tw/en/sino-us-mutual-defense-treaty-1954.html

　　雖然，從前述以及其它的條文中，可以隱約知道美國僅是有限度的支持與協防臺灣，並不希望中華民國重建和發展政工體系，藉此防制我反攻大陸行動。但是，中華民國仍基於國際共同反對共產主義的立場，以及本身的生存發展與壯大，依然持續發展與強化政治作戰作爲，全力對抗共產主義的擴張。當然，政戰人員與政戰體制在這樣的氛圍下，無論是在國內或是國外，或者是在維繫邦誼上，都曾經做出許多的努力與貢獻，有些熟爲人知，但有些則如同秘辛一般，被隱藏在歷史的滾滾洪流中，未能載入史冊，逐漸爲世人淡忘。

一、「劉自然事件」政工幹部化暴平怨

　　民國 46 年 5 月 24 日，臺北街頭發生反美的暴動事件，也就是俗稱的「五二四事件」或「劉自然事件」。事情要回溯到當年 3 月 20 日，那時在陽明山革命實踐研究院受訓的少校學員劉自然在返家途中，遭美國軍援顧問團上士雷諾（Robert G. Reynolds）槍殺身亡。劉自然被擊斃的原因眾說紛紜，按照雷諾本人在接受偵訊時的說法，是因爲劉自然想要在浴室窗外偷窺他的妻子洗澡，於是他取出手槍走到屋外庭院查看，結果發現劉自然手裡拿著鐵棍迎面而來，在驚慌中爲了要自衛，才向劉自然開槍。但是，媒體跟坊間的說法卻是大相逕庭，有指稱說，是劉自然與雷諾曾經在一起販賣過舊軍品或毒品，因爲雷諾懷疑劉自然有「黑吃黑」的嫌疑，才會萌生殺機。姑且不論事情的眞相爲何，但這件事情的發生，在相當程度上影響了中華民國與美國的邦誼，甚至演變成更爲嚴重的反美暴動事件，若處理不當，危害甚鉅。

　　命案發生後，中華民國警方打算以雷諾爲現行犯，要將他移送法辦，不過同時前往現場的美國憲兵，卻以「駐臺美軍享有外交豁免權」爲由加以阻止，轉而移送美國軍事檢察官負責審理。5 月 20 日，美軍組成軍事法庭開庭審理，並採信雷諾自衛殺人說法，雷諾遂被宣判無罪，

當庭釋放。[11]

5月24日，劉自然遺孀認為案件疑點重重，故而前往美國大使館抗議並透過廣播哭訴，消息迅速傳開，引發民眾譁然，之後隨即發生大規模的街頭群眾暴動，聚集民眾人數一度高達6,000名，群眾拿石頭、磚塊、木棍攻擊美國大使館，甚至有人翻牆進入美國大使館、撕下美國國旗、砸毀汽車、家具，燒毀文件，並毆打使館人員。[12] 原本是非常單純的刑事案件，卻演變成反美的暴動，情勢一發不可收拾，如果不妥慎處理，對中美邦交關係會產生巨大影響。在這樣的險峻外交情勢中，政工幹校奉國防部總政治部的命令，派員協處，並設法制止與平息反美暴動事件。[13]

5月25日深夜，政工幹校校長王昇將軍召見學生隊第一隊代理隊長徐靜淵並交付任務，要徐靜淵隊長帶領100位學生在5月26日早上出發，參與反暴動工作。徐靜淵從四個學生隊各挑選25名學生穿著便服執行任務；每四名學生編成一個小組，其中有一位要會說閩南語，然後將學生分散在各地，只要有群眾聚集的地方，就是執行任務的場所。而執行反暴動任務主要是將一群烏合之眾引導到所能掌控的方向，以平息情緒，不讓事件擴大。

任務當天清晨6時，100名學生分乘三輛十輪大卡車出發，浩浩蕩蕩進入臺北市區，依計畫行事。學生們全數深入群眾當中，掌握時機，以國、臺語高聲大喊：「打藍欽（Karl L. Rankin）大使的跟我來」，因為群眾是盲從的，所以當時一群不明就裡的民眾便跟著政工幹校的學生亂跑一通，等到群眾們發覺方向錯誤之後，為時已晚，甚至是筋疲力竭了，甚至有些群眾在中途就離散了，也自然無法醞釀成更大規模的暴動事件。在政工幹校學生協助執行任務10天之後，臺北街頭完全恢復平

11 〈歷史事件老照片－劉自然事件〉，《文化部》。〈https://cna.moc.gov.tw/home/zh-tw/history/36160〉

12 同上註。

13 徐靜淵，〈追憶五十年前一則難忘的往事〉，《永遠的化公》（臺北：促進中國現代化學術研究基金會，2006年11月），頁103-105。

靜，反暴動事件的任務圓滿達成，學生歸建。[14]

劉自然事件發生時，美國駐華大使藍欽從香港匆匆返臺，提出強烈的抗議。美國政府甚至聲明臺北的反美事件，不像是一個沒有組織的行為，也有美國媒體質疑是經國先生在幕後操縱救國團策動此事。一直到9月中旬，美國總統的特別助理來臺灣調查這個事件時，仍然質疑是否為經國先生在操縱。[15]最後，我政府為平息此一外交風波，給美方一個「交代」，而將經國先生調任為國軍退除役官兵就業輔導委員會主委，率領榮民修築臺灣中部的東西橫貫公路。

至今有許多專文在探討「劉自然事件」時，都將焦點放在經國先生的角色與功過，[16]卻鮮少人論及政工幹校學生協助平息事件的秘辛。在當時全球圍堵共產主義的情勢中，臺灣位於第一島鏈的重要位置，一旦中美關係鬆動，島鏈可能會被突破，甚而影響美國的全球戰略布局，危及自由世界的安全。

二、海外政治作戰　交流紛至沓來

對中華民國來說，反攻復國的戰爭乃國際反共戰爭之一部分，而非一國之內戰。反攻復國戰爭乃武力與民眾相結合之革命戰爭。基於此一欲使武力與民眾結合，臺灣軍事反攻與大陸抗暴革命行動結合，乃至與國際反共戰爭結合，均須重視宣傳，藉宣傳而爭取人心。因此，國內外人民的向背，即是反攻復國戰爭勝敗的關鍵。[17]換言之，反攻復國戰爭是一種所謂的「心智戰爭」（War of Hearts and Minds），如何爭取民心即成為戰爭勝負的關鍵。政戰制度設置的初衷之一，就是為了要在「心智戰爭」的較量中獲取優勢。

---

14 同上註。
15 任育德，〈由《胡適日記》「妄人說」觀察胡適 - 蔣中正關係中的美國因素〉，《成大歷史學報》，第 52 號，2017 年 6 月，頁 188。
16 林孝庭，《蔣經國的臺灣時代：中華民國與冷戰下的臺灣》（新北：遠足文化，2021 年），頁 66-72。
17 國軍政工史編纂委員會，《國軍政工史稿》（臺北：國防部總政治部，1960 年），頁 1724。

　　民國48年2月，政工幹部學校依據設校的教育宗旨，以及結合歷年的經驗，訂定「戰勝敵人教學計畫綱要」，由國防部核定實施。依據這個計畫，學校的教育目的在培養具有組織力、領導力、忍耐力、革命性、創造性、戰鬥性，爲反共復國犧牲奮鬥的革命政工幹部。在認識敵人部分，綱要中的陳述是：[18]

> 「確認朱毛匪幫及其主子俄帝爲我國家民族與全世界人類的共
> 同敵人。俄帝及朱毛匪幫，以奪取、鞏固與擴大其政治權力爲
> 唯一目的，其賴以遂行並達到此種目的的條件是馬克斯、列寧
> 主義的謬誤理論及其陰狠惡毒的鬥爭策略。大陸同胞，水深火
> 熱，急待解救，惟驅逐俄寇，消滅朱毛，絕非單純武力所能成
> 功，必須以武力爲中心，展開政治作戰，始能徹底瓦解敵人，
> 爭取最後勝利。」

　　從前述的綱要中可以得知，當時的教學課程，除針對以朱毛爲首的中國共產黨之外，更包括蘇聯等國際共產主義的勢力在內。政工幹校課程與政工體制的設計，兼具國內、兩岸與國際的深刻意涵，更是以攻心的方式直指反共核心。

　　中華民國政戰制度的發展成效，吸引許多友邦國家先後與我進行交流。民國46年4月，中華民國國防部應駐日美軍總部的邀請，派遣心戰訪問小組，先後訪問韓國、日本、美軍及聯軍心戰單位，並與美國及韓國軍方，研討心戰技術，交換心戰經驗。47年5月，越南共和國駐中華民國大使向國防部索取我國對匪心理作戰理論與技術的有關資料，國防部總政治部立即致贈心戰技術書籍五種，極受越方的重視。48年10月，越南國防部心戰署署長阮文珠中校應我國總政治部主任蔣堅忍

---

18 同上註，頁 1570-1571。

之邀來臺灣進行訪問，隨行人員有心戰署的課長黎延霖上尉、武光迎上尉、組長陳廷儒中尉，訪問行程共計八日，對中越兩國心戰聯繫，裨益甚多。[19] 政治作戰的經驗與效用，在冷戰初期也成爲中華民國與其他國家建立與發展關係的利器。

　　韓戰結束後，南韓政府深刻體認不能使用軍事武力的熱戰方式去對付北韓政權。因此，南韓總統朴正熙一改李承晚總統時期的「統一朝鮮政策」，轉以「軍政對峙、承認北韓」的方式面對北韓，非軍事武力的作爲日益受到重視。民國 55 年 2 月 15 日，朴正熙總統與其夫人陸英修伉儷訪問臺灣，與蔣中正總統會面並商討雙邊政治作戰和心理作戰的合作事宜，結束訪問行程後，更將方法帶回南韓去應對來自北韓的威脅，當時南韓軍隊於邊境地區所架設的心戰廣播、空飄氣球等，都是得到我國政治作戰部門的指導與合作。[20] 與韓國的合作彰顯了中華民國經營的政戰制度及相關作爲，深深獲得國際友人的肯定。

　　時人在提到王昇將軍時，莫不認爲他是研究與推展政治作戰的權威性代表。民國 48 年，王昇將他授課的相關資料加以整理，並出版成專書《政治作戰概論》專書，這本書在民國 68 年又再重新修訂。專書出版之後，由於實務工作上的需要被翻譯成英文、韓文、法文、越南文、泰國文、高棉文、西班牙文等版本。在越戰期間，越南軍隊以此書爲基礎建立了政治作戰制度，韓國則成立了「精神戰力學校」。[21]

　　冷戰初期以及中華民國與美國建立邦交關係之後，政戰制度雖不見容於美國友人，但在中華民國持續的努力與經營下，政戰體制逐漸獲得肯定與支持，國際友人也紛紛要求協助成立政戰制度，其中，中華民國著力最深的是與越南間的政戰合作。

---

19 同上註，頁 1795。

20 陳禹瑄，〈中華民國政戰制度的過往與今日〉，《中華振興同心會》，2021 年 2 月 4 日。〈http://city.udn.com/50257/7106035#ixzz6tz6xPjZj〉（檢索日期：2021 年 5 月 5 日）。

21 尼洛，《王昇－險夷原不滯胸中》（臺北：世界文物出版社，1995 年），頁 221-222。

第二節　中越合作四部曲　「奎山」見證反共心

　　1954 年，法國於奠邊府一役戰敗，結束了在越南的殖民統治，越南在國際的安排下一分為二，北部為越南共產黨占領；南部則建立越南共和國，由吳廷琰出任南越總統，但北越共黨政權意圖積極赤化南越，不斷地在南越從事陰謀破壞活動。民國 49 年，吳廷琰訪問臺灣，「目睹官兵戰術精良，士氣高昂，且得知中華民國軍官兵的待遇還不到越南軍隊的一半，因而感到十分高興與驚異」。[22] 這個深刻的印象，讓政治作戰制度在越南的植根與發展，奠定了一個良好的契機。

　　1960 年 12 月，在北越的主導下，於越南成立了服膺於共產主義的越南南方民族解放陣線（National Front for Liberation of Southern Vietnam），專門從事對抗越南政府及其軍隊的游擊作戰，企圖吞併越南。以蘇聯及中共為首的國際共黨對北越提供大量武器與物資，支持共黨份子以武力奪取越南政權。美國為維護亞洲的自由與安全，遏止國際共產的侵略與擴張，開始對越南展開一連串的經濟與軍事援助。中華民國則基於國際互助且同為美國盟友暨圍堵共產勢力的一環，使得中華民國與越南發展出特別緊密的軍事合作關係。[23]

一、「奎山軍官團」的肇建

　　1960 年 1 月 15 日，越南總統吳廷琰率團訪問臺灣，當時總統蔣中正先生親自陪同吳廷琰到高屏地區參訪經濟建設，同時也觀看了國軍雷虎小組、兩棲作戰部隊以及傘兵部隊演習，越方對國軍官兵高昂的士氣、精良的戰技，留下甚為深刻的印象。因此，在後續會談時，吳廷琰

---

22 〈越南內戰，臺灣想興風作浪，美國沒有允許，最終臺灣給了什麼支援〉，《壹讀》，2020 年 12 月 23 日。〈https://read01.com/zh-tw/xmBOg5N.html#.YIqd9tUzbIU〉（檢索日期：2021 年 4 月 29 日）

23 國防部編印，《越戰憶往口述歷史》（臺北：國防部史政編譯室，2008 年），頁 9-10，國防部編印，《越戰憶往口述歷史》（臺北：國防部史政編譯室，2008 年）；陳鴻瑜，〈一九六〇─七〇年代臺灣軍援越南〉，《傳記文學》，第 119 卷第 5 期，民國 110 年 11 月，頁 16。

便提出要求，希望能夠派遣一位國軍將領前往越南，幫助他們強化軍隊的整建工作，接著吳廷琰跟經國先生會面時，又再度提出這個想法。

　　訪問行程結束後，吳廷琰再次透過外交體系催促，希望能夠以「協助改善軍中福利」的名義派遣我方軍事人員前往協助。後來我國防部便指派當時的政工幹校校長王昇將軍執行此一任務。[24] 經國先生在召見王昇時說道：「總統應吳廷琰之請，派你帶兩個年輕的軍官前往越南訪問，時間是兩個月。」[25]

　　經過一個月的積極準備後，民國 49 年 5 月 3 日，王昇將軍在陳堤上尉與陳祖耀上尉的陪同下前往越南。抵達越南後的第二天早上旋即前往越南國防部拜會副部長陳中庸（Tran Trung Dung），越南方面提出幾個事項希望王昇將軍幫忙，相關內容包括：如何鞏固部隊團結、如何提高部隊士氣、如何防制越共滲透、如何加強敵後工作等。5 月 9 日，越南阮廷淳（Nguyen Dinh Thuan）部長代表吳廷琰總統接見王昇並轉達指示，要王昇先訪問越南的相關機關、學校、部隊以及地方政府之後，再行研究各項問題。於是在越南總參謀部的安排下，用了將近二個月的時間，走訪越南國防部各廳、署及其直屬單位，也到各軍區司令部以及基層連隊實施訪問。當然，活動內容包括雙邊的簡報與座談，期間王昇將軍多於下榻之處研擬各種問題的解決計畫與方案，並將這些內容撰寫成文件。[26]

　　7 月 6 日，越南總統吳廷琰正式接見王昇將軍，詢問其參訪的觀感與意見。王昇在這個場合將他研擬的問題解決方案 19 份文件連同與《吳廷琰著：人位主義》一書遞交給吳廷琰總統。為什麼這本書要冠上「人位主義」的名稱？因為王昇發現吳廷琰曾經讀過四書五經，非常重視思想理論，而且他將自己的思想理論稱為「人位主義」，也就是說，這個

---

24 陳祖耀，《大時代的心聲》（臺北：三民書局，2011 年），頁 110-111。
25 尼洛，《王昇─險夷原不滯胸中》，頁 309。
26 陳祖耀，《大時代的心聲》，頁 111-113。

思想理論是從中國文化中的人本哲學與政治中所衍生出來的。[27] 吳廷琰看完王昇將軍所遞交的相關文件後表示：「所有這些文件和方案，我都要仔細研閱，並要付諸實行。不過要實施這些方案，要先溝通官兵的思想和觀念，因此要請將軍到各地巡迴演講。」然而，王昇將軍向吳廷琰表達他二個月的任務期限已經期滿了，同時也因為職務調動關係，必須要回國辦理交接，因而向吳廷琰總統辭行。[28]

為了能夠讓王昇繼續留在越南，吳廷琰隨即致電中華民國政府，要求准許王昇續留越南三個月，但當時王昇已經奉命調任總政治作戰部副主任，必須回國交接，最後僅准許王昇再停留越南一個月。

在續留越南期間，吳廷琰邀請王昇將軍以「政治作戰」為題向越南的全國將校實施演講，時間為 1960 年 7 月 26 日上午 8 點，地點在越南總參謀部的大禮堂，內容先說明共產黨本質以及中華民國在大陸與共軍浴血作戰的經驗與教訓，接著闡述政治作戰的意義、戰法，以及當前世界各國政治作戰的現況，最後介紹政治作戰在中華民國軍隊的作法與越南的反共前途。這場演講因為討論非常熱烈，原本應該進行兩個小時的演講，一直拖延到午後方告結束。

8 月 2 日，王昇離開越南的前三天，越南國防部心戰署署長阮文珠舉辦惜別座談會，讓越南的心戰幹部向王昇請益反共經驗。有位越南少校發言表示：「在將軍還沒有到越南之前，我們曾經聽說中華民國的軍隊訓練精良，但是半信半疑，因為在第二次世界大戰結束時，貴國的盧漢部隊到越南接收日軍投降，軍紀很壞，姦淫、擄掠、吸鴉片，給我們極為惡劣的印象。這幾次聽到將軍的演講，對將軍的學識見解和風範，內心非常敬佩。我們相信貴國的軍隊一定能完成反攻大陸、消滅共黨的任務。」[29]8 月 5 日，王昇結束在越南的任務返國。後來他又受到吳廷琰

---

27 尼洛，《王昇－險夷原不滯胸中》，頁 310。
28 同上註，頁 312。
29 陳祖耀，《大時代的心聲》，頁 119-120；淡寧，〈化公令人難忘的一次演講〉，《永遠的化公》（臺北：促進中國現代化學術研究基金會，2006 年 11 月），頁 33-34。

總統的邀請，率領「奎山軍官團」在越南工作了一年。其實，越南在當時的情況十分複雜，充斥許多內外鬥爭事件，首都西貢也是如此，增添軍官團在當地工作的困難度。[30]

1960 年 11 月 11 日，越南陸軍中校王文東及空降師上校阮正詩發動軍事政變，包圍總統府，企圖逼迫吳廷琰改組政府，雖然事件很快就得到平息，但對越南的民心士氣與國際聲譽產生莫大的打擊和影響。吳廷琰因而決心仿效中華民國軍隊設置政工人員的作法，並大力推動政治作戰制度。[31]

為協助越南解決困境，蔣中正總統特別召見王昇，叮囑他再次前往越南，除代表政府慰問吳廷琰政府之外，也要和越南政府相關部門共同研究如何對抗共產主義。王昇將軍於受命後，11 月 20 日先單獨前往越南西貢。吳廷琰對王昇說：「你們中華民國能夠這樣做，我們越南也要這樣做！」顯見當時越方對政治作戰的重視程度。此外，吳廷琰也同時決定邀請中華民國政府派遣一個軍官團，長期停留在西貢協助越南政府建立軍隊裡面的政治作戰制度，以及訓練政治作戰的幹部。完成相關協議後，王昇於 12 月 4 日返回臺北報告越方的期望與要求。[32]

中華民國基於國際互助合作與堅決反共的立場，在很短的時間內就同意國防部派遣軍官團到越南協助的要求。民國 49 年 12 月 7 日，團員名單亦告確定，奉核定團長為王昇將軍，副團長為憲兵司令部政治部主任阮成章少將，其餘人員包括參謀長劉戈崙上校、團員楊浩然中校、陳玉麟中校、陳祖耀上尉、陳偍上尉，一行共計 7 人。

民國 50 年 1 月 2 日下午抵達越南西貢。王昇將軍在軍官團的第一次會報中提報了「奎山軍官團工作預定計畫」，主要內容為如何建立制

---

30 陳祖耀，《大時代的心聲》，頁 121。
31 林孝庭，〈兩岸史話－蔣派王昇赴南越協助抗共〉，《中時新聞網》，2018 年 11 月 20 日。〈https://push.turnnewsapp.com/content/20181120000267-260306〉（檢索日期：2021 年 4 月 29 日），另參呂夢顯，〈赤手空拳定工作 赤膽忠心報國家－推介陳祖耀著《王昇的一生》〉，《永遠的化公》（臺北：促進中國現代化學術研究基金會，2006 年 11 月），頁 4-7。
32 陳祖耀，《大時代的心聲》，頁 121-122。

度與訓練幹部,他同時也指示要創辦「政治作戰研究班」。1 月 15 日,
王昇率領「奎山軍官團」向吳廷琰總統實施簡報,由參謀長劉戈崙上校
報告「軍中保防工作」,副團長阮成章少將報告「政治作戰研究班教育
計畫」,吳廷琰總統聽完之後高興地表示:[33]

> 越南與中華民國好像兄弟,又好像親戚,關係特別密切。因為
> 我們是一家人,所以你們來越以後,我們並未特別招待你們,
> 希望能夠原諒。今天的簡報很好,教育計畫很完善,可以就按
> 這計畫實施;保防工作很重要,希望將軍在這方面多予協助。
> 關於成立政治作戰研究委員會的問題,我現在即指定總參謀部
> 的參謀長阮慶少將為負責人,要他在最短期間內即成立,請將
> 軍多予協助。

政治作戰,可說是中華民國軍方援助越南的最大宗項目,因為該援
助正是美國在避免刺激北京發兵越南之前提下,表面上所能接受的最大
程度的軍事援助項目。

越南政府最早於 1959 年 9 月至 10 月間,相繼派員至中華民國考察
軍中福利康樂事業及心理作戰業務。雖然中華民國派軍官團協助是受到
越南方面的主動邀請,但值得注意的是,因為美國方面對政治作戰制度
與人員有著非常大的疑慮,為顧及可能遭到美方的阻撓,故僅能以「軍
官團」為名,且身著便服的方式從事任務,這個化名是獲得國防部准許
的。儘管中越雙方高層咸信,為越南建立政戰制度有其必要性,但要真
正推行制度,在所需的經費與員額方面,依然受到美國方面的節制。[34]

總體而言,要在越南建立政治作戰的體制與單位,並非易事,為了

---

33 同上註,頁 125-126。
34 黃宗鼎,〈越戰期間中華民國對越之軍援關係〉,《中央研究院近代史研究所集刊》,第 79 期,
  2013 年 3 月,頁 147。

減少來自於內部與外部的阻力，決定先成立「心戰訓練中心」，再辦政治作戰研究班。1961 年 5 月 24 日，政治作戰研究班正式開訓，總共招收學員 120 人，訓練時間為 16 週。10 月 14 日結訓時，吳廷琰總統親自到場主持典禮，並頒發結業證書，他對「奎山軍官團」的成員表示：「你們對越南共和國做了極大的貢獻，這種貢獻不是任何金錢財物可以買得到的！」[35] 得到這樣的讚揚，無疑是對「奎山軍官團」的努力的極大肯定，更見證我國政戰人員在冷戰時期對反共大業的付出。

「奎山軍官團」在越南受到的反應及風評非常良好，因此，在 1961 年 11 月 1 日隨即開辦第二個梯次，人數同樣是 120 人，但是訓練縮短為 8 週。在結束為期一年的工作與任務之後，越南政府頒贈榮譽星座勳章給軍官團成員，這是繼美駐越軍事顧問團之後越南第二次頒給外國軍官勳章，對中華民國軍官來說，是極為難得的榮耀。[36]

值得一提的是，中華民國的政戰制度竟獲得美國軍官的認可。1962 年 2 月 8 日，越南將領率團參訪國軍政治作戰經驗時，美國也派出駐越顧問的軍官隨團來訪，其中，美軍的包溫（Bowen）中校與克希（Kersey）少校將訪問心得寫成詳細報告，認為中華民國基於長期的反共經驗所建立的政戰制度，對越南的反共作戰，必能發揮堅強戰力，使得美軍駐越的將領及官員，對我國的反共政治作戰有了更深入的了解與正確認知。[37]

因為推展政戰制度的關係，所以中華民國軍方人員與越南軍方高階將領之間有著深厚的私人情誼。1963 年 11 月 1 日，越南發生流血政變，吳廷琰政權遭到推翻，他個人也被殺害，政變後由阮慶中將擔任越南總理，獨攬行政大權，陳善謙中將為國防部長兼三軍總司令，阮文紹（Nguyen Van Thieu）將軍則為三軍參謀長，這三位實際掌權者都與王

---

35 陳祖耀，《大時代的心聲》，頁 128。
36 同上註，頁 129；陳鴻瑜，〈一九六〇─七〇年代臺灣軍援越南〉，前引文，頁 19-20。
37 國防部編印，《越戰憶往口述歷史》，頁 11、44。

昇將軍有相當不錯的私人情誼。隔年8月，越南政府為對抗越共的叛亂，決定全面建立政治作戰制度。當然，王昇將軍又再一次受邀前往越南。[38]即使阮文紹政府也同樣要求中華民國協助越南三軍建立政戰系統。[39]當時成立的政戰系統有四個特點：[40]

1. 教導部隊知道為誰而戰，不太容易受到反宣傳影響，不會受騙。

2. 提高部隊士氣，保持高昂戰志，貫徹命令和方法。

3. 建立軍隊的保防系統，以免被越共滲透。

4. 教導軍隊贏得民眾的支持，與民眾保持密切的關係。

另為加強越南軍隊的反共決心，王昇將軍在吳廷琰主政越南時期，在西貢展開的一系列反共的政治作戰和心戰的培訓計畫，隨著第一階段的任務結束，在原有基礎上擴充為正式的軍事顧問團，這也象徵著兩國間密切合作反共聯盟的開端。[41]

至於「奎山軍官團」於駐越期間的具體成果是：協助越南成立一所心戰訓練中心、開辦越南政治作戰研究班與政治作戰初級班、協助編寫教材教案、開班授課與巡迴演講座談等，這些項目也讓過去主要接受法國軍事訓練的越南軍官，開始接納中華民國政治作戰的概念。[42]

1964年1月，王昇將軍再度前往越南訪問，期間正逢越南總理阮慶替陳善謙上將授階的典禮，在這個場合裡聯軍統帥魏斯摩蘭（William C. Westmoreland）將軍剛好也是貴賓。當魏斯摩蘭看到阮慶以擁抱方式歡迎王昇時，就詢問身旁的人：「這位客人是誰？」當他得知是王昇將軍之後，隨即商請一位越南將領幫忙介紹，在不期而遇的情況下與王昇結識。其實，魏斯摩蘭將軍早已耳聞王昇之名，也知道他是專門研究政治作戰的人，因此他很想要向王昇請教政治作戰到底是什麼。基於這樣

---

38 陳祖耀，《大時代的心聲》，頁130。
39 段彩華，〈悼念王老師化行先生〉，頁177。
40 同上註，頁178。
41 林孝庭，〈沙裡淘金：從胡佛檔案重溫東亞冷戰史〉，《國史研究通訊》，第9期，2015年12月1日，頁11。
42 陳祖耀，《大時代的心聲》，頁121。

的因緣，後來王昇同意在聯軍統帥部向魏斯摩蘭進行簡報，王昇在簡報中提出了三個請求：第一、協助越南建立政戰制度；第二、支持越南成立政戰學校，訓練政戰幹部；第三、為越南建立一座電視台，以加強越軍與越南民眾的反共觀念。[43]

其實，在當時如果想要得到美方支持在越南做這樣的事，是不太可能達成的，因為他們對政治作戰並不認可，但是，魏斯摩蘭卻毫不猶豫地接受了前述的第一、二項建議，第三項最後也被美方承諾了。不過，魏斯摩蘭卻反過來要求王昇將軍說：「這些工作，都需要中華民國的指導與協助。」這也因而推導出要中華民國派遣軍事顧問團長期駐守西貢的結論。[44]

不過，當時「奎山軍官團」在越南執行任務也是異常艱辛，成員僅能穿著便服，提供政治作戰與心理作戰方面的諮詢，不可以參加戰鬥任務。尤有甚者，在贈送越南手榴彈之前，要先去除中華民國製造的標識；支援越南的空勤人員，都必須先退役再轉雇於中華航空公司的方式接受美軍節制；中華民國派往越南協助的戰車登陸艦，只能懸掛美國國旗，所有船員都要穿便服值勤。[45] 雖然有著種種的不便，但中華民國依然是殫精竭慮地協助越南完成各項任務。

二、成立「中華民國駐越軍事顧問團」

1964 年 3 月 23 日，越南副總理兼國防部長陳善謙奉新政府之命訪問臺灣，陳善謙之所以受命訪臺，其實是越南正式推行政戰制度後的影響所致。因為美軍隨行的兩位顧問鮑文（Bowen）、克西（Kersey）對臺灣軍隊所施行之政戰制度頗有好評，致使美方轉而接受越南建立政戰

---

43 尼洛，《王昇─險夷原不滯胸中》，頁 316。
44 同上註，頁 316-317。
45 黃宗鼎，〈學校不教的歷史─軍援的故事〉，《獨立評論@天下》，2016 年 4 月 8 日。參見〈https://opinion.cw.com.tw/blog/profile/353/article/4108〉（檢索日期：2021 年 4 月 29 日）

制度之願望。[46] 這樣的轉折更彰顯政戰幹部的努力成果，使得原本質疑政治作戰體制的美方，也改變其既有想法，並支持越南成立政戰系統。

1964 年 8 月底，經過與美國駐越軍援司令部（United States Military Assistance Command, Vietnam）司令魏斯摩蘭將軍以及越南方面會商之後，王昇與越南三軍總司令部參謀長阮文紹於 8 月 28 日就中華民國派遣顧問團一案簽署協議。按照協議內容所載，中華民國軍事顧問團在這個時候雖然與其他國家顧問團不同，但是與「奎山軍官團」時期相互比較，已經從穿便服執行任務，轉變成可以穿著中華民國國軍的制服了。8 月 31 日，美國與中華民國再度簽署第三國援越之支援協定，好讓越南建立之政戰部隊，可以和美國與越南之間的「綏靖計畫」有效結合。9 月 1 日，越南國防部長兼三軍總司令陳善謙上將正式行文邀請臺灣派遣 15 人的軍事顧問團到越南一年，協助其推展政治作戰制度。兩國均同意該軍事顧問團在駐越期間，「按照第三國援助越南之規定，享受美軍之後勤支援。惟因中華民國軍事顧問團之工作性質，與其他國家有別，故其本部將另覓一處所，專供該團人員辦公及住宿。」[47]

1964 年 9 月，王昇從越南返國之後，積極成立「中華民國駐越軍事顧問團」（ROC Military Advisory Group, Vietnam），以鄧定遠中將為團長，率領 15 名軍官赴越南和美軍共同推展越南的政戰制度，同行的人員有副團長韓守湜少將、參謀長毛政上校、團員孫守唐、周樹模、諶敬文、李宗盛、陳祖耀、祝振華、趙中和、陳慶熇、趙琦彬、駱明道、陳貴、范純道等。[48]10 月 8 日，飛抵西貢。軍事顧問團除在越南政戰總局及所屬各局派駐顧問外，從 1966 年 7 月開始，還在各戰術區司令部派駐顧問。[49]

曾經官拜陸軍中將的陳祖耀先生回憶表示，當時臺灣曾邀請美軍與

---

46 陳祖耀，《大時代的心聲》，頁 121-122。
47 同上註。
48 國防部編印，《越戰憶往口述歷史》，頁 41-42。
49〈一段失落的軍援越南秘史〉，2007 年 2 月 25 日。〈https://blog.xuite.net/maximilian_wang/twblog/141227920〉（檢索日期：2021 年 4 月 29 日）

越南軍隊的將領來臺灣參觀國軍政治作戰制度，並由中越雙方共同遴選人員組成聯合小組，完成「越南政治作戰總局」編制草案。1965 年 1 月，越南政治作戰總局開始運作，並要求中華民國派員到總局擔任顧問。1966 年 4 月，更進一步要求我國軍官走訪越南部隊，到各個戰術區擔任顧問職務，於是我又增派人員到越南。越南戰場共有四個戰術區，陸軍上校王炳勳回憶，第二戰術區位於叢林地帶，越共在這裡大量挖掘地道，而且挖的規模非常浩大，他們運用叢林游擊戰，使得美軍在此作戰很難找到越共的蹤跡。王炳勳也曾經親赴位於北緯 17 度線上的第一戰術區，觀察峴港戰情。他認為中華民國協助越南成立的政戰制度，幫助越南軍隊安置家屬與前來投降的越共，此舉穩住了越南的軍心，對他們的幫助非常大。[50]

　　駐越軍事顧問團是中華民國有史以來第一次派遣駐外的軍事顧問團。在越戰當中，我國並沒有像其他國家一樣派兵協助，但是在聯軍總部的門前卻出現了青天白日滿地紅的國旗，[51] 這是非常難能可貴的。

三、易銜「中華民國駐越軍援團」

　　自 1965 年起，由於越南的政戰組織大致成形，西貢當局乃陸續邀請中華民國軍援團成員進駐總局暨所屬單位、大叻政戰大學、各戰術區，以及海、空軍之政戰部門擔任顧問。1966 年 10 月 21 日，中華民國與越南簽署《中越軍事協議書》，原有的中華民國軍事顧問團於1967 年 2 月 15 日易銜為「中華民國駐越軍援團」。由於當時除了美國外，南韓、澳洲、紐西蘭、泰國與菲律賓等國都陸續派兵援助越南，因此越南政府特別成立「自由世界軍援委員會」，中華民國也獲邀參加，並隨即改為「中華民國駐越軍援團」（ROC Military Assistance Group,

---

50 楊靜文，〈《越戰憶往口述歷史》臺灣人的越戰故事〉，《全國新書資訊月刊》，2008 年 9 月號，頁 34。另參見〈王炳勳先生訪談〉，《越戰憶往口述歷史》（臺北：國防部史政編譯室，2008 年），頁 65-78。
51 尼洛，《王昇－險夷原不滯胸中》，頁 317。

Vietnam）。團長徐汝楫爲軍事顧問團的第三任團長，改銜後成爲第一任司令，第二任司令爲姜獻祥。顧問團和軍援團駐越期間，協助越南軍方成立政戰總局、建立各級政戰組織、開辦政戰教官班、創建政戰大學等。[52]

1967 年 3 月，「中華民國駐越軍援團」在越南海、空軍司令部派駐顧問，使顧問人數從最初 15 人增加爲 31 人。[53] 同年 6 月，中華民國在取得越南同意後，擬派遣具備情報、武器、火砲、彈藥及工程等專業的軍官，前往越南戰場見習，卻被聯軍司令魏斯摩蘭否決。他所持主要理由是，這項申請並不符合美國與中華民國協議的規定，因爲依照相關內容，僅允許中華民國提供政治作戰與心理作戰顧問給越南，但不可以參加戰鬥作戰任務。在敏感的軍事交流與合作中，政治作戰反而是美方可以接受的援助項目。

對中華民國來說，駐越軍援團的任務除包含「協助越南共和軍建立政戰制度、協助訓練政戰幹部、協助越南共和軍推動全般政戰業務、協助越南共和軍編訂各項政戰法規與書籍」等事務之外，還肩負爲越南部隊提供戰略諮詢、協助越南改造政治犯、督導駐越各軍援單位工作，以及蒐集有關越戰的實戰資料，作爲我反攻大陸作戰的參考。[54]

1968 年 12 月 19 日，美國駐越軍援司令部再次與中華民國駐越軍援團簽定軍事工作協定，自此，我國駐越軍援團即受「自由世界軍事援助政策委員會」（Free World Military Assistance Policy Council）的節制。1969 年 10 月，我再將軍援團團長、副團長等職稱改爲司令與副司令。[55]

四、再更名「駐越建設顧問團」

1973 年 1 月 23 日，美國因受到國內反戰壓力的影響，故而促使南

---

52 國防部編印，《越戰憶往口述歷史》，頁 41-42。
53 陳祖耀，《大時代的心聲》，頁 149。
54 同上註，頁 147-149。
55 同上註，頁 149。

北越以及參與越戰的相關國家在巴黎達成停火協議，並共同簽署《巴黎和平協定》。根據這項協議，中華民國駐越軍援團在內的自由世界各國軍隊與軍事人員，都必須在當年的 3 月底之前撤出越南。3 月 12 日，我駐越軍援團離越返抵臺北，結束爲期 9 年的援越工作。不過在越南政府要求下，同年 5 月我又以「駐越建設顧問團」名義派赴越南，任務仍以延續過去協助南越軍方政戰工作爲主，繼續提供越方精神與技術之援助。實際上，「建設顧問團」一直到 1975 年 4 月 18 日西貢淪陷前夕，仍然在越南協助其軍隊推動政治作戰業務。[56]

曾經擔任國防部總政戰部副主任兼執行官的陳興國中將表示，1973年 5 月 1 日他獲選派赴越南，當時的「駐越建設顧問團」團長爲劉戈崙少將，團員大部分爲政戰軍官，陳興國在團內負責譯電、軍事交流等事務。但因事屬機密性質，團員在當地都穿著便服，雖然西貢在那個時候並不是戰區，但市區依然不平靜，除須結伴而行外，還要隨身攜帶手槍。令人恐怖的是，顧問團成員的名單與行蹤早已被越共掌握，還被列入暗殺名單，處境十分危險。1975 年 4 月 8 日，中華民國「駐越建設顧問團」第一批人員撤回臺灣；4 月 15 日，大使館轉告美軍通知撤離，陳興國則在 4 月 18 日搭機離開越南，4 月 30 日，越南政府淪亡。[57]

在西貢被北越攻占之前，我中華民國是世界上唯一仍派駐非正式軍事顧問團協助南越政府抵禦北越的國家。[58]總而言之，中華民國援助越南的任務可以分爲三個方面：第一、「中華民國軍事顧問團」，協助越南軍隊建立政戰系統，提供反共政治作戰經驗；第二、「南星計畫」，與美軍合作，先後派遣中華航空公司人員與空軍第 34 中隊（黑蝙蝠中隊）軍官協助北越敵後情報空投任務；第三、「協修計畫」，協助美國

---

56 同上註；陳鴻瑜，〈一九六〇─七〇年代臺灣軍援越南〉，前引文，頁 23。
57 〈陳興國─駐越期間履險如夷〉，《榮光雙週刊》，第 2005 期，2005 年 4 月 27 日。參見〈https://epaper.vac.gov.tw/zh-tw/C/35%7C1/6733/1/Publish.htm〉（檢索日期：2021 年 4 月 29 日）另參見〈陳興國先生訪談〉，《越戰憶往口述歷史》（臺北：國防部史政編譯室，2008 年 4 月），頁 115-127。
58 段彩華，〈悼念王老師化行先生〉，頁 178。

在越戰中毀損武器的修護。[59]中華民國援助越南的十數年間，是以政治作戰的推動與建立為軸心，所獲得回響與肯定是最多的，同時也是越南方面所迫切需要的。然而，決定戰爭勝敗的因素不是單一的，必須綜整各方面的考量，雖然我國積極協助越南建立政戰制度，但僅是綜合考量中的一個要素，在當時越南複雜的國內、外政治、軍事、社會情勢中，要相互密切協調與整合有其困難，我國政戰協助雖未竟其功，但卻獲得許多寶貴的反共作戰經驗。

據美國軍方的一篇研究文獻即指出，在越戰中，美軍接觸的是與其自身文化截然不同的當地民眾，傳統武力雖然在戰術作為上獲得勝利，但卻無法贏取越南民眾的情感與想法，主要是因為戰術計畫者並未了解或充分認識越南當地的文化與行為動機。[60]這也充分說明，越南政府雖努力建設政戰，但主導戰場的美國軍方卻未能充分體認政治作戰的關鍵重要性，以至於錯失了整場戰爭。

王昇將中華民國特有的政戰體系推展到越南的作為，讓他在冷戰時期成為亞洲地區名副其實的「反共大師」。[61]1993 年，王昇在接受西方媒體專訪時表示，以越戰結束前幾年，南越投降人數極少，而很多軍人戰死為例，說明中華民國在南越建立的政戰制度「可謂十分成功」。[62]這不僅有效維繫中華民國與越南之間的邦誼，甚至也成為反共產主義的典範。

第三節　跨域合作齊一心　群英薈萃「遠朋班」

1960 年代，美國因為參加越戰，深陷在戰爭的泥沼中，因而開始

---

59 楊靜文，〈《越戰憶往口述歷史》臺灣人的越戰故事〉，《全國新書資訊月刊》，2008 年 9 月號，頁 32。
60 Ron Sargent, "Strategic Scouts for Strategic Corporals," Military Review, March-April 2005, p. 13.
61 段彩華，〈悼念王老師化行先生〉，頁 178。
62 〈越南內戰，臺灣想興風作浪，美國沒有允許，最終臺灣給了什麼支援〉，《壹讀》，2020 年 12 月 23 日，〈https://read01.com/zh-tw/xmBOg5N.html#.YIqd9tUzbIU〉（檢索日期：2021 年 4 月 29 日）

圖謀拉攏中共對付蘇聯。1968 年，尼克森（Richard M. Nixon）當選美國總統，其政府團隊認為，也許中共能幫助美國結束越戰，並抗衡日益增長的蘇聯勢力，故開始以緩慢且謹慎地、不給美國安全帶來任何威脅的方式，發出願意與中共改善關係的信號。從 1970 年代開始，對中華民國的國際地位與處境產生許多重大的變化。

一、美「中」關係正常化與臺灣處境

冷戰期間，蘇聯與西方國家關係緊張，而中共與蘇聯在 1969 年爆發珍寶島衝突，促成了「中」美靠近、謀求關係正常化的契機。1971 年，美國與中共的關係有了突破性的進展。同年 2 月，在尼克森向國會發表的國情咨文演說中，他談到有必要與中共展開對話，並且提出「以不犧牲在臺灣的中華民國的席位為前提」，讓中共政權在聯合國取得席位。[63] 亦即，美國試圖改變圍堵政策，轉以「談判代替對抗」方式來面對中共。1971 年 4 月 10 日，9 名美國乒乓球運動員、4 名官員及其中 2 人的配偶，在 10 名新聞記者的隨同下從香港跨越一座橋樑進入中國大陸，從而開啟「乒乓外交」的時代，這也表明美國與北京當局希望緩和雙方緊張關係的共同願望。7 月 9 日，美國國家安全顧問季辛吉（Henry A. Kissinger）為中共與美國兩國建交事宜秘密前往中國大陸。10 月 25 日，聯合國大會通過 2758 號決議文，承認中共為中國在聯合國的唯一合法代表，與此同時，中華民國被迫退出聯合國。

1972 年 2 月 21 日，尼克森展開訪問北京的行程，成為首位以現任總統身分赴中國大陸訪問的美國總統，期間還與毛澤東舉行私人會晤。2 月 28 日，尼克森與當時的國務院總理周恩來在上海簽署《美國與中華人民共和國聯合公報》（U.S.-PRC Joint Communique），也就是《上

---

63 沃倫・科恩（Warren I. Cohen），〈尼克森在中國：世界史上的一個轉捩點〉，《美國國務院電子期刊》，2006 年 4 月，〈https://www.americancorner.org.tw/zh/events-in-us-foreign-relations/cohen.htm〉

海公報》。在內容中，美方的政策立場為：美國認知到（acknowledge），臺灣海峽兩邊的所有中國人都認為只有一個中國，臺灣是中國的一部分；美國政府對這一立場不提出異議（not to challenge）；它重申對由中國人自己和平解決臺灣問題的關心。考慮到此一前景，它確認從臺灣撤出全部美國武裝力量和軍事設施的最終目標。在此期間，它將隨著這個地區緊張局勢的緩和，逐步減少它在臺灣的武裝力量和軍事設施。[64]

1975 年 12 月 1 日至 4 日，美國總統福特（Gerald Rudolph Ford, Jr.）應周恩來之邀前往中國大陸進行訪問，期間，福特表達要建立「中」美兩國正常關係的意願。1976 年，在卡特（Jimmy Carter）勝選並就任美國總統後，接受其國家安全顧問布里辛斯基（Zbigniew Brzezinski）的建議，美國應加速與北京協議建交事宜，以便與中共擴展關係，並藉此牽制蘇聯。

1978 年 12 月 15 日，美國與中共發表第二份《美國與中華人民共和國聯合公報》（簡稱《建交公報》），卡特正式宣佈與中共建交，其後，美國在 1979 年 1 月 1 日與中共建立正式的外交關係，中華民國則與美國斷絕外交關係；美國政府也同時通知中華民國政府，於 1980 年 1 月 1 日廢除《中美共同防禦條約》。整體外交氛圍與國際情勢雖然對中華民國不利，但中華民國依然堅持反共立場，持續遂行各項任務，政戰的援外工作亦復如是。

二、友朋遠來結邦誼 國防外交跨海行

冷戰期間，共產勢力不斷擴張，為加強國際反共合作，捍衛自由民主制度，經國先生有鑑於反共鬥爭是國際性的任務，乃責成國防部編列經費，創立政治作戰國際軍官班。民國 60 年，政治作戰學校奉命以政

---

64 "U.S.-PRC Joint Communique (1972)," *American Institute in Taiwan.* At https://www.ait.org.tw/our-relationship/policy-history/key-u-s-foreign-policy-documents-region/u-s-prc-joint-communique-1972/ (Accessed 2020/09/12)

治作戰研究班為主體，創設「遠朋研究班」，邀請友邦國家的重要軍政幹部到復興崗研習。

其實，成立「遠朋班」的想法始於民國60年，我國退出聯合國之後，在正式外交無法運作的情形下，經國先生指示當時的國防部總政治作戰部副主任王昇將軍成立「遠朋研究班」，以利友邦人員研習政治作戰理論與戰術來對抗共產主義。主要課程內容為政治作戰理論與運用原則、介紹國軍現行政戰制度及沿革；研究當代民族、政治、經濟問題，結合三民主義中心思想，批判共產主義謬論、剖析共黨陰謀策略、研究中共軍政工作及顛覆手段。教導反共鬥爭技術及反游擊戰之基本原則、戰地政務工作遂行要領等。全期八週，每日授課六小時。

「遠朋班」於成立之初，屬於任務編組性質，班主任由政治作戰研究班主任兼任，並從各單位抽調熟稔英語或法語的軍官，擔任聯絡官職務。在辦班的經費上，因非屬正式編制，僅能由總政戰部或政戰學校調撥支援。

「遠朋研究班」第1期於民國60年6月21日開班，主要是為援助越南、高棉、緬甸等國的反共作戰。首期招收來自高棉的非軍人學員，共受訓三週時間，在22個學員當中，有5員退訓，實際結訓17員。64年，因越南與高棉相繼淪陷，「遠朋班」的階段性任務隨之結束，原本要停止招訓工作，但總政戰部王昇主任卻指示要擴大招訓班次。64年4月開辦西班牙文班，招訓拉丁美洲友邦國家的學員。就「遠朋班」的發展歷史觀之，因招訓對象遍及中南美洲、亞太、西亞、大洋洲及非洲等地區，對協助我國推展外交工作之助益甚宏。

擔任過「遠朋班」主任的嚴昭慶將軍表示，他曾經被派到薩爾瓦多與瓜地馬拉當政戰顧問，「遠朋班」協助招訓的拉丁美洲學員，由於獲得許多寶貴的反共經驗，對平定他們國家的動亂相當有幫助。尤其當時我國駐中南美洲的外交人員也反映，到「遠朋班」受訓的學員返國後都受到重用擔任要職，對我國與這些國家的軍事及外交關係都有很大的幫

助，甚至在國際上為我國發聲並主持正義。在風雨飄搖的年代，「遠朋班」創造的國際友誼，無疑是雪中送炭，彌足珍貴。

特別是，行政院長孫運璿先生於某次訪問中南美洲的行程回國後，在某個正式場合中提到：「遠朋班的效果非常好」，因而指示要撥款在復興崗校區內興建「遠朋樓」。參謀總長宋長志上將獲悉後，才准予正式納編，並興建班址，[65]「遠朋樓」最後在民國 71 年 6 月完工，此後，「遠朋研究班」終於有了專屬的教學及生活場地，經費也增加。從這年開始，其招訓能量大增，全年度招訓八期學員，最大容量為 192 人次，區分為特別班與正規班，其中特別班是為因應智利、新加坡、約旦、南非等國的要求所開設。

「遠朋班」的訓練課目，除教授政治作戰的理論與實務，採用特定語文教學，以課前研究、課堂討論，以及電視教學和參觀訪問等方式施教，反應良好，深獲各期學員及友邦之好評，對促進國際友誼與合作甚具助益。[66]

冷戰結束之後，由於蘇聯的瓦解，自由民主與共產對峙的情況不復見，因此，我國在外交戰場上以反共為主軸的政治作戰場域也隨之淡化。加上國軍「精實案」的實施，為配合整體員額與組織的精簡，民國 84 年 7 月 1 日奉令停辦，同時配合教育任務終止而裁撤。之後是為因應國家整體外交工作的需要，在當年 10 月奉李登輝總統的命令復班，並更名為「遠朋國建班」，其原因在於李登輝總統出國訪問時，有許多友邦國家的高階幹部提及甚為懷念在「遠朋班」受訓的情形，讓李登輝了解「遠朋班」對我國外交與軍事的重要性，故而決定復班。

「遠朋國建班」復班後，在經費與作業上有所調整。國防部和外交部分別負責學員的遴選和預算的編列，也就是外交部提供經費，國防部

---

65 尼洛，《王昇－險夷原不滯胸中》，頁 348。
66 張念鎮，〈王昇將軍對復興崗教育的貢獻〉，《永遠的化公》（臺北：促進中國現代化學術研究基金會，2006 年 11 月），頁 75。

負責代訓，實際的課程安排、提供場地及人員接待，由「遠朋國建班」負責，主要透過講授、拜會、參訪等方式，協助學員了解中華民國建設實況，與政治作戰相關課程僅保留 1-2 門。招訓對象包括各國軍事首長、重要官員及社會精英。陳水扁擔任總統後，政治作戰課程不再納入，招訓學員中具軍人身分者，也大幅減少。

民國 94 年，因國防組織調整，「遠朋國建班」改編至國防部總政治作戰局。並在當年起增辦「解放軍國際軍官班」、「遠朋複訓班」以及「國際高階將領班」。101 年 4 月 1 日，為因應國軍「精粹案」的施行，「遠朋國建班」又移編到國防大學。

「遠朋班」成立至今已歷半世紀，前來受訓的學員遍及全球各地，約有 75 個國家曾經派員參訓，有超過 6,400 人，自「遠朋班」結業，學員返國後大多位居要津，如諾魯總統達比杜先生、聖露西亞總理金恩先生、厄瓜多總統顧提葉瑞先生、巴拉圭副總統賈士迪優尼先生、厄瓜多國防部長葛亞德中將、巴拉圭參謀總長諾格拉上將，還包括不計其數曾經擔任部會首長與高階將領者。總體而言，這些曾在「遠朋班」受訓的外國軍政人員，對我國的外交邦誼與軍事交流都發揮了無比的影響力。

值得一提的是，1983 年海地發生政變，我國透過「遠朋班」畢業學員海地副參謀總長的協助，使農技團成員平安脫險；1984 年來受訓的中美洲軍官協助尼加拉瓜反抗軍對抗桑定政權，後來反抗軍執政，與我國恢復邦交；1985 年烏拉圭文人政府欲與我斷交，但因為「遠朋班」畢業學員的支持，外交危機終告解除；1992 年秘魯情報局長運用「遠朋班」所學的政治作戰六大戰法，捕獲叛亂團體「光明之路」首領；2005 年薩爾瓦多國防部長提案，中華民國獲邀成為「中美洲軍事會議」觀察員，這些都是「遠朋班」具體的辦班成效。

三、政治作戰的國際合作

　　1970 年 3 月，在一場推翻施亞努親王的軍事政變之後，龍諾將軍領導的反共政權在柬埔寨成立（即爲 1970 到 1975 年間的高棉共和國）。由於同樣面臨共黨的威脅，高棉政府在龍諾執政期間，也向中華民國請求派遣與越南同樣的軍事顧問團。然而，在當時因美國尼克森政府正努力擴展與北京的關係，故而強烈反對中華民國和龍諾政府建立外交關係，以免此舉激起共產主義入侵柬埔寨和煽動東南亞的不結盟政府運動。是故，中華民國的軍事代表團不再試圖建立使館，而是直接駐紮在金邊推動雙邊合作。無論美國方面贊成與否，龍諾將軍仍非常堅決地在軍隊中引進政戰制度。

　　1972 年 8 月，在我國的協助下，「中華民國駐高棉軍事顧問團」成立，顧問團共計 10 人，團長爲郁光少將，參謀長爲趙中和上校，在高棉的總統府下設政治作戰指導委員會，參謀本部設總政治作戰部，協助各軍區開辦政戰、民防、群眾工作講習。顧問團也派員至各地演講，並協助高棉政府選派人員到我國的「遠朋班」受訓。

　　1972 年 9 月，高棉開始運用中華民國政府提供的資金，進行心理作戰和政治作戰的訓練課程，合作也擴展到情報蒐集、大規模動員、破壞活動、突擊和滲透等領域。1975 年 4 月，龍諾政權倒台前夕，中華民國代表團是各國當中最後一個撤離金邊的代表團。[67]

　　1971 年 10 月 25 日，聯合國通過 2758 號決議，承認中華人民共和國政府在聯合國的一切合法權利，使得中華民國被迫退出聯合國。此後，我國所處的整體外交情勢迅速改變，短短 1 年內我國的邦交國從原有的 60 多國減少爲 40 餘國，到 1987 年底，僅剩 20 餘國。

　　面對外交的險峻局勢，蔣經國總統逐漸調整「漢賊不兩立」的堅持，改採「彈性外交」策略，以「不是敵人，就是朋友」的立場，強化與邦

67 段彩華，〈悼念王老師化行先生〉，頁 178。

交國的友好關係；另一方面則與無邦交國簽定經濟、貿易、文化及旅遊等協議，設立商務辦事處、商務代表團、關係協會、貿易中心等機構，力求突破逆境，主動拓展國際空間。針對中共的外交攻勢與統戰策略，蔣經國總統則以「不接觸、不談判、不妥協」的三不政策加以回應。[68] 此期間政治作戰人員與制度援外工作，仍未間斷。

　　1974 年，參謀總長賴名湯上將訪問薩爾瓦多時，曾經答應薩國派遣國軍政戰顧問前往協助防止共黨滲透，並加強其心防工作。當年 10 月，國防部即選派三軍大學戰爭學院政戰主任修子政上校前往支援。薩爾瓦多政府非常器重我國的政戰顧問，所以在該國設立的政戰顧問室是與總統辦公室相連的，舉凡重要軍政事務都會與修子政上校諮商，也為我國與薩爾瓦多的軍事援助及交流奠定良好的基礎。

第四節　中美斷交急風雨　政戰不忘本初心

　　民國 67 年 12 月 16 日凌晨，熟睡中的蔣經國總統被侍從叫醒，時任美國駐華大使安克志（Leonard S. Unger）宣讀美國總統卡特的來信，短短 7 個小時後，美國即宣佈與中華民國斷交，並自 68 年 1 月 1 日起，與中華人民共和國建交。

　　自美國與中共建交之後，中華民國的外交戰略與政策逐漸受到不利影響，形勢與處境更為艱難。在我國退出聯合國之前，基本上外交是以鞏固邦誼為主，致力於爭取友邦，以謀求「確保臺灣，光復大陸」。[69] 與美國斷交後，我國仍本著平等互惠原則，以鞏固友邦關係為重點，爭取與新興國家發展關係及建交。至於與非邦交國家，則透過貿易與投資等方式，強化與這些國家在文化、科技與觀光方面的交流，增進相互的

68 朱重聖，〈永續經國－蔣故總統經國先生百年誕辰紀念特展〉，《歷史館刊》，第 23 期，2013 年 12 月。〈https://www.yatsen.gov.tw/information_155_94005.html〉（檢索日期：2021 年 6 月 10 日）
69 〈外交關係的展開〉，《教育雲》，〈http://163.28.10.78/content/junior/history/ks_edu/taiwan/chap7/index731.htm#〉（檢索日期：2020 年 10 月 5 日）。

認識與友好合作，以充分發揮總體外交的功能，開拓外交新形勢。[70] 這即是所謂的「彈性外交」。當時的蔣經國總統，致力與無邦交國家發展經濟、貿易、文化、科技等實質關係，盡力維持我國在國際組織的會籍和權利，以及鞏固原有的邦交國家；與此同時，更積極參加或舉辦各種國際會議，藉以增進各國對我國的了解和合作，也鼓勵各種民間國際交流。[71]

一、協力推展務實外交工作

為因應國際情勢的變化，以及突破外交困境，我國從而在民國 77 年展開外交的新紀元。不再強調臺灣戰略與軍事方面的重要性，轉而要以自身經濟實力所提供的優厚條件，使其他國家不再忌憚中共的壓力，提升與我國的關係。此種主動務實的外交路線，目的在善用經濟實力，增進我國與其他國家間的互惠互利與合作關係，藉以開拓更為寬廣的國際活動空間。

李登輝繼任總統後，「務實外交」就成為中華民國外交政策的最高指導原則。於此之前，任何試圖與我國建立外交關係的國家，基於「漢賊不兩立」原則，都必須先與中共斷交再與我國談建交事宜。但是「務實外交」改變了原有的對外交往方式，即任何國家若想與中華民國建立外交關係，我國都會與之建交，然而該國與中共的關係如何，我中華民國不會加以過問。[72]

二、致力中南美洲政戰交流

中南美洲地區長期以來是我國外交的重鎮，但也有許多國家在冷戰

70 中央文化工作會，《中國國民黨與國際關係》（臺北：正中書局，民國 73 年 11 月），頁 236。
71 朱重聖，〈永續經國－蔣故總統經國先生百年誕辰紀念特展〉，前引文。
72〈「務實外交」從孤立走向破冰，李登輝被稱來自臺灣的總統〉，《ETtoday 新聞雲》，2020 年 7 月 30 日，〈https://www.ettoday.net/news/20200730/1772115.htm〉（檢索日期：2020 年 10 月 5 日）。

時期飽受共黨左派游擊隊威脅之苦。爲阻擋共黨陰謀叛亂，我國曾經先後派遣政戰顧問團到瓜地馬拉、薩爾瓦多等國協助。

民國 69 年 5 月，我國派遣第一梯次的政戰顧問團到瓜地馬拉，主要成員爲陸軍空特部主任張明弘上校與湯守明少校，四個月後再派嚴昭慶中校與張衡華少校支援。70 年 8 月，第二梯次同樣由張明弘上校領軍前往，成員還有謝天霖上校、嚴昭慶中校、湯守明少校。73 年 5 月，派出第三梯次，林恆雄上校爲團長，團員爲嚴昭慶中校，另有空軍軍官及一名通信軍官，一共五員。

瓜地馬拉政戰顧問團的主要任務是：強化大眾媒體宣傳，反制共黨謠言、清除大學親共份子、建立軍中政戰理論與制度體系、傳授政治作戰六大戰法及工作要領、協助對民眾宣揚政府政策、加強愛民助民工作、開展全民情報、招降左派游擊隊、編印政治作戰訓練教材等。

第三梯次的林恆雄上校與嚴昭慶中校在瓜地馬拉國防大學開設「政戰概論」、「政治作戰六大戰」、「共黨策略」、「三民主義要論」等課程，培養瓜國的政戰幹部，同時也到各地訪查提供具體改革意見。

民國 72 年 11 月，以政治作戰專業素養享譽國內外的王昇將軍，在卸任國防部總政治作戰部主任後奉派巴拉圭擔任「特命全權大使」。他在巴拉圭任職期間與該國總統史托斯納爾（Alfredo Stroessner）將軍建立深厚的情誼，也因爲這個緣故，使得中華民國與巴拉圭之間的邦交關係能夠穩定發展，對鞏固中華民在南美洲唯一邦交國的關係，居功厥偉。[73]

王昇將軍在巴拉圭期間，協助巴拉圭政府在窮鄉僻壤建立一百多個農牧示範村，肥料廠和合作社，推展養豬、養鴨、花卉中心，積極協助巴拉圭發展經濟、改善農民生活；爲解決僑生教育問題，幫忙華僑創立亞松森中正僑校，這些舉措不但贏得巴國政府與人民的感佩，也獲得華

---

[73] 連戰，〈悼王昇將軍追思文〉，《永遠的化公》（臺北：促進中國現代化學術研究基金會，2006 年 11 月），頁 14。

僑們的愛戴。[74]後來巴拉圭政權更迭，還好有王昇將軍在當地的積極無私作為，讓大家有目共睹，使得中華民國與巴拉圭之間的邦交關係得以穩固，未受到絲毫的影響，[75]更為政治作戰的作為與成效添上一筆佳話。

擔任過「遠朋班」主任的李東明將軍指出，我國先後派出兩梯次的政戰顧問團前往薩爾瓦多共和國，成功粉碎國際共黨陰謀，並協助薩國簽署和平協議，結束其長達12年的內戰。

民國79年8月，第一梯次由當時的「遠朋班」主任嚴昭慶將軍領隊，同行人員有李東明上校、龔鼎文上校。在薩國期間，協助成立「社會計畫班」，教授政治作戰概論、六大戰法、共黨和談策略、三軍政戰實務、三民主義概論、反游擊戰、越南高棉淪亡史等課程。參加「社會計畫班」人員，有薩國的部會次長、軍區司令、國會議員、政府高級幕僚、心戰幹部、情報幹部，總計約300多人，有效充實這些人員的政治作戰能力。

除上述課程外，第一梯次政戰顧問也擔任類似國情顧問的工作，針對當地情勢提供意見，尤其是當時薩爾瓦多正準備與游擊隊代表進行談判，政戰顧問團則以我國與中共談判的經驗及共黨慣用伎倆提供反制之道，並協助舉行群眾大會，聲援政府，迫使共黨接受停火協議。

民國81年8月，擔任「遠朋班」主任的王漢國將軍、政戰學校政治研究所洪陸訓教授，以及「遠朋班」聯絡官丘長清上校等三人，奉國防部之命前往薩爾瓦多進行講學，除對薩國軍文職人員實施授課外，同時也肩負指導該國部隊政戰工作的責任。[76]在薩爾瓦多期間，由王漢國講授政治作戰概論、思想戰與謀略戰研究、中華民國國情簡介、孫逸仙思想與實踐等課程；洪陸訓教授課程為群眾戰研究、心理戰研究、共黨策略批判等；丘長清則負責三軍政戰實務、蔣介石生平事蹟等課程。

74 陳祖耀，〈哭恩師化公〉，《永遠的化公》（臺北：促進中國現代化學術研究基金會，2006年11月），頁48。
75 王耀華，〈思念化公恩師〉，《永遠的化公》（臺北：促進中國現代化學術研究基金會，2006年11月），頁149。
76 王漢國，〈情牽遠邦友誼繫三洋外—憶往天涯聚一堂，塵，封不住來自海角的曾經〉，《復興崗全球會訊》，第100期，2020年12月，頁23。

　　這個階段的政戰顧問團最主要的成果是，幫忙薩國提出反制共黨的策略作為，協助薩國結束內亂。任務結束時，為了表彰團員們的卓越貢獻，薩國總統還親自頒贈象徵他們國家最高榮譽的十字榮譽勳章給顧問團成員。

　　民國95年，為擴大「遠朋班」的軍事交流成效，開設「遠朋複訓班」與「國際高階將領班」，招訓中南美洲及各友邦國家現任要職，以及具有向上發展潛力的高階將領、警察與文職人員。99年新增「基礎青年班」、「深造青年班」、「調適青年班」等三個班隊，負責來臺灣就讀軍事院校、指揮參謀學院與戰爭學院學員生的中文學習、生活照顧和生活適應等。

　　為配合我國外交工作與邦誼的維繫，有時候軍事院校也扮演關鍵的角色。民國102年6月，瓜地馬拉共和國總統培瑞茲（Otto Fernando Pérez Molina）到臺灣進行訪問。此前，國安與外交相關部會提出要授予名譽博士學位給瓜國總統的建議，以便為鞏固及維繫兩國邦誼創造有利條件，然而在尋求多所國立大學的協助未果之後，轉而協請國防大學幫忙。在軍事院校中設有博士班的，僅有國防大學的政治作戰學院及理工學院，考量相關專業及其適切性之後，這個責任便落在政戰學院身上。政戰學院旋即召開會議審定資格，並上呈國防大學核定，俾利瓜國總統來訪時能順利獲頒學位。6月17日，培瑞茲總統到國防大學復興崗院區接受名譽法學博士的頒贈，他是國防大學創校以來首位獲得名譽博士殊榮者，由當時的政治作戰學院政治系主任黃筱薌教授為他進行撥穗儀式。

　　如前所述，自中華民國與美國斷交後，即便是整體的國際環境與氛圍不利於我，但我國仍默默地對國際社會做出貢獻。當然，這些任務大部分都是派遣政治作戰單位或人員承擔，也因為這樣的活動與作為，使我國得到中南美洲友邦國家的支持，為我國的國際活動空間聲援。

第五節　平戰合一轉心智　國際反恐顯政戰

　　冷戰後的國際反恐時期，西方國家正面臨對手們廣泛運用傳統戰爭以外的方式，包括公眾廣播的公開行動，以及像是心理作戰的隱蔽行動，與支援地下的反抗行動，去達成他們的目標，例如：中共使用超限戰（unrestricted warfare）一詞；俄羅斯官員則曾使用「新世代戰爭」（new generation warfare）；西方的分析家與官員還使用其它諸如「灰色地帶戰爭」、「混合衝突」的名稱，[77] 這些其實都是政治作戰的一環。

　　由於政治作戰定義的問題，因此許多戰略家喜歡使用其它的詞彙來加以描述，羅德（Carnes Lord）教授認為這是因為大家都有個習慣，交替使用心理作戰與政治作戰去指涉整體的現象，而不去提許多相似的詞彙，如意識形態戰爭、理念戰爭（war of ideas）、政治溝通，及其它詞語。[78] 但是無論如何，政治作戰的確是以不同名稱或術語，在不同的時空環境中被運用，未曾消失過，在當前反而受到更多的重視。

一、終結反恐計謀出　多元政戰紛開枝

　　美國在 2001 年發生舉世震驚的「911」恐怖攻擊事件之後，全球都在關注美國所發動的全球反恐戰爭（Global War on Terrorism），其運用的方式與手段為何？能否徹底根除或消滅恐怖主義？反恐戰爭的結果又是如何？一夕之間，各種的研究報告與分析紛紛出籠，學界對此一新形態的戰爭也進行了廣泛的探討。[79]

　　從 911 事件之後，美國的戰略正從聚焦對抗蓋達（Al-Qaeda）、伊

---

77 Danny Pronk, "The Return of Political Warfare," *Strategic Monitor*(The Hague Centre for Strategic Studies), 2018-2019. At https://www.clingendael.org/pub/2018/strategic-monitor-2018-2019/the-return-of-political-warfare/ (Accessed 10/02/2021)

78 Linda Robinson et al., *Modern Political Warfare: Current Practices and Possible Responses* (Santa Monica, California: RAND Corporation, 2018), p. 3.

79 Michael P. Noonan, "Re-Inventing Political Warfare," U.S. News, August 16, 2013. At http://www.usnews.com/opinion/blogs/world-report/2013/08/16/political-warfare-in-a-time-of-defense-cuts (Accessed 2020/08/05)

斯蘭國（Islamic State）等恐怖主義團體，演進到國家對手間的競爭，如同美國國防戰略中所提到的，國家間的戰略競逐是當前美國國家安全的首要關切事項，這樣的轉變也意謂著美國軍隊必須增進其能力，去打贏可能發生於對抗中共、俄羅斯、伊朗，以及北韓的戰爭，如果嚇阻失敗的話。而美國的對手已經準備好從事政治作戰，例如俄羅斯運用許多的手段追求其利益，其中有先進科技的網路攻擊計畫、隱蔽行動與心理作戰。[80]

在反恐戰爭中，美國為了影響中東地區而與伊朗、蓋達組織、真主黨（Hezbollah）、穆斯林兄弟會（Muslim Brotherhood）、薩拉菲組織（Salafist organizations）處於長期糾鬥中，前述的恐怖組織都不盡相同，但他們都與美國的利益及理念相左。在與恐怖主義對抗的過程中，美國的武裝力量與情報社群，非常熟稔地運用直接攻擊方式去消滅恐怖組織的首腦，卻未設計一套合適的政治戰略去贏得戰爭。換言之，競逐「心智」才是打贏戰爭的關鍵，可是美國政府卻欠缺相對應的工具。所以有學者認為，美國是該要發展被長期忽略且正確的東西的時候了，這個被忽略的東西就是所謂的「政治作戰」。[81]

政治作戰的存在，由來已久，至於政治作戰是什麼？有許多不同的解讀與說法，但是其內涵與方法幾乎是相同的。美國著名歷史學家與外交家肯楠（George Kennan）在 1948 年時，就提出了這個概念並賦與定義。[82] 美國華府智庫「安全政策中心」（Center for Security Policy）創始者葛芬尼（Frank Gaffney, Jr.）認為，政治作戰使用意念、文字、圖

---

80 Seth G. Jones, "The Return of Political Warfare," Center for Strategic and International Studies, February 2, 2018. At https://www.csis.org/analysis/return-political-warfare (Accessed 10/02/2021)

81 Max Boot, Jeane J. Kirkpatrick, Michael Doran, Roger Hertog, "Political Warfare," *Policy Innovation Memorandum* (Council on Foreign Relations), No. 33 (2013), p. 2. At http://www.cfr.org/wars-and-warfare/political-warfare/p30894 (Accessed 2013/08/05)

82 Robert Pee, "Political Warfare Old and New: The State and Private Groups in the Formation of the National Endowment for Democracy," *49th Parallel*, Vol. 22 (Autumn 2008), pp. 22-23; KaetenMistry, "The Case for Political Warfare: Strategy, Organization and US Involvement in the 1948 Italian Election," *Cold War History*, Vol. 6, No. 3 (August 2006), p. 302.

像，以及行為來使朋友、敵人、或中立者信服或屈從，以便進行合作或協議。[83]

政治作戰也是一個包括一套達成政治目的手段的術語。以分類學的語言來說，政治作戰就好比「種」，被歸類於其下的一套工具，如：強制外交、公眾外交、許多不同顏色的宣傳、賄賂、顛覆、欺敵、準軍事行動等等，就好比是「類」一樣。[84]

2004 年，美國出現「戰略溝通」（strategic communication）一詞，有學者從歷史的演進過程中，說明政治作戰與戰略溝通的關係。齊藍（Afifa Kiran）在 2016 年指出，戰略溝通概念的演進依序為：敵人宣傳或戰鬥宣傳（第一次世界大戰）、政治作戰（英國）、心理戰（美國、第二次世界大戰）、心理作戰（1950 年代之後）、資訊戰（1991 年至 1996 年）、資訊作戰（1996 年迄今）、知覺管理（911 事件後）、戰略溝通（2004 年之後）。[85]

一般而言，眾人習於將心理戰與政治作戰交替使用來稱呼所有的現象，而非去提及許多相似的術語，如：意識形態戰爭、理念戰爭、政治溝通、心理作戰，以及其它更多的術語。之所以有這樣的現象出現，是因為戰爭並非都是使用不同的武器來進行的，更何況在實際上，的確有許多不同的心理戰工具存在，諸如資訊與理念溝通的能力，這些工具類似電台廣播、不同種類的出版品、以及教育與文化計畫；但由於這些能力可以輕易地形塑概念，且操作方式簡單，因此，一般都不會給予太多的重視。[86] 然而，現在卻不一樣了。

---

83 Frank Gaffney, Jr., "Political Warfare," January 1, 1988. At http://www.centerforsecuritypolicy. org/1988/01/01/political-warfare-2/(Accessed 2013/08/05)

84 Angelo Codevilla, "Political Warfare: A Set of Means for Achieving Political Ends," in J. Michael Waller ed., *Strategic Influence*: *Public Diplomacy, Counterpropaganda, and Political Warfare* (Washington, D.C.: The Institute of World Politics Press, 2008), p. 207.

85 Afifa Kiran, "Strategic Communication in 21st Century: Understanding New Evolving Concept and Its Relevance for Pakistan," ISSRA Papers, 2016, p. 31. At http://www.ndu.edu.pk/issra/issra_pub/articles/ issra-paper/ISSRA_Papers_Vol8_IssueI_2016/02_RA_kiren.pdf (Accessed 2021/05/05)

86 Carnes Lord, "The Psychological Dimension in National Strategy," in Carnes Lord, Frank R. Barnett, *Political Warfare and Psychological Operations: Rethinking the US Approach* (Washington, DC: National Defense University, 1989), p. 16.

　　政治作戰為什麼受到重視，尤其是在反恐戰爭之後。如果與軍事武力作戰相互比較，軍事武力的成效與結果是立即而明顯的，相反地，政治作戰則需要長時間的布局，絕非朝夕之功，這也是政治作戰不受重視的原因之一。至於政治作戰再度受到重視，無非是新形態的戰爭須仰賴政治作戰的作用。

　　布特（Max Boot）等人認為，政治作戰在 2013 年可能是一個外來而響亮的概念，然而這正是問題所在，軍方必須嚴肅地記取以往的經驗教訓。與動態的武裝作戰相較，政治作戰活動的成效難以衡量，因為直接的軍事武力要比政治感召行動（political-influence operations）容易多了，這也是為什麼美國的領導者對武力的偏好要勝於政治感召。但美國的敵人，無論是伊朗或是蓋達組織，除了武力的使用之外，都非常善於運用感召行動，而且能夠有效地形塑公眾輿論，因此，除非美國能夠以同樣的方式與之較量，否則大部分的中東地區極有可能會往危險的方向發展。[87] 這些觀點與實際的狀況，正好反映出各界對政治作戰再次重視的原因。

　　加菲爾德（Andrew Garfield）也認為，在伊拉克行動的成功需要與伊拉克群眾中的關鍵人物進行有效的交往及對話；要達成的話，有部分必須透過全面性的資訊活動，這類型的活動被描繪成不同的形式，如：資訊作戰、宣傳、戰略溝通、感召行動、心理作戰，以及認知管理（perception management），雖然術語上非常不一樣，但內容卻是相同的，都是透過資訊的有效運用去影響目標對象的心智。[88]

　　反恐戰爭顛覆了我們對戰爭的傳統認知與理解，戰爭不再是國家與國家間進行的大規模武裝暴力衝突，國家也可能與非國家行為者（non-

---

87 Max Boot, Jeane J. Kirkpatrick, Michael Doran, Roger Hertog, "Political Warfare," *Policy Innovation Memorandum* (Council on Foreign Relations), No. 33 (2013), p. 3. At http://www.cfr.org/wars-and-warfare/political-warfare/p30894 (Accessed 2013/08/05)

88 Andrew Garfield, "Recovering the Lost Art of Counterpropaganda: An Assessment of the War of Ideas in Iraq," in J. Michael Waller ed., *Strategic Influence: Public Diplomacy, Counterpropaganda, and Political Warfare* (Washington, D.C.: The Institute of World Politics Press, 2008), p. 181.

state actor）進行戰爭或對抗，因而改變了戰爭的面貌、進行的方式與手段。但不容否認的是，無論戰爭的面貌如何改變，戰爭絕對是政治決定，其目的也在使敵人的意志屈服；倘若吾人以此觀之，某些從事戰爭的手段及方式依然有其存在的必要，特別是使敵人意志屈從的工具與手段。在持續長達近二十年的反恐鬥爭中，許多人開始認知到政治作戰的重要性，進而呼籲要重新重視其功效，有許多美國的智庫學者提出要重新創造，並恢復政治作戰的想法，以及強化美國政府執行政治作戰的能力。[89]

在伊拉克與阿富汗的戰爭中，意念與資訊的有效傳播是關鍵的。戰略家們在這兩場衝突中逐漸分享古典反叛亂理論家的觀點，強烈重視他們是打一場民眾支持的戰爭；戰鬥的關鍵部份則是傳播，美軍也正式地將所謂的「傳播戰爭」融入準則中，強調傳播及其相關概念的重要性，如媒體、公共事務、心理作戰，以及資訊作戰。[90]

若與美國開始重視政戰及強化相關作為的動作相比較，令人遺憾的是，中華民國的政戰制度卻是被忽視的，且正逐漸走在式微的道路上。民國101年12月12日，《國防部政治作戰局組織法》公布，自此「總政治作戰局」更名為「政治作戰局」，局長也從上將位階調降為中將職缺，或文職的簡任第十三職等，這也意味著政戰局長可由非軍職出身的文人擔任。此外，各種廢除政戰的聲浪也時有所聞。曾經官拜陸軍中將同時也擔任過立法委員的帥化民曾在102年「洪仲丘事件」發生後直言，「效用不彰的政戰系統早就不該單獨存在，在一個打仗用不上的單位裡養這麼多官做什麼？」[91] 顯見外界對政戰制度的誤解甚深，與國際社會再度重視政戰的觀點相較，所謂廢除政戰之說，乃開軍事倒車！

---

89 Michael P. Noonan, "Re-Inventing Political Warfare," *U.S. News*, August 16, 2013. At http://www. usnews.com/opinion/blogs/world-report/2013/08/16/political-warfare-in-a-time-of-defense-cuts (Accessed 2020/08/05)

90 Kenneth Payne, "Waging Communication War," *Parameters*, Vol. 38, No. 2(Summer 2008), p. 37.

91 〈帥化民：政戰系統早就不該存在〉，《今週刊》，2013年7月25日。參見 https://www. businesstoday.com.tw/article/category/80392/post/201307250040/%（瀏覽日期：2021年7月19日）

　　儘管國內情勢與組織調整，對政戰制度不盡有利，但國軍政戰不論在制度運作或實務踐履上，仍一本初衷，想方設法汲取新進的概念與戰術戰法，尤其是希冀能從美軍於反恐戰爭中得到的經驗與啓發，有利於爾後我國政治作戰的發展。其實這也是中華民國在國際社會受到中共打壓，國際生存與發展空間受到局限後，能夠強化與友軍及其他國際友人互動與合作的突破口，畢竟，政治作戰的交流及合作，其敏感度不像軍事武力的交流那樣，國軍可著墨的空間反而更多。也因此，政治作戰局極力推動戰略溝通機制的建立與交流，特別是在對美的交流上，獲得許多成果。

　　民國 101 年 10 月 27 日至 11 月 2 日，國防部政治作戰局局長王明我中將受邀到美國進行參訪，期間至美國五角大廈與主管公共事務的助理副部長喬治李托先生會晤，雙方表達交流的意願，美方允諾只要建立模式，交流管道會很順暢。

　　民國 103 年 11 月 2 日到 10 日，王明我中將再度赴美進行參訪，此行是到位於西雅圖的美國陸軍第一軍，並與軍長藍薩中將會晤；隨後又拜會及參訪美國太平洋司令部，了解美軍在心輔、公共事務、戰略溝通、福利服務等方面的作爲。此外，也在夏威夷和太平洋陸軍司令部副司令會面，同時代表政治作戰局心理作戰大隊與美國第七心戰群簽定結盟證書締結姊妹盟。[92]

　　王明我中將在第二次訪美期間，得知美軍方面對我國的政治作戰制度所知有限，因而向美方實施簡報，當介紹完我國的政治作戰組織體系後，美方認爲我國的組織架構與系統功能相當完整，而且非常有遠見，特別是我國早在很多年前就將軟實力、精神戰力的量能相互結合，善加運用。[93] 主要因爲美軍的心理作戰、公共事務、民事、軍中牧師等部門，

92「陽明小組」彙編，〈前政戰局長王明我中將訪談〉，《政戰風雲路：歷史、傳承、變革─訪談實錄》（未出版），2021 年 4 月。
93 同上註。

是各司其職；國軍則是統整在政治作戰的架構之下，互爲一體，能發揮較大的功效。

民國 104 年 9 月，王明我中將第三度訪美，到加州歐文堡參訪美國國家訓練中心，行程中還參訪美國第七心戰群與民事指揮部，充分交流教育訓練方面的意見。這在近些年來的軍事交流中，是難能可貴的經驗。

在美軍與國軍政治作戰相對應的組織、任務、功能是屬於特戰司令部（Special Operation Command）的職掌。美軍特戰司令部的核心活動內容爲：直接行動（Direct Action）、特種偵察（Special Reconnaissance）、非常規作戰（Unconventional Warfare）、外國內部防衛（Foreign Internal Defense）、民事作戰（Civil Affairs Operations）、資訊作戰（Information Operations）、心理作戰（Psychological Operations）、對抗恐怖主義（Counterterrorism）、對抗大規模毀滅性武器的擴散（Counter-proliferation of Weapons of Mass Destruction）、反叛亂作戰（Counterinsurgency Operations）、安全部隊援助（Security Force Assistance）、由總統或國防部長指派的活動（Activities Specified by the President or Secretary of Defense）。[94] 上述這些活動，有許多是直接或間接與政治作戰相關。

美國陸軍則將特種作戰（Special warfare）界定爲：「由經過特殊訓練與教育的部隊去執行涉及結合致命與非致命行動的活動，特戰部隊對於文化與外國語言有著深刻的理解，熟稔小規模的戰術，且有能力在經過允許的、不確定的、或是敵對的環境中，去建立以本土的戰鬥組織及與之一同作戰。」[95] 從此一界定中不難理解，特種作戰的有效遂行需要依靠政治作戰的技能。

---

94 "About USSOCOM," U.S. Special Operations Command. At http://www.socom.mil/Pages/AboutUSSOCOM.aspx (Accessed 2013/12/23)

95 Headquarters, Department of the Army, Special Operations, Army Doctrine Reference Publication, No. 3-05 (Washington, D.C.: Department of the Army, 31 August 2012), pp. 1-5; David S. Maxwell, "Thoughts on the Future of Special Operations," *Small Wars Journal*, October 31, 2013. At http://smallwarsjournal.com/jrnl/art/thoughts-on-the-future-of-special-operations (Accessed 2013/12/17)

在美軍的架構與功能職掌中，與政治作戰相對應的組織有：心理作戰、公共事務（public affairs）、民事（civil affairs）、軍中牧師等部門，分別去履行政治作戰的相關職能。陳祖耀就認為，美國的心戰工作與我國的政治作戰工作旨趣完全相同，他們的新聞與教育工作就是國軍的心戰、文宣與政訓；特勤就是康樂與福利；民事及監察和我國完全一樣；反情報就是保防。然而在組織上卻是不同，國軍由政治作戰部門統一策劃指導與推行，美軍則是散在各個不同單位，此外，美軍還設有軍中牧師，也有教堂和牧師學校，這是國軍沒有的。[96]

911 事件發生之後，美國開始重視政治作戰，無論是軍方或學術界都是如此。反觀我國，政治作戰無論是在組織與量能，或是受重視的程度，反而是愈來愈趨弱化。

在當前盛行的「混合戰爭」（hybrid warfare）或「灰色地帶衝突」（gray zone conflict）概念及其實踐中，政治作戰有著關鍵的作用與角色。舉例來說，中共近年在東海、南海地區運用海上民兵的舉措，甚至從 2016 年開始密集派出軍機、軍艦實施繞島巡航，都可以解讀與分析出，對岸操作政治工作中輿論戰、心理戰、法律戰的三戰效用，不遺餘力，以占盡優勢，立於不敗為先著。因此，我國如何精進與創新政治作戰相關作為，應屬刻不容緩的要務，否則在無煙硝戰爭的較量中，極有可能會喪失先機，一旦失去心理與精神方面的優勢，要再度掌握制勝契機就會相當困難。

二、數中有術爭戰形 術中有數政戰新

（一）新戰爭形態與政治作戰

全球化的效應不只引致非傳統安全問題，即使是在傳統安全問題上，也有著巨大的衝擊。以 911 事件來看，新浮現的恐怖攻擊樣態改變

---

96 國防部編印，《越戰憶往口述歷史》，頁 48。

了傳統的戰爭形態，加上資訊與通訊科技的發達，使得恐怖攻擊愈加無遠弗屆，全球都在其威脅範圍當中。[97]

佛利伯格（John Friberg）在 2016 年指出，當國防政策分析家們試圖定義我們這個時代的戰爭時，他們都極力同意，幾乎全世界都在精細地安排戰爭類型的術語；目前我們擁有一大堆具多重意義的術語，這些都是依據個人認知而定的，如：混合戰爭、政治作戰、非常規戰爭（unconventional warfare）、非正規戰爭（irregular warfare）、秘密戰爭（clandestine warfare）、隱匿戰爭（covert warfare）、特種戰爭（special warfare）、低強度衝突（low intensity conflict）、不對稱戰爭（asymmetric warfare）、非戰爭性軍事行動（Military Operations Other Than War）、特種作戰（special operations）、灰色地帶，及其它的術語等。[98]

關於未來的戰爭樣貌是如何？以及戰爭會發生在什麼地方？又或者是戰爭的重心（Center of Gravity）在哪裡？這些都有見仁見智的不同說法。

梅茲（Steven Metz）與米仁（Raymond Millen）強調，「在未來的數十年當中，大多數的武裝衝突極有可能是來源於內在的。」[99]此說意謂我們已進入「新戰爭」（New Wars）的時代，它的趨勢是戰爭將遠離國家間的衝突，取而代之的是，社群間與跨越國家的種族與宗教衝突，這些戰爭是有關認同，以及歷史錯誤、迷思與傳說的戰爭。[100]辛巴拉（Stephen J. Cimbala）認為，通常我們以為，只有民主國家的軍隊才需要得到廣眾的民心，但以古今中外的歷史來看，所有的武裝部隊以及所有的政府，最終都須仰賴人民的支持。[101]

---

97 國家安全會議，《2006 國家安全報告》（臺北：國家安全會議，2006 年），頁 25。

98 John Friberg, "Political Warfare – Defining the Contemporary Operating Environment," *SOFREP News*, July 2, 2016. At https://sofrep.com/58070/political-warfare/(Accessed 2020/08/25)

99 Steven Metz and Raymond Millen, *Future War/Future Battle Space: The Strategic Role of American Landpower* (Carlisle: US Army War College, Strategic Studies Institute, March 2003), p. 13.

100 Colin S. Gray, "How Has War Changed since the End of Cold War?" *Parameters*, Vol. 35, No. 1(Spring 2005), p. 19.

101 Stephen J. Cimbala 著，楊紫函譯，《軍事說服力》（*Military Persuasion in War and Policy: The Power of Soft*）（臺北：國防部史政編譯室，2005 年 10 月），頁 38。

摩根（John G. Morgan）與麥克爾弗（Anthony D. Mclvor）則指出現代戰爭的特點有三：[102]

1. 由於敵人試圖躲藏與隱匿在城鎮裡頭的民眾當中，使得戰鬥空間已經戲劇化地擴展，並且變得更加擴散。

2. 我們已經目睹敵對武力的再出現，其所帶來的是無法在戰鬥人員與平民百姓之間進行區別，事實上，有可能會攻擊民眾。

3. 大規模毀滅性武器的擴散，使得這些武器落入危險與不可預測武力的手中，不管是流氓集團或非國家行為者。

如果未來的戰爭趨勢真是與民眾密切連結，那麼英國陸軍將領 Rupert Smith 的著作《武力效用：現代世界的戰爭藝術》（*The Utility of Force: The Art of War in the Modern World*）提供許多思考觀點，其所謂的「人群中的戰爭」（war amongst the people）有幾項特點：[103]

1. 衝突中軍事行動的不同目的。不在於形體上打敗敵人，或取得並保有土地來達成決策，其目的在創造達成決策的有利條件。

2. 戰爭新目標的本質。我們在人群中戰鬥，並非在戰場上。民眾成為戰爭的一個目標，因為他們可能是反對武力的支持基礎，而且是由於他們與戰鬥部隊接近，特別是游擊份子與恐怖份子藏匿於民眾當中。此外，現代媒體將戰爭帶到家裡，未直接參與戰爭者也涉入其中，其意見可能也與決策發生關聯。

3. 衝突變得無時間限制，甚至無結局。

英國史密斯（Rupert Smith）將軍指出，那種源於工業發展而在國家之間發生，結果由武裝衝突決定的戰爭形式已不復存在，當前是處於「人群中戰爭」（war amongst the people）的時代，此種戰爭中，軍事

---

102 John G. Morgan, Anthony D. Mclvor, "Rethinking the Principles of War," *Proceedings*, October 2003, p. 35.
103 Nader Elhefnawy, "Book Review: The Utility of Force: The Art of War in the Modern World by General Rupert Smith," *Strategic Insights*, Vol. 6, Issue 4(June 2007). In http://www.ccc.nps.navy.mil/si/2007/Jun/elhefnawyJun07.pdf (Accessed 2007/7/20)

武力的效能取決於其適應複雜的政治背景，以及在全球公眾輿論批判性眼光關注下，與非國家敵對者交戰的能力。在類似伊拉克那種複雜、多邊參與、非正規的衝突中，常規戰爭無法產生決定性的結果，[104] 這可說正凸顯了非武力作戰或政治作戰的重要性。

可以如此說，軍事人員若單靠科技來解決戰爭問題，現今也必須開始承認，因為受到文化因素的影響，必須以智慧來從事戰爭。在美軍中，許多從伊拉克與阿富汗返國的高階軍官也歸結認為，取得優勢地位較能夠從更多的思考中達成，而非在武裝配備上超越敵人；他們也認為，愈能創造聯盟、利用非軍事優勢、了解敵人意圖、建立信任、轉變公眾意見，以及做好認知管理，就愈能贏得戰爭，然這些任務都需要了解民眾、文化與動機的特殊能力。[105] 同樣地，這些都是關乎政治作戰的行動與作為。

人是思想的動物，思想決定行動。不同的族群有不同的思考方式，這些方式都受到其背後文化因素的影響。2007 年，波特（Patrick Porter）在美國《陸軍戰院季刊》（Parameters）發表文章指出，從事戰爭已經讓我們成為人類學家，理解衝突的方式就是擁抱文化，以美國的反恐戰爭為例，不同的生活方式產生不同的戰爭方式，反恐戰爭即是不同文化間的衝突，若要理解美軍在伊拉克的失敗，必須回歸理解敵人的文化。[106] 所以，在戰爭中熟知敵人動機、意圖、意志、戰法，與文化環境的知識，對勝利而言已經證明遠比部署精靈炸彈、無人載具，和擴展網路頻寬來得重要。[107] 這些實際的戰爭經驗，無疑說明政治作戰在當代與未來衝突中的關鍵地位。

---

104 David J. Kilcullen, "New Paradigms for 21st-Century Conflict," *E-Journal USA, Foreign Policy Agenda* (Bureau of International Information Programs, U.S. Department of State), Vol. 12, No. 5(May 2007), pp. 39-40.

105 Robert H. Scales Jr., "Culture-Centric Warfare," *Proceedings*, Vol. 130(October 2004). In http://www.usni.org/Proceedings/Articles04/PRO10scales.htm (Accessed 2007/4/20)

106 Patrick Porter, "Good Anthropology, Bad History: The Culture Turn in Studying War," *Parameters,* Vol. 37, No. 2(Summer 2007), p. 45.

107 Robert H. Scales Jr., "Culture-Centric Warfare," *op. cit.*

艾切瓦利亞（Antulio J. Echevarria II）研究美國戰爭的方式發現，「如果是戰鬥的話，美國已經配合好要打這些戰爭，然而如此就會將贏得戰役……與贏得戰爭相互混淆。」他進一步主張，「美國式的作戰特徵是－速度、聯合、知識，以及精準，這些較適合於打擊作戰，但不適合將這些作戰轉換成戰略的成功。」[108]因爲戰爭須考量的是全盤與整體，而非個別戰鬥或戰役的加總。

美國陸軍上校薩姆斯（Harry Summers）常引用他與北越陸軍某上校的對話，證明「贏得戰鬥並不足以贏得戰爭」的觀點。薩姆斯提醒北越對手：「你知道你們從未在戰場上打敗過我們」，然而北越上校非常有名的回答是，「可能是這樣」，「但是，那同樣是不相關的」。事實上，儘管雙方在戰場上的戰術優勢，明顯地無法對比，然而美國在這些戰爭當中卻貶抑其能力來獲得政治勝利，依據統計，從第二次世界大戰之後，已經證明美國無法在每一場戰爭中追尋其政治目標。在阿富汗與伊拉克的衝突顯示一種矛盾現象：「粉碎性戰術優勢搭配的是，無法將戰場勝利轉化成戰略勝利。」[109]

隨著美國在 2021 年 8 月從阿富汗全面撤退，塔利班（Taliban）組織重掌阿富汗的控制權，意味美國 20 年反恐戰爭的努力付之一炬。這也說明了，對抗恐怖主義的戰爭無法運用高科技的武器裝備獲得最終的勝利，意識形態的對抗終究還是要回歸心智方面的較量，政治作戰的重要性不言而喻。

因爲，無論是暴力的或非暴力的衝突，人類都將其當作是合法性的最後決定因素。在人類社會，我們透過文化身分的形成發展競爭性的觀念，將這些觀念與規範及法律聯結，並將這些觀念編織成人類歷史的結

---

108 Antulio J. Echevarria II, *Toward an American Way of War* (Carlisle: US Army War College, Strategic Studies Institute, 2004), p. 10, 16; Jeffrey Record, "Why the Strong Lose," Parameters, Vol. 35, No. 4(Winter 2005), pp. 26-27.
109 Antulio J. Echevarria II, *Toward an American Way of War* (Carlisle: US Army War College, Strategic Studies Institute, 2004), p. 10.

構，也因此，要了解戰爭與人類衝突，必須將科學、工程、歷史與人類學、個人與社會心理學、法律與政治等領域相互交織，爲人類身分與存在目的的發展與演進實施多重學科的解釋。[110]這當中，人類學、心理學、法律、政治是與政治作戰的範疇息息相關。

美軍《資訊作戰聯合準則》中引用李德哈特（Liddell Hart）的名言，「在戰爭當中眞正的目標是敵人的想法，而非其實體部隊。」[111]這種意志屈從的想法，與政治作戰攻心爲上的理念不謀而合。此外，由於全球傳播媒介能夠迅速地傳達，現今的目標不是單一指揮官的想法，而是一個國家的整體意志。[112]因此，許多深思熟慮的軍事理論家，都建議與意志相關的概念都應成爲戰爭原則，因爲戰爭的主要任務在於瓦解敵人的意志，[113]這也符合戰爭的本質。現代戰爭非常重要的概念是，敵對者將試圖直接攻擊敵人決策者的心智，唯一能夠改變個人心智的媒介是資訊，因此，資訊是任何第四代戰爭戰略的關鍵要素。[114]而運用文字、語言、圖片、影音、符號……等資訊要素去從事心智戰爭的作法，就是政治作戰。

所謂的理念戰爭（war of ideas）是指，存於組織理想間的鬥爭與強制，也就是要爲我們自己選擇將以怎樣的方式過生活的個人自由，在恐怖份子與愛好自由者之間的爭論爲其原始的衝突。[115]與恐怖主義對抗的戰爭是源於理念及信仰價值的不同，要在此種的理念對抗中獲得勝利，政治作戰顯得重要。一般而言，政治作戰被理解爲宣傳或心理戰的同義詞，與之相似的概念還包括：公眾外交（public diplomacy）、戰略溝通

---

110 Patrick James Christian, "Meeting the Irregular Warfare Challenge: Developing an Interdisciplinary Approach to Asymmetrical Warfare," *Small Wars Journal*, Vol. 5(July 2006), pp. 51-52.

111 Quoted from Carla D. Bass, "Building Castles on Sand: Underestimating the Tide of Information Operations," *Airpower Journal*, Vol. 13, No. 2(Summer 1999), p. 43.

112 *Ibid.*

113 Charles J. Dunlap, "Neo-Strategicon: Modernized Principles of War for the 21st Century," *Military Review*, Vol. 86, No. 2(March-April 2006), p. 42.

114 Thomas X. Hammes, *op. cit.*, pp. 14-15.

115 Gabriel C. Lajeunesse, "Winning the War of Ideas," *Small Wars Journal*, October 14, 2008. At http://smallwarsjournal.com/jrnl/art/winning-the-war-of-ideas (Accessed 2020/12/16)

（strategic communication）、公共事務、民事……等。在前述的相關概念或行動作為中，主要是透過各種不同的方式，運用語言或文字將所欲傳達的理念或價值信仰讓目標對象知悉，也因此，語言及文字的精確使用就顯得非常重要了。

柯恩（Ariel Cohen）認為，對抗伊斯蘭恐怖主義的理念戰爭，是一場爭取心智的戰爭，這樣的戰爭不會是短時期的戰役，如果不是好幾個世代，也會是一種將持續數十年的延伸性衝突。要在理念戰爭中獲得勝利，需要發展與動員文化、地理以及語言的專家，且需要長時期的資源與精力的承諾，這也是一場需要理解目標對象並與之進行交往的戰鬥，對象包括：婦女、年輕人、商業團體、藝術家、知識份子，以及少數族群。[116] 理解文化並善用適當的語言和目標對象交往，以便建立、維繫及鞏固關係，是政治作戰中的民事工作作為，這在以民眾為重心的戰爭中，實不容忽視。

（二）軍隊新任務與政治作戰

運用軍隊從事天然災害防救的任務，在歷史上曾經出現過。然而，在冷戰結束之後，動用軍隊從事非戰爭性的軍事行動，有愈來愈頻繁的趨勢。日本「國家防衛研究所」（The National Institute for Defense Studies）的研究報告指出：「在冷戰結束之後，軍隊開始肩負更為廣泛的非傳統任務，如：和平維持行動、反海盜活動、防止大規模毀滅性武器的擴散等，而人道援助行動與災害救援行動也同樣包括在軍隊的新任務中。」[117]

以天然災害的救援來說，其複雜程度不亞於戰爭與衝突任務，同時對軍隊來說，也是一種挑戰。2011 年 3 月，印尼副總統布迪約諾

---

116 Ariel Cohen, "War of Ideas: The Old-New Battlefield," *National Review Online*, March 12, 2003. At http://www.nationalreview.com/articles/206138/war-ideas/ariel-cohen (Accessed 2013/12/16)

117 Tomonori Yoshizaki, "The Military's Role in Disaster Relief Operations: A Japanese Perspective," in *NIDS International Symposium on Security Affairs 2011--The Role of the Military in Disaster Relief Operations* (Tokyo: The National Institute for Defense Studies, October, 2012), p. 76.

（Boediono）在東協區域論壇籌辦的災難救援演習開幕式中就表示：「災難救援是一項複雜且多面向的工作，不僅涉及合作與協調，還包括後勤、資源的動員、指揮與管制、救災部隊的部署、實際的行動本身，以及資訊與媒體。」[118]也就是說，軍隊在災難救援的許多面向中扮演重要角色，例如：運輸、通信、醫療照護、食物與飲水供應，以及基礎設施的重建等。[119]當然，其中也包括政治作戰相關作為的支援與配合，方能有效處理複雜的救援任務，尤其是涉及軍隊與民間組織的互動及合作時。

進行天然災害防救時，軍隊通常會與其他政府部門、民間組織與單位共同行動。如此就會同時面臨指揮、管制與協調等問題。因此，如何能有效的溝通與協調，即成為災害防救的關鍵課題。是故，民-軍合作、協調，以及軍事緊急援助的效能問題，受到更多的關注。[120]在這個過程中，免不了會有民-軍協調的問題出現。[121]這就有賴軍隊與民間關係的建立，如此方能熟稔彼此的組織文化、優先考量及行動步驟。政治作戰中的民事工作剛好可以擔任這樣的任務。以美國的經驗來說，海地的人道援救任務已經證明這樣的論點。當美軍與跨部會夥伴、非政府組織，以及其他外國夥伴間遇上難題時，彼此間穩固的關係是可以破除藩籬，協助任務完成的。[122]

國外的研究指出：「在參與災難救援的個人與組織中，信任與關係的建構是非常關鍵的，這必須依靠著對參與者與受災國的角色、關係、組織與公眾文化、能力、動機，以及資訊文化與資訊分享需求的理解，

118 Forum Staff, "Coordinating Disaster Relief: Exercise in Indonesia Leads the Way," *Asia Pacific Defense Forum*, Vol. 36, Issue 3 (2011), p. 18.

119 Tomonori Yoshizaki, "The Military's Role in Disaster Relief Operations: A Japanese Perspective," in *NIDS International Symposium on Security Affairs 2011--The Role of the Military in Disaster Relief Operations* (Tokyo: The National Institute for Defense Studies, October, 2012), p. 71.

120 Ajay Madiwale and Kudrat Virk, "'Civil–military Relations in Natural Disasters: A Case Study of the 2010 Pakistan Floods" *International Review of the Red Cross*, Vol. 93, No. 884, December 2011, p. 1086.

121 Sharon Wiharta, Hassan Ahmad, Jean-Yves Haine, Josefina Lofgren and Tim Randall, *The Effectiveness of Foreign Military Assets in Natural Disaster Response* (Solna, Sweden: Stockholm International Peace Research Institute, 2008), p. 41.

122 P. Ken Keen, Floriano Peixoto Vieira Neto, Charles W. Nolan, Jennifer L. Kimmey, Joseph Althouse, *op. cit.*, p. 11.

同樣地，這些對於各方的期望以及行動能夠確保期望達成，也是非常重要的。」[123]

　　當前，國外有許多軍隊在從事衝突、戰爭，或是非戰爭軍事行動的任務時，都已經深刻地理解到政治作戰在其中所扮演的關鍵作用與角色，甚至是對岸的中共也在總結 1991 年波灣戰爭、2001 年阿富汗戰爭、2003 年伊拉克戰爭的經驗後，於 2003 年 12 月修訂其《中國人民解放軍政治工作條例》，將法律戰、輿論戰、心理戰三戰納入其中，無疑是更加重視政治作戰效能，特別是在現代戰爭的發展趨勢中。

　　因此，無論是從事當代新形態的戰爭，或是執行非戰爭性的軍事行動，許多國家的經驗與研究，都非常明確地凸顯了政治作戰的地位，倘若我們將這個「法寶」棄如敝屣，僅想要大幅重視軍事武力的效能，甚或是揚棄政治作戰，那麼，上述歷史的殷鑑不遠，它將告訴我們離勝利已愈來愈遠。

---

123 Linton Wells II, Larry Wentz, and Walker Hardy, *op. cit.*,p. 306.

第 三 章

兩岸攻防
權變鋒出險化夷

　　民國 38 年中央政府播遷來臺之初，以整軍經武、再造中興為首務。本章旨在陳述政府遷臺迄今，國軍政治作戰為因應兩岸關係演進所產生的相應變革，以及對相關政治議題的論述。即一方面，探討兩岸關係發展對政治作戰的影響；另一方面，檢視政戰制度在兩岸關係發展過程中所扮演的角色。前者著重環境對政戰工作的影響，後者探討國軍政戰制度發揮的具體功能。

　　政治作戰的範疇與位階，有廣狹之分與層次之別。廣義者除國防、軍事外，還可包括經濟、外交、文化、教育等等；國家階層的政治作戰，廣含國際、大陸、全國、全民、海外等對象，由國家安全機構統籌之。狹義而言，係指武裝部隊的非暴力性作為，屬軍事層級，由各軍兵種軍事單位策劃執行。[1] 以本文而言，兼含兩者。

　　為解析政工改制後在兩岸關係上的處遇，本章分從四個時期論述。首先，民國 38 年至 68 年為兩岸軍事對峙時期，此期間兩岸雖偶有武力相向，但更多時間著重非軍事性的政治作戰。其次為 68 年至 89 年，在中共與美國建交後，由鄧小平主導的對臺政策，從原來的「武力解放」轉為「和平統一、一國兩制」。我政府為因應此一重大變局，在國內政經體制上，亦作了許多相應的措施。而在政戰作為上，政府為防止中共統戰的滲入，影響國民心理，乃成立相關機構因應，從中共於民國 85 年引發的飛彈危機事件中，印證國軍政戰工作再次發揮穩定民心士氣功效。

　　再者，從李登輝、陳水扁、馬英九以至當前的蔡英文政府，在臺海兩岸互動過程中政治作戰的發展，聚焦於陳水扁以民進黨「台獨黨綱」為主軸的施政，與既定的統一國策多所出入，難相調濟。馬英九的兩岸政策，如開放三通，簽訂《海峽兩岸經濟合作架構協議》（以下簡稱「ECFA」）、「馬習會」等，確使兩岸關係邁入了一個新里程。惟至

---

1 有關政治作戰的意義與範圍，詳見洪陸訓，〈新世紀政治作戰的意義與範圍初探〉；另參見洪陸訓、詹哲裕編，《新世紀的政治作戰》（臺北：國防部總政戰局，2007 年 4 月），頁 1-50。

蔡英文上任後，因不認同「九二共識」，操弄「去中國化」，逐使兩岸關係每下愈況，戰鼓頻催，勢如冰炭，對國軍政治作戰的影響，十分深遠。

中華民國雖在追求民主化的道路上，已歷經三次政黨輪替，但臺海兩岸關係，卻因執政黨以意識形態掛帥之政策導向，以及隨後爆發新冠肺炎疫情影響，逐使得兩岸交流陷入停頓。此一階段的國軍政戰體制，雖未有重大變動，但募兵制實施後，又呈現不少新的挑戰。

第一節　武力對峙時期　政戰支前安後

首先必須指出，早年在兩岸軍事武力對峙時期，因屬國家總動員作戰階段的「政戰工作」，非單由國防部總政治部（後改制為總政戰部）所獨攬，而是由中國國民黨（二、三、六等組）、國防部情報局、外交部情報司、國防部第二廳及技術研究室、憲兵司令部、司法行政部調查局、省保安司令部、省警務處等多個單位共同執行。因此，在選定題材時，均將「國軍」與「政治作戰」兩者同時匡列，以免讀者有以管窺豹之失。

一、戰地政務 軍民一體 福植前線

（一）戰地政務的意義與制度化

「戰地政務」係指戰時為配合軍事需要，執行國家政策，而於戰地所實施的一種民事行政工作。[2]《國軍政工史稿》對戰地政務之定義為：「伴隨戰爭以俱來，為配合軍事進展，對佔領地區或收復地區，敵方政權摧毀後，我方政權恢復前，所採取過渡而必要之地方政權措施。」[3]

---

2 國防部史編局編，《國軍外島地區戒嚴與戰地政務紀實（上）》（臺北：國防部史政編譯局，1994 年），頁 8。
3 國軍政工史編纂委員會編，《國軍政工史稿（下）》（臺北：國防部總政治部，1960 年 8 月），頁 1945。

可知，戰地政務的核心概念：即摧毀敵方政權後，過渡性的地方政權措施。而此一構想的提出，為結合大陸時期剿共的實際經驗，與遷臺後反攻大陸政策之實需而設計。

揆諸中國現代史，國民政府於北伐統一後，亟欲推動地方自治，但因多方掣肘，無法落實。抗戰時採行「新縣制」，將地方政府「黨治化」。而地方自治的核心，為縣長的產生方式。「新縣制」設計者之一的李宗黃說：「第一為就地取材；第二為就地訓練。」[4] 南京國民政府時期的縣長甄選，區分三種：1.考選縣長；2.甄審登記；3.法定合格。[5] 所以當年縣長多以文人為主。文人可以處理行政庶務，但要領導地方壯丁團，剿共滅匪，則恐非渠等所能勝任。

舉一例說明，蔣中正先生於民國 21 年 7 月 12 日，召集湖北省縣長談話時特別提到：「我近來看湖北，地方縣境人民，給土匪燒殺擄搶，縣城失了，縣長卻一個人跑出來，似乎沒有一點恥辱，這種情形，實在特殊。」[6] 而實際上，這些文人縣長的壓力在於，如果縣長堅持反共，共黨將以暴力對待震懾其他各縣。倘若縣長懼共怕死，勢必造成縣治大亂，如此正中共黨下懷，可趁亂取勝。所以當年中共據此壯大其「根據地」，破壞國統區，改立「蘇區」，最後導致大陸淪陷，地方政務之重要性，於此可見。

嗣後戡亂戰役期間，胡璉為重建第十二兵團，提出「戰地政務」想法。他強調：「戰地政務，首先是戰鬥姿態，肅清盤據地方、控制民眾之毛共，然後始可談法令規章，樹立我之完整政權。」[7] 柯遠芬將軍以其實際經驗，補充說明戰地政務的具體作法：「當我接任專員時（指廣東第九區專員兼梅縣縣長），只隨帶兵團政治部副主任、通信營副營長、

---

4 李宗黃，《中國地方自治總論》（臺北：中國地方自治學會，1954 年），頁 156-157。
5 白貴一，〈南京國民政府縣長選用制評述〉，《河南牧業經濟學院學報》，第 31 卷第 168 期，2018 年 5 月，頁 48-50。
6 蔣中正，《蔣總統思想言論集（第十一冊）》（臺北：中央文物供應社，1966 年），頁 96。
7 胡璉，《金門憶舊》（臺北：黎明文化，1974 年），頁 80。

參謀、副官各一員、衛士七名。我採取了兩個方法來羅致幹部，一請部
隊選派副職人員兼任縣、區、鄉、鎮主管；一由地方黨部推薦基層幹部。
如此不及十天，專員以次至鄉鎮、保甲各級組織全部重新建立，政令可
通行無阻，其最主要原因，完全得力於軍隊合作與地方黨部支援，亦是
黨政軍聯合作戰的效果。」[8]簡言之，戰地政務的目標，在規復陷共區後，
透過國軍提供地方行政人力，建立一個穩定且鞏固的地方行政組織。

　　當年討論政工改制時，已將「戰地政務」之相關作為，列入《國軍
政治工作綱領草案》中，至民國39年4月1日正式公布的《國軍政治
工作綱領》（簡稱《政工綱領》），其內容確定為：

> 師以上政治部主任，在戰地上基於軍事需要，得指揮縣（市）
> 以下行政機構社團，配合軍事行動，對新收復縣（市）區，並
> 得組織政務辦事處，實施軍事管制，維持臨時縣（市）政，俟
> 地方行政力量恢復後，即行結束。[9]

　　與《政工草案》相較，《政工綱領》已將戰地政務範圍，限縮於戰
時實施，並制訂落日條款。說明當地方行政力量恢復後，即還政於民。
因為軍事管制，係屬特別時空環境下的作為，不宜當成普遍的規定。

　　另據政戰總隊第十任總隊長趙奠夏將軍的看法：「戰地政務的軸心
任務，是基於國家政治目的和戰爭目標，運用政治作戰手段、科學行政
管理技術，在戰時所實施的地方行政工作。進而團結廣大群眾，摧毀敵
戰爭面，建立我戰爭面，並動員戰力人力物力，達成軍事作戰任務。」[10]
故戰地政務乃置重點於廓清敵人殘餘勢力，同時爭取規復區民眾向心的

---

8 柯遠芬，〈我的戰地政務經驗〉，《三軍聯合月刊》，第5卷第1期，1967年3月，頁
　77-78。
9 「國防部命令規定國軍政工改制自四月一日起實施及頒布政工改制法規五種」（1950年4月1
　日）〈國防部總政治部任內文件（三）〉，《蔣經國總統文物》，國史館藏，數位典藏號：005-
　010100-00052-012
10 李吉安，〈專訪第十期鍾開泰將軍暨廿二期章昌文將軍〉，《政工九十》（未出版），頁137。

雙重使命，因此在反共鬥爭中的意義格外重大。

（二）戰地政務的編組與實施

國防部自民國 41 年起，著手戰地政務基本理論的研究，至 46 年 11 月，核准暫先試行，國防部總政治部為統帥部之戰地政務幕僚機構，總政治部第六組為主管戰地政務之業務單位。43 年，將原來的第六組，改為第五處，後再改稱為第五組。第五組下設四個科，第一科主管戰地政務計畫研究；第二科負責戰地政務幹部儲訓；第三科主管戰地政務實驗；第四科負責民事福利等。51 年 3 月 16 日成立戰地政務局，轄二十二個科，由原第五處之一、二、三科為基幹，擴大編制，受總政治部主任的業務督導。[11]

在戰地政務部隊方面，民國 45 年金門、馬祖地區，奉令劃為戰地政務實驗地區後，戰地政務工作大隊派赴金馬。48 年組織整併，第一中隊駐守馬祖，第二中隊駐守金門。50 年擴編為戰地政務第一總隊，下轄五個中隊。53 年 12 月，該總隊改稱政治作戰第一總隊，除第一總隊第一大隊為常備部隊，第二、三大隊為實驗部隊，並完成第二、三、四、五、六總隊，採動員部隊建制。至於駐守金、馬地區的戰地政務工作隊，其支援地方行政工作於 55 年告一段落。[12]政治作戰總隊成軍初期，主要任務中之「地區政治作戰」為留置光復（綏靖）地區，支援戰地政務督導單位，推行戰地政務工作。[13]

綜言之，金馬戰地政務實驗，乃總結剿匪、戡亂經驗，進行組織化、標準化而設計的。選擇在金、馬兩地實驗，亦希望日後反攻大陸，可於規復地區重建反共政權。民國 81 年，金馬戰地政務隨兩地解嚴而取消，但 36 年來的戰地政務成效，已讓這些前線戰地的蕞爾小島，建設成為

---

11 同註 2，頁 117-118。
12 同上註，頁 120-121。
13 同註 10，頁 137。

各具特色的外島鄉鎮，爾後更率先施行「小三通」，成為兩岸民間往來的重要試點基地。

（三）戰地政務的成果

如前所述，戰地政務實際上是以軍事管制方式，體現孫中山先生地方自治精神，其中包括「管、教、養、衛」四大項目。蔣中正總統對金馬戰地政務實驗非常重視。民國 53 年 6 月 1 日手諭：「金門此後政治建設，須向民權主義方面注意予以實施訓政，最後進入憲政，但不宜操之過急。明年可照余提示，先以鄉鎮長試辦選舉，然後進一步民選縣長。」[14] 顯見，金馬戰地政務實驗，旨在體現民權主義思想，從金馬地區的建設經驗，以彰顯訓政過渡憲政的具體成果。

尤值一提的是，審視金馬戰地政務，不能僅將眼光置於兩地。金馬地區實驗，是為「光復大陸」設計的。例如，依民國 52 年「戰地政務委員會工作會報」會議所示：「關於大陸行政區劃調整問題，業經專案小組研討，並於六月完成『光復大陸初期各級行政區劃接管辦法』草案乙種。關於大陸青、少年再教育問題，現已初步完成『戰地青少年民族復興教育實施方案』。」[15] 由此可見，戰地政務實係當年為反攻大陸，重建地方政權的重要措施。茲僅就戰地政務之「管、教、養、衛」之具體成效概述如次：

1. 戰地政務「管」之成效：落實訓政措施，地方自治訓練

民國 45 年 10 月 15 日，金、馬兩地區戰地政務委員會分別成立，開始實驗戰地政務。首先從兩地行政組織加以調整。金門由七個鄉鎮併

---

14 同註 2，頁 207。
15 「蔣經國主持戰地政務委員會籌備處第一至十六次會議紀錄」（1963 年 01 月 09 日）〈民國五十二年各項會報指示〉，《蔣經國總統文物》，國史館藏，數位典藏號：005-010206-00003-008。

爲六個；馬祖原有之連江、長樂、羅源三個縣，簡併爲連江縣。[16] 國防部辦理金馬戰地政務實驗前，以強化基層組織爲重點，派遣戰地政務大隊，分駐金馬各島，並遴選優秀幹部兼任各村里之正副村里長，待當地選出之村里長接受訓練後，再交由民選村里長執行政務。同時試行辦理「戶警合一」制度。總政治部並逐年督導金馬地區戶口校正及人口普查。[17]

民國 54 年，國防部核頒「指導金門民眾運用民權實施計畫」，先由金門地區按訓練、實驗、實施三個階段進行。55 年金城鎮試辦民選鎮長，使民眾熟稔民權施行方法。60 年起實施鄉鎮長、鄉鎮民代表及村里長選舉。馬祖亦於 65 年實施村里長選舉，66 年實施鄉鎮長及鄉鎮民代表選舉。另 61 年於金門、連江分別舉辦增額中央民意代表選舉；64、69 年賡續辦理。[18] 對戰地政務實務工作，譚紹彬說：「最具戰地民主特色的就是村里民大會，因受戰地限制，大會規劃於『雙日』（中共逢雙日不砲擊金門）晚間舉行，以三個月一輪，在適當地點舉行。那時金門沒有議會，縣長與縣民直接對話，算是百分之百的直接民主。」[19]

另據金門鄉民蔡福生回憶：「以前每個月固定要召開村里民大會，大會除了宣導政令外，也是意見溝通的最佳時機。」同時指出：「戰地政務時期公務人員在品德操守方面的要求，比現在強多了！比方說，若是發現公務人員在民家參與賭博，二話不說便是革職。」[20]

因金馬處於戰地，管制作爲不可或缺。陳書禮先生回憶：「馬祖戰地政務共計 36 年，印象較深刻如下：（1）燈火管制；（2）宵禁；（3）書信管制；（4）其他管制。爲防止民眾藉漂流物渡海，將籃、排球、救生圈及輪胎都列爲管制品。放風箏與鴿子亦在禁止之列；另爲配合軍

---

16 同註 2，頁 208-209。
17 同註 2，頁 210-212。
18 同上註，頁 210-212。
19 彭大年，〈譚紹彬將軍訪談紀錄〉，彭大年主編，《枕戈待旦－金馬地區戰地政務工作口述歷史》（臺北：國防部政務辦公室，2013 年），頁 80。
20 吳貞正，〈蔡福生先生訪談紀錄〉，彭大年主編，上揭書，頁 199。

事需要，建物不得超過兩層樓；民眾不得隨意下海游泳，漁民出海、回岸均需持漁民證，經查驗符合後，始得放行，以防共軍滲透。」[21] 戰地政務對居民施以嚴格行動管制，乃不得不然。而金馬地區居民願意犧牲個人部分自由，換取地方安全之精神，令人敬佩。

2. 戰地政務「教」之成效：提升文教水準，敦厚社會風氣

金門與馬祖兩地社情不同，金門文風鼎盛，馬祖民情強悍，相較之下戰地政務之文教建設，馬祖要比金門困難。金門於民國 53 學年度開辦九年義務教育，第一所國民中學為金城國中，免試招收國小應屆生入學，為全國之首創。嗣後依次設立金湖、金沙兩所初級職校；金寧、烈嶼兩所初中，後於 56 年 8 月，更名國民中學。各地新建校舍，除少部分由民間承包外，大多為駐軍兵工協建。

馬祖於民國 57 年度開始實施九年義務教育。[22] 從時間點看，外島的九年義務教育，要比本島地區更早推行，足見外島雖資源缺乏，但中央政府在教育上所投注的心力，無分軒輊。52 年，隨蔣公視導金門的蔣夫人，鑑於金門幼稚教育（學齡前教育）付之闕如，乃指示金防部婦聯分會，創設「金城幼稚園」。59 年，天主教金馬教區在天主堂內設立育嬰托兒所。73 年，教育部提升金門與馬祖高中為國立高中，在金、馬設立高中前，兩地高中學子即已於 52 年起，專案優待來臺升學。[23]

戰地政務時期的歷任金防部司令官與金門縣長對教育均十分重視。王水彰回憶：「我就讀金門中學時，沒有交通車，從家中走到學校，徒步要兩個小時。當時軍車駕駛都很有人情味，只要我們招手，就會停車讓我們免費搭乘。」[24] 李鳳斌說：「胡璉將軍對教育興學不遺餘力，鼓勵所屬部隊長在各村興建學校，金門有很多學校都以當時建校的將軍名

---

21 孫宏鑫，〈陳書禮先生訪談紀錄〉，彭大年主編，上揭書，頁 307。
22 同註 2，頁 244。
23 同上註，頁 244-246。
24 彭大年，〈王水彰先生訪談紀錄〉，彭大年主編，同註 19，頁 113-114。

字命名，如柏村國小、安瀾國小、多年國小、開瑄國小等。」同時胡璉
也在金門發行「正氣中華報」，民國54年該報向國防部登記為軍報，
而原向內政部登記之「正氣中華報」改名為「金門日報」。[25]

　　曾任馬祖高中校長的曹金平說：「民國73年7月1日，馬祖高中
奉命改隸教育部，成為『國立馬祖高中』，教育部撥付本校二千四百萬
建校舍經費，當時懇請程邦治司令官兵工協建，蒙程司令官應允。待程
司令官調離後，續任的丁之發司令官繼續協建工程。兩位司令官都非常
愛護馬中，令我感激在心。」[26]

　　此外，戰地政務對純樸民風之維繫，助益甚宏。如李水金說：「若
是問我金門實施戰地政務期間較不好的事，我認為軍方對百姓的管理限
制太多，但也因為管得多，所以金門人守規矩，也較沒有不良的生活
習性。現在金門雖然變得比較自由，但治安也不如以前，糾紛也變多
了。」[27]外島駐軍大力支援教育，進而使學生崇敬軍人，軍民關係融洽，
同時也對金、馬社會風氣產生正面的影響。

　　3. 戰地政務「養」之成效：活絡經濟命脈，充實社會福利

　　金門孤懸海外，倚靠農業為主，因土地貧瘠，致財政困窘。胡璉任
司令官時，鼓勵居民種植高粱，而防衛部以「高粱換大米，荒地納田賦，
種高粱免稅」[28]政策，讓金門遍植高粱。然後，再將高粱交酒廠釀酒。
金門酒廠前身為葉華成於民國39年創辦之「金城酒廠」，42年胡璉開
辦軍方「九龍江酒廠」，並指派葉氏任該廠技術科長。45年實施戰地
政務後，更名為「金門酒廠」。[29]。

　　據民國53年任金門縣長的吳寶華將軍回憶：「我到職時，地方年

---

25 吳貞正，〈李鳳斌先生訪談紀錄〉，彭大年主編，前揭書，頁119。
26 彭大年，〈曹金平先生訪談紀錄〉，彭大年主編，同註19，頁270。
27 彭大年，〈李永金先生訪談紀錄〉，彭大年主編，前揭書，頁130。
28 同註7，頁18。
29 同註25，頁113-114。

收入唯一依靠金門酒廠盈餘。當年爲 3,800 萬元。」[30] 到 64 年，縣長譚紹彬將軍說：「我在金門縣長任內，將酒廠由原先的古法釀製，一躍而爲科學生產，酒廠開設兩條生產線。高粱酒由一年 100 餘萬公斤，提高至 400 餘萬公斤。一來成本降低，二來產量驟增，除供島上自足之外，部分行銷臺灣，其收益也成爲發展戰地經濟的最大財源。」[31]

金門酒廠被譽爲金門生命線，不僅受評爲臺灣酒類精品，也獲大陸同胞所喜愛，一年盈餘近百億，足以興建金門跨海大橋（金門本島至烈嶼）。譚紹彬也提到一段金酒陳高的秘辛：「有次蔣總統經國先生巡視金門，我當時將金酒銷臺受阻情形向總統面陳，總統指示：『再跟公賣局商議』。約兩週後，總政戰部副主任蕭政之，偕臺灣菸酒公賣局長吳伯雄專程訪問金門，考察金酒銷臺問題，但結論無果。最後只好將這些預備增產銷臺的酒品放入窖中。」[32] 這些高粱酒，經年久陳放後，成爲名聞遐邇的陳年高粱酒；沒想到因銷售受阻，反而促成陳年佳釀，塞翁失馬，焉知非福。

民國 72 年，任金門縣長的張人俊將軍回憶：「金門縣政府除了靠軍方支援外，主要經濟來源是金門酒廠與陶瓷廠。早年以 600 毫升『陳年特級老酒』標籤，以黑色紙盒包裝，售價每瓶 250 元，推出後即造成市場搶購，眾人趨之若鶩。」[33]

至於民國 45 年在馬祖成立的「中興酒廠」，隸屬馬祖戰地政務委員會，廠址設於南竿鄉復興村。早期多利用民舍循土法釀酒，設備簡陋，產品供不應求。59 年擴充廠房搬遷於現址，更名「馬祖酒廠」。產品尤以「八八坑道」高粱酒聲名遠播。「八八坑道」原爲戰車坑道，後因坑道中斷塌陷，充當馬祖電信局辦公處與電信機房。後又改爲儲酒空

---

30 吳寶華，《風雲七彩豔陽天》（臺北：黎明文化，2007 年），頁 111。
31 同註 19，頁 86。
32 同註 19，頁 86。
33 張人俊，《張人俊八五自述－戎馬回憶錄》（臺北：作者出版，2007 年），頁 164-165。

間。[34]81年任連江縣長的林德政將軍說道：「當年縣府的主要財政收入，還是靠酒廠釀銷的馬祖高粱、大麴、老酒等為主要財源收入。」[35]另外，東引反共救國軍指揮部也有兩個生產營利單位，一是物資供應處，一是東引酒廠。東引酒廠生產的陳年高粱在戰地政務期間，為東引指揮部的重要財源。[36]

從上述訪談中，可知戰地政務時期外島的最大財源是「酒廠」。這些酒廠因為有駐軍購買，因此銷售無虞。且坑道工事對陳放酒品有極佳效果，即使戰地政務結束多年後，金門、馬祖、東引等外島系列高粱酒在海內外烈酒市場中，各擅勝場，既為縣府增加收益，也為縣政發展留下鮮明註腳。

4. 戰地政務「衛」之成效：守護地方安全，保家保鄉保產

金門戰地政務期間，爆發「八二三砲戰」，雖然造成不少軍民生命財產損失，但也成功凸顯戰地政務對保衛家園之功效，砲戰時民防團隊的表現，即為一顯例。金、馬地區採民防組織與地方行政結合，各編成一個民眾自衛總隊，鄉鎮為大隊，行政村里為中隊，戰鬥村（自然村）為區隊，並按區分編組及分配任務：[37]

（一）18至35歲青壯年男丁，編成機動隊，擔任村落防禦，反空降及機動打擊。

（二）16至17歲、35至55歲男子，18至45歲已婚婦女，編成守備隊，擔任該村落自衛戰鬥及軍勤支援。

（三）16至35歲未婚婦女，編成婦女隊，擔任自衛戰鬥、心戰、文宣及救護。

---

34 孫弘鑫，〈陳書禮訪談紀錄〉，彭大年主編，同註19，頁315。
35 吳貞正，〈林德政將軍訪談紀錄〉，彭大年主編，前揭書，頁241。
36 彭大年，〈鄭龍飛訪談紀錄〉，彭大年主編，前揭書，頁356。
37 彭大年主編，同註19，頁34。

（四）12 至 15 歲少年男女，編成幼獅隊，擔任自衛戰鬥、警
　　戒、巡邏、傳令及交通管制。

（餘略）

　　據民防分隊蔡善良回憶：「砲戰時，民防巡邏隊任務是巡察本村安
全，分隊編制 30 人，每人配 79 步槍一枝，平時不准持有子彈，值勤時
方配置之。」[38] 因戰地政務地區，家戶編管嚴格，民防訓練落實，才能
降低砲戰傷亡。李水成說：「砲戰前，我們北山村副村長，我們都叫他
『指導員』。管理很嚴，要求民防隊在村裡挖很大的防空洞。四個出入
口，每個出口寬約 70 至 80 公分，可以容納一百多人。剛好在砲戰前完
工，砲彈打下來時，村裡的人都到這裡來躲避。當時挖的時候很辛苦，
大家都罵指導員是壞人，砲戰時覺得躲在防空洞最安全，大家才覺得他
是好人。」[39]

　　民防隊員執行任務時，並無任何薪資津貼，隊服亦需自行購買。隊
員黃清安回憶：「中共宣布單打雙不打後，生活真是艱苦，一年中超過
四個月的役期，砲戰中每個月有十二天服役（按：實為 96 小時）。吃
住須自理，阿兵哥戍守陣地，我們民防隊也要出任務，協助運補子彈、
糧食。運補船團一到，中共砲彈隨後就來，驚險萬分。但我們百姓，認
真打拚，毫無怨言。」[40]。可見，當年自衛隊員為了保衛家園，犧牲奉獻，
其精神足為國人效法。

二、對敵心戰 厚積勃發 能量四射

　　對敵心戰工作，為當年政工改制的重點之一，並列於「保防工作」
中。《政工綱領》明訂：「辦理策反反間，對敵心理作戰，敵後游擊政

---

38 陳存恭，〈蔡良善訪問記錄〉，《八二三戰役文獻專輯》（南投：臺灣省文獻委員會，
　　1994 年），頁 202。
39 郭嘉雄，〈李水成先生訪問記錄〉，同上註，頁 216。
40 鄭喜夫，〈黃清安先生訪問記錄〉同註 38，頁 229。

工，及匪俘歸俘之偵訊，管訓考核及運用。」[41] 不過幾經研討，若由保防單位執行心戰工作，限制甚多。後改由中國國民黨主導，總政戰部負責執行，這也顯示心戰屬於國家階層的政治作戰。當年的體制精神，黨就像大腦，政軍猶如手足。因此，要探討國軍政工改制後的心戰工作，就必須論及中國國民黨對大陸心戰工作的實質貢獻。

（一）爭取韓戰反共義士來臺

政府遷臺後的第一項心戰成果，厥為韓戰結束後中共志願軍戰俘的投奔自由。1950 年 6 月 25 日韓戰爆發，聯合國組聯軍抵擋北韓攻勢，經歷次戰鬥後，出現了換俘問題。截至 1951 年夏，聯軍俘獲中、朝共軍十二萬餘人，中共戰俘兩萬餘人，分別編成第 72 與第 86 聯隊，收容於巨濟島集中營。[42] 韓戰和談自 1951 年 7 月開始，換俘問題也於是年 12 月由小組委員會開始交涉，共軍堅持「強迫遣返」；聯軍則主張「自由遣返」。以美國的角度而言，遵循「自願遣俘」原則，可凸顯其反共立場，也有極大的宣傳價值，相較其他爭端，戰俘問題成本較低，也較易駕馭。[43]

民國 41 年秋，我駐韓大使王東原建議政府派有力同志加強策劃，並預籌接運義士回臺之有效步驟，惟當時內外情勢尚未成熟，多認為此事實現之可能性尚屬渺茫。[44] 而戰俘營內，中共戰俘的反共情緒激昂，據曾任職美軍陸戰第 1 師 163 軍事情報隊（163 Military Intelligence Service Detachment）的黃天才，在憶及訊問戰俘時的情景說道：

> 審訊時，我特地用當年在重慶念大學時學到的四川腔問話，以
> 消除恐懼感。對方似乎很快就感受到我的「善意」。兩人問答

---

41 同註 9。
42 王東原，〈反共義士爭奪戰紀實〉，《傳記文學》，第 308 期，1998 年 1 月，頁 21。
43 張淑雅，《韓戰救臺灣？解讀美國對臺政策》（臺北：衛城出版社，2011 年），頁 184。
44 同註 42，頁 22。

不到十句話，他竟然壓低聲說：「長官是臺灣來的吧！」我告
訴他：「我們是美國軍隊。」後來他迫不及待的告訴我，他本
來在國民黨軍隊當兵，後來因為部隊長「起義」投共，他不喜
歡共產黨，後來聽說部隊「抗美援朝」，要到朝鮮打仗，最後
上到火線，九死一生終於逃亡成功。他再三強調，他不是被俘，
他是自動投降的。[45]

在當局獲知戰俘對返陸有所疑懼後，蔣中正總統密派中國國民黨中
央委員會第六組副組長陳建中，化名「陳志清」赴韓國，策動中共被俘
官兵起義。[46]嗣後續由國防部派參謀本部第二廳廳長賴名湯及總政治部
第五組代組長江海東聯袂赴韓。在韓軍安排下，深入集中營，向戰俘宣
達了蔣總統的政治號召。[47]

戰俘處理問題，事涉人心歸向與國際觀感，中共乃於停戰談判中提
出，對拒返大陸的反共戰俘實施「說服」工作，為期 90 天。90 天後戰
俘若仍拒絕歸返大陸者，則交政治會議處理，如政治會議無所決定，則
所有戰俘恢復平民身分，依意願前往中立國或臺灣。[48]為加強進行「說
服」，中共派賀龍組織「第三屆赴朝慰問團」，目的在爭取「被俘人民
回國」。慰問團成員集中於北平的黃寺、地壇受訓一個月，學習說服、
勸導。[49]

儘管陸方的行動相當積極，卻無法動搖反共戰俘的意志。黃天才說：

戰俘面對「勸說員」時，有的裝聾作啞，故意不理不睬，有的
竟和勸說員頂嘴吵了起來，更有的一進場就大聲嚷嚷，根本

---

45 黃天才，〈韓戰第一線上審訊共軍戰俘〉，《傳記文學》，第 576 期，2010 年 5 月，頁 17- 20。
46 陳建中資政治喪委員會，〈陳故資政建中先生事略〉，《陝西文獻》，第 112 期，2009 年 1 月，
頁 19。
47 陳邦燮，《奔向藍天的響尾蛇》（臺北：時英出版社，2007 年），頁 55。
48 同註 42，頁 23。
49 江海東，《一萬四千個證人》（臺北：新中國出版社，1955 年），頁 215-216。

不讓勸說員開口。有的不等勸說員說完，就起身離座大叫「我要去臺灣！」隨即轉身出了自由之門。到後來有好些年輕戰俘入場之後，立刻脫去上衣，露出前胸刺青的中華民國國旗及國徽，或者刺在左右臂膀上的「殺朱拔毛，打倒八路」等字樣，以示絕不回頭的決心。[50]

最後，共有 14,282 名反共義士，分別於民國 43 年 1 月 27 日、2 月 19 日與 21 日搭美軍船艦來臺。據「反共義士就業輔導處工作總報告」統計，至 43 年 2 月止，反共義士共有 14,342 人。[51]

為迎接反共義士，層峰將此重任交給經國先生，經國先生則交予時任政工幹校教育長的王昇將軍。民國 43 年 1 月 15 日，王昇飛抵韓國。20 日清晨，一行人在美軍的暗助下，在自由門附近的山坡，插滿了青天白日滿地紅國旗，豎立許多標語及蔣總統的巨幅畫像。[52]

嗣據反共義士毛錫仁表示：「去韓國接我們的是賴名湯、王昇、方治，他們在韓國跟我說：『將來你們回到祖國，要幹什麼我們不強迫，要讀書就讀書，要就業就就業，政府來幫助你們。』我們一萬四千多人由韓國仁川出發，坐了五天五夜的登陸艇抵達基隆，下船後再坐火車到楊梅高山頂。」[53] 不過反共義士的身分複雜，想法各異，有人建議以化整為零方式，將他們分發到部隊，以免造成混亂。王昇則認為這個作法有問題，第一是違反國際法，不能強迫他們去當兵，其次將問題帶給部隊，會影響部隊安全。[54]

當時，王昇還向經國先生建議對反共義士的肅諜工作，採取三個步驟進行：第一「自新運動」，針對共黨黨員、共青團員一律准予自新；

---

50 同註 45，頁 94-95。
51 周琇環，〈接運韓戰反共義士來臺之研究〉，《國史館館刊》，第 28 期，2011 年 6 月，頁 150。
52 陳祖耀，《王昇的一生》（臺北：三民書局，2008 年），頁 125。
53 高研希、高康捷，〈毛錫仁先生訪談記錄〉，《桃園文獻》，第 4 期，2017 年 9 月，頁 107。
54 王昇的建議，當局並未同意。反共義士後來全數進入部隊，所用名義為「請纓從軍」。陳祖耀，前揭書，頁 127。

第二「自首運動」，針對身負任務的共幹，一週內自首者，可以不加追究；第三「檢舉運動」，務將頑強份子徹底清除。[55]

反共義士來臺後，在對敵心戰宣傳上頓成強而有力的號召，渠等赴臺之日訂定爲「一二三自由日」。這是自政府遷臺後，與對岸「軟實力」的較量上，第一次大獲全勝。另爲因應反共義士的請纓從軍，特成立「第十四軍官戰鬥團」，民國46年1月14日該團改編爲「心理作戰總隊」，首任總隊長爲蔣得將軍，正式承擔起金、馬外島的敵前心戰任務。[56]

（二）對大陸廣播及施放心戰品

民國40至60年代，政府的兩岸政策主軸爲反攻大陸，光復國土。除積極致力於軍事反攻，亦大力經營非武力的心戰戰場。42年春，共軍於金門對岸的浯嶼、白石砲、黃厝、大嶝、角嶼等地，設立了五個播音站，日以繼夜的向金門廣播喊話。同時，中共「中央人民廣播電台」的第三部份爲對臺心理戰專業電台。次年，共軍又於福州市成立「人民解放軍福建前線廣播電台」，專責對臺灣本、外島播音。[57]另據「民國45年國家安全工作檢討報告書」指出：「當年投寄本省黑函數量較之去年增加甚多，共檢扣黑函9,012件，其中投寄對象以社會人士與軍人爲多，而反動文字案件共計251件，以臺北市居多，基隆次之，破獲者56件。」[58]

基於中共對我之綿密心戰攻勢，政府決採因應對策，原由經國先生主持的「中央心戰會報」，後改由王昇擔任召集人，每月集會一次。參與心戰指導會報的專家，皆爲黨、政、軍、新聞、宣傳、情報等部門負責人。另於每週三舉行「心戰主題會議」，主持人爲曹敏教授，或由鄭

55 尼洛，《王昇－險夷原不滯胸中》（臺北：世界文物出版社，1995年），頁306。
56 李吉安，〈專訪第十三期黃四川將軍〉，《政工九十》（未出版），頁143。
57 同註55，頁286。
58 「民國四十五年國家安全工作總檢討報告書」，（1956年）〈國家安全會議資料（三）〉，《蔣經國總統文物》，國史館藏，數位典藏號：005-010206-00016-001。

學稼教授、胡秋原教授依次代理。會議區分兩大部分：一爲「宣傳報導」；一爲「批判打擊」。前者爲亞洲地區（含中華民國）民主國家之發展現況；後者則針對中共黨政軍經心進行批判。會後製發小冊給各軍種、單位，如空軍電台、軍中電台、光華電台等相關單位，均依照小冊內容，撰寫各單位之廣播稿。此外亦提供空飄、海漂、製作傳單單位運用。[59]當時對大陸心戰作爲如后：

1. 心戰廣播：區分中央、軍中與民營三種。對大陸廣播，由中央廣播電台與軍中各電台負責執行；民營電台擔負部分遮蓋敵波任務（蓋台）。中央電台有中波台四座，最大功率 1,000 瓦，均加裝定向天線，使用中波（AM）頻率五個，短波（SW）十一個，畫夜播放。

軍中計有光華、金門、馬祖及空軍等電台，共計十三個波段，總發射電力 28 萬 3 千瓦，並以綏遠歸綏與四川成都爲兩大發射軸線，北至烏蘇里江，南迄海南島，均在心戰廣播涵蓋範圍內，每天 24 小時播音，對象爲共軍官兵。至於軍中廣播電台、幼獅電台及正義之聲，均爲部分時段對陸廣播，除正義之聲爲短波外，餘均爲中波。軍方所轄電台共計十七座，頻率十三個，採 24 小時播音。[60]嗣後證明，因廣播範圍，無遠弗屆，對中共空軍產生極大影響。

當年空軍廣播電台爲加強對大陸心戰廣播工作，乃跨軍種調用具專業才能的政戰幹部，依照「心戰主題」研撰對中共空軍心戰廣播文稿，逐日播放。據幹校第一期校友曾任播音總隊副總隊長吳東權表示：「當時我從陸軍調到空軍廣播電台，擔任中尉新聞官，每天撰寫對中共空軍心戰廣播文稿。民國 51 年間，反共義士劉承司爲投奔自由駕機來臺後，受訪指出：『是聽到空軍廣播電台的廣播，才會起義來歸。』當時空軍總部政戰主任梁孝煌於是交查，是誰在寫稿子？誰在處理此事？經回報

---

59 本項記述係本書初稿審查會時，由審查委員張悅雄將軍依其個人記憶所及所提供。張將軍爲政工幹校第十期校友，從事心戰實務工作廿年，在此感謝渠爲本文提供重要史料。

60 同註 52，頁 192-193。

後，立刻就把我調到空軍總部政二處擔任少校心戰官，負責陪同駕機來歸的反共義士，分赴各單位巡迴演講，包括劉承司、邵希彥、高佑宗、范園焱等人。」[61]

民國 51 年 3 月 3 日，反共義士劉承司駕 MIG-15 自浙江路橋機場起飛投奔自由後，對空軍總司令陳嘉尚表示：「邵希彥、高佑宗投奔自由的事，匪報並未報導，但我是偷聽祖國的廣播，知道了這些事情。雖然大家沒有公開講，但是偷聽臺灣廣播的人很多，我想這件事對匪空軍影響很大。」[62] 從吳東權的回憶及日後中共飛行員的相繼投奔自由，皆足以證明心戰廣播效果的威力。

2. 空飄、海漂作業：國軍設有金門、花蓮、韓國三個空飄基地，金門、馬祖、東引、烏坵有十八個空飄站，分別對敵實施高、中、低空氣球空飄。攜帶蔣中正總統玉照、國旗章、國旗、標語及日用品，目標可達東北、華北、西北、西南、華南、東南沿海地區，二十一個省市。[63]

為了讓大陸民眾樂於撿拾心戰品，「中央心戰會報」特別要求增加精緻的品項，如衣料、手錶及日用品。[64] 曾擔任心戰作業的林紹翰回憶：「空飄是透過氣球，海漂主要是利用海潮，向福建沿海施放密封的塑膠杯，杯子裡面裝有糧票、餅乾宣傳資料等。我們有次空飄了一萬隻手錶。唐山大地震時，氣球裡裝了慰問金，空飄、海漂的慰問金，都是在大陸使用，情報處有專人在大陸祕密收購這些東西，也可以在香港收購得到。」[65]

另據解密資料顯示，為精進空飄技術能量，國軍於民國 54 年進行

61 「陽明小組」彙編，〈前播音總隊副總隊長吳東權上校訪談〉，《政戰風雲路：歷史、傳承、變革—訪談實錄》（未出版），2021 年 4 月，頁 125。
62 「陳嘉尚呈訪問反共義士劉承司問答參考資料及其報告投奔自由經過」（1962 年 3 月）〈空軍報告與建議（四）〉，《蔣中正總統文物》，國史館藏，數位典藏號：002-080102-00096-017。
63 同註 52，頁 193。
64 「民國四十六年歷次中央心理作戰指導會報主席指示有關加強外島之心戰工作及本省同胞之反共教育等事項」（1957 年 12 月 11 日）〈民國四十六年各項會報指示〉，《蔣經國總統文物》，國史館藏，數位典藏號：005-010206-00001-004。
65 林紹翰口述，陳俊華整理，〈從北大荒到心戰處〉，《傳記文學》，第 576 期，2012 年 2 月，頁 95。

「凌霄計畫」，向美國採購高空氣球，總計四萬呎氣球 200 個，一萬呎氣球 400 個，由美國海軍後勤通訊中心（NACC）於林口心戰總隊負責訓練我方空飄技術。當時高空氣球單價為 5,085 美元（折合新台幣約203,400 元，我國分攤 101,700 元），中空氣球單價為 450 美元，（折合新台幣約 18,000 元，我國分攤 9,000 元），該計畫總共花費新台幣697,180 元。[66] 顯示當年我國的心戰作業與美國、韓國均有密切往來，且合作無間。

　　3. 空投之運用：空投心戰品作業由來已久，我國與西方公司合作的黑蝙蝠 34 中隊執行電子偵測時，即利用任務機之便，同時進行心戰品空投任務。據統計，民國 46 年對陸空投的心戰品達 69,903,079 份，「慰勞袋」5,200 袋，空投範圍，已由沿海一帶拓展至西南、華北和西北。[67]

　　民國 50 年 6 月 5 日，空軍 34 中隊由呂德琪駕駛 C-54G 電偵機及機組員執行「E-140」任務，順道赴廣東境內執行空投，所投物品有傳單 9,290 磅及食物包 817 磅。8 月 2 日又執行編號「E-141」任務，攜帶2,600 磅的心戰品、口糧包、收音機及小型武器補給海南島上的游擊隊。11 月 5 日執行編號「E-151」任務，從廣東鎮海進入，空投了 3,011 磅的糧包及輕武器。[68]

　　民國 51 年 1 月 8 日，自桃園起飛之 P2V 機（機號：710）由 34 中隊長郭統德上校駕駛，率領 12 名機組員，預定要入陸區執行任務，結果在渤海外海失事，機上載有 87 磅心戰品。[69] 這些飛行員執行電偵任務之餘也投遞心戰品，擴大心戰效果。他們雖非政戰幹部，但對心戰任務，仍有極大貢獻。除上述空軍執行的心戰任務外，敵後情報員執行任

66 「陳建中呈蔣經國擬定空飄高中空氣球作業計畫草案代名凌霄計畫」（1965 年 3 月 11 日）〈心戰工作〉，《蔣經國總統文物》，國史館藏，數位典藏號：-010100-00090-003。
67 「民國四十七年三月十四日蔣經國主持心戰會報開幕演講稿」（1958 年 3 月 14 日）〈蔣經國演講稿（二十六）〉，《蔣經國總統文物》，國史館藏，數位典藏號：005-010503-00026-006。
68 劉文孝，《中國之翼（第三輯）》（臺北：中國之翼出版社，1992 年），頁 232-233。
69 「P2V710 號機失蹤報告書」（1962 年 1 月 8 日）-〈專案計畫 南圖計畫國光演習等〉，《蔣經國總統文物》，國史館藏，數位典藏號：005-010100-00028-004。

務時，均能配合爲之。

（三）擴大心戰作業的質量與成效

據曾服務於總政戰部的洪陸訓教授回憶：「民國 60 年代末，爲國軍心戰工作的高峰期。當時中國大陸發生一連串劇變而引起社會動亂，如林彪叛逃、周恩來、毛澤東先後死亡，『四人幫』被捕，以及唐山大地震等事件。面對此一情勢，國防部總政戰部掌握時機，在王昇的主導下，對大陸展開戰略性心戰，無論是空飄、海漂、廣播、心戰喊話、反共義士運用，或者是海外心戰，國際心戰合作的推動等，都有積極作爲與具體成效。」

「當時，幾乎每晚都要召集相關單位開會，討論面對大陸隨時變動的新情況，以及應採取的心戰作爲；透過情勢研判，研擬心戰主題計畫，作爲傳單設計，廣播稿撰寫等工作之依據，以提供各心戰專業單位、專業部隊運用。也因此，原先納編新聞處的心戰組，隨即擴編，獨立爲心戰處，直屬總政戰部。同時遵循國防部長宋長志指示：『加強海外心戰』後，總政戰部立即成立『中共近代史研究出版社』，對海外發行雜誌，擴大海外心戰效果。」[70]

另爲厚植心戰能量，提升心戰幹部素質，總政戰部於民國 53 年 10 月在政二處下成立「心戰工作組」，組長由政二處長兼任。對外統稱「心廬」，實際運作由心戰總隊副總隊長率「研究發展室」主任及所屬組成，成員均爲軍職，並調派政工幹校敵情系主任曹敏教授綜理全般事務。

「心廬」於民國 58 年 6 月對外招考，名爲「心戰研究班」，班主任由總政戰部主任羅友倫兼任，實際由執行官王昇指導，曹敏教授負責全般班務。基本上，「心廬」教育分爲三條軸線，在中國文化方面，由楊家駱教授負責；西方思想方面，由胡秋原教授負責；敵我思想方面，由羅剛教授負責。當時聘請的師資皆爲全國知名學者、教授，多獲有國

---

70 本段內容引自時任總政戰部的洪陸訓教授回憶所述，爲本文作者於 2021 年 6 月間訪談所記。

家博士學位。[71]「心廬」第二期畢業的黃四川將軍說：「『心廬』的教育目標，在培養學員哲學方面能究天人之際，政經方面能通中西之學，史學方面能明古今之變，對敵鬥爭方面，能識敵我之情。」[72]

「心廬」對國軍心戰工作推展至關重要，同時培養了許多人才，不過因未授學籍，在升遷任用上受限，因此只招訓六期。民國 76 年起，該班納入政戰學校政治研究所，畢業後取得碩士學位。目前官方及坊間對「心廬」的記載不多，在此藉有限篇幅，標誌前輩先賢，在創建我國心戰種能上的努力與貢獻。

另值得一提的是，為能在心戰戰場上克敵制勝，民國 91 年 1 月 1 日陸軍成立「心戰整備中心」。該中心為強化國軍心理素質訓練之功效，乃引進美軍的心戰訓練模式。並於 99 年完成驗收及啓用的「戰場抗壓模擬館」，符合國際 ACCT 規範（Association for Challenge Course Technology 協會，專注於挑戰課程、滑索、高低空繩索等在冒險教育產業上安全規範），[73] 對強化國軍心戰訓練之助益甚宏。

近年來科技進步快速，硬體之運用亦為心戰戰場所必須。據民國 110 年 9 月 21 日媒體刊載：「二代心戰車首度曝光」，其內容重點如下：「國軍新編戰略層級的『謀略戰特遣隊』；另『二代心戰作業車』預定明（111）年起投入作戰序列。比較舊型心戰車，二代心戰作業車全車不但裝甲化，也配備最新影像科技運用，串流遠距衛星、虛擬場景及影音剪輯技術，作業車配備可攜式影音工作站及虛擬攝影棚，能隨車快速製作各式影音成品，用以反制共軍認知作戰。」[74] 從上述報導，足見國軍當前的對敵心戰，已有所更張，同時能結合現今科技與時事，發揮毀敵於無形之效果。

---

71 譚再利編，〈羅致達先生心廬服務回憶點滴〉，《政戰風雲路：歷史、傳承、變革－訪談實錄附冊》（未出版），頁 4-5。
72 同註 56，頁 144。
73 林興禮，〈打開思想認同大門，創建「心理訓練」體系〉，《政戰風雲路：歷史、傳承、變革－訪談實錄附冊》（未出版），頁 3。
74 洪哲政，〈二代心戰車首度曝光〉，《聯合報》，2021 年 9 月 21 日，版 A4。

第二節　國共交鋒時期　政戰知機制變

　　民國 68 年元旦，中共與美國建交，同時向臺灣發出第五次〈告台灣同胞書〉，宣稱「中國人不打中國人」，立即停止對金門砲擊。隨後又於 70 年 10 月 1 日，由「人大委員長」葉劍英，宣達中共「有關和平統一臺灣的九條方針政策」，即俗稱之「葉九條」[75]。相繼提出「和平統一、一國兩制」方針，積極鼓吹臺海兩岸進行「三通」、「四流」。

　　面對中共綿密的統戰攻勢，蔣經國總統乃以國民黨主席身分，於民國 68 年 1 月 6 日指派文工會主委楚崧秋成立反制中共統戰的「固國小組」。並於 1 月 22 日召開第一次會議，會中蔣經國總統斬釘截鐵的提出應對中共統戰的「三不政策」，即「不接觸、不妥協、不談判」。「固國小組」於 69 年 3 月 25 日功成身退。[76] 嗣後，反統戰工作改由中常委王昇接手，這就是後來的「劉少康辦公室」。蔣經國總統指派王昇籌辦「劉辦」之初，他曾經三次堅辭，說：「我沒有足夠的能力做這個事情，因為這件事太重要了，我犧牲無所謂，但是萬一做不好，對國家就有妨礙。」[77] 但蔣經國總統不為所動，因此王昇不得不接受此項重任。

　　根據《王昇日記》記載，他接受蔣經國總統委以「劉少康辦公室」時之場景：

　　昨天主席面諭：

　　一、固國小組撤銷。

　　二、對敵工作的各種小組統一起來，由你負責。

　　數十年來教育長要我做什麼，我一定盡心竭力。此一工作比總

---

75 「葉九條」內容重點為：國共兩黨對等談判；通郵、通商、通航（簡稱三通）、探親、旅遊及開展經濟、文化、科技、體育交流（簡稱四流）。

76 呂芳上、黃克武訪問，《歷盡滄桑八十年－楚崧秋先生訪問記錄》（臺北：中央研究院近代史研究所，2001 年），頁 138-139。

77 花逸文，〈獨家訪問王昇〉，《新新聞週刊》，第 70 期，1988 年 7 月 11 日，頁 37-38。

> 政戰部更重要，我堅信我不宜擔任此重任，今後可能身敗名
> 裂。
>
> （日期欄以另筆記下）：三次堅辭，回三個考慮過了，我怎麼辦？[78]

從日記記述中，可知當王昇受領任務時，所感受到的責任與壓力無比沉重，日記中的「三次堅辭……我怎麼辦？」雖以另筆記載，更表達王昇對主辦「劉少康辦公室」的踟躕不前。目前坊間有關記述「劉少康辦公室」的內容，顯與當時王昇的心境大相逕庭。回歸史料，王昇心中雖不願接下這副重擔，但並未違逆蔣經國總統的想法，最後還是承接「劉少康辦公室」重任，卻也一如日記中所言，成為其個人生涯中的嚴峻挑戰。

一、反制中共統戰 「劉少康」擔綱固國

迄今，外界在論及「劉少康辦公室」時，總顯得有些撲朔迷離。其實它既沒有編制、也沒有公文，卻能展開強大的反統戰功效，甚至引發了當時不少黨政人士的「異見」，而其中有相當一部分因素來自王昇的身分。

前總政戰部主任楊亭雲對經國先生重用王昇，提出了如下看法：「他用化公，第一是信得過，他們是師生關係，有很深的淵源；第二是借重化公的才能，他有文化作戰、思想作戰、反共鬥爭、反制統戰的豐富實務經驗。化公為人就是貫徹長官指示，使命必達。尤其是教育長（經國先生）交代的事情，更是要全力以赴，數十年如一日，一直都是忠心耿耿、言聽計從。」[79]

而學者林孝庭的觀察是：「讓王昇得以在八○年代初期，位居國民

---

78 《王昇日記》，1980 年 1 月 31 日。本日記記載中，楷體字為日記原文；括號內文字，為本書作者標註該段文字於日記中之形態。

79 「陽明小組」彙編，〈前總政戰部主任楊亭雲上將訪談〉，《政戰風雲路：歷史、傳承、變革－訪談實錄》（未出版），頁 13。

黨權勢頂層關鍵因素，在於中美斷交的巨大衝擊與隨之而來北京對臺統戰工作，因此，經國總統借重王昇數十年來，海內外意識形態對敵鬥爭的豐富經驗，將政治作戰的理念與實踐由軍隊移植到民間社會，以強化臺灣民心面對中共統戰的『免疫力』，並確保國本不致動搖。」[80]

（一）王昇的反統戰思想理念

　　一般輿論，對於「劉少康辦公室」一事，多以王昇對政壇的影響為主，至於他的反統戰思想理念，卻少有人論及。其實，要了解「劉少康辦公室」的實際作為，必須先了解王昇的反統戰思想體系。王昇秉承兩位蔣總統的反共思想與經驗，結合個人工作體認，再整合政治作戰學理及國軍政戰制度，而建構了「反統戰思想」的理論體系。這在國共鬥爭史，乃至中國現代史上，是不容忽視的。

　　以王昇多年與中共交手的經驗，他認為中共統戰是：「聯合次要敵人，消滅主要敵人」；「用我們自己的手，打破我們自己的頭」；對臺採取「外部孤立，內部分化」：分化「你是國民黨，他是非國民黨；你是大陸人，他是本省人。」同時他也強調：「共產黨最擅長利用自由來消滅你的自由，用民主來消滅你的民主，用和平來消滅你的和平。另一方面企圖欺騙美國，讓美國人誤以為共匪是愛好和平，我們好戰，然後迫使美國不賣武器給我們。」[81]王昇在主導「劉少康辦公室」時期，曾發表〈如何貫徹以三民主義統一中國〉專文，該文可視為反制中共統戰的企劃書，對了解「劉少康辦公室」甚有幫助。

　　1. 加速復興基地建設：

　　（1）政治建設：辦好選舉，革新行政，加強效率，最重要的是守法。

---

80 林孝庭，《蔣經國的台灣時代：中華民國與冷戰下的台灣》（臺北：遠足文化，2021 年），頁 148-149。。

81 王昇，〈如何貫徹以三民主義統一中國〉，《憲政論壇》，第 27 卷第 7 期，1981 年 12 月，頁 15。

（2）經濟建設：工商業要注意「誠信」。

（3）教育建設：要強調「愛國」，我們要一代一代更愛國，一代一代更反共。但在執行上，如果忽略了德、體、群、美，就會造成偏差。

（4）社會建設：重申蔣經國先生的「勤儉建軍」、「勤儉建國」。有錢人士辦獎學金固然好事，不如大力協助國家發展科技，使國家民族致富致強。我們如果不節儉，政府就會喪廉，在民間來說就會喪恥。

2. 拓展海外的鬥爭：

（1）團結老、新華僑。

（2）提升出國外派人員敵情認知。

（3）武裝留學生思想，轉化對岸留學生。

3. 強化敵後工作：

（1）號召大陸農民向中共政權要糧食、要土地；工人要工資、要股權；青年要升學、就業自由；婦女要家庭溫暖、幸福生活；苦難的百姓爭人權、爭生存、要麵包、要工作。

（2）「高綱領」：以三民主義統一中國。

（3）「低綱領」：第一步勸告中共放棄共產主義；第二步放棄共產制度；第三步解散共產組織；第四步勸告共軍放下屠刀，自救救國，最後我們貫徹以三民主義統一中國。[82]

（二）「劉少康辦公室」的組成與運作

「劉少康辦公室」的組成，由王昇任主任，設書記一人，由政論家李廉擔任。下設情報、計畫、協調、行政秘書各一，並自相關單位，精選幹部十五人，擔任幕僚作業。同時應工作需要，成立基地、海外、大

---

82 同上註，頁 15-16。

陸三個研究委員會，各設召集人暨秘書一人。[83] 在具體工作流程上：

1.所有重大計畫、方案，必須融合各相關單位的意見，妥慎擬定。

2.所有重大計畫、方案，經蔣秘書長（彥士）審閱後，呈請主席核奪，再以中央黨部名義，分請各部門執行。

3.經核定之計畫、方案，概以協調、聯繫方式，協助其推展。

4.組成基地、海外、大陸三個研究會，聘請相關單位主管及學人、專家參加，必要時再成立專案小組。

5.工作推動方式，每日上午七時到八時爲早餐會報，會報分爲：

（1）研究會報：每週一次，由王昇主持，研究敵情與對策，擬定各種計畫方案，在「劉少康辦公室」舉行。

（2）決策會報：每週一次，由蔣彥士主持，在中央黨部舉行。

（3）地區（基地、海外、大陸）會報：由各地區負責人主持，每兩週一次，由辦公室派員擔任秘書。

（4）高層會報：由行政院孫院長主持，每月一次，請中央重要首長參加。

（5）遇有偶發事件，不分晝夜，研判、分析提出對案，盡速呈報。

（6）任何工作的推動，都採洽商、懇談方式進行。凡未進行或進行不力之計畫方案，在決策會報上，由蔣秘書長提請有關單位注意，但從不對任何單位在人事上做任何任免與獎懲建議。也從不用公文進行直接催辦或詢問。[84]

至於所提出的重要擬案及建議，須經過三次以上會報的反覆研議，方簽請蔣秘書長轉呈經國先生核示。俟核可後，再由蔣秘書長協調黨政相關單位貫徹執行。[85]

對於外界將「劉少康辦公室」視爲一個「神秘機構」，或者是「黨

---

83 同註 52，頁 273。
84 同註 55，頁 373-374。
85 汪振堂，〈揭開「劉少康辦公室」面紗〉，《傳記文學》，第 90 卷第 2 期，1988 年 7 月，頁 47。

政軍情特」各階層的太上組織之說，王昇日後在受訪時曾表示：「『劉少康辦公室』沒有經費、甚至連辦公的地方都沒有。搞了三年，可以說吃盡了苦頭，很多工作推不動，我實在是疲勞不堪。」[86]

楊亭雲先生亦認為：「『劉少康辦公室』是個智庫，後來因為有幾份政策研究建議，分辦各單位後石沉大海。化公希望積極協調、推動，自己公務忙得無法分身，就請擔任辦公室書記的李廉老師代表去協調。在本質上，化公就是想幫忙出主意，看能怎麼把事情做好？這是無可厚非的。但最後卻變成大家都不高興的一個局勢，後來被人攻訐，變成太上中央黨部、太上行政院，事事都要干預。這就變成一種負面的事情。」[87]

持平而論，「劉少康辦公室」在因應中共統戰攻勢與轉化大陸民心上，的確發揮了不少積極作用。例如魏萼曾提及的一件往事，他說：「『劉少康辦公室』扮演開展對中共溝通的政策指導單位。在大陸改革開放初期，國民黨提出『經濟學臺灣，政治學臺北』，受到關注。時任全國人大副委員長的習仲勳（習近平之父），曾透過管道邀請國大憲政委員會副主任陳建中前往北京訪問。習近平與陳建中為陝西新平縣同鄉，我獲知後專程會見陳建中，探詢他受訪之意見。但陳因顧慮兩岸冰封的情勢，予以回絕。我隨即向『劉少康辦公室』主任王昇回報，王昇說：『這是一件好事』，並指派陝西籍的朱文琳少將協助，陳建中後來接受習仲勳邀請訪問北京，並會見中共國家主席楊尚昆。」[88]

尤其是，政府當時尚未設置「陸委會」與「海基會」等單位，但為因應情勢的改變，勢必會產生「相互接觸」的問題。而「劉少康辦公室」無疑扮演了某種中介性的角色。此亦即王昇在反統戰規劃中的「低綱領」：勸告對岸放棄共產主義，可運用大陸對臺統戰的機會，進行對

---

86 同註77，頁40。
87 同註79，頁12-13。
88 王銘義，《波濤滾滾：1986-2015兩岸談判30年關鍵秘辛》（臺北：時報文化，2016年），頁117-118。

臺有利的反統戰作為。在兩岸禁絕的年代，其所發揮的正面影響，不言而喻。

（三）為何要解散「劉少康辦公室」？

民國 72 年 5 月 4 日，當王昇訪美歸來一個月後，蔣經國總統面告王昇：「『劉少康辦公室』解散。」多年後，王昇提到裁撤原因說：「經國先生覺得『劉少康辦公室』辦了三年，方式上要改變一下，老是這樣做的話，也不是對付敵人很好的辦法。所以又改了一個方式，才把這個單位撤掉。」[89] 迄今外界所傳幾種有關裁撤「劉少康辦公室」的說法，概可分為：

1. 「劉少康辦公室」陷入政爭[90]；
2. 李潔明策動有成[91]；
3. 蔣家嫡庶之爭[92]；
4. 任事過於積極，此說出於郝柏村。

民國 72 年 7 月 28 日，郝柏村於日記中記載：「就我所知，王昇忠於國家、忠於革命、忠於總統，無我無私，不搞個人突出，其操守品德無可非議，但是做事太主動積極了，有時也許逾分而遭忌，這是我對他的辯護。總統亦認為他今後要守分，否則將有不好的結果。」[93] 另據楚崧秋的說法是：「民國 84 年郝柏村發表的《郝總長日記中的經國先生

---

89 同註 77，頁 40。
90 同註 52，頁 283-284。此說是指當年國民黨內有「五大老、五小老」要扳倒王昇。
91 李潔明回憶錄提到：「我們兩人（指蔣經國與李潔明）聯手，為了臺灣利益，安排王昇訪美。說的不客氣一點，王昇是民主化進程的一個大石頭，王昇一回國，便被遠謫巴拉圭。」見李潔明著，林添貴譯，《李潔明回憶錄》（臺北：時報文化，2003 年），頁 247-248。楚崧秋對此說深不以為然：「我認為王昇沒那麼大的份量，『劉少康』也沒那般能耐，需要勞動蔣經國與美國中央情報局聯手。按照王昇與蔣先生的公私關係，王的個性及他對蔣的忠誠尊敬，只要後者一句話，不要說是調職外放，就是解甲歸田，王都只有安然接受，哪裡需要勞動中情局，這未免小題大作了。」詳見：呂芳上、黃克武訪問，前揭書，頁 235。
92 蔣孝武原為某工作委員會委員，嗣後被聘為顧問，惟未經其同意取消其委員身分，而在另一個工作委員會，加聘章孝慈為委員，蔣孝武原不知此事，後有人「主動」向蔣孝武表示歉意，並詭稱：「這是劉少康辦公室的意思」，因而引起蔣孝武對王昇極度不滿。尼洛，前揭書，頁 418。
93 郝柏村，《郝總長日記中的經國先生晚年》（臺北：天下文化，1995 年），頁 110。

晚年》一書，清楚記載王昇當時調職時之轉折，及經國先生諮詢郝意見的過程。據我多年與郝、王的接觸，並參證有關人士的意見，郝所記載可以徵信。」[94]

楊亭雲先生在受訪時也特別提及：「『劉少康辦公室』做的事情，都是中央黨部要做的事情，如果整體黨務運作機制健全，還需要『劉少康辦公室』做什麼？是因為原來的工作體制效能不彰，才需要另外建立一個機構。當年八方有事都來找化公幫助，他就盡其所能去做。他就像『死士』一樣，願意為經國先生而死，『士為知己者死』，經國先生的事就是他的事。」[95]

事實上，在「經國先生日記」中，也提到蔣經國總統對王昇的觀感，如民國 67 年 10 月 6 日寫道：「要煜辰（高魁元，時任國防部長）警告王昇不要多露鋒頭，亦不要過問非其應管的事情，我多年培養此人，實不願意看到他自我之毀滅也。」[96]楊亭雲對此有所補充：「化公下台不是犯了什麼大忌，也不是有什麼『擒王小組』，是經國先生在掌握人事脈動，掌握社會變化後，要走出一個改革的新方向。化公持比較穩健的立場，兩者是步伐大小的問題。化公是經國先生的學生，後來這個想法得不到溝通的機會。他以前可以拿著公文卷宗就到總統辦公室面報，直進直出；後來，經國先生身體不好，化公也是公務繁忙，抽不出身。事後，化公跟我講過：『疏忽了很多小節，有些小事情，沒有時間向經國先生報告，換成別人去跟總統講，中間的語意差別非常大，容易產生誤差或誤會。再加上有心人士別有企圖的話，就會更麻煩了。』化公下台的主要因素在這個地方。」[97]從經國先生日記的字裡行間，可知他對王昇之栽培，絕非徒託空言，再從楊亭雲的說明，更可證明王昇始終是以

---

94 同註 76，頁 235。
95 同註 79，頁 15。
96 黃秋龍，《蔣經國日記揭密—全球獨家透視強人內心世界與臺灣關鍵命運》（臺北：時報文化，2020 年），頁 157。
97 同註 79，頁 57。

國家興亡爲己任的態度來做事的。

至於王昇接到蔣經國總統的指示，結束「劉少康辦公室」後，心情如釋重負。他在日記寫道：

> 郝總長告訴我：「總統原則上已應允調動我的工作，先要他（郝柏村）研究，最後又告訴他，為了維護任期制度，最後決定調動。這幾天的確心情輕鬆不少，總政戰部早就告知他們準備移交，劉少康亦請他們準備移交。[98]

但另一方面，王昇也對「劉少康辦公室」的解散表明心跡：

> 我對劉少康辦公室自授命之始，我就曾經認為此一艱難任務，如果用做官的方式，勢必無法達成任務，如果要認真去做，自己必成為犧牲品，我最後決定，努力以赴，一切以黨國生存發展為重。在組織方面，必須團結協調，協力一起方能有效，但干預太多必將引起很多的反感。但我始終一切以中央為主體，以會報作決定，並邀請有關人士參加，我檢討三年來盡心竭力，自信：
> 1、我沒有用到劉少康辦公室一文錢。
> 2、我沒有對蔣秘書長越一個權。
> 3、我沒有對任何工作爭過一項功。
> 4、我沒有迴避過任何可能遭遇的怨懟。
> 「劉少康辦公室」取消對黨國有無損害，非我所能評論，但我個人心中卻十分擔憂。[99]

---

98 《王昇日記》，1983 年 4 月 4 日。
99 《王昇日記》，1983 年 4 月 21 日。

上述爲王昇於交卸「劉少康辦公室」及總政戰部主任後所記，對國家前途的關切之情，躍然紙上。對照民國 69 年他受命接任「劉辦」時的顧慮，雖然結果與三年前預期近乎一致，但期間的努力並未白費。王昇負責盡職的性格，蔣經國總統與郝柏村均持高度肯定。揆諸民國史，對領袖以忠誠著稱者，戴笠是代表人物。戴笠對蔣中正委員長可謂「忠可鑑國」；而王昇之對經國總統，亦如斯也。

坦言之，「劉少康辦公室」是爲因應國家戰略需要而成立的反統戰單位，最後無端被捲進政爭，實在是「懷璧其罪」。從另一個角度分析，它當年針對中共多變的統戰手段，所擬定的某些政策迄今仍在繼續實施，足見「劉少康辦公室」所發揮的成效及其影響非常深遠。[100]

二、反擊中共「文攻武嚇」 化危機爲轉機

（一）危機發生及政府決策機制

蔣經國總統逝世後，由李登輝副總統繼任，並於民國 79 年經由國民大會選舉成爲第八任總統。民國 84 年至 85 年之間，爲兩岸多事之秋。先是對岸因李登輝訪美而進行導彈演習；隨後又在我國舉辦第九屆總統、副總統選舉期間，實施海陸空三棲軍演及飛彈試射，彈著點分別落在基隆東側及高雄西側的公海上。此舉，意圖影響我總統大選，野心昭然。

李登輝於民國 85 年 2 月 7 日召開黨政軍首長高層會議，他在會中指示，行政院於 2 月 23 日成立「兩岸臨時決策小組」，國防部也在 2 月 29 日成立「永固專案」作業小組，指導三軍全面作戰。[101]

行政院「兩岸決策小組」成立後，先由國防部長蔣仲苓和軍情局長殷宗文報告對岸軍事動態，南京軍區在東南沿海自 1 月初起演訓頻繁，2 月上旬，閩北地區陸海空軍調度，都較以往增加。據我方研判，中共

---

100 有關「劉少康辦公室」的作爲，坊間著作已多有記述，有興趣的讀者可參閱《王昇—險夷原不滯胸中》及《王昇的一生》。因篇幅所限，本文在此不作贅述。
101 鄒景雯，《李登輝執政告白實錄》（臺北：印刻出版，2001 年），頁 276。

為影響選舉、遏止台獨，可能以武嚇方式擴大軍事演習、火砲飛彈試射、機漁船騷擾外島，甚至在島內製造武裝動亂。[102] 由於當局研判中共的飛彈試射，具有影響我國民心的效應，而最容易受到影響的就是股票市場。因此成立「股市穩定基金」，由各公、民營銀行、保險、郵局、退休基金等單位，依現有法令規定於可投資股市的額度內，規劃基金運用額度為新台幣 2,000 億元。該基金自 2 月 21 日成立至 3 月 28 日，共計 29 個營業日。[103]

國防部的「永固專案」小組，由副總長執行官唐飛擔任組長，納編副總長暨聯參人員。專案小組聯合作業指揮中心，設於空軍作戰指揮中心（AOC）。另由通資次長陳友武中將負責進行電力調派，架設通信、戰情顯示設施等相關指揮管制工作平台。陳友武說：「『永固小組』指揮所，把空軍強網和海軍大成系統整合為一，同時又和衡指所（COC）聯網。」其中有關防範軍事衝突之政戰指導作為如次：

1. 為減輕中共飛彈威脅的憂慮，宜由三軍大學舉辦學術研討會或由總政戰部製作社教節目，透過媒體教育民眾，以安民心。

2. 對國防部新聞處（軍事發言人室）是否派員進駐及進駐時機，宜考量其新聞發佈效能而定。永固專案小組納編新聞處相關人員，配合進駐 AOC 作業。[104]

（二）飛彈危機時之政戰作為

為因應兩岸局勢的惡化，總政戰部杜金榮上將，立即下達指示：

1. 政教文宣：透過青年日報社、軍媒各刊物的言論報導，以及漢聲電台與莒光日電視教學的傳播平台，運用「筆隊伍」投書國內各媒體，揭穿中共對臺發動「文攻武嚇」意圖。除堅定心防外，進而強化「為誰

---

102 錢復，《錢復回憶錄（卷三）》（臺北：遠見天下出版，2020 年），頁 368。
103 徐立德，《情意在我心－徐立德八十回顧》（臺北：天下文化出版，2010 年），頁 354- 355。
104 亓樂義，《捍衛行動》（臺北：黎明文化，2006 年），頁 175-176。

而戰，為何而戰」的堅定信念，全力鞏固領導中心。

2. 軍紀監察：確保官兵合法權益，維繫袍澤士氣，防杜違安及官兵違法犯紀情事發生。編組戰場督戰隊與軍紀糾察隊，期能發揚威武軍風，奮戰到底。

3. 保防安全：置重點於保密防諜，鞏固部隊安全，使官兵確實踐履反情報責任制度，防敵滲透破壞。

4. 康樂福利與民運：適時發動勞軍慰問活動，提振官兵士氣，並做好征屬聯繫服務工作，期於關鍵時刻為國家貢獻最大力量。

5. 對敵心戰：透過心戰傳單空飄、光華電台等心戰電台，進行對大陸民眾廣播，並在金馬外島前線對共軍喊話。強調中共以飛彈射擊和登島演習等「軍事威迫」手段打壓臺灣，不但違反「江八點」強調之「中國人不打中國人」主張，反而激化臺灣內部的台獨聲浪，實非明智之舉。

6. 新聞處理：為使國人了解國軍因應危機的戰備整備實況，由軍事發言人室每週定時與不定時舉行記者會，公布國軍嚴密掌握共軍最新動態，穩定國人信心。並安排紐約時報、CNN、NHK 等國際知名媒體參訪我三軍部隊，適時爭取國際輿論支持。另為避免部分媒體的誤導，引發民眾不安，指導軍聞社於危機期間，定時將本、外島官兵投注戰備實況，以文字報導、照片與影像，提供給國內外媒體，使國人心防更加屹立不搖。[105]

（三）飛彈危機下的政戰措施

民國 85 年 3 月的中共演習，在美國派遣兩個航空母艦戰鬥群的壓力下，於 3 月 18 日結束。事後證明，當年我敵後人員，已先將中共演習情資回報，藉此引起美方的重視。另一方面，國軍不分日夜戰備，各項政戰作為對整體防務而言，也產生重要效果及影響。

---

105 劉北辰、李吉安，《文才武略，繞指柔情－杜金榮，從學兵到上將的非凡人生》（臺北：勒巴克顧問有限公司，2011 年），頁 136-137。

　　為了解心戰廣播效果，早在民國 84 年初，總政戰部已派員赴大陸各地，進行實地驗證，得知：東南沿海收聽比內蒙清晰，偏鄉比都會清晰，夜間比白晝清晰。同時也掌握到大陸民眾對收聽臺灣廣播節目內容的生動活潑，感到新鮮有趣。中共則利用地方電台，進行干擾反制。[106]

　　臺海危機期間，總政戰部首重文宣與心防，先後針對共軍演習意圖和政府因應作為等內容，印製成各式文宣品，派專人到各部隊巡迴宣講達數百場次，包括女青年隊巡迴宣教 365 場、三民主義巡迴教官 312 場、專家學者外島宣講 5 場。國防部軍事發言人室在臺海危機期間，更適時舉行「軍事新聞背景簡報」記者會，主動說明共軍動態及飛彈常識。[107]

　　在心戰方面，由總政戰部訂頒「加強大陸地區傳播具體作為」，通令中央、空軍、光華等電台，在對大陸廣播的日常節目中，加強宣揚我政府始終追求統一的立場，並製作以「兩岸要化解敵意，培養互信」為內容等多種傳單達 346 萬份，對大陸重點區域和軍事要地，實施心戰空飄。至於對大陸實施空飄效果的調查，總政戰部曾於民國 85 年就赴大陸探親歸來人士做過一項問卷調查，在 1,002 份的問卷當中，有 22.3% 的受訪者知道大陸同胞曾撿拾我方的空飄心戰傳單，其中個人收藏者佔 22.8%，互相傳閱比例為 30.1%。政戰總隊光華電台自 81 年起復播，至 85 年 6 月，每月平均收到大陸聽眾來函約 1,500 封。[108]

　　總之，民國 85 年的飛彈危機事件，乃是兩岸隔絕 47 年以來，臺灣本島最接近戰爭威脅的一次，而美方出動航母戰鬥群的協助，也證明自助人助，德不孤必有鄰。國軍以適切的政戰作為，維繫士氣及穩定全國民眾心理，並順利完成第九屆總統大選，更加凸顯無形戰力於危機時之關鍵功效。

---

106 同註 104，頁 212。
107 同上註，頁 274。
108 同上註，頁 276。

第三節　統一國策變調　政戰因勢利導

一、中華民國統一國策的變與常

依據中華民國憲法第四條規定：「中華民國之領土，依其固有之疆域，非經國民大會之決議，不得變更之。」另據憲法增修條文前言：「為因應國家統一前之需要，……增修本憲法條文如左。」要言之，中華民國憲法是以「統一中華民國」為目標的憲法，因此追求統一為政府的憲政責任。在兩位蔣總統任內，上述目標至為明確。如蔣中正總統的遺願中有「實踐三民主義，光復大陸國土，復興民族文化，堅守民主陣容，為余畢生之志事。」等句。

蔣經國總統於民國75年7月15日解嚴前，接見美國「華盛頓郵報」董事長葛蘭姆女士暨「新聞週刊」記者，在回應艾金克提問：「請教閣下：未來的歷史學家，如果想要撰寫貴國這一段歷史，閣下認為，您有什麼政績是最值得他們寫進歷史的？」後作了明確的表達：

> 我只是一個工作者，幾十年以來，並沒有多大的貢獻，我心中念念不忘的，是中華民國的生存與發展，以及人民的幸福。有兩點是我一直在做的：第一個是要讓臺灣生活的人民，能夠安居樂業，生活很好；第二要使臺灣復興基地，更為堅強，並希望未來能使十億大陸同胞，都能享受中國人應該享有的權利，並且使他們在經濟上能夠安居樂業。所以我們的總目標，還是光復大陸，過去如此，未來的目標還是如此。[109]

足見蔣經國總統念茲在茲的也是光復大陸。當年「統一國策」雖尚未寫入憲法中，但兩位蔣總統對其執行的意志與決心，是堅定不移的。

---

[109]「葛光越呈蔣經國為與美國華盛頓郵報董事長葛蘭姆等人談話紀錄」（1986年10月10日）-民國七十五年蔣經國約見外賓談話紀錄（二）〉，《蔣經國總統文物》，國史館藏，數位典藏號：005-010303- 00021-021。

（一）李登輝的「統獨變奏曲」

回頭檢視，真正對統一國策造成劇變的是李登輝總統。李登輝任總統之初，基本上與大陸處於和諧狀態。民國 81 年底，李登輝在臺北晶華酒店宴請宋長志、王昇等將領，曾意氣風發的告訴這些外省籍將領：「最近我們有位同志到大陸訪問，中共負責對臺工作的人問他『李登輝會不會搞台獨？』我們這位同志想了一想後回答：『你們不必擔心他搞台獨，你們要擔心的是，李登輝什麼時候問鼎中原？』」[110]

即使民國 85 年飛彈危機解除後，他仍派出辜振甫到上海與汪道涵進行第三次會面，辜振甫更在北京見了中共領導人江澤民，顯示當時李登輝與大陸仍然希望以和解為前提進行對話。

民國 87 年 10 月 14 日進行的辜汪第三次會面中，蔡英文為訪問團成員之一。此外，曾與蘇志誠參與「密使」任務的鄭淑敏，近距離觀察李登輝後表示：「我不認為李登輝在走『台獨』路線，我相信李是走『累積談判籌碼』的路子，因此如何在談判的時候，是以兄弟之誼談，而不是父子關係。」[111]

但此處有一點需要釐清，何以在李登輝執政的十二年間，對中共的態度會產生如此巨大的轉變？據王作榮表示：「李登輝以前並沒有省籍情結，他雖然不喜歡郝柏村，但並沒有將這種情緒轉移到外省人身上，因為李很清楚，他能夠有今天，是靠外省人的幫助與支持。我第一次開始感受到李登輝有省籍情結，是在新黨成立（民國 82 年 8 月 10 日）後，然後是對中共的仇恨。最後一根稻草，就是李登輝最好的兩個外省朋友，王作榮與宋楚瑜，成了他的死敵，從此李登輝就完全與外省人劃清界線。」[112]

---

110 同註 88，頁 151-152。
111 黃越宏，《態度－鄭淑敏的人生筆記》（臺北：平安文化出版社，2001 年），頁 242。
112 曾永賢曾於 1994 年 1 月訪問前中共駐港代表許家屯，其中，許家屯提到為何中共如此討厭李登輝時表示：「那是因為臺灣去大陸的所謂『非主流派』人士，都講李登輝的壞話，他們聽進去了，就產生先入為主的印象，所以這是很難改變的。」詳見曾永賢口述，《從左到右六十年－曾永賢先生訪談錄》（臺北：南天書局，2018 年），頁 274。曾的說法間接證實了王作榮的觀點。另參陸鏗、馬西屏，《別鬧了，登輝先生－12 位關鍵人物談李登輝》（臺北：觀察雜誌社，2001 年），頁 259-260。

　　王作榮又說：「李登輝本來不是台獨，甚至是反台獨的，而且他的反台獨很真誠。但是這幾年李登輝確實變成了台獨，由於他討厭中共，又對外省人充滿仇恨，於是造成他的轉向，而一轉向就成了不歸路。」[113] 就日後發展而言，王的「詮釋」是具有代表性的。

　　實際上，李登輝在第二任總統後期，一直關注「國家主體性」問題。民國 85 年 4 月，坊間傳出國安局正在進行一項「務實主權修正案」的輿情調查。總統府以秘密方式透過「動態模擬小組」進行研究。所謂「務實主權」的研究，有兩大重點，一是在憲法上，明訂「中華民國放棄外蒙古主權」；另一個重點，則是「在憲法上承認中華民國主權僅及於臺澎金馬地區」。假若「動態模擬小組」的研究結果，對當權者維持政權有利，修憲案可能在民國 85 年或 86 年國民大會開會時提出。[114] 若上述傳言屬實，顯示早在 85 年李當選第二任總統後，就已想方設法要採修憲方式改變既定國策。從日後事態發展證明，李登輝嘗試以徐圖緩進的方式，達到其政治目標。

　　在《李登輝執政告白實錄》書中提到：某次，他與國安局長殷宗文閒聊時，再度提出「臺灣主權地位的問題」。李登輝抱怨：「中共持續在國際上打壓我們，否認中華民國是一個主權獨立的國家，這既不公平也不符合事實，中共以大國姿態壓縮我們的國際空間，臺灣的國際人格會逐漸消失。」於是向殷宗文透露，想找一些法律專家，在法理上證明臺灣不是中華人民共和國的一省。殷宗文後來向李報告，國外學者對中華民國的歷史過程與現況不甚了解，若要為臺灣辯護，恐怕缺乏依據，應該先從國內找些專家提供完整的背景，再請外國學者由國際法的角度，看看能幫臺灣到什麼樣的程度。[115]

　　民國 87 年 8 月成立「強化中華民國主權國家地位」小組，由蔡英

---

113 陸鏗、馬西屏，上揭書，頁 263。

114 楊立傑，〈總統府打算把中華民國版圖縮水〉，《新新聞週刊》，475 期，1996 年 4 月 14 日，頁 26。

115 同註 101，頁 222-223。

文召集多位年輕的法政學者組成，由當時國安會諮詢委員張榮豐、總統府副秘書長林碧炤任小組顧問。研究報告於 88 年 5 月初步完成，並呈李登輝核示。在這份研究報告的前言部分，即開宗明義將兩岸定位為「特殊國與國關係」。

此外，該小組還建議以分階段的方式逐漸落實，包括修憲、修法與廢除「國統綱領」等。修憲部分包括制定增修條文，凍結憲法第四條「中華民國國土，依其固有之疆域，非經國民大會之決議，不得變更之。」改為「中華民國疆土為本憲法有效實施之地區。」[116]

直到民國 88 年 7 月 5 日，「德國之聲」專訪李登輝時，他趁機提出：「民國 80 年修憲以來，已將兩岸關係定位在國家與國家，至少是特殊的國與國的關係，而非『一合法政府、一叛亂團體』，或『一中央政府、一地方政府』的一個中國的內部關係，也由於兩岸關係定位在『特殊國與國關係』，因此沒有再宣布臺灣獨立的必要。」[117] 這也就是後來廣為人知的「兩國論」。

據時任國安局長丁渝洲上將的回憶：「『德國之聲』7 月 9 日專訪李總統，發表了這個兩岸關係新觀點；我是在次日一大早辦公室的報紙上看到新聞。李總統提出『兩國論』，是臺海兩岸五十年以來，最具政治意義的政治宣示。由於事前高度保密，又因為『特殊國與國關係』這個名詞是新創的，『特殊』在哪裡？內涵又是什麼？不僅外界不了解，連我身為國安局長也不清楚。就我而言，除了美國在臺協會理事主席卜睿哲（Richard Bush）為了解『兩國論』來臺，李總統在 7 月 24 日邀請他球敘及晚餐時，我出席當陪客外，其他都沒有參與，更不要說參與政策制訂及各項說帖的研討了。」[118]

從上述丁渝洲的回憶可知，「兩國論」並未依政府體制程序研議，

---

116 同上註，頁 223-224。
117 同註 101，頁 230。
118 丁渝洲口述，汪士淳整理，《丁渝洲回憶錄》，（臺北：天下遠見出版社，2004 年），頁 194。

而是另闢蹊徑，所進行的國家體制的變更，以貫徹李登輝個人意志爲目標。此舉不僅缺乏民意基礎，更違背民主程序，加諸外部因素的介入，遂造成兩岸關係的動盪不安。

「臺北論壇」董事長蘇起，對於「兩國論」報告的基本論斷是：「一份消滅中華民國的研究報告，費時九個月就擺上李登輝桌子，而這群不受監督、不負政治責任、政治光譜傾向偏獨的年輕學者，差點決定了中華民國命運，將國家推向戰爭的深淵。」[119] 雖然「兩國論」後來因美國的壓力及發生 921 地震而偃旗息鼓，但並不意味從此消失；相反的，它的三項訴求，在民國 89 年以後，便以不同的面貌出現。

（二）陳水扁、馬英九對統一的見解

陳水扁在「回憶錄」中自述：「我當選總統後，不能違背《臺灣前途決議文》，那是我們的聖經。」[120] 民國 89 年陳水扁發表就職演說時，曾提出「四不一沒有」[121]，以緩和美國及對岸的疑慮。而李登輝也多次告訴陳水扁：「做爲中華民國的總統，有兩根柱子不要動它，一根是中華民國憲法，一根是國統綱領。只要這兩根柱子撐著，在裡面就可以鑽來鑽去。」[122]

陳水扁就任後，對「一個中國」問題是如此詮釋的：「一個中國是問題，這個問題不是現在的問題，而是未來的問題。」[123] 並坦承他對統一的看法，是受到李登輝、美國、大陸[124]的因素制約的，最後才提出「四

---

119 同註 113，頁 175。
120 陳水扁，《堅持－陳水扁口述歷史回憶錄》（臺北：財團法人彭明敏文教基金會，2019 年），頁 58。
121 「四不一沒有」是陳水扁在第一任就職演說中提到的：「只要中共無意對臺動武，本人保證在任期之內，不會宣布獨立，不會更改國號，不會推動兩國論入憲，不會推動改變現狀的統獨議題公投，也沒有廢除國統綱領與國統會的問題。」
122 同註 120，頁 237。
123 同上註，頁 238。
124 有關大陸部分，他在回憶錄中提到：「當選以後，我的一個重要幕僚拿一張紙條給我，說是海協會會長汪道涵那邊的人傳過來的，紙條裡建議我在就職演說中能夠提到『海峽兩岸人民都是炎黃子孫、龍的傳人』，我把它拿給林義雄看，他說不可以，我就把它改爲『海峽兩岸人民源自於相同的血緣、文化和歷史背景』，至於共同來處理未來『一個中國』問題，也是在那張紙條裡面建議的。」陳水扁，前揭書，頁 240。

不一沒有」。但陳水扁也特別強調，「未來的『一個中國』的問題，是他們（指中共）在紙條裡面告訴我的。如果『一中』是『未來一中』而且要共同解決，我可以接受，只是他們後來不滿意，還要得寸進尺，節節進逼。」[125] 對此，中共方面的回應則是「聽其言、觀其行」。從陳水扁初上任時的表述，似乎不全然排斥統一，不過並非指現在式，而是未來式。但陳水扁第二任總統任期後，卻直接朝切斷統一國策的方向前進。最明顯不過的，就是「終止」國統綱領及國統會的運作。理由是「當初國統綱領是先經過國民黨的中常會，再送到行政部門去執行，中間並沒有經過立法院。所以我們就比照辦理，我要廢掉也不要經過立法院。」[126] 民國97年馬英九繼任總統。馬英九的競選口號是「不統、不獨、不武」。他雖主張以「九二共識」對大陸進行交流，且任內也開放兩岸三通與陸客自由行、簽訂 ECFA 等，但在統一國策的執行上，既未恢復「國統會」運作，也沒有讓「國統綱領」重新啟動。因此不得不說，馬英九的「統一政策」，除了重申「九二共識」外，並未有實質進展。

事實上，「九二共識」是對「一個中國」主張的見解，我方認定的是中華民國；但統一國策則是針對當前兩岸分裂的事實，推動其改變而朝未來走向統一（中華民國統一中國大陸）。顯然馬英九執政時，並未針對後者有所作為。

馬英九卸任後，對其「任內不談統一」的說法有些補充。他說：「『任內不談統一』，是指無論四年或八年總統內，臺灣尚不及完成統一談判的準備。『不排斥統一』則是我卸任後，依據中華民國憲法的規定，所提出的主張。換言之，兩岸是否統一，要看三個因素：民意、條件與時機。茲事體大，如何進行，臺灣內部與兩岸之間都必須有共識。」[127]

綜上，陳水扁與馬英九兩人表面上皆認為「統一」是未來式，但本

---

125 同註 120，頁 240。

126 同上註，頁 265。

127 馬英九，〈用和平民主方式解決兩岸難題〉，參見黃年，《韓國瑜 VS. 蔡英文：總統大選與兩岸變局》（臺北：天下文化，2019 年），頁 18。

質卻南轅北轍。陳水扁根本的想法是「臺灣獨立」，他因受美國與大陸的制約，不得不提出「統一未來式」的說法。而馬英九的想法是朝向統一，但就任總統後要接受「民意」的監督，不得不在政見上提出「不統」的主張。這些心口不一的現象，皆顯示對「統一國策」的搖擺不定。

（三）「兩國論」的現在進行式

民國 105 年蔡英文當選總統後，秉持民進黨的一貫政策，拒絕承認「九二共識」，陸方也隨即關閉了兩岸溝通的管道，同時減少陸客、陸生來臺。但另一方面，蔡並未中斷兩岸直航與廢止 ECFA。

蔡英文又是如何看待統一政策呢？李登輝總統任內的陸委會主委蘇起於民國 92 年，出版了《危險邊緣 - 從兩國論到一邊一國》（以下簡稱《危險邊緣》）一書。該書提到了兩個重點，一是「兩國論」的意涵，二是他與蔡英文交接主委時的場景。針對第一點，《危險邊緣》提到：

> 「兩國論」小組最根本的認知是，臺灣（而非中華民國）是一個主權獨立的國家，它的名字剛好叫「中華民國」；而「中華民國臺灣」的主權與治權（而非僅治權）均不及於大陸。換言之，他們認為臺灣不是中國的一部分，臺灣與大陸是兩個不相隸屬的國家，兩岸關係不是內政問題，而是國際關係，適用國際法與國際規範，其最終境界就是：雙方互相承認對方為「中華民國」與「中華人民共和國」。
>
> 「兩國論」建議今後不要再提「中華民國自 1912 年就已存在」，他們勉強接受中華民國在臺灣的說法，但認為民國 80 年開始修憲後，就再蛻變為「中華民國臺灣」，它在法律上及本質上已等同於「第二共和」或「新共和」與過去的「中國」或「中華民國」，和現在中國大陸的「中華人民共和國」都沒

有關係，最好就直接稱呼「臺灣」。[128]

從李登輝生前的最後一本著作《餘生》，亦可見其端倪，即所謂的「第二共和」。他的看法是：「臺灣現在的認同問題已經發展出了『臺灣中華民國』的意識，但中華民國已經不是以往的中華民國，而是『New Republic』，也就是所謂的『第二共和』，雖然不知道這個說法會是由誰在什麼時候明確提出，但總有一天非得這麼做不可。」[129] 若對照《危險邊緣》與《餘生》兩書對「第二共和」的解釋，自不難理解所謂「中華民國臺灣」一詞所代表的眞實意涵了。

其次，民國 109 年蔡英文在第十五任總統就職演說中，於結論部分提到：「過去『七十年』來，『中華民國臺灣』，在一次又一次的挑戰中⋯⋯。」[130] 眾所周知，西元 2020 年爲中華民國 109 年，但演說中她只提到「過去七十年」，也就是不再提中華民國在大陸時期的三十八年，而「中華民國臺灣」一詞，正是李登輝所謂的「第二共和」的化身。

關於《危險邊緣》的第二個重點，是蘇起交接陸委會主委給蔡英文時的回憶：「520 就職前夕，她單獨到陸委會主委的辦公室。在近兩個小時的晤談中，我基於政黨輪替的民主精神，盡量把相關業務坦誠以告，晤談尾聲時，她突然主動透露：『今後雖不再提兩國論，但仍將繼續執行兩國論。』」[131]《危險邊緣》一書的價值在於它出版於民國 92 年，當時並未預見三年後陳水扁會廢除「國統綱領」，更不知道十三年後蔡英文會當選總統。但從日後發展可知，目前蔡政府所執行的兩岸政策，就是「兩國論」路線。

今（民國 110）年雙十國慶，蔡英文於國慶演說致詞（以下簡稱〈國

---

128 蘇起，《危險邊緣－從兩國論到一邊一國》（臺北：天下文化，2003 年），頁 81-82。

129 李登輝，《餘生：我的生命之旅與臺灣民主之路》（臺北：大都會文化公司，2016 年），頁 106。

130 中央社，〈蔡英文總統就職演說全文〉，2020 年 5 月 20 日《中央社新聞》，〈https://www.cna.com.tw/news/firstnews/202005205005.aspx〉（檢索日期：2021 年 4 月 7 日）。

131 同註 128，頁 134-135。

慶演說〉）時提到：「我們必須彼此約定，永遠要堅持自由民主的憲政體制，堅持中華民國與中華人民共和國互不隸屬，堅持主權不容侵犯併吞，堅持中華民國臺灣的前途，必須要遵循全體臺灣人民的意志。」[132]其中所謂「堅持中華民國與中華人民共和國互不隸屬」，就是當年李登輝提出的「兩國論」。而文中再度出現「中華民國臺灣」字樣，也就是前述「第二共和」的代名詞。從蔡英文在重要的〈國慶演說〉中，無視憲法規範，公開宣佈「兩國論」，更加證明我方長期以來的統一國策已告終結，取而代之的將是「兩國論的進行式」。禍福相倚，前途難卜。

基於國家階層政治作戰的考量，在此對現階段國家定位問題，必須有所釐清。關於國家定位問題與兩岸和平發展架構，各界學者雖已提出許多不同主張，且仁智互見，尚存爭議。但只要以中華民國憲法爲基礎的兩岸主張，並且能夠確保中華民國國家發展昌盛，以及臺灣地區人民福祉的兩岸架構，均能做爲參考。

何以「兩國論」不能作爲當前兩岸論述？因爲這個雖然打著「中華民國」國號及國旗，其實將固有疆域限於臺澎金馬政府治權所及領土，完全忽視憲法增修條文前言：「爲因應國家統一前之需要」，及增修條文第十一條：「自由地區與大陸地區間人民權利義務關係及其他事務之處理，得以法律爲特別之規定。」的規範。對岸所轄領土爲中華民國大陸地區，具有憲法之依據；而國家推動統一大陸地區，則是增修條文的精神。因此，自黎民百姓以至層峰要職者，皆不能任意違反。如果執政者不認同增修條文所述，大可透過修憲方式取消相關條文，以名實相副。若不此之圖，而用「暗渡陳倉」方式進行「概念置換」，實非當下民主法治國家之正途。

其次，國軍以捍衛中華民國憲法爲職志。蔡總統在〈國慶演說〉中提到：「八二三砲戰中，英勇奮戰的國軍沒有分省籍。」實際上，這些

---

[132]〈蔡英文總統國慶演說全文〉，2021 年 10 月 10 日《總統府全球資訊網》，〈https://www.president.gov.tw/NEWS/26253〉（檢索日期：2021 年 10 月 14 日）。

在槍林彈雨中戍守疆土的英雄們，是在蔣中正總統的領導下，捍衛秋海棠葉的固有疆域，以及源自 1911 年辛亥革命以來中華民國的國祚傳承。絕對不僅止於臺澎金馬地區，及政府遷臺後的治權範圍。這種隱蔽於「中華民國」國號及青天白日滿地紅國旗下，暗藏「臺灣獨立」與大陸地區切割的意圖，實有辱爲國捐軀的英靈，更愧對國民革命軍自東征、北伐、抗戰、戡亂迄今，國軍將士的犧牲奉獻，這是有識之士必須認清與反對的。

如前所述，王昇在〈如何貫徹以三民主義統一中國〉專文中有一個基本論點，就是何以不能搞「臺灣獨立」。王昇指出：「有一種台獨思想，說我們臺灣獨立好不好？我們跟大陸上分開，我們就叫『台灣國』。對此，我請問越南（按：指當年尚未被北越赤化前的越南共和國）不是一個獨立的國號嗎？現在在哪裡？」[133] 王昇從越南淪共的教訓，說明即便是「獨立建國」，就地緣戰略的角度，對岸仍可憑藉武力，遂行其「武統臺灣」之策，以此駁斥「改名保臺」觀點的不可行。

民國 110 年 7 月 5 日，國內各大媒體披載，前國安會秘書長邱義仁與陳水扁於電台中對談時，特別提到：「臺灣要宣佈獨立這件事情，講起來很無可奈何，這不是臺灣人民可以自己決定的。甭說中國會打我們，據我的了解，美國根本就不贊成，臺灣作爲法律上獨立的國家，已經不是臺灣人民自己可以決定的事情。」儘管他接著補充：「黨有這個目標，是有價值的，但在現實上要考慮國際情勢，包括美國反應，跟國內情形，現實跟理想怎麼去努力，這是我要提醒的目的。」[134] 邱義仁的發言，已說明美國不支持台獨的立場，幾毫無懸念。

次日，美國白宮國家安全會議印太事務協調總監（Coordinator for the Indo-Pacific）坎伯（Kurt Campbell），應紐約智庫「亞洲協會」的

---

133 同註 81，頁 10。
134 丘采薇、王蕙瑛，〈邱義仁：台獨非臺灣人可自己決定〉，《聯合報》2021 年 7 月 5 日，版 A4。

邀請進行遠距對談，會中提到：「我們支持強健的美臺非官方關係，我們不支持臺灣獨立，我們完全了解其敏感性。」[135] 坎伯以官方身分表明「不支持台獨」，顯見此為美方的既定政策，而非個別人士看法。從邱義仁到坎伯相繼表態，更加證明從國際現實的角度，「正名、制憲、臺灣獨立」皆難有發展空間。

因此，從國家階層的政治作戰視之，如何藉兩岸的「同胞情懷」，以大陸人民對民主政治的企望為號召，結合適當的兩岸論述，確保臺海穩定，方為上策。此亦如蘇起所說：「臺灣民眾對自己的歷史與地理，不但不必有悲情，反而應該感恩。並學習如何在複雜多變的東亞大環境中趨吉避凶，並在最終由時間解決統獨問題以前，設法與中國大陸共存共榮，同時還是東亞地區最受歡迎的成員。」[136] 簡言之，和平，奮鬥，救中國，應為兩岸人民的共同願望。

二、為誰而戰為何而戰 國軍信念三朝四變

在中華民國政治發展的歷程中，至今已有三次政黨輪替，不過每位總統因其政治信仰之不同，在統獨光譜間搖擺，對國家整體發展與國軍執行任務，皆有不利影響。本節主要探討自李登輝之後，國軍面對統獨擺盪的環境下，對若干政策進行的思辨與抉擇。

（一）「為誰而戰」、「為何而戰」的飄移

陳水扁曾提到，軍隊安定，社會才會安定。他在當選總統後，即密集拜會國軍現任、退役將領。他亦曾公開表示：「我們努力和軍方建立互信基礎，形成新的思想教育。我們慢慢讓軍方了解，誰要消滅中華民國，誰就是我們的敵人，讓軍方有新的中心思想：我是為了保衛中華民國而戰，是為了國家而戰，不是為了任何單一政黨。」同時還強調，「我

---

135 張文馨，〈白宮印太總監：美不支持台灣獨立〉，《聯合報》2021年7月7日，版A9。
136 蘇起，《兩岸波濤二十年紀實》（臺北：天下文化，2014年），頁8。

第一次在陸軍官校喊口號時，就照軍方擬的『三民主義萬歲』、『中華民國萬歲』、『自由民主萬歲』，包含軍人讀訓，我也沒有任何更改，表示我對軍方的高度尊重。」[137]

　　事實上，若對照當時媒體紀錄，民國90年湯曜明總長曾就「為誰而戰、為何而戰」，明確訂為「為中華民國國家生存發展而戰；為中華民國百姓安全福祉而戰」。湯總長為此曾抽問基層官兵「為何而戰，為誰而戰」的問題，卻因部分官兵答不出來而嚴令要加強宣導，普發小冊，要求官兵背誦。[138]

　　陳水扁對此一國家發展目標存有「異見」，是在第二任期之後。他說：「我一直認為『軍隊國家化』就是依照憲法說的，軍隊要效忠國家，效忠人民，效忠土地。在我任內提出國軍為誰而戰，為何而戰的信條，後來《青年日報》的中縫，就印上『為臺灣的國家生存發展而戰』、『為臺灣的民主自由而戰』、『為臺灣百姓安全福祉而戰』的精神標語。」[139]

　　民國97年，馬英九上任前，主管機關又將之改為「為中華民國生存發展而戰；為中華民國百姓安全福祉而戰」。[140]至今印在改版後的青年日報左上角，其內容為「為中華民國生存發展而戰，為臺澎金馬百姓安全福祉而戰」。從上述「為何而戰、為誰而戰」內容的一再更動，即顯現出不同執政者的國家意識，多所分歧。

　　國軍官兵對「為誰而戰」、「為何而戰」的確認，即屬國家階層的政治作戰內涵，必須是明確而恆定的，實不宜隨執政者的國家意識不同而飄移不定。就憲政基本精神而言，國軍所要捍衛的是中華民國主權，必須服膺的是中華民國憲法。曾任空軍政戰主任及駐立陶宛大使的葛光越中將，由所駐波羅地海三國之觀察，對此提出呼籲。他說：「在高層的政戰工作方面，需有一個分別國家利害的洞見。同時應朝向團結部

---

137 陳水扁，《世紀首航》（臺北：圓神出版社，2001年），頁90-92。
138 盧德允，〈不知「為何而戰」，小兵惹火總長〉，《聯合報》，2001年10月1日，版6。
139 同註120，頁132-133。
140 吳明杰，〈國軍「轉進」改為中華民國而戰〉，《中國時報》，2008年5月13日，版15。

隊，維持一個總體目標，為我們國家長期的生存發展而戰，為全民的福祉而戰，奮鬥不懈。」[141] 正如葛大使所言，確立「為誰而戰，為何而戰」信念，乃是部隊精神戰力之所寄，中外皆然。

（二）「五大信念」改為「三大信念」？

民國83年陳水扁任立委時，曾以「業務考察」名義，前往國防部向當時的總政戰部主任楊亭雲提出了一連串尖銳的問題。他甚至以國軍的「五大信念」，來質疑將主義、領袖排在國家之上的作法不當。而楊上將當場是這樣回答的：「三民主義為列入憲法的立國精神，因此不能減少；至於先總統蔣公，是國民革命軍之父，因此也列在五大信念之內。國軍的『精神領袖』是蔣公，『法定領袖』是現任李登輝總統，國軍效忠領袖立場不會改變。」[142]

這一次針對「五大信念」的對話，由於楊亭雲的立場堅定，有理有據，後來陳立委也未再對五大信念有所置喙。甚至民國89年4月陳水扁就任總統前夕，參謀總長湯曜明亦曾明確指出，國軍五大信念不會改變。[143]

但此一情勢至民國96年有了變化。該年5月立委吳成典質詢國防部長李傑，表示國防部已悄悄將國軍五大信念改為「三大信念」，原有的主義、領袖不見了。李傑坦承，現在確定是「三大信念」。而隨後上台答詢的政戰局長卻又改口說：「根據先總統蔣公的講法，國家實施憲政後，就可以把主義與領袖拿掉了，而且一切都還在研議階段，沒有結論。」[144]

當年執政的民進黨發動立委，包括薛凌在內的七位立委共同以書

---

141 「陽明小組」彙編，〈前空軍副總司令葛光越中將訪談〉，《政戰風雲路：歷史、傳承、變革—訪談實錄》（未出版），頁104-107。

142 羊曉東，〈立院國防委員會首度赴總政戰部考察業務〉，《中國時報》，1994年3月29日，版6。

143 呂昭隆，〈湯曜明：國軍五大信念不會改變〉，《中國時報》，2002年4月9日，版3。

144 林守俊，〈國軍五大信念變三大，立委砲轟〉，《中華日報》，2007年5月8日，版A4。

面提案，要求國防部自民國 96 年 7 月 1 日起，正式廢除「國軍五大信念」。[145] 對此，國防部曾以說帖回應，並認為「五大信念」改為「三大信念」有其必要。說帖內，首先引述蔣中正總統的話：「革命時期必有主義，才有領袖，才有國家，因之我們中國革命軍人的信條，除了國家、責任、榮譽外，還必須增加主義和領袖的兩個信念。」其次，說帖還指出：「主義具有『意識形態』概念，領袖具有『個人崇拜』概念，兩者凌駕於國家之上，與國軍行政中立相違，與『軍隊國家化』格格不入。」[146] 未幾，國防部即宣布，同年 7 月 1 日，全軍統一將「五大信念」改為「三大信念」[147]。

　　針對此一事件始末，需要從源頭上提出辯證。目前查到最先提出「廢主義、領袖」者，為民國 80 年 8 月署名「蔣良任」，在媒體發表〈把這兩塊封建牌位請下民主供桌〉的評論文章 [148]。該文指出：「領袖兩字中國古代即有，但是國民黨開始使用這個稱呼，『可能』（按：雙引號為本書作者所加）是從德文 Führer 一詞而來，那是納粹德國對希特勒的特別稱呼，源自古羅馬帝國。當時蔣介石醉心德國的法西斯體制，才將 Führer 搬來中國，改譯為『領袖』。」又說：「軍事獨裁國家才會稱領袖，當年國民黨以三民主義對抗共產主義，或許有其政治需要，現在共產主義完全破產，……我們國軍仍要效忠主義，這根本要他們背口號，以培養自欺欺人的文化而已。」[149] 在此僅就蔣文所述是否屬實？作進一步探討。

　　「五大信念」一詞，出自民國 42 年 3 月 9 日蔣中正總統主持陸軍指參學院第一期開學典禮發表的〈主義、領袖、國家、責任、榮譽－研究美國建軍的精神、指明中國革命軍人必要的信念〉的講詞。在「主義」

---

145 高凌雲，〈軍中五大信念，廢主義、領袖〉，《聯合晚報》，2007 年 5 月 13 日，版 2。
146 盧德允，〈軍人五大信念要廢主義領袖〉，《聯合報》，2007 年 5 月 14 日，版 A2。
147 傅希堯，〈軍人五大信念，去主義、領袖〉，《中華日報》，2007 年 5 月 15 日，版 A2。
148 蔣良任本名江春男，另一個筆名為司馬文武，較廣為人知。
149 蔣良任，〈把這兩塊封建牌位請下民主供桌〉，《新新聞週刊》，第 232 期，1991 年 8 月 19 日，頁 18-19。

方面，蔣中正總統的說法是：「對於我們立國的主義究竟是什麼主義，一般人民沒有正確認識，因之沒有清晰觀念。所以我們革命軍人，特別對於國家與主義，更要有一個確定與清晰，而絲毫沒有含混籠統的觀念才成。那也就是說，我們的國家，只是一個中華民國；我們的主義，祇有一個三民主義。」[150]

對於「領袖」一詞的界定，蔣中正總統認為：「這裡所說的領袖，你們不可誤解祇是對我一個人來說。應知所謂革命領袖，是要能忠於主義，忠於國家，並要能繼承革命的歷史，貫徹革命的目的。只要你們誰具備這條件的，誰亦就是革命領袖。須知，我並不能永遠作你們的領袖，我這裡所稱的歷史條件的養成，乃是為了革命，為大家，這亦就是我對大家所日夕企求的。除非將來……國民革命徹底成功，國家完全統一了，主義與憲法亦都如美國那樣成為習慣的時候，才可以不要再有領袖的名稱。」[151]

因此，前述「蔣良任」之為文，純屬主觀的片面之見，某種程度上蓄意扭曲了五大信念中主義、領袖之意涵。讀者如經前後兩文對照，即益見其差異。蓋「領袖」一詞為通稱，其與我憲法明文「總統為三軍統帥」之概念相契，殊無更動之必要。更重要的是，憲法總綱明訂：「中華民國基於三民主義，為民有、民治、民享之民主共和國。」若要取消憲法中的立國精神「三民主義」，也必須完成修憲的法定程序。國軍以服膺憲法，達成使命為要。若擅將國軍五大信念中的「主義」取消，嚴格說來，實屬違憲之舉。

民國102年10月，《遠見》雜誌曾披載〈公司需要政戰官嗎？〉一文，作者湯明哲指出：「管理上的難題是如何讓人才心甘情願貢獻腦力，這時『政戰官』可以派上用場。有些公司開始設立『文化長』（Chief Culture Officer），由文化長負責界定公司文化，有哪些是核心價值，

---

150 張其昀主編，《先總統蔣公全集》，（臺北：中國文化大學出版部，1984年），頁2275。
151 同上註。

有哪些是絕對禁止的行為，建立『隱性』的獎懲機制，然後將公司文化融為工作環境的一部份。這和宣傳『主義』又有什麼差別？公司『政戰官』第二個任務是讓員工認同公司的策略。這才是長治久安的基礎。」[152]令人感到惋惜的是，當民間企業重視公司文化，形塑「主義」的時候，國軍卻不明究竟，自失立場，實屬不智。

基此，針對上述國軍「為何而戰、為誰而戰」與「五大信念」等之重要議題，我們認為，執事者切不可再有「望文生義」之誤解，或貽「人云亦云」之憾事，必須秉持實事求是與獨立判斷的精神而為之，方不致自貽伊戚，淪為笑柄。

第四節　交流和緩時期　廓清國軍陣容

民國 97 年馬英九就任總統後，隨即開放兩岸大三通，陸客陸生相繼來臺，之後簽訂 ECFA 等措施，一時之間兩岸關係大為緩和，對岸也視此為一「重大轉折」。

斯時，馬政府雖然對大陸採行「和諧政策」，但相對的，卻為職司軍隊心防工作的政戰局帶來另一種挑戰，那就是隨著陸生、陸客的大量來臺，國人沉浸在和緩的兩岸氣氛中，相關問題隱然浮現。政戰局王前局長受訪時指出：「在那個氛圍下，不論是中共統戰、三戰都加大了力度，表面上情勢很平靜，但國安單位對國家的內外安全情勢，都有很深的危機意識。」[153] 從此一期間所爆發的數起「共諜案」、「洩密案」，更加證實國安問題的嚴重。本節探討重點，為兩岸密切交往時期的政戰重點工作，並以實際案例佐證，提出「忘戰必危」的警示。

152 湯明哲，〈公司需要政戰官嗎？〉，《遠見雜誌》，第 208 期，2013 年 10 月，頁 42。
153 「陽明小組」彙編，〈前政戰局長王明我中將訪談〉，《政戰風雲路：歷史、傳承、變革—訪談實錄》（未出版），頁 167。

一、鞏固部隊安全

（一）民國一百年後爆發之重大共諜案 [154]

1. 羅賢哲共諜案

民國 100 年 2 月 9 日，國內各大媒體不約而同地刊出頭版標題：「少將當共諜，臺美軍情大洩密」、「洩密震驚臺美，化身共諜九年，陸軍少將羅賢哲收押」。回顧當年任職陸軍通信電子處處長的羅賢哲少將，被查獲於任內將機密的通訊情報洩漏給中共，時間長達九年。案經媒體披露後，舉國譁然。這是繼早年國防部人事次長吳石共諜案後，層級最高，潛伏於軍種高層的對岸諜員，無疑給當年馬政府與對岸採取和解交流的環境下，投下一個極為嚴重的「訊號」。

綜合相關訊息顯示：羅員於民國 92 年擔任駐泰國上校軍協組長期間，尋花問柳，與歡場女子翻雲覆雨的性愛過程，遭到大陸情報單位截取，再以此為要脅。93 年初，中共情報人員循線接觸羅員，在曼谷市區向其出示不雅照，揚言散佈僑界，或是向我駐泰代表處檢舉，並要脅他交付情資，而羅擔心照片公開會影響個人名譽與升遷，同意為大陸蒐集我方情資。[155]

另據國安單位證實，羅於泰國與共方接觸之對象，為中共駐泰大使館一等秘書林義舜，他的真實身分為解放軍總政治部聯絡部少將，原本就是利用外館秘書身分掩護，在泰國蒐集臺灣的軍事情報。羅員對於嫖妓遭中共偷拍坦承不諱，也自白先後收受至少 500 萬台幣的酬勞。[156] 至於羅賢哲到底給了對岸多少機密，因受「國家機密保護法」的限制，我們不得而知，但從當時的媒體披露，不難一窺堂奧。

羅賢哲遭收押後，軍方開始追查，發現羅員遺失駐泰期間的安平保密器（或密片），羅是被動說明，而非主動招供。因此媒體推估，羅遺

---

154 關於共諜案之事實描述，囿於相關調查資料及起訴書均未解密，因此本文均引述媒體報導。
155 洪哲政，〈羅賢哲涉共諜〉，《聯合晚報》，2011 年 5 月 20 日，版 A3。
156 吳明杰，〈羅賢哲毀在愛嫖，非中美人計〉，《中國時報》，2011 年 5 月 21 日，版 A2。

失保密器時，國防部情報次長室（聯二）與國安局駐泰單位，有大事化小之嫌，否則羅嫌在安全考量下，就沒有以後晉升的事。[157]

民國 100 年 2 月 11 日媒體報導：「前立委姚立明表示，羅賢哲的兄長這兩天均有打電話給他，並說羅於去（99）年 8、9 月赴美時，曾遭美國 FBI 問話。羅兄表示，美國 FBI（聯邦調查局）半請半逼約羅去談話，問話重點是如何與一位大陸官員熟識等。羅的妻子陪他赴美，但未被找去問話，羅賢哲幾經考慮，返國後並未向所屬單位回報。」[158]

媒體也指出：羅員都是以公用電話與泰國的林義舜聯絡，再以替友人處理事務為由，請二到三天的假，親自前往泰國交付情報，採取「單線異地」作業模式，以防止我情治人員跟監。[159]而當時的國防部長高華柱則確認，共諜案線索是由美方提供，在國安情治單位與國軍聯手調查下，花了三個月就偵破。[160]本案經最高法院依「為敵人從事間諜活動」等罪名，判處無期徒刑定讞。[161]該員現正發監服刑中。

2. 張祉鑫共諜案

就在羅賢哲案事發後一年，民國 101 年 10 月又爆發了前海軍大氣海洋局政戰處長張祉鑫中校在服役期間，由昔日退役同仁轉介認識中共官方人員後，涉嫌利誘軍中舊識，牟取不法利益而被捕起訴。[162]

民國 101 年 3 月軍檢接獲檢舉，海軍大氣海洋局政戰處長張祉鑫與海軍艦指部上尉李登輝，及已退役的上尉飛彈官錢經國涉嫌將臺灣海域水文資料、潛艦海圖和護漁資料洩漏給中共，張祉鑫還以現役軍人身分

---

157 呂昭隆，〈遺失保密器羅賢哲沒懲處，有內情未招？〉，《中國時報》，2011 年 7 月 16 日，版 A2。

158 呂昭隆，〈羅賢哲兄：羅去年赴美，被 FBI 問話〉，《中國時報》，2011 年 2 月 11 日，版 A2。

159 朱明、何豪毅，〈將軍共諜羅賢哲重傷作戰指揮系統〉，《壹週刊》，508 期，2011 年 2 月 17 日，頁 43。

160 吳明杰、呂昭隆，〈高華柱：共諜案線索是美提供〉，《中國時報》，2011 年 3 月 8 日，版 A12。

161 王文玲，〈羅賢哲無期徒刑定讞〉，《聯合報》，2012 年 4 月 27 日，版 A1。

162 洪哲政，〈退休軍官涉共諜〉，《聯合晚報》，2012 年 10 月 29 日，版 A10。

加入共產黨。[163] 據了解，錢姓退役上尉在臺北市開餐廳，因經常往來大陸，遭廈門人民政府第五辦公室化名「劉偉陽」之官員吸收為間諜，回臺後再接觸昔日軍中同袍，其中張祉鑫即成為吸收對象[164]。

經軍方查獲可能洩漏的機密文件，為民國 102 年海軍原準備派艦赴索馬利亞護漁，代號「靖洋計畫」內容，軍方並在其退伍赴大陸旅遊返臺後，確認已遭到對岸吸收，隨即收線將其逮捕，並於 101 年 9 月起訴，[165]103 年 12 月，張祉鑫依「陸海空軍刑法」幫助敵人間諜從事活動罪，判刑十五年定讞，[166] 張員現尚在服刑中。

（二）強化官兵保防認知

以羅、張兩案為例，顯示無論兩岸情勢如何變化，中共對臺情蒐絕不會中止，這也是政工改制檢討戡亂戰役之失，對保防工作進行大幅改革，到目前為止仍為政戰工作之重點。進入民主時代，在「文人領軍」原則及人權意識高漲下，軍事安全總隊執行任務時，必須確實遵守《國家情報工作法》規範，因為該總隊為法定之情報機關。

針對外界所謂「保防部門接觸不到羅賢哲的層級」之說，其實關鍵在於因「精粹案」將三軍總部的反情報總隊裁撤，導致保防部門無法及時掌握各軍種高司動態。總政戰部保防部門曾一度移編至情報次長室，羅案發生後，又如何發動調查及進行反情報部署？所以將矛頭指向政戰單位並不公平。從目前三軍司令部增設「反情報工作站」，及保防部門仍置於政戰體系，足以說明情報與保防必須各自獨立運作，才能發揮應有之功效。

另有論者提到：「透過政工的監察、保防部門，對中共潛伏在軍

163 王光慈，〈羅賢哲案翻版？海軍將領涉嫌洩密中共〉，《聯合報》，2013 年 2 月 4 日，版 A1。
164 劉星君，〈共諜案軍法轉司法，無期變六年〉，《聯合報》，2014 年 2 月 13 日，版 A11。
165 吳明杰等，〈涉洩漏護漁計畫，三退伍軍官被捕〉，《中國時報》，2012 年 10 月 30 日，版 A6。
166 劉峻谷、劉時均，〈政戰官當共諜，判 15 年定讞〉，《聯合報》，2014 年 12 月 16 日，版 A12。

隊份子與不同派系進行掃蕩、批判或監控，其結果或許達到肅奸防諜目的，但不可忽略其手段與過程中，卻是建立在犧牲軍中人權和破壞軍隊國家化的憲法基礎上。」[167]針對此說，若無保防系統採取的反情報行動，羅案是否會順利偵破，不無疑問。

其次，以往保防單位對人員查核，或有失之主觀認定，而產生不當情事。惟早年軍中缺乏足夠的裝備（如忠誠儀測等系統）進行官兵忠誠查核，最多僅以平日言行爲依歸，執事者甚難做到「勿枉勿縱」。即使是科技昌明的今日，又是否能做到絕對的公平公正？如法官判例往往南轅北轍，相互矛盾，是否就因不盡如人意而撤銷法院？由以上說明，可知軍中政戰制度乃至於保防安全，全係爲軍隊戰力所設計，任意更動組織，或縮減規模，恐斷喪部隊戰力，影響國家安全甚鉅。

據民國 109 年報刊的一項統計資料，自 105 年至 109 年 5 月，檢察機關偵辦國安案件總計起訴 43 起[168]。另項統計爲 104 年至 109 年，檢察官執行違反《國安法》、《國家機密保護法》，經法院判決有罪人數，違反前者 182 人，後者 6 人。[169]可見，共諜隨時隨地都在進行滲透活動，而軍事安全總隊在執行任務時，必須嚴格遵守《情工法》，若干年前因手段限制而造成的冤案，應不容許再次發生。

爲因應羅、張等陸續發生之國軍官兵遭中共吸收情蒐等案例，國防部政戰局保防安全處特製作「文件資料夾」，提供官兵對於當前中共滲透作爲態樣及警示參考。本件〈國軍人員遭中共情報單位吸收運用案例態樣分析〉文件夾（以下簡稱〈態樣分析〉）中，明列中共對國軍官兵情蒐區分「駐外人員」與「國人及退役官兵」等兩項。在駐外人員方面，吸收方式包括「灑大錢」、「用美色」、「抓把柄」等項。在「國人及退役官兵」部分，吸收方式包括「設陷脅迫」、「統戰爭取」、「美色

---

167 陳鴻獻，《反攻與再造：遷臺初期國軍的整備與作爲》（臺北：民國歷史文化學社，2020 年），頁 102-103。

168 陳志賢，〈檢調急培訓，近期嚴辦共諜案〉，《中國時報》，2020 年 7 月 6 日，版 A3。

169 陳志賢，〈中共軍委聯參情報局，對臺諜報主力〉，《中國時報》，2021 年 3 月 15 日，版 A1。

利誘」、「協處債務」、「提供商機」等項。只待目標對象上鉤後，即行「發展組織」、「單線工作」等。

同時，〈態樣分析〉亦提供「高風險人員違常特徵」，分為「涉陸背景」、「財務失衡」、「保密違規」、「言行不檢」、「出國異常」等徵候，作為官兵檢視之標準，若發現可疑人事物，可立即向單位保防官及「臺北郵政 90012-11 號信箱戈正平先生」等安全狀況電話、信箱進行反映。

上述作為，主管單位除以文宣手段加強官兵警覺外，同時亦於國軍重大演訓前，進行「保密講習」，確保演訓全程不會因個人之疏失，衍生保防安全罅隙。相關措施是當局為杜絕中共滲透及官兵洩密，所進行的內部強化，對國軍及國防安全，意義相當重大。

二、推展全民國防

根據學者研究，「全民國防」一詞最早出現在民國 85 年臺海危機之後。[170] 之前，多以「全民防衛」稱之。全民國防概念的推廣，自 94 年 2 月 2 日「全民國防教育法」頒行後，有了比較明確的法源依據。

「全民國防教育法」第五條規定：「本法所稱全民國防教育，以經常方式實施為原則，其範圍包括：一、學校教育。二、政府機關（構）在職教育。三、社會教育。四、國防文物保護、宣導及教育。」換言之，透過上述五個管道，讓人民充分了解全民國防的重要。而全民國防的實際成效如何？以民國 104、106、108 三年的《國防報告書》為藍本，將其公布的資料予以羅列，以說明政戰局對全民國防工作之努力。

---

170 林正義、鍾堅、張中勇《如何落實全民國防》（臺北：國防部 88 年度委託研究報告，計畫編號：NMD-88-02，1999 年），頁 17。轉引自：謝登旺、張揚興〈各級學校全民國防教育實務工作之推動〉，《100 年全民國防教育學術研討會論文集》，頁 49。

（一）近年全民國防實施成效

限於篇幅，本文僅擷取三年各版之「國防報告書」，僅就其中「深化全民國防」部分簡述如下：

表 3-1　民國 103 ～ 108 年全民國防教育成效表

年度／項次	民國 103-104 年	民國 105-106 年	民國 107-108 年
落實學校教育各項營隊	17 類型 63 梯次，接訓 6056 人。	計有戰鬥營等 7 項 27 類（未列人數）	計有戰鬥營等 7 項 40 類，接訓人數 9283 人。
強化在職教育培訓優秀師資	在職教育 376 場次，43230 人參加。	在職教育 362 場次，40200 人參加。	107 年辦理 164 場次，16223 人參加。
增進軍民互動國防體驗之旅	陸軍裝甲兵學校等 6 場次，訪眾達 28 萬 1946 人。	陸軍官校等校 6 場次，訪眾 55 萬餘人。全民國防教育網路有獎徵答，參加人數計 140 萬人次。	陸軍花防部、海軍蘇澳基地、空軍 3、5 聯隊等 200 場次，訪眾 23579 人。
定期、不定期史籍編印	完成 3 種定期史籍；5 種不定期史籍；9 類譯介叢書譯印外文書籍 8 本。	編纂 3 種軍事史 9 類叢書譯介	出版軍事事評論等 4 種軍史叢書 6 種外文軍書譯著
宣揚重大歷史事蹟	營區開放、對日抗戰、紀念音樂會、紀念大會。購播對日抗戰影片，編印勇士國魂紀念月曆等。籌辦「抗戰勝利暨臺灣光復 70 週年」、「國防戰力展示，抗戰老兵光榮巡禮」、「抗戰勝利紀念章製作頒授。	與文化部合辦「對日抗戰真相特展」、「北伐 90 週年紀念」	「珍愛和平 –823 戰役 60 週年」特展

項次＼年度	民國 103-104 年	民國 105-106 年	民國 107-108 年
國軍史料文物陳展	103-104 年 8 月，特展室辦理「飛虎薪傳」、「黃埔建軍 90 週年」、「雷虎小組」等特展，參觀人數 8 萬 3 千餘人次。	辦理「後備部特展」、「海軍潛艦部隊史蹟」、「軍事媒體特展」等。	107 年至 108 年 8 月，辦理「吾憲光輝」及「臨陣當先」等特展，參觀人數約 81,000 人次。同時間，國防部部史館接待訪賓及團體 4,538 人次。
籌建國家軍事博物館	規劃於臺北大直地區，以國防專區形態籌建博物館。	軍事博物館 105 年已完成設計 106 年賡續招標作業	活化「三官營區」預劃 113 年開館啟用。

資料來源：作者自行整理

（二）對現階段執行全民國防教育之建議

針對前述全民國防進行定量分析（包含次數、人數等），另參照監察院《全民國防教育政策執行成效之檢討專案調查研究報告》（以下簡稱《監察院 104 年報告》），可歸納為下列幾點：

首先，從馬政府迄今，全民國防的施行重點在「學校教育」、「在職教育」、「國防體驗」、「國防史蹟」及「軍事書籍」等項。至於「國家軍事博物館」因係硬體建築，從民國 103 年規劃，預計於 113 年開始運作。國防部政戰局對相關活動勞心勞力，務使活動達到盡善盡美，在當前資源有限的限制下，實屬難能可貴。在此要特別感謝國防部政戰局同仁為全民國防所投下的心力。

其次，經檢視上表後發現，凡涉及與「國家認同」有關之活動，如紀念對日抗戰等，目前均呈現相對低調。相對於馬政府時期的積極推行，充分掌握歷史話語權之作法，顯有落差。實際上，軍史教育為軍人武德之根基，若無正確的歷史觀，難以彰顯武德修為。軍隊中心思想的

塑造，軍史重要性不可忽視，相關單位應把握宣揚軍史機會，強化軍人榮譽心及武德修養，同時要藉全民參與的機會，提振民心士氣，這也是強化全民國防效果的最好時機。

在《監察院 104 年報告》中，時任立委的帥化民提到：「今天要談全民國防教育，最根本的問題就是『國家意識』。不管全球關係中我們的定位，或是亞洲關係中我們的定位，一講到『兩岸關係』，我們的定位就搞不清楚了。再加上現在中小學教材的『去中國化』，導致我們現在的高中生對『為誰而戰、為何而戰』的觀念一點也沒有。」[171] 翁明賢亦指出：「基本上，北京在搶兩岸關於抗戰勝利的『話語權』，值得國防部與有關部會注意。」[172]。

前國防部政戰局長王明我，於受訪時強調：「國內心防工作，『全民國防』教育是重點，國防部舉辦多項重要的紀念先烈典範與藝宣活動，產生相當宏大的效果。例如民國 104 年 7 月，『漢光 31 號演習』戰力展示，在湖口國家閱兵場邀請了 127 位老兵，穿著當年抗戰制服，參加閱兵分列式，接受表揚殊榮。另普贈國內外、陸區抗戰老兵抗戰勝利紀念章，該紀念章由心戰大隊精心設計，經總統核定頒贈。民國 103、104 年還分別製作兩種紀念月曆，一是國軍建軍 90 週年『榮耀與傳承』月曆；另一是紀念抗戰勝利 70 週年『勇士國魂』月曆。兩者各印製二萬份，提供國內民眾、機關學校和我駐外使館、僑胞，以及來臺自由行的大陸民眾，供親友傳閱或史學研究者收藏，皆發揮顯著的傳播效果。」[173]

此外，「勇士國魂」月曆還有個小插曲。抗日戰爭中「仁安羌戰役」，新編 83 師 113 團劉放吾團長的公子劉偉民先生，為洛杉磯僑領，

---

171 監察院，《全民國防教育執行成效之檢討專案調查研究報告》（臺北：監察院，2015 年），頁 114。
172 同上註，頁 118。
173 「陽明小組」彙編，〈前政戰局長王明我中將訪談〉，《政戰風雲路：歷史、傳承、變革—訪談實錄》（未出版），頁 169。

非常重視他父親在這場戰役中的歷史定位，戰史月曆均能以客觀的史實呈現。而且劉偉民還自費加印攜回僑界分送，他表示：「國軍戰史月曆，已在海外、大陸產生許多正面的傳播作用，有助國軍的史實傳承。」[174]

　　綜上所述，國防部在推動全民國防教育，對國軍樹立鮮明形象上，極具意義。至盼未來繼續努力，全力以赴，以彰顯國軍保家衛國之重大貢獻。

---

174 同上註。

第四章

國策數易
是非功過見端倪

　　回顧民國 38 年的時局，倘若國軍未隨政府來到臺灣，臺灣或早已淪爲中國共產黨的統治；又倘若 1950 年沒有爆發韓戰，美國對遷撤臺灣的國民政府是否會續予援助？那臺灣又將會是如何？[1]乃至 43 年「九三砲戰」、47 年金門「八二三砲戰」的兩次臺海危機，若沒有國軍的全力護持，現在臺灣又會是如何？凡此，皆在在顯示國民政府遷臺後首要面臨的挑戰：即救亡圖存、保衛臺灣，免於被中共赤化，進而力圖整軍經武，反攻復國，收復中國大陸失土。

　　從歷史發展與時代演變的軌跡以觀，這一路走來是靠著三軍一心、將士用命，軍民團結，保臺建臺，有以致之。吾人若從此一宏觀角度來理解國軍政戰過往的種切，自可爲未來找到清晰的理路。這正是所謂「前事不忘，後事之師」的道理。

　　美國政治學家杭廷頓（Samuel P. Huntington）在其《軍人與國家》（The Soldier and The State）一書中指出，文武關係是國家安全政策的一個面向，國家安全政策的目標，在加強國家的社會、經濟與政治制度的安全，以對抗外來威脅。[2]所以軍事與政治、軍隊與國家，始終有著密不可分的相互依存關係。從國軍政戰制度的歷史角色與功能設計，恰可顯示其在適應社會變遷和政治發展，面臨需要轉型時的瓶頸，以及所做出的努力與改變。[3]因此，從歷史軌跡、文武關係途徑思索，適足以理解政戰制度在國內環境變遷下所具有的意義與價值。

1　張淑雅，《韓戰救臺灣？解讀美國對台政策》（新北：衛城出版，2011），頁 17-32。另參見：汪浩，《借殼上市：蔣介石與中華民國臺灣的形塑》（新北：八旗文化，2020），頁 128。作者指出，毛澤東親蘇「一邊倒」的外交路線及抗美援朝，救了蔣介石與中華民國，使國民政府獲得美援，增強國民黨對臺灣的控制，而毛澤東也因此獲得蘇聯援助，建立海空軍，但也錯失跨越臺海的機會，導致「兩個中國」的長期共存。

2　塞繆爾‧杭廷頓（Samuel P. Huntington）著，洪陸訓等合譯，《軍人與國家（The Soldier and The State：the Theory and Politic of Civil-Military Relations）》（臺北：時英出版，2006），頁 21。

3　洪陸訓，〈中華民國軍事政治學的研究與發展：個人學術生涯的漫遊〉，段復初、郭雪眞主編，《軍事政治學：軍隊、政治與國家》（臺北：翰蘆圖書出版，2014），頁 15。

第一節　反攻復國初始難　政工之路顛簸行

一、黨國體制的建軍歷程

　　歷史不是直線的，而是循環的。國父孫中山先生推翻滿清政府，建立亞洲第一個民主共和國後，卻因軍閥亂政、戰禍頻仍，而「僅存民國之名，而無民國之實」。國父認爲，「由於我們革命，祇有革命黨人的奮鬥，沒有革命軍的奮鬥。因爲沒有革命軍的奮鬥，所以一般官僚軍閥，便把持民國，我們的革命，便不能成功。」[4] 乃於民國 13 年 6 月 16 日在廣州黃埔成立陸軍軍官學校，並明確指出國民黨建軍救國的理想，是黨與軍結合奮鬥的革命路線，尤肯定政治認識與精神教育爲未來國民革命軍成敗利鈍的關鍵。[5]

　　中山先生理想中的革命軍，具有三大特色：第一、是一支屬於國民的軍隊，要植基於國民，與國民相結合，使爲國民的武力；第二、是一支打不平打不死的軍隊，要兼備智、仁、勇三要素，能以寡擊眾、以一敵百，有不成功便成仁的決心；第三、是一支步隨革命黨的奮鬥而奮鬥的軍隊，要順從革命建國的程序，由黨軍過渡到國軍。[6]

　　據此，以黨建軍的國民革命軍，既是國民黨的軍隊，也是國民政府的軍隊；同時，更是一支對三民主義具有政治認識與精神教育的軍隊，富有思想、靈魂的軍隊，即使民國 38 年因國共內戰失利而遷臺後，這支軍隊的屬性依然。國父建軍的重要理念，係依軍政、訓政與憲政程序，將黨軍過渡到國軍。蔣中正總統一生所領導的國民政府，矢志以反共復國爲職志，而這支一脈相傳的軍隊，既是國民黨的軍隊，也是中華民國的軍隊，這是必須首先確認的前提。

　　蔣中正總統雖爲軍人出身，但一生弘揚憲法、厲行憲政，不遺餘力。

---

4 國軍政工史編纂委員會，《國軍政工史稿（上冊）》（臺北：國防部總政治部，1960 年 8 月），頁 33。
5 同上註，頁 55。
6 同上註，頁 30-33。

民國37年5月10日，國民政府為因應中共的全面叛亂，遂依《中華民國憲法》，由國民大會制訂《動員戡亂時期臨時條款》，俾利總統在國家實施緊急權的程序可不受憲法所限。38年5月20日，戰局逆轉，大陸相繼失守，國民政府宣布《臺灣省戒嚴令》，為軍隊主管國內安全的法律架構，亦即由臺灣警備總部負責執行國內安全事務，而軍隊也同時透過新聞媒體、校園軍訓與宣傳活動，對民眾進行三民主義的意識形態教育。[7]

此一時期，軍隊參與政治統治，對政府的影響力，主要反映在民國40至53年間，軍費占GDP的比例，約有85%的政府總預算流向軍隊。[8]39至49年，軍人為國民黨決策層的最大團體，退伍軍人可透過不同的考試或其他管道，轉任至公務部門或國營企業。軍隊在國防事務與國內安全事務上，擁有相當自主權，國防相關單位，如國防部、國家安全會議等，多由現役軍人所掌控；國民黨則透過軍隊的政工制度，在軍隊建立軍中黨部和小組，軍官團的軍官皆為國民黨員，政工人員負責黨務工作與政治工作。[9]因此，當時流行「政工就是黨在軍中的工作，離開了黨便非政工」的說法。[10]

國民政府為何要施行黨國體制？38年1月22日，蔣中正先生在日記中有如下的記載：

> 今後之中國在剿共未平以前，惟有軍法之治，以軍統政，而黨只可在幕後主持，不能顯露，免為民主國家所誤會，故今後剿

---

7 段復初，〈中華民國民主化下的文武關係：軍隊國家化的進程〉。段復初、郭雪真主編，前揭書，頁230-231。

8 F. Lumley, *The Republic of China under Chiang Kai-Shek: Taiwan Today* (London: Barrie & Jenkins, 1979), p.86.

9 B. J. Dickson,"The Kuomintang before Democratization: Organizational Change and the Role of Elections,"in H.-M. Teined., *Taiwan's Electoral politics and Democratic Transition: Riding the Third Wave*(Armonk, NY:M.E. Sharpe,1996), p.59; T. F. Haung,"Elections and the Evolution of Kuomintang, "in H. M. Teined., Taiwan's Electoral politics and Democratic Transition: Riding the Third Wave(Armonk, NY:M.E. Sharpe, 1996), pp.118-121.

10 同註4，下冊，頁2081。

共軍制、軍事機構之組織，分為幾個單位，一、政治部、二、
作戰部（參謀）、三、後勤部，凡關於政治、民事、經濟、教
育、民眾自衛武力與徵民徵糧及財政、司法等之軍令，必須政
治部副署。[11]

　　進言之，蔣中正先生因深諳「黨只可在幕後主持，不能顯露」的道
理，乃是要強調戡亂時期軍力的重要性，須扮演「以軍統政」的過渡性
角色，來完成平定中共內亂之任務，而非恢復「訓政」前的「軍政」。

　　盱衡此時期的國政，可謂「生死存亡、內外交迫」。一方面是民國
38 年內戰失利，又被美國指謫為貪污腐敗，自取滅亡，不足為援助扶
植的對象。從美方發表的《中美關係白皮書》，即充分表露對中國內部
問題，採不干預、不聞問的態度，[12] 也就是「袖手旁觀」（Hands-off）
的政策。[13] 另一方面，蔣中正先生前因「冀弭戰消兵，解人民倒懸於萬
一」，於 38 年 1 月 21 日宣布引退。[14] 嗣至 39 年 3 月 1 日，李宗仁滯美
放棄代總統職責，中樞無主，形勢險惡，才宣告復行視事，繼續行使總
統職權，誓以恢復中華民國領土主權，拯救淪陷同胞之生命自由，掃除
中共，光復大陸為己任，而努力奮鬥。[15]

　　蔣中正先生於民國 38 年 6 月 18 日日記寫道：「臺灣主權與法律問
題，英、美恐我不能固守，為匪所奪取，而入於俄國勢力範圍，使其西
太平洋海島防線發生缺口，亟謀由我交還美國管理。」[16] 這一點也說明，
當時臺灣也有可能為美國接管，這對中華民國的主權而言，無異是一種
致命威脅。另據 39 年國軍各部隊機關處理匪諜（嫌）案件統計資料顯

---

11 《蔣中正日記》（手稿本）檔案，史丹福大學胡佛研究院（Hoover Institute, Stanford University）館藏，
　　1949 年 1 月 22 日，上星期反省錄。
12 同註 4，頁 1395-1396。
13 柴漢熙，《強人眼下的軍隊：1949 年後蔣中正反攻大陸的復國夢與強軍之路》（臺北：黎明文化，
　　2019 年），頁 42。
14 同註 4，頁 1394。另參見：劉維開，〈蔣中正第三次下野之研究〉，《國立政治大學歷史學報》
　　第 17 期，2000 年 6 月，頁 152。
15 同註 4，頁 1399-1400。
16 呂芳上編，《蔣中正先生年譜長編（第九冊）》（臺北：國史館，2015 年），頁 304。

示，在國軍內部獲檢舉 57 件、偵獲 337 件，計有 394 件。[17]足見國軍內部共諜的潛伏破壞，相當嚴重。

　　鑑此，蔣中正總統指派經國先生於民國 39 年 4 月 11 日接任「政治行動委員會」秘書，並在臺北總統府成立「機要室資料組」，由經國先生掌理黨、政、軍情報工作，以整頓改革情報制度與人事。接著，又由經國先生接掌國防部政治部，以強化國軍監察、保防、情治、黨務與思想教育等業務。[18]這對當時穩定國軍內部，防止敵諜破壞，起了很重要的關鍵作用。

　　如上所述，國民政府遷臺後的首要任務，即在整軍、建軍及保衛臺灣。[19]而國家安全戰略，就是以「防衛臺灣」和「反攻大陸」為一體兩面。[20]為實現國父遺志，國民革命軍須「步隨革命黨的奮鬥而奮鬥」，而黨國體制適可使黨政軍緊密結合，產生一致性的綜效。固然，若以今日民主政治的角度視之，或不免有「黨政不分」、「以黨領軍」之譏，但在當年大敵當前、國祚危殆的惡劣環境下，空有民主自由之議，又於時局何補？故蔣中正總統決定先以黨國體制，強化軍事角色，同時兼顧訓政（如金馬戰地政務的實施）與憲政之發展，以期於危急存亡之際，謀求反共復國之勝利。

二、「政工改制」後的政工

　　國軍政工制度，源自黃埔軍校。蔣中正校長為使軍校學生建立中心思想，具備革命精神，進而為創新革命軍的基幹，特指派黨代表，成立政治部，推動軍校政治工作，以貫徹革命建軍目標。從國軍的建軍史以

---

17 「國防部政治部說明破獲汪李國際匪諜案的意義，蔣經國呈蔣中正民國三十九年度各部隊處理匪諜嫌案件統計表及四十年九至十一月軍中自首分子清冊、前第四軍訓練班聯誼會情形」，（1951年 10 月 9 日），國史館藏，《蔣中正總統文物》，〈中央政工業務（二），數位典藏號：002-080102-00015-005。

18 林孝庭，《蔣經國的臺灣時代：中華民國與冷戰的臺灣》（新北：遠足文化，2021 年），頁 44。

19 漆高儒，《蔣經國評傳—我是臺灣人》（臺北：正中書局，1997 年），頁 86。

20 陳鴻獻，《反攻與再造：遷臺初期國軍的整備與作為》（臺北：開源書局，2020 年），頁 1-2。

觀，國民革命的四大戰役業已證明：「政工制度創立推行，革命武力迅即創建；政工制度遭受破壞，北伐進軍輒陷困頓；政工制度恢復重建，剿匪抗戰相繼告成；政工制度被迫撤銷，戡亂戰事全面潰敗。」[21]

國軍政工改制，自民國 39 年 4 月 1 日起實施，為適應當時反共抗俄革命戰爭的需要，確立思想領導，重整精神武裝，堅定國軍戰鬥意志與必勝信念，充分發揮陸海空軍的作戰力量，徹底殲滅中共，爭取最後勝利，特決定加重政工機構的權責，重建政工制度。[22] 此可從蔣中正總統對於軍事改革，特別重視政治思想上的教育，見及一斑[23]。

蔣中正總統認為軍事教育應注重：（一）軍隊戰勝之基本條件，在以主義與信仰為軍人之靈魂，以紀律組織理論與學術為基礎，以主管長官與優秀黨員為骨幹，以政工與黨部為核心。（二）戰爭的目的，為維護民眾自由、保衛國家獨立而戰；為實行三民主義，掃除革命障礙，提高人民生活，減租減息，反對剝削、反對專制壓迫、反對侵略、反對漢奸而戰；為平均地權、耕者有其田、實現民生主義而戰。（三）軍隊生活方式應官兵一體、生活一致，經理人事公開，一切都應從人民及國家民族利益著想。[24]

此外，蔣中正先生在檢討戡亂失利、軍事潰敗的原因時，還特別指

---

21 國軍政戰史稿編纂委員會編，《國軍政戰史稿（上冊）》（臺北：國防部，1983 年），頁 3。

22 同註 4，頁 1415。

23 蔣中正於 1949 年 10 月 24 日在重慶主持革命實踐研究院紀念週，以「軍事改革之基本精神與要點」指出：（一）反共戰爭是革命戰爭，最重要的是思想鬥爭，就是要認清我們作戰的目的即「為何而戰」、「為誰而戰」；（二）訓練幹部以「恢復革命精神喚醒民族靈魂」為教育之主旨；（三）軍隊構成的條件即軍隊戰勝的動力，必須包括制度、組織、紀律和理論四項；（四）健全軍隊的制度、組織、紀律所必具的條件，就是建立軍的核心和骨幹；（五）樹立軍隊監察制度，必須徹底改革政工制度，以健全軍隊的核心組織；（六）整軍著手的要點，首須改革部隊生活方式和工作方式，做到「官民一體」、「生活一致」；（七）改善軍民關係，必須實行「軍民合一」，做到軍隊為人民的軍隊武力、為人民的武力；（八）軍隊中命令權的權威之建立，第一靠軍隊中的骨幹，第二靠軍隊骨幹中的核心；（九）軍隊過去失敗的原因，在既沒有幕僚的權威又沒有監察制度，也沒有核心與骨幹；（十）改革軍事應注意下列題目的研究：現代戰爭之組織與現代軍隊管理法之特點、現代軍隊訓練方法之特點、共匪之優點與缺點、共匪必敗之原因、我軍之弱點與缺點、我黨與匪黨哲學之比較、戰爭目的為誰而戰、三民主義戰勝一切。資料來源：「蔣中正主持革命實踐研究院紀念週並訓講軍事改革之基本精神與要點」（1949 年 10 月 24 日）國史館藏，《蔣中正總統文物》，〈事略稿本（一）〉，數位典藏號：002-060100-00257-024。

24 「蔣中正自記軍事教育應注重之點謂軍隊戰勝之基本條件為以主義與信仰為軍人之靈魂以紀律組織倫理與學術為精神以主管長官與黨員為骨幹以政工與黨部為核心等」（1949 年 10 月 9 日），國史館藏，《蔣中正總統文物》，〈事略稿本（一）〉，數位典藏號：002-060100-00257-019。

出與政工有關者有八項：一、軍隊無核心，二、軍隊監察未確立，三、組織不健全，四、宣傳心戰不能對抗，五、精神訓練失敗（不能以三民主義思想武裝國軍官兵），六、軍隊與民眾脫節，七、軍中組訓管理與工作業務改進發展無法負起責任，八、國軍部隊上下脫節、不能做到官兵一體、生活一致等。[25] 故於民國 39 年提出政工改革的六項目標為：政治幕僚長制之確立、監察制度之確立、保防工作之加強、軍隊黨務之恢復、四大公開之實行、政治訓練之革新等。此即為挽回當時所面臨的軍事危機，必須使政工制度與監察制度，改弦更張，重新建立。[26]

識者咸認，政工的利鈍影響國軍成敗，而國軍的成敗又繫乎國脈民命，國民政府必須有效掌握此項武裝力量，以完成前揭防衛臺灣和反攻大陸之任務。惟當時推動政工改革與制度重建的工作並不順利，遭遇到國內、外諸多質疑、杯葛與阻撓，甚至有來自三軍高階將領的輕蔑與反對。

但為避免軍政關係的持續緊張，經國先生特別要求「今後部隊之戰鬥意志與戰鬥力量之提高，將決定於部隊長與政工人員合作之程度，而雙方合作程度之高低，亦將為選拔軍政幹部之重要準據。」並再三告誡各級政工人員：

> 務希服從同級與上級部隊長之指導，以期同心協力，各盡所能完成共同任務，同時亦盼望各級部隊長，視政工為其本身重要工作之一，做到軍政一體、融洽無間。今後政府在短期內恐無任何新武器可以支援前方，有之則為此種精神武器，倘能及時加強，必可發揮戰鬥效果。[27]

---

25 同註 4，頁 1402-1409。
26 同註 4，頁 1410。
27 「蔣經國呈蔣中正軍隊政工人員信條暨政工改制的重要指示與辦法，國防部總政治部編印統一思想與作法」（1950 年 6 月 19 日），《蔣中正總統文物》，〈中央政工業務（二）〉，國史館藏，數位典藏號：002-080102-00015-001。

　　由此可見，政工人員在民國 40 年代的處遇，是相當艱難的。雖然蔣中正總統把政工制度視為重建軍隊士氣的基礎，但部分將領則視政工為軍中密探、專司監督指揮官，製造軍中的恐懼與猜忌，甚至有認為政工在推動效忠領袖、鞏固領導中心上，更易招致國際非議。

　　至於美方對政工制度的疑慮和說法，大致不脫政工人員監督官兵思想、推行政治教育、檢舉長官等「非民主」的行為，以及經國先生仿效蘇聯紅軍政委制及其個人留俄的背景等等。[28] 持平而論，僅就政工改制後的機制效能言，它不但能透過各種政治與思想教育，鞏固領導中心，穩定軍心士氣，而且在監察與保防工作上，對中共潛伏份子與不同派系進行監控，而達到肅奸防諜之效。[29] 不容諱言，這些成效卻使得政工制度成了雙面刃。在這項長期的爭議上，最終妥協同意取消部隊政工主官之副署權，並強調政工機構的建立，主在統一與加強軍中士氣，團結、組訓、新聞、民運、監察、保防工作之指導，以減輕軍隊中參謀長或副主官對指導是項業務之負擔。[30]

　　1952 年美國總統大選，由共和黨候選人艾森豪（Dwight D. Eisenhower）勝出，他採取強硬的反共外交政策，使我國成為亞太地區圍堵共黨勢力的前哨與盟邦。民國 45 年，美軍顧問團團長史麥斯（George W. Smythe）受邀出席政工幹校畢業典禮致詞時公開表示，美國政府已決定支持政工制度，而為我與美國間的政工爭議畫下休止符。[31] 不過，美方雖決定支持政工制度，但畢竟與其國內政治氛圍的改變有關。

　　綜上，蔣中正總統認為當時對國軍的改革必須要建立起思想與組織，以革命精神來面對內外交迫的惡劣環境。而思想必須透過政治工作；組織必須運用黨組織，政工便與黨的組織結合並行。

28　同註 18，頁 53-59。
29　同註 20，頁 102-103。
30　同上註，頁 92。
31　同註 18，頁 56-57。

　　此外，政工改制的另一原因，是由於黨在軍隊中的組織瓦解，軍隊失去思想領導，故應本「以黨領軍」方式，推進政工和軍事改革。[32] 民國 39 年組成「中央改造委員會」，進行黨員重新登記，並予調查鑑定，汰除不適者，使國民黨組織提升為功能性組織，並透過訓練有素、具「黨義」思想的幹部，來負責國家與社會的各個機構。經國先生在主持中央改造委員會「幹部訓練委員會」時，曾設計出一套「輪訓」機制，要求所有軍、文職幹部，都須反複接受「黨義」教育，以確保國民黨幹部不負總裁期待及國民黨的三民主義理想。[33]

　　根據王昇將軍的說法，當時將政工幹部送往接受為期兩週的訓練，花了將近一年時間來重新訓練所有來臺的幹部，目的就是要讓他們符合革命要求。為了訓練連級單位的政工人員，以及所有營級以上幹部，也為了訓練新進幹部，乃著手籌建一所新學校，此即民國 40 年 7 月 15 日成立的「政工幹部學校」。[34] 這也是為了進行國民黨組織改造，一併改革與創新軍隊政工之重要舉措。

　　當時政工幹部學校訓練出來的幹部，是被高度期許的。雖然多數軍官已成為黨員，但畢竟與蘇聯體系不同，因為國軍的最高指揮權歸於部隊主官，政工人員僅為主官的幕僚。當時國民黨的指導方針亦然。單位主官才是國民黨在各單位或指揮層級的最高領導人，政工人員為指揮官的助手，以維繫單位之廉潔、士氣和忠貞。在防止敵人滲透與制止腐敗行為方面，報告系統並非向黨組織遞交，而是向軍方指揮層級，政工也

---

32 1950 年 6 月 19 日，《中國國國民黨中央執行委員會密令全文》指出：「反共抗俄戰爭，不僅是軍事戰、政治戰、經濟戰，而最主要的是思想戰、組織戰！我們檢討過去剿匪軍事所以失利的主要原因，是由於本黨在軍隊中的組織瓦解，軍隊失去了思想領導。最近，總裁昭示我們：今後反共抗俄的重要措施，是要本『以黨領軍』的原則，健全軍中黨的組織，加強軍中思想領導，以鞏固國軍組織，堅定國軍信仰，提高鬥志，增加戰力，而重建革命武力，爭取反共抗俄的最後勝利。為適應當前需要與執行黨的要求，特經決定將改造軍隊黨務，改革軍隊政工，同時進行。使黨因改造而成為推進政工和改革軍事的動力，使政工因改革而黨的主義與政策得透過政工而具體實現。」同「蔣經國呈蔣中正軍隊政工人員信條暨政工改制的重要指示與辦法，國防部總政治部編印統一思想與作法」。

33 Thomas 著，李厚壯等譯，《王昇與國民黨：反革命運動在中國》（臺北：時英出版社，2003），頁 144-147。

34 同上註，頁 148-150。

就不再是黨在軍中的「耳目」。[35]此顯然有別於蘇聯與中共的「黨委制」，其對日後軍隊一元化領導，或黨軍關係，都產生重大影響。

三、「七分政治」的政工

　　政府遷臺後，蔣中正總統深知當時若想以軍事力量，或藉由美國協助，來達成反共復國的任務，甚為艱鉅，故尋求以軍事以外的組織戰、政治戰、社會戰、謀略戰、心理戰、宣傳戰、破壞戰、情報戰等手段來打擊中共，於是形成「三分軍事、七分政治」、「三分敵前、七分敵後」的政策，以期政工制度能發揮監督機制及穩定軍心之效，進而建立思想教育系統，凝聚官兵意志，明白為何而戰、為誰而戰的核心信仰。[36]

　　蔣中正總統強調，「要使官兵早日認識其所從事的政治目標，當然這些目標都是為著人民福利。」、「士兵如果不知道為何而戰，那他們就衹是一種募兵，而募兵是不會成為優良的士兵或鬥士的。」[37]同樣的，「中國軍隊中所建立的政治作戰制度，其主要目的在激勵軍隊的高度戰鬥精神。為達此目的，每一軍官或士兵必須充分信仰三民主義，並具有為三民主義不惜任何犧牲之堅決意志。軍隊精神之完全統一必須確立，最高水準的士氣達到；藉此而使軍隊成為一支革命軍，具有鋼鐵般的戰鬥意志。」[38]故對於反共復國任務的達成，實際寄望於政治多於軍事，敵後多於敵前，政工制度的重建與推行，勢在必行。

　　民國 41 年 7 月 31 日，經國先生在對參加政治大考會試的官兵講話時亦指出：「民國 39 年撤退到臺灣以後，我們開始積極從事於部隊的整頓，而整頓部隊的第一個重要措施，就是總統所決定的，在軍隊裡設立政治部，加強政治教育，使我們每一位官兵都能認清作戰的真正目

---

35 同上註，頁 173。
36 同註 13，頁 66。
37 董顯光，《蔣總統傳》（臺北：中國文化大學出版部，1980 年），頁 621。
38 同上註，頁 622。

的，爲誰而戰，爲何而戰。」[39] 國軍政工改制的目的，即是「爲了適應當前反共抗俄革命戰爭的需要，配合並加速完成軍事全面革新運動，以提高政治工作效能，確立思想領導，重整精神武裝，堅定國軍戰鬥意志與必勝信念，充分發揮陸海空軍作戰力量，爭取最後勝利，徹底殲滅共匪。」[40]

而當時頒布的《國軍政治工作綱領》明示：「政治工作係基於反共抗俄戰爭之需要及配合全般軍事改革之要求，一切設施，均以針對敵情、保證勝利爲主，其要旨在堅持三民主義革命的政策，竭盡智能瓦解敵人意志，消滅敵人戰力，並堅定國軍共同信仰，鞏固部隊組織，激勵士氣，提高戰志，養成優良紀律，促進軍民合作，使軍民一致奮鬥，達成反共救國與國民革命之任務。」[41] 期使改制後的政工，能一改既往「不能以思想領導官兵」、「政治教育無效果」及「組織幹部不健全」等三項敗因。[42]

自民國 40 年起，國防部針對全軍官兵，每年舉行政治大考，除檢查政治教育成效，也刺激官兵對政治學習的興趣，此一全軍性的普測，對提高官兵政治認識，加強思想武裝，進而蔚成軍中學習風氣，甚具成效。此舉，無疑是全軍精神力量與思想武裝之總檢閱，對反共抗俄戰爭的思想戰而言，深具意義。[43]

民國 40 年代政工改制後，對社會宣傳，以報導國軍進步，促進軍民互愛爲原則。在國際宣傳上，則以揭發匪俄一貫陰謀，標舉國軍世界任務爲原則，透過軍事新聞通訊社（39 年 5 月恢復運作）、新中國出

---

39 「蔣經國呈蔣中正軍隊政工人員信條暨政工改制的重要指示與辦法，國防部總政治部編印統一思想與作法」（1950 年 6 月 19 日），《蔣中正總統文物》，〈中央政工業務（二）〉，國史館藏，數位典藏號：002-080102-00015-001。

40 「國防部命令規定國軍政工改制自四月一日起實施及頒布政工改制法規五種」（1950 年 4 月 1 日）《蔣經國總統文物》，〈國防部總政治部任內文件（三）〉，國史館藏，數位典藏號：005-010100-00052-012。

41 同上註。

42 同註 4，頁 1414。

43 同上註，頁 1642-1643。

版社（39 年 5 月恢復，定期發行國魂、革命文藝、革命軍、革命軍畫報、勝利之光等五種刊物）、青年戰士報（41 年創刊）、其他各軍中報刊及出版物共四百二十六種，另有中國電影製片廠、播音總隊及軍中廣播電台等媒介的參與。[44]

　　此外，民國 39 年國軍將民運工作列爲政工五大範疇之一，以「軍政一體，軍民一家」爲目標，展開民眾服務、民眾教育工作，加強軍政與軍民聯繫，舉辦社會調查工作。同年 6 月，總政治部即展開軍民聯誼運動，以團爲單位，分別在駐地組織軍民聯誼會，加強愛民運動及官兵愛民教育，擴大軍民合作宣傳，以官兵服務民眾、協助民眾，以爭取民眾；7 月，經行政院院會決議，民眾組訓工作由地方政府主辦，當地駐軍有協助指導之義務；11 月，臺灣省政府飭令全省編組「反共自衛隊」（臺灣民眾組訓之始）。

　　民國 41 年 10 月，成立臺灣省民防委員會，各縣市民眾反共自衛隊改編爲民防總隊。43 年 8 月，民防委員會改組爲民防司令部，以縣市爲單位，分別成立防護、軍勤、船舶各總隊、醫護、婦女各大隊、山地青年服務隊、機動技術搶修隊、及各機關、學校、廠場防護團等。這些民防部隊在國防部協助下，完成嚴格訓練，並舉行多次演習。

　　民國 48 年的「八七水災」，國軍官兵捨生救溺，協助災後重建，人民對軍隊心生崇敬、情感交融。而於 50 年 10 月成立的「軍人之友社」，也爲執行軍中及戰地慰勞，軍中服務及文化康樂活動、軍人福利及軍眷濟助、調解軍民糾紛、協助改善軍中衛生及醫藥救護等設施，以及表揚敬軍愛民等，績效甚宏。

　　民國 41 至 43 年，總政治部兼辦國軍退除役官兵就業輔導，安置 1 萬 2,000 餘名榮民；43 年起，每年舉辦青年暑期戰鬥訓練及軍中服務，促進海內外愛國反共青年，以革命武力爲中心的大團結，使其嫻熟戰鬥

---

44 同上註，頁 1726-1766。

技能、習慣軍中生活,養成堅強果敢精神與蓬勃向上氣概。[45]

綜言之,在執行「七分政治」下的政工,對內部官兵進行思想教育、加強軍民關係,以及積極推動戰地政務;對敵則透過心戰與宣傳手段,瓦解敵人戰志,並號召反共起義行動。

第二節　軍事支援入社會　政戰融合文武心

一、社會軍事化的文武關係

爲能落實「反共復國」的國策方針,行政院於民國 41 年制定「中國青年反共救國團籌組原則」,在北投復興崗成立「中國青年反共救國團」(簡稱「救國團」),隸屬於國防部總政治部,號召全國青年大結合,展開救國運動。初期除負責學生的軍訓教育外,更協助推行政令,整理戶籍,擔任教育,地方自治,土地行政等,並辦理各種青年活動、參與編輯教科書及從事出版事業。58 年改隸爲行政院之社會運動機構,78 年依《人民團體法》規定,經內政部核准爲「教育性、服務性及公益性之社團法人」,89 年起更名爲「中國青年救國團」。[46]

另爲實施「文武合一教育」,民國 40 年由教育部與國防部會銜頒佈《臺灣省中等以上學校學生軍訓實施計畫》,41 年教育部公布《戡亂時期高中以上學校學生精神軍事體格及技能訓練綱要》,規定自 42 年 7 月起,高中以上各級學校全面實施軍事訓練。行政院訂頒之《專科以上學校在學生軍訓實施辦法》,則自 43 年起實施,並由「救國團」負責辦理,直到 49 年爲使學生軍訓制度化,乃將軍訓教育移歸教育部主管,正式納入教育體系。51 年教育部頒行《高級中等以上學校學生軍訓實施辦法》,作爲實施軍訓之依據。[47] 在「救國團」協助與學校軍

45 同上註,頁 1911-1928。
46 周志宏,〈中國青年反共救國團〉,《臺灣大百科全書》,2009 年 9 月 24 日,〈http://nrch.culture.tw/twpedia.aspx?id=3946〉,(檢索日期:2021 年 6 月 20 日)。
47 周志宏,〈軍訓教育〉,《臺灣大百科全書》,網址〈http://nrch.culture.tw/twpedia.aspx?id=3949〉,(檢索時間:2021 年 6 月 20 日)。

訓教育的實施下，使當時青年學生具備軍事知能，並能支持認同黨國與三民主義，成為未來反共作戰的成員，這對校園安全及安定，產生相當的作用。[48]

在社會治安方面，民國 47 年，蔣中正總統為簡化治安機構、統一指揮權責，指示國防部將負治安責任的臺灣防衛總部、臺北衛戍總司令部、臺灣省保安司令部及臺灣省民防司令部等四機構裁併，另設臺灣警備總司令部，隸屬國防部，受臺灣省主席指導監督，其工作包含衛戍、保安、民防等任務，以及臺灣本島戒嚴任務，對國內政治活動的監管、新聞管制、通訊管制、機場港口的安檢、保安處分、人民入出境等影響甚巨。[49]軍隊藉此對社會治安扮演了重要角色。

民國 53 年，國防部裁撤動員局，成立臺灣軍管區司令部，由警備總司令兼任，下設動員處、後備軍人管理處及政訓處（隸屬政戰部），執行臺灣地區兵役動員工作及推動後備軍人組織、宣傳、社調、服務等工作。[50]此後，警備總司令部即藉後備軍人組織，掌握社會情況，成為維護社會治安的最高執行機關，使軍隊與社會關係緊密連結。

另一項文武關係的緊密鏈結，表現在軍人轉任文官方面。例如民國 59 年以前，有專門為黨員轉任公職人員的社工、有為軍職人員轉任文職人員而舉辦的公務人員、交通事業人員、衛生行政人員、鄉鎮區兵役人員、報務人員等的特種考試，以及為上校以上軍官外職停役轉任公務人員而舉辦的檢覈等。對於文官任用的各種考試，「三民主義」或「國父思想」為必考科目，其中高階文官的升遷，必須經過革命實踐研究院的講習訓練，是以此時期可稱之為「文官系統政治化」或「文官體制戰

---

48 同註 3，頁 336。
49 楊秀菁，〈臺灣警備總司令部〉，《臺灣大百科全書》，〈http://nrch.culture.tw/twpedia.aspx?id=3869〉，（檢索時間：2021 年 6 月 20 日）。
50 國防部後備指揮部，〈關於後備，組織遞嬗〉。網站更新日期：2021 年 6 月 15 日。《國防部後備指揮部》，〈https://afrc.mnd.gov.tw/AFRCWeb/Unit.aspx?MenuID=2&MP=2〉，（檢索時間：2021 年 6 月 20 日）。

時化」。[51] 此舉，雖不免對當時文官制度產生衝擊，也促成黨政軍之間的磨合與交流，軍人更因轉職或轉任公務部門，將軍事文化帶入文官系統，與民眾有更多的互動，文武關係的界限模糊，恰有助於文武力量的整合。

最後，軍隊在執行「反共復國」的國策下，以「建設臺灣爲三民主義的模範省」爲號召，協助政府推動經濟基礎建設，如橋樑道路的建造、工業區的開發。更具體的是，民國43年由行政院設立「國軍退除役官兵就業輔導委員會」（簡稱「退輔會」），由臺灣省主席嚴家淦兼任主任委員，從臺灣銀行借款作爲開辦會務經費，並向美方爭取從美援項目中撥出部分，投入退除役官兵的安置工作，同時藉由這些退伍軍人來從事協助國家經濟建設。[52]

自民國61年起，國軍爲配合政府加速經濟建設，每年分兩期派遣兵力，展開助民收割工作，爲地方政府及農民省下不少費用，促進地方經濟發展。[53] 從安置退伍軍人，從事國家經濟建設，到國軍派遣兵力協助地方農民收割，使軍隊與民生經濟有了更緊密連結，軍民關係在正向發展下，蔚爲可觀的建設力量。而退伍軍人透過輔導就業、就學、成家立業，參與國家建設，奉獻所能，更成爲國家社會的穩定力量，其豐碩之成果，有目共睹。

總言之，在執行「反共復國」的國策下，因黨國體制的文武關係，而使軍隊與社會有了緊密的鏈結。不論在政治、經濟、社會及教育文化各層面，所形塑的一致性總體戰力，透過這些頗富巧思的規劃與安排，帶領中華民國在大敵當前、內外交迫的局勢下，不但抵禦中共的武力侵犯，也確保國家的生存發展。緊密的文武關係所形塑的社會軍事化，反而促使民生經濟的躍升，並爲日後的政治發展奠基開路。

---

51 蕭全政，《臺灣政治經濟學：如何面對全球化在中美海陸爭霸的衝擊？》（臺北：時報文化，2020），頁191。
52 同註3，頁341；林孝庭，前揭書，頁380。
53 同註3，頁341。

二、從守勢政工到攻勢政戰

民國 52 年 4 月 15 日，蔣中正總統主持國防研究院暨政工幹校政治作戰講習班聯合週會時，特就「軍隊政工應否正名的研究」，提示如下：

> 現在我們對匪作戰，不論政治戰或軍事戰，都是要以匪軍政工作為主要打擊對象。當然匪軍政工的一切本質、內容、精神及其任務、職權，都和我們的政工截然不同；但是機構的稱謂和人員的職銜，卻幾乎完全相同。特別是為了避免陣前喊話，產生混淆不清的語病；也為了我們政工人員，產生不必要的尷尬心理反應，似乎可以在不變更制度、組織，與任務、職權的原則之下，考慮就其名義和職銜，酌予更改。[54]

同年 6 月 18 日，依國軍第十屆軍事會議決議，將「總政治部」改稱為「總政治作戰部」，各「政治部」一併改稱為「政治作戰部」。[55]蔣中正總統強調，「尤其政治作戰，在改稱之後，對任務的揭櫫，益臻明確。因為匪軍政工，重在控制其內部的官兵；而國軍政工，乃重在對匪軍匪黨的政治作戰。其精神截然不同，稱謂亦自當有別。我們必須使名實相副，名正言順，乃能愈增進政治作戰的戰力。」

民國 52 年 7 月 29 日，蔣中正總統在親自主持的國軍政戰會議上，對「政治部」改稱「政治作戰部」的著眼和目的，又做了更進一步的闡釋。他說道：

> 我們以往的政治部，是著重軍隊內部的政治工作，亦即是著重

---

54 蔣中正，〈領袖蔣公訓詞：政治作戰要旨（五十二年四月一日至十五日對政工幹校政戰講習班第三期學員講）〉，《總統對本校訓詞集》（臺北：政治作戰學校，1970 年 1 月，再版），頁107。

55 總政治作戰局，《監察院 92 年專案研究：「國軍政戰組織與制度及績效之探討」相關問題說明》（臺北：國防部，2003 年），頁 9。

於整軍建軍、反攻復國的政治教育有關的各項工作。現在的政
治作戰部，則是要更加置重點於對匪軍作戰的政治工作，亦就
是要強調「七分政治」、「七分心理」制敵破敵工作。易言之，
乃是要從健全部隊組織的工作，進而擴展到戰區，成為戰爭面
的經營佈建，以及如何確保戰地安全，獲得戰爭最後勝利的工
作。[56]

此一如經國先生的說法，他認為「我們所講的政工，是反攻的政工，
反攻的政工特性，是攻擊性的。所以我們是攻擊性的政工，不是一個防
守性的政工。」[57]

坦言之，蔣中正總統之所以將「政工」改為「政戰」，是為逐步建
立和充實政治教育、政訓工作、心戰宣傳、監察、保防、戰地政務等與
政治作戰相關的備戰能量，以結合國軍反攻大陸計畫之攻勢作戰。[58] 但
有趣的是，民國 52 年底美國駐華大使館觀察我方反攻大陸的軍事企圖
心，仍處於「持續性的休眠狀態」（prolonged quiescent period），故
認為蔣中正總統沒有為反攻行動進行大規模的整軍備戰。[59] 但用兵之道，
貴在「能而示之不能」，政工改採攻勢的政治作戰，實際上就是為了反
攻大陸的行動，先行創造有利機勢。

自民國 52 年後，蔣中正總統所提示的反共復國戰爭的戰略指導方
針：「以政治為主，以軍事為從；以主義為前鋒，以武力為後盾；以大

---

56 蔣中正，「領袖蔣公訓詞：政治作戰幹部的責任與修養（五十二年七月廿九日主持政戰會報講）」，
《蔣總統最近言論選集》（臺北：國防研究院印行，1971 年 10 月），頁 152。

57 國史館，《蔣經國總統文物》，〈蔣經國演講稿（三十六），（1965 年 03 月 15 日）。數位典藏號：
005-01503-00036-016。

58 此謂國軍反攻大陸計畫之攻勢作戰，即指「國光計畫」。國軍大陸作戰中心（國光作業室）於民
國 50 年 4 月 4 日成立任務編組，51 年 8 月成立臨時編組，53 年 11 月奉核定改為固定編組，主要
任務為對大陸敵後作戰（包括特種作戰及其他有關之敵後作戰）及有關臺海作戰戰略計畫之研擬，
並負責反攻作戰戰備要項之策定，性質為總專之機密參謀群直隸屬參謀總長。作戰期程可分為：
一、非正規戰，特種部隊空降大陸地區，建立反攻基地為核心；二、兩棲登作戰，以登陸華南地
區建立攻勢基地；三、內陸作戰，以光復福建省為架構設計決戰戰場，迫使共軍與我會戰。柴漢熙，
前揭書，頁 233-248。

59 同註 13，頁 124-125。

陸為主戰場，以臺海為支戰場；而軍事武力的奏效，必須以大陸革命運動與臺海軍事行動，相互配合，雙方策應」。[60] 經國先生的要求則是，「各級軍事主官要對政戰幹部，看作是自己遂行政戰的得力助手；並將政戰部門，看作是當前消滅敵人的主要武器。從而把政戰與軍事結合起來，才能產生最強大力量。」[61] 至於從守勢政工到攻勢政戰的具體作為，有下列數端：[62]

（一）軍隊內部的思想、組織、安全、服務等工作，更須致力於「七分政治」、「七分心理」、「七分敵後」的制敵工作，以期從思想、組織、情報、謀略、心理、群眾戰線上，擊敗敵人。

（二）由軍中政戰到社會政戰。針對中共對臺統戰與軍事上確保反共基地需要，動員軍中組訓、文宣、安全、民運的力量，擴大軍中報刊的對外發行，加強軍事新聞的對外報導，以擴大社會宣教影響，並創辦中華電視台及黎明文化事業公司，推行三民主義巡迴教育，舉辦文化服務團隊活動，加強全民精神動員，擴大推行愛民教育，增進軍民反共團結，積極展開後備軍人及漁民組訓工作，以鞏固基地安全及強化臺海防衛。

（三）由國內政戰到國際政戰。將反共復國戰爭，視為國際反共戰爭的一部分，順應各反共國家要求，指派政戰高級將領出國訪問，或邀請國際反共人士來華訪問，交換彼此反共經驗和作法。另創設「遠朋研究班」，接訓各友邦重要軍政幹部，培養國際反共政戰人才，復派遣政戰顧問團及人員，協助各駐在國抵抗共黨侵略，同時加強三軍出國人員輔導，展開各地回國僑胞宣慰，擴大推展海外文化作戰，及增進國際反共心戰合作，從海外向大陸進行政治反攻。

---

60 同註 21，頁 94。
61 同上註，頁 76。
62 同註 21，下冊，頁 1231-1233。

三、防敵統戰詭謀計 權變政戰力反制

民國 54 年之後，國軍的軍事反攻行動在得不到美方支持的情況下，已然停止，自 58 年開始蔣中正總統特囑修訂臺灣本島防禦計畫，重新編組部隊，將反攻戰略轉變為「防共」戰略，亦即以退為進，以守為攻，以靜制動之戰略。[63]

民國 60 年，中華民國退出聯合國。翌年，蔣中正總統在發表《元旦告全國軍民同胞書》中明確指出，國家的總目標「就是要莊敬自強，共同奮鬥，以革命的獨立自主的精神力量，集中於金馬臺澎復興基地的建設，集中於光復大陸、拯救同胞的誓願。」換言之，反共復國戰爭進入了一個新階段，要「以三民主義統一中國」為號召，集中一切力量，建設金馬臺澎，創機造勢，贏得勝利。

經國先生於民國 61 年接任行政院長後，雖開啟政治「本土化」工程，藉由栽培與吸收更多本省籍精英進入體制內，配合政府推動重大經濟建設，然而在政治上對於「黨外」力量獲得中共及美國幕後支持，目的在動搖國民黨在臺統治的根基，而有所顧忌。[64]66 年 11 月，臺灣舉行五項地方公職選舉，選舉過程發生「中壢事件」，此後街頭抗議成為臺灣民主運動的常態。[65]

經國先生在日記中曾記載：「今天的地方選舉，由於匪諜、台獨與各類反動分子之滲透而來，本黨組織之有形無實，所以面臨許多困難。但是我必須以信心和決心來達成此次選舉。」又曰：「反動分子在政治上，將敵人劃分為國民黨和非國民黨；在地域上，將人民劃分為臺灣人和大陸人，這完全是共產黨一分為二的鬥爭方法。」[66] 坦言之，經國先生繼承父志，雖採取民主化的開放作風，但對中共的統戰滲透，以及美

63 同註 13，頁 288。
64 林孝庭，〈蔣經國主政後『本土化』與兩條路線的難題〉，發表於「威權鬆動─解嚴前臺灣重大政治案件與政治變遷（1977-1987）國際學術」研討會，（臺北：國史館，2020 年 12 月 12-13 日）。
65 黃清龍，《蔣經國日記揭密：全球獨家透視強人內心世界與臺灣關鍵命運》（臺北：時報文化，2020），頁 70。
66 同上註，頁 71-73。

國扶植反動人士的做法，仍多所顧慮。

　　民國 67 年底，美國宣布與我斷交。中共於 1978 年元旦發表《告台灣同胞書》，呼籲實現三通、四流，並在各級黨政機構設立「對台辦公室」（台辦），動用十萬名以上專業幹部，投入鉅額經費，全力推動對臺灣與海外華僑的統戰工作。[67]

　　面對中共對我之統戰攻勢，促使蔣經國總統於民國 69 年指派時任國防部總政治作戰部主任王昇，來主導成立「劉少康辦公室」，做為因應中共統戰威脅，鞏固內部心防的重要單位。

　　此舉，使政治作戰由軍隊內部的政治工作，轉為對中共的政治作戰，由鞏固自身的建軍強軍工作，轉為戰勝敵人的制敵破敵行動。其實早在民國 58 年 7 月，國家建設計畫委員會已擬訂《國家階層政治作戰指導綱領》，做為反共戰爭及國家戰略的指導性文件，明確規定在反攻復國戰爭中有關機關組織之權責與任務，以及如何在國家戰略指導下，進行政治作戰。[68] 隨後頒行的《總體戰中政治作戰實施綱要》，更賦與政治、經濟、文化、軍事等方面，對敵政治作戰之方法與要領，以支持總體戰之實施。[69] 所以，當經國先生指派王昇負責主導反統戰工作，實為總體戰略思維下的決策，不足為奇。

　　針對中共的和平統戰攻勢，經國先生認為「安定內部、團結人心，實為當務之急。」「環境之難，只要自己不要心慌意亂。」[70] 所以，當面對「攘外」與「安內」的雙重挑戰時，經國先生借重了王昇數十年來海內外對敵鬥爭的豐富經驗，將政治作戰的理念與實踐，由軍隊延伸到社會，以強化臺灣民眾對中共統戰的「免疫力」，確保國本不致動搖。[71]

67 陳祖耀，《王昇的一生》（臺北：三民書局，2010 年），頁 272-274。
68 「黃少谷函蔣孝肅檢送國家階層政治作戰指導綱領之總體戰中政治作戰實施綱要如奉蔣中正垂詢調閱請代為呈核」，《蔣經國總統文物》（1969 年 10 月 16 日），國史館藏，《蔣經國總統文物》，〈軍事－總體戰實施綱要等〉，數位典藏號：005-010202-00124-002。
69 同前註。
70 《蔣經國日記》，1979 年 1 月 6 日。
71 同註 64，頁 70。

　　有關成立「劉少康辦公室」的背景與關鍵因素，前章已述因由，對國內政治而言，已有不少評論，褒貶不一。楊亭雲先生明白道出箇中原委，他說：「經國先生是以王昇中常委的身分主持『劉少康辦公室』，不是用總政戰部主任的身分來辦事，因此，『劉少康辦公室』裁撤後，並沒有影響到政治作戰，外界誤會軍中政戰擴充到社會政戰，其實國軍政戰都一直堅持政戰本務工作，外面有些人不做事，王昇就把它做好，並認為是為國家做事。」[72]

　　而曾經與聞其事的魏萼先生也持相同的看法，他表示：

> 「劉少康辦公室」設立，……最重要的是臺灣國內外政治、經濟等客觀因素所形成的，這是以展開「反中共、不反中國」的大戰略，「經濟學臺灣、政治學臺北」的策略，以「改變中共、化解台獨」的作為，奉勸中共放棄共產主義，它是以「立足臺灣、胸懷大陸、放眼世界」的格局視野去執行的。……「劉少康辦公室」實因王昇受蔣經國信任，而增加此神秘性，其實不過是一個幕僚性的研究機構，但它不是只坐而言，更是透過國民黨執政黨員參與「劉少康辦公室」的研究方案形成政策，並促其實現。[73]

　　事實上，「劉少康辦公室」成立之初，即設定工作目標為「加強對敵鬥爭、粉碎台獨陰謀」。它不僅要應付中共的統戰，也將臺灣內部的反對運動視為「對敵鬥爭」的範圍。王昇認為：「大陸工作最難，海外

---

72 「陽明小組」彙編，〈總政戰部主任楊亭雲上將訪談〉，《政戰風雲路：歷史、傳承、變革—訪談實錄（未出版）》，2021 年 4 月。有關王昇及「劉少康辦公室」事件，楊上將在訪談中提出許多客觀的論述。他中肯的表示：經國先生本身主動、有心往民主發展，要走向開放，早已胸有成竹，政戰對國內走向民主更有安定的作用。
73 魏萼，「析論『劉少康辦公室』的歷史意義」，《海峽評論》，第 277 期，2014 年 1 月，頁 52-56。

工作最繁，基地工作最急，目前以鞏固基地，健全本身最重要。」[74] 要安定內部、鞏固基地，就必須加強思想作戰與心理建設。

史實證明，「劉少康辦公室」的反統戰工作是著有成效的。例如民國 71 年至 73 年間，中共空軍先後有六起駕機投奔自由事件，鼓舞當時臺灣的民心士氣；71 年邀請蘇聯名作家索忍尼辛（Aleksandr I. Solzhenitsyn）來臺演講，掀起反共熱潮。在海外地區，爭取大陸留學生王炳章，在美國發起「中國之春」民主運動等。尤其是詳擬策略，協助發展，積極動員各部會與駐外單位設法打入該組織，以掌握其動向，結合北美地區其他反共團體，形成對中共的「共同聲討」之勢。[75]

「劉少康辦公室」對中共及海外地區所發揮的反統戰效果，不但扭轉了原本的劣勢（特別在海外與基地兩方面），迅速正確判斷狀況，立即策訂行動計畫，並能結合臺灣島內、海外、大陸三個戰場，發揮統合戰力。[76] 據錢復先生表示：「劉少康辦公室」強化留學生在海外對大陸宣傳工作的免疫力，對國內各政府機關派往國外服務的工作人員，都發揮一定功能。至於推動的「團結專案」，邀請親中共、不滿我政府或態度中立，有學術成就的華人與具領導地位的僑領返國，盼能化敵為友和防止變友為敵，產生相當成效。[77]

回顧「劉少康辦公室」事件的經緯，如今幾可肯定的說，當時政治作戰的確已提升至國家階層的運作，落實了蔣中正總統對國軍政治作戰從防禦性轉為攻擊性的期望，使政戰從軍中到社會、從基地到敵後、從

---

74 陳翠蓮，〈王昇與劉少康辦公室：1980 年代臺灣威權末期的權力動盪〉，發表於「威權鬆動─解嚴前臺灣重大政治案件與政治變遷（1977-1987）」國際學術研討會（臺北：國史館，2020 年 12 月 12-13 日），頁 10。。

75 同註 18，頁 151。

76 吳建國，《破局：揭祕！蔣經國晚年權力佈局改變的內幕》（臺北：時報文化，2018 年），頁 149-151。

77 「王復國辦公室」成立半年後，在 1980 年十月初擬了一個「擴大爭取團結海外學人、僑領計畫綱要」，簡稱「團結專案」，也就是判斷中共在積極展開對我統戰以後，一定也會在海外以學人和僑領為對象，不惜任何代價，全力以赴的爭取，我黨政當局對此必須有積極作為，「團結專案」以此因應而生。錢復，《錢復回憶錄（卷二）：1979-1988 華府路崎嶇》（臺北：天下文化，2005 年），頁 8-10。

國內到國際，成爲全面動員與精神召喚的戰鬥體。

第三節　民主浪潮勢所趨　政戰定位頻轉形

一、軍隊社會化的文武關係

　　自民國 60 年代起，臺灣隨著經濟發展，教育普及，人民對於政治民主化有了更多的嚮往和期待。盱衡國際與兩岸情勢，除美國仍舊延續以往對臺灣施行民主政治的期望，也增加了來自中共「改革開放」以來的無形競爭壓力。[78]67 年 10 月 11 日，經國先生在國民黨中常會中特別宣達，決意領導國民黨有志之士，走向民主改革與政黨政治之路。

> 幾十年來，本黨基於實現三民主義的理想，為建立民治、民有、民享的民主共和國一直繼續不斷的努力，以求確立一個健全的民主憲政基礎。我們又體認，透過公平、公開、公正的選舉，乃是走上現代民主政治常軌必經之途。所以在選舉這件事上，尤其站在一個執政黨的立場，我們是本著至公、至正的胸襟，開明、開放的心懷，來為良好的政黨政治邁開大步。[79]

　　民國 68 年 12 月 10 日，以《美麗島雜誌》成員爲主，組織群眾進行遊行及演講，訴求民主與自由，終結黨禁和戒嚴，惟因爆發警民嚴重衝突，致遭逮捕與審判，這對後續臺灣政局產生重大影響。如在解嚴前夕的 75 年 9 月 28 日，「黨外」人士逕行成立民主進步黨。之後，還陸續發生 69 年「林義雄宅血案」、70 年「陳文成命案」、73 年「江南命案」、74 年「十信弊案」等，都使國民黨政權不斷遭受國際壓力與「黨

---

78 同註 64，頁 20。
79 同註 19，頁 218。

外」勢力的挑戰。[80]

　　民國 76 年 5 月，經國先生重新委任李煥爲國民黨秘書長，並交代三項主要任務：國民黨需要徹底改革，實行公開、公平的政治制度；推動全面民主政治、取消戒嚴，自由組黨，國會全面改選，解除報禁；臺灣和大陸必須統一。[81] 同年 7 月 15 日，臺灣宣布解除戒嚴，開放黨禁報禁，逐步由威權體制轉型爲民主政體。11 月 2 日，更開放民眾赴大陸探親，開啓臺海兩岸交流的新頁。

　　民國 80 年 4 月 30 日，李登輝宣佈終止動員戡亂時期，廢止《動員戡亂臨時條款》，並視中共爲「控制中國大陸地區的政治實體」，兩岸關係自此有新的發展起點。[82] 同年 4 月，第一屆國民大會臨時會制定中華民國憲法增修條文十條，賦與第二屆中央民意代表選舉法源，同時將監察委員之產生，改由總統提名，經國民大會同意任命之。12 月 31 日，立法院、監察院、國民大會的第一屆委員全體退職，所謂「萬年國會」正式結束。[83]

　　接著民國 81 年 5 月 15 日，修正《刑法》第 100 條有關內亂罪條文，對臺灣民主運動、言論自由及推動人權有了更進一步發展；同年 12 月舉行第二屆立法委員選舉，國會完成全面改選。83 年 2 月，國民黨臨中全會表決通過總統直選，7 月國大代表臨時會三讀通過修憲案，確立總統直選。85 年 3 月，李登輝與連戰當選第九任總統、副總統，人民直接投票產生國家元首的制度從此確立。[84]

　　在軍隊的兵源上，這段時期也產生不少變化，尤其隨著每年徵集役男入營服役，以及逐年退役及徵補招募的軍人，軍隊成員已從社會各階

---

80 同註 65，頁 112-123。
81 同註 18，頁 372；葉邦宗，《蔣經國一生》（臺北：德威出版，2005 年），頁 207-208。
82 〈總統簽署宣告終止動員戡亂時期六周年〉，《總統府新聞》，1997 年 5 月 1 日，〈https://www.president.gov.tw/NEWS/4007〉（檢索日期：2021 年 6 月 14 日）。
83 薛化元，〈國會全面改選〉，《文化部臺灣大百科全書》。2009 年 9 月 24 日。〈http://nrch.culture.tw/twpedia.aspx?id=3897〉（檢索日期：2021 年 6 月 14 日）。
84 薛化元，〈總統直選〉，《文化部臺灣大百科全書》。2009 年 9 月 24 日。〈http://nrch.culture.tw/twpedia.aspx?id=3895〉（檢索日期：2021 年 6 月 14 日）。

層進入軍中，慢慢改變了軍隊的組織文化。

　　民國 81 年國防部成立「國會聯絡室」，同時也開始招募女性青年入營服軍、士官役；87 年國防部成立「財團法人國軍暨家屬扶助基金會」，提高對官兵意外傷亡之撫慰金給與，加強官兵及其家屬照顧；88 年又成立「國軍官兵權益保障委員會」，協處官兵及其家屬權益等問題，以強化軍中人權之保障。之後，更將國軍納入全民健保體系，使軍民關係更趨緊密。89 年，爲因應社會變遷及民意要求，以及國軍「精實案」的實施，採行替代役，使更多兵源投入社會企業，爲民服務，國軍實際上已逐漸社會化，脫離黨政而成爲現代化的專業軍隊。

　　不容否認，政黨輪替與憲政改革的推動，加速了軍隊社會化腳步，也使得我國的民主政治大體符合杭廷頓所說的「民主的鞏固」（Democratic consolidation），禁得起「雙翻轉測試」（two-turnover test）。[85] 換言之，當政黨輪替成爲民主政治的常態時，國軍在接受「文人統制」的前提下，政治中立，依法行政，發揮軍事專業化精神，已成爲無可避免的趨勢。

二、貫徹「軍隊國家化」的政戰

　　眾所周知，國軍自黃埔建軍以來，所秉承的中山先生理想，是「以黨建軍」爲根本，建立「一支步隨革命黨的奮鬥而奮鬥的軍隊，要順從革命建國的程序，由黨軍過渡到國軍。」

　　民國 15 年國民革命軍北伐，17 年統一全國，開啓軍隊黨化的先例。然中國共產黨在 16 年也創立自己軍隊，經三灣改編，實施「黨支部建立在連上」及「士兵委員會建立在連上」，確立「以黨領軍、黨指揮槍」的原則。[86]16 年至 25 年期間，國共兩黨軍隊爆發內戰，直至日軍侵華

85　Huntington, Samuel P. *The Third Wave: Democratization in the Late Twentieth Century.*(Norman: University of Oklahoma Press, 1991.) PP. 266-267.

86　徐國棟、劉曉農，〈三灣改編：軍魂建樹的開端〉，《中國共產黨新聞》，2007 年 12 月 25 日。〈網址：http://cpc.people.com.cn/BIG5/64162/64172/85037/85040/6696159.html〉，（檢索日期：2021 年 6 月 25 日）。

共軍改編至國民革命軍才暫告一段落。

民國 34 年抗戰勝利後，國共兩黨領導人在「雙十協定」中，明確把「軍隊國家化」作爲共同目標。在 35 年 1 月 16 日的政治協商會議上，各黨派代表皆主張「停止衝突，實行軍隊國家化」。並進一步認爲：

軍隊國家化實爲政治民主化之必要條件，政治民主化復爲軍隊國家化之必要保障。無論偏重任何一端，均不能有利於問題之解決，必須兩者並重，同時實行。故欲實行政治民主化，必須同時實行軍隊國家化，不停止軍隊衝突，則無從實行軍隊國家化，故須先求停止軍事衝突，軍事衝突既經停止以後，即須全國一致以最大決心，逐漸：（一）實行公平編遣，以建立精練之國防軍；（二）實行軍民分治，以免軍人干政；（三）實行軍黨分立，以免政爭變爲兵爭；（四）實行徵兵制度，以徹底革新全國軍隊；（五）設立國防部，以統一陸海空軍之行政；（六）實行民意監督，以徹底整飭軍紀風紀。[87]

遺憾的是，國、共兩黨最後並未因政治協商而停止軍事衝突，進而實現軍隊國家化及政治民主化。民國 38 年，在中華民國「反共復國」的國策下，軍隊國家化並未成爲顯著的議題，直至民國 60 年代經濟成長，伴隨人民對政治民主的訴求，日趨強烈。

經國先生在民國 75 年於國民黨十二屆三中全會，提出「政治革新」議案，採取包括國會全面改選、開放省市長民選、解除戒嚴、開放組黨、社會治安及黨務工作等措施，並在 76 年解除「戒嚴令」，開放黨禁與報禁。經國先生說道：「我們戒嚴已經四十年，臺灣同胞還能夠容忍，已經是十分善良，很不容易了，我們應該有所改革才對。」又說：「世

---

87 「曾琦等五人提出停止軍事衝突實行軍隊國家化案」（無日期），《蔣中正總統文物》，〈國共協商（四）〉。數位典藏號：002-080104-00012-005。

界上沒有永遠的執政黨。」[88] 這些皆意味著，過去備受質疑有礙「軍隊國家化」的「以黨領軍」，如國民黨在軍隊中的組織、政黨的色彩，都必須移除。

這其中，國軍政戰制度最受反對勢力指責者，殆為於軍中從事黨務活動、進行黨化教育、介入輔選、未能落實軍隊國家化等。事實上，這些批評係將政戰制度化約為國民黨於國軍的組織，在民主化過程中成為批判的對象，然而政戰制度才是服膺軍事領導與鞏固國家領導的力量，政治教育皆依國家政策目標來進行施教，保防監察也是為維護國軍內部安全與維護軍風紀，而服務官兵更有助於凝聚其向心。這些舉措，對國家、對國軍都是正向的戰力，除服從國家領導人的領導，完成國軍使命外，並未受到任何勢力或個人操控，這不僅無礙於軍隊國家化，更是軍隊國家化的助力和保證。[89]

坦言之，就軍隊國家化而言，政戰制度是助力而非阻力。如政戰強調的思想、組織、安全、服務等四大核心工作，旨在落實國家政策，明辨「為誰而戰？為何而戰？」團結官兵、鼓舞士氣，維護軍紀，爭取民心，不論未來的國家局勢、統治體制會如何改變，政戰的使命與任務始終如一。

尤其過去 70 年來，國軍政戰制度始終是以支援軍事作戰任務為主，符合我國國情與軍事戰備需求，具有實績之制度，也是發揮戰力的主要動源。正由於國軍中有政戰制度，才能確保官兵的忠貞不貳，效忠國家；維護主官威信，健全指揮統一；服務照顧官兵，促進單位團結；防制部隊腐化，增強國軍戰力；杜絕敵人滲透，鞏固國家安全。所以，政戰制度非但不是軍隊國家化的絆腳石，而是實現軍隊國家化的最大保證。[90]

民國 82 年 12 月 14 日立法院三讀通過《人民團體法》修正條文，

---

88 同註 76，頁 284。
89 同註 3，頁 345。
90 國防部總政治作戰部，〈國軍政戰工作概況報告〉，民國 83 年，頁 9。

明定政黨不得在軍隊進行活動。89 年 1 月 5 日，立法院又依據《中華民國憲法》制定《國防法》及《國防部組織法》（以下簡稱「國防二法」），確立政戰制度在國軍組織體制內的地位，並重申國軍確遵《憲法》及《國防法》規範之「政治中立」立場，確立軍隊國家化及國軍法制化。

　　民國 92 年總政戰局長陳邦治上將接任後，國防部湯曜明部長即指示，政戰轉型第一個強調「軍隊國家化」，陳水扁總統也強調軍隊一定要國家化，政戰轉型的目標，就朝向「法制化、專業化」，方法上則是「功能的政戰、服務的政戰、團結的政戰。」例如，防杜國軍自我傷害事件，加強輔導長的心輔職能，使輔導長主動當士官兵的「心靈垃圾桶」；又如 93 年「319 槍擊事件」，當時為穩定國家，穩定軍中士氣，不受總統府前抗議群眾的干擾，政戰同仁善盡了許多有形、無形的職分，做到「軍隊國家化」。[91]

　　回首來時路，兩蔣時代，以「反共復國」為國家總目標，意志集中，力量集中，臺灣所有的資源幾乎盡皆投注於此，惟自終止「動員戡亂時期」，結束兩岸敵對狀態後，隨著兩岸的交流互動，反共意識日趨淡薄，以「三民主義統一中國」的政治號召，已不再引人矚目，國家認同亦隨政黨輪替而趨於分歧，對於「為誰而戰、為何而戰」的基本共識，難以凝聚。

　　有鑑於此，國軍的政治教育，除朝向通識、公民與武德等教育方向變革，以宣導國防安全、民主憲政、國際情勢、軍紀安全及情緒管理外，[92] 總體的政戰機制仍應以國家目標和軍事任務為尚，持續在四大實務工作上，力求精進，以發揮其效能與戰力：[93]

　　（一）在思想工作方面：以精進「愛國教育」，教導官兵「遵守憲法、效忠國家、擁護政府、服從統帥、愛護人民、恪守軍人職分」，並

---

91 「陽明小組」彙編，〈前總政戰局長陳邦治上將訪談〉，前揭書。
92 國防報告書編纂小組，《中華民國八十九年國防報告書》（臺北：黎明文化，2000 年），頁233。
93 同註 90。

加強「忠貞氣節、倫理道德」教育，建立官兵正確的人生觀，以發揮「部隊學校化」的功能。

（二）在組織工作方面：強化「榮團會」與「互助組」工作，貫徹「人事、財經、賞罰、意見」四大公開，重視官兵意見溝通與處理，發揮官兵互助合作精神，增進袍澤情感，防制老兵欺侮新兵，促進部隊團結。

（三）在安全工作方面：貫徹「崇法務實、勤勞儉樸」要求，端正部隊風氣；配合政府全面反毒，維護國軍戰力；暢通申訴管道，爭取官兵合法權益；嚴肅部隊軍紀，健全領導統御；消弭特殊意外事件，推動心理衛生教育及心理輔導工作，有效紓解官兵心理問題；另在綿密軍機維護，培養官兵安全共識，強化各項防制應變措施上，嚴防敵人滲透破壞，有效鞏固國軍與國家安全。

（四）在服務工作方面：精進國軍副食供應，改善官兵伙食；充實休閒設施，主動急難慰助，照顧官兵生活；加強義務役官兵家屬聯繫服務，安定軍心，提振士氣；因應社會建設發展，推動國軍老舊眷村重建遷建工作，賡續辦理官兵購宅貸款，以改善眷居環境；強化軍眷災病慰助與醫療保健服務，妥善照顧軍眷生活。

三、尊重「文人統制」的政戰

「文人統制」（civilian control）概念（國內慣用「文人領軍」），為民主國家維持政治體制的根本，即「文人凌駕於軍隊之上」（civil supremacy over the military），亦為「文人至上」（civilian supremacy）原則的實踐。[94]

民國 77 年 1 月 13 日，蔣經國總統逝世，當日即由李登輝副總統繼任，國軍正式接受一位不具軍事背景的文人領導，擔任三軍統帥。85 年 3 月 23 日，李登輝當選為首屆公民直選總統，更以具民意支持的基

---

94 同註 3，頁 163。

礎，進行「文人統制」。國軍從黨國體制到民主政治，經歷了三次重大變革，第一次爲國防預算從中央政府總預算的 48% 調降到 16%-18%，使國防獨大的局面日漸改觀；第二次爲軍隊國家化，參謀總長須列席立法院備詢（軍政軍令一元化）；第三次爲將兵力總員額從將近五十萬調降到二十一萬。[95]

民國 77 年，立法委員黃煌雄曾以「政治解嚴、預算尙未解嚴」、「違背憲法規定」、「黨政不分、不合體制」爲由，代表民進黨團退回 78 年的中央政府總預算案，造成日後李登輝時期的國防預算，從中央政府總預算的 40% 降至 20%，陳水扁與馬英九時期的國防預算已降至 20% 以下，保持在 18% 至 16%。[96] 這正反映代表民意的國會，以及爲民意所託的文人政府，已逐漸改變政治生態。

接著，「精實案」至民國 91 年 1 月 15 日的《總政治作戰局組織條例》立法通過後，隨即於同年 3 月 1 日配合「國防二法」，正式更名爲「總政治作戰局」。[97]

若論及「總政治作戰部」與「總政治作戰局」兩者的差別，在於前者爲國防部參謀本部最重要的部門，其主要任務爲確保國軍的安全、安定，並負有戰地政務及民事服務等特殊任務，「部」的權責可以有相當大的彈性，這也是經國先生成立總政戰部的主要目的。當初法制化改成「局」，是因爲戰地政務和部分的民事工作隨著解嚴而結束，配合「精實案」改組的結果。[98] 所以，政戰制度在法制化後雖然獲得法定位階，但也同時限縮了其本身的能量。至於「一輛戰車重要？還是藝工隊重要？」「把監察、保防移出政戰？」這些都是當時面對「精實案」組織精簡的重大考驗。[99] 同時，也是民主政治中「文人統制」的必然發展。

---

95 立法院，〈立法院公報〉，第 106 卷第 51 期，2017 年 5 月 17 日，頁 58。
96 黃煌雄，《臺灣國防變革：1982-2016》（臺北：時報文化，2017 年），頁 22。
97 總政治作戰局，〈國軍政戰工作願景〉，民國 91 年 7 月 30。
98「陽明小組」彙編，〈前總政戰部主任曹文生上將訪談〉，前揭書。
99 同上註。

　　民國 89 年總統大選期間，時任總政戰部主任曹文生曾向參謀總長湯曜明報告，國內總統選舉的選情激烈，三組候選人互有長短，選舉結果出爐後可能會有意外狀況，到時候要如何保持立場，建議國軍必須要在下午四點以前發布一個「國軍將服從依憲法所選舉產生的領導人」的聲明，這也是國軍維護中華民國憲法最具體的表現，對選後複雜的政治環境，起了相當的安定作用。[100] 此亦再次證明政戰制度是軍隊國家化的保證。

　　此後，隨著軍隊與社會的互動日益密切，國軍高層也開始注意到軍隊的公共關係與形象塑造的重要。在憲政體制下，國軍須接受國會監督，因此透過國會聯絡室的設立，與國會保持密切關係。另依《國防法》規定，每兩年要出版一次《國防報告書》（National Defense Report，簡稱 NDR），新任總統上任後要提出《四年期國防總檢討報告書》（Quadrennial Defense Review，簡稱 QDR），這些都是向社會大眾說明國防政策，爭取社會支持的重要作為。國軍職能聚焦於國防與軍事事務，不再主動插手非國防與軍事以外的事務。尤其在面對社會重大災害發生時，國軍依法參與救援，所發揮超前部署、預置兵力的高效率與戰力，備受社會肯定，而一支社會化、市民化的軍隊，益為彰顯。[101]

　　當今社會崇尚功利、追逐浮華風氣甚熾，使國軍官兵易受感染，而影響部隊戰力。這猶賴政戰制度發揮其功能，從官兵教育、內部軍紀、肅貪防弊、防制不法，以至倡導正當休閒活動，落實官兵、軍眷服務工作，以堅定其愛國思想，鞏固部隊團結，維護單位安全，凝聚官兵向

---

100 「陽明小組」彙編，〈前總政戰部主任曹文生上將訪談〉，前揭書。另當時有部分媒體及學者質疑，認為軍方在開票還沒有完成之前，即表態服從篤定當選者，是一種「政治正確」的表態，而有損軍人氣節。事實上，湯曜明在接受媒體採訪時，即明確指出：「中華民國軍隊不是落後部隊，不要一直挑起國軍和陳先生以前的理念差距，軍人要懂政治，但不能干預政治，即使軍人對國民黨有的情感，也只能藏於心裡，服從新的國家領導人絕對沒有問題，亦即身為國家軍隊，一定要服從統帥，絕不因人而異，這是國軍的立場和使命。」參閱：謝金河、吳光俊，〈陳水扁當選後的關鍵七十二小時〉，《今周刊》，2000 年 4 月 27 日，頁 22。
101 同註 3，頁 348。

心。[102] 從黨國體制的軍隊轉型爲民主政治的國軍，在調適接受「文人統制」上，國軍政戰人員始終如一的恪遵《中華民國憲法》與《國防法》之規範，殆無疑義。

第四節　遵從法制行國策 政戰專業展精神

一、「黨」退出軍隊

在《郝柏村回憶錄》中，他對軍中黨部有如下的敘述：「國防部的三軍黨部化名『王師凱』，參謀總長是主任委員，各總司令和若干高級將領是委員。從軍種黨部到相當師、旅級到基層連級，都有黨部支部分部及小組等。國軍三軍五十萬官兵，黨員有廿五萬人左右。黨務業務則由各級政戰部辦理，各級政戰主管當然成爲黨部的書記。」[103] 這段話，爲郝氏軍旅生涯的親身見證。

早年軍中只要是非國民黨員的志願役（或軍官）都會賦與特殊代號。例如「秦孟份子」，意指「非國民黨員」的他黨黨員（青年黨代名爲「秦元」、民社黨代名爲「孟若」等）。[104]

其實，軍中雖設有黨部，但並未干涉連隊事務，高層的黨務人事對基層軍中黨部也並未有多少影響。郝柏村認爲會形成這種現象的原因是：「各級部隊長是當然的主任委員，軍中事務還是由主官決定和負責，因爲各級主官必須是最忠貞的黨員，自然會執行黨的任務。」[105]

自蔣經國總統逝世後，國民黨透過軍隊參與輔選，或選舉動員，頻頻受到外界的關注與批評。李登輝時期，儘管「政治民主化」的呼聲震天，但在軍中黨部方面，一如郝柏村所述，「軍中黨員對政權穩固有絕對的影響」。所以李登輝推動的「軍隊國家化」，僅僅採行「任期制」。

---

102 同註 90。
103 郝柏村，《郝柏村回憶錄》（臺北：天下文化，2019 年），頁 281。
104 杜敏君，《政戰老兵的回憶》（臺北：天工書局，2014 年），頁 137。
105 郝柏村，《郝柏村回憶錄》，頁 281。

李登輝說：「當時（指初接代總統時）『黨』與『國』密不可分，軍隊爲『黨國』所有，所以無論如何都必須讓軍隊與黨分離，把軍隊變成國家的從屬。」[106]

李登輝任國民黨黨主席時期，軍中黨務運作泰半集中於選舉期間。根據民國79年的《新新聞週刊》報導稱：平常軍中除了繳黨費、開小組會之外，活動並不積極。但選舉時間一到，整個組織的運作力量就頗爲驚人。選舉時，還常以「XX演習」爲代號，選前某些輔導長、政戰士會奉命前往眷村，替被輔選的候選人拉票、發傳單，並統計該眷村公民數回報。另一方面，也統計部隊內黨籍戰士家中的公民數，做爲上級配票參考。[107]

民國82年有媒體報導指出：「國民黨在軍中的活動停止，最重要的變革是，所有志願役軍人，從該年4月開始不再繳黨費，原本每月召開的小組會議也將停止，由常委參加的幹部會議也不再參加。」[108]至於對當時有所謂基層軍中黨組織朝「社團化」轉型的報導內容是：「每個連隊輔導長未來把連隊上的黨員，以3至29人編組，每三個月活動一次，活動形式不拘，郊遊、烤肉、聊天皆可。另外旅級以上單位，將成立『榮譽團結委員會』，由旅長擔任負責人，每月聚會一次，成員以黨員爲主。」[109]這就造成一個弔詭的現象，即使是以「軍隊國家化」爲訴求的三軍統帥，仍然繼續享有軍中黨部所提供的輔選成果。

李登輝時期的軍中黨部，其要務在確保各項選舉的勝利，而他本人正是最大的受益者。可是，在他日後的回憶中，卻絕口不提軍中輔選之事，反而頻頻以「民主先生」自況。而當年軍中黨部的各種「付出」，

106 李登輝，《餘生－我的生命之旅與臺灣民主之路》（臺北：財團法人彭明敏文教基金會，2019），頁54。
107 邱銘輝，〈「岳忠義」一直在暗中搞「常青工作」－國民黨目前在軍中如何推展黨務工作〉，《新新聞週刊》，194期，1990年11月26日，頁35。
108 邱銘輝，〈黨費停繳，小組會停開，黨部停止運作－獨家報導最近國民黨退出軍隊的具體內容〉，《新新聞週刊》，316期，1993年3月28日，頁12。
109 邱銘輝，〈剛斷奶的阿兵哥又被塞入一個奶嘴〉，《新新聞週刊》，320期，1993年4月25日，頁35。

卻成爲無從辯駁的「原罪」。

　　如今，在此針對成立軍中黨部作以下之論。回首前塵，當年在政工改制階段，鄧文儀檢討戡亂戰爭失利的原因時指出：「黨退出軍隊是國軍大陸失敗的原因之一。」鄧認爲「過去廿多年以來，國民革命的戰士，幾乎都是國民黨黨員。戡亂戰爭，官兵們都不知道『爲何而戰』、『爲誰而戰』。一個革命的武力，沒有思想領導和政治教育，再加之待遇菲薄，生活困苦，精神與物質都談不到，士氣自然低落。」[110]所以，與政工改制同時推動的就是「中國國民黨改造」，蔣中正總裁力主「本黨的性質應爲『革命』政黨，而不能爲純粹的『民主』政黨。」同時「改造綱要」亦確立中國國民黨爲「革命民主政黨，以青年、知識份子及農、工生產者等廣大勞動民眾爲社會基礎，以民主集中制爲組織原則，以實現主義。」[111]

　　從國民黨的改造以至政工改制，並確立國民黨爲「革命民主政黨」，進而透過政工（政戰）制度的執行，以貫徹軍中確保「爲誰而戰、爲何而戰」的信念爲核心本務。惟自李登輝上任後，國民黨屬性悄然改變，黨在軍中已喪失原有價值。而一旦軍隊成爲輔選工具，自與民主理念背道而馳。所以，政黨退出軍隊，乃是順理成章之事。

　　其次要指出，從本書各章所論及的戰地政務、對敵心戰、反統戰，以及對中共施以各項政治作戰等作爲，皆是以中國國民黨作爲國家階層政治作戰的指導核心，由總政戰部爲執行國家階層政治作戰，以及軍事階層政治作戰指導及運作。可謂層次分明，環環相扣。但自李登輝接任國民黨主席後，黨作爲國家階層政治作戰的指導功能，日漸削弱，最後僅剩下「輔選」功能。民國 89 年第一次政黨輪替後，總政戰部所能執行的，只是部隊一般的政戰實務，「政戰功能不彰」之說於焉而生，孰令致之，不得不讓人深思。

---

110 鄧文儀，〈我的政工生涯〉，《藝文誌》，第 27 期，1971 年 9 月，頁 24。
111 李元平，《平凡平淡平實的蔣經國先生》（臺北：青年戰士報，1980 年），頁 140。

二、政治中立的文武關係

　　《中華民國憲法》第一百三十八條：「全國陸海空軍，須超出個人、地域及黨派關係以外，效忠國家，愛護人民。」民國89年後的《國防法》第五條：「中華民國陸海空軍，應服膺憲法，效忠國家，愛護人民，克盡職責，以確保國家安全。」第六條：「中華民國陸海空軍，應超出個人、地域及黨派關係，依法保持政治中立。」上述律法條文實已敘明，國軍為國家所有，官兵效忠的對象為國家與憲法，保護的對象為人民，故軍隊國家化立意於此，亦立基於此。

　　自民國89年後國軍秉持「行政中立」之原則，嚴令官兵，謹守分際。國軍深知政黨輪替為民主政治的常態，期間雖面臨諸多挑戰，或蓄意攻訐，惟堅守政治中立的立場，始終如一。既不參加或協助任何政黨、政治團體或公職候選人舉辦之活動，更不允許各政黨組織、宣傳政見或政治性活動進入營區。

　　民國89年至97年，陳水扁擔任總統，為第一次政黨輪替，國軍首度領略到文人政府對軍事專業意見的輕忽和不尊重。例如90年陳水扁提出「境外決戰」的構想，並未獲得行政院長唐飛、參謀總長湯曜明等人的認同。同年，美國本土發生「九一一攻擊事件」，陳水扁因對中共可能藉機犯臺的認知不同，而期望提高戰備層次，國防部則僅採加強戰備措施，造成軍事判斷上的落差。93年反飛彈公投議題，行政院事前未與國防部溝通協商，卻於事後要求國防部背書等。凡此，皆顯示文人政府對軍事專業意見的不尊重，所造成的誤差，殊值警惕。[112]

　　然而，陳水扁於民國91年1月6日主持政戰學校五十周年校慶，致詞時特別指出，政府播遷來臺之初，面對中共的武力威脅和統戰分化，政府展開政治、經濟和軍事上的全面改造，政戰制度也是當時全面

---

112 王先正，〈論我國軍人的政治中立—政黨輪替之檢驗（2000-2008）〉，國防大學政戰學院政治研究所博士論文，民國97年6月。頁174-175。

改革中的重要一環，由於政戰組織的逐步健全，因而堅定了國軍官兵的忠貞志節與愛國情操，防止部隊遭受滲透破壞，確保軍隊的穩定與安全，這是有目共睹、值得肯定的事實。

　　近十幾年來，國軍面對社會的快速變遷及急功尚利的風氣，仍然能保持部隊的純淨與鞏固，探其原因乃在於國軍致力於推動愛國教育與法紀教育，強化軍紀整飭與肅貪防弊，防制不法滲透破壞，並積極輔導官兵心理，倡導正當休閒活動，落實服務工作，使國軍部隊始終保持高昂的士氣、嚴整的紀律與良好的軍風。特別是 90 年 12 月 1 日縣市長與立法委員的選舉過程中，國軍更落實了「軍隊國家化」的要求，使國軍眞正成爲國家的軍隊，因此亦獲得民眾高度的支持與肯定。

　　但是，面對當前中共不放棄所謂「武力犯台」與持續進行計畫性的統戰、滲透、分化與竊密等工作，對我國國防安全形成嚴重的威脅，殊值國人警惕。陳水扁更是期勉國軍政戰幹部在工作推動上，要隨時代、環境、敵情的變遷，不斷的革新進步，尤其自國防二法實施後，政戰制度已完成法制化，然而在「全民國防」的理念下，政治作戰能爲國軍做什麼？如何結合軍事行動達成任務？如何以積極的作爲，防範中共之陰謀？這是必須持續認眞探討的問題，希望各級政戰幹部能積極採取前瞻性的因應措施，調整工作形態，確使政戰工作發揮鞏固安全、凝聚向心、提振士氣的功能，期使國軍戰力產生相乘的效果。[113]

　　此外，也有國軍單位對文人政府刻意逢迎，製造一些惹人非議情事，對國軍聲譽及士氣，均有不良影響。[114]諸如，在面對「軍購案」、「禁唱軍歌、校歌」、「移除蔣中正銅像」、「入聯公投」、「鏈震案」等具高度政治性議題時，似乎「服從統帥」成爲唯一標準，竟無視於《憲

---

113 陳水扁，〈政治作戰學校五十周年校慶致詞〉，《總統府新聞稿》，第 6440 號次，民國 91 年 1 月 16 日。

114 國軍在首次政黨輪替後，做出一些惹人非議之事，如：2001 桃芝風災，空軍松指派員前往陳水扁總統民生舊宅堆沙包防災；2002 年空軍臺南基地購製扁帽交給飛官配戴，跳舞取悅陳水扁；2006 年憲兵爲迎接陳水扁高喊「你是我的巧克力、你是我的大帥哥」；2007 年國慶日憲兵協助發放「入聯」文宣等。

法》規範、國人觀感，以及民主眞諦，更遑論與執政者據理力爭或對軍事專業的堅持。「千夫之諾諾，不如一夫之諤諤」，這是國軍在應對政治中立的文武關係時，必須加強學習和踐行的。

民國 97 年馬英九當選總統，第二次政黨輪替，在「防衛固守，有效嚇阻」的戰略構想上，推動「募兵制」，及「肅貪防弊」等要求下，文武關係展現出如李登輝、陳水扁時期的「主觀文人統制」趨向。相對的，軍事專業卻嚴重遭到弱化。例如確立國家戰略構想何等重要，但從陳水扁將「有效嚇阻，防衛固守」，改爲「防衛固守，有效嚇阻」，之後，105 年的蔡政府，則採「防衛固守，重層嚇阻」，此顯示執政者或因個人理念不同，或刻意與前朝區隔，或對兩岸敵情認知差異，一再變更。

又如民國 98 年，馬政府因「八八風災」救災不力，釀成災害，飽受輿論壓力，遂將原採購國防武器經費移撥做爲增購救災裝備之用，甚至將救災改採「超前部署、預置兵力」，並納入國軍任務之一。102 年的「洪仲丘事件」，在輿論壓力下，竟由立法院迅速修訂《軍事審判法》，實現司法權一元化，來強化軍中人權保障。[115] 上述這些事件，皆說明國防事務與軍事決策，一味傾向迎合政黨或統治者意識形態，勢必造成軍事專業自主精神的蕩然無存。[116]

民國 105 年蔡英文當選總統後，對國軍所表現的「軍隊國家化」和「行政中立」立場，表達敬佩，並表明會善盡職責，爲國軍團結榮譽而戰，讓國軍更加被社會敬重，被民眾所信賴。[117] 但 108 年 4 月，蔡英文在與嘉義鄉親說明政績時卻公開表示，「國軍過去跟國民黨在一起，跟民進黨並不親」，她「執政後跟軍方溝通、合作，現在已經一樣同心，

---

115 司法院，〈軍審法三讀修正，實現國家司法權一元化，強化軍中人權保障〉，《司法周刊第 1657 期》，2013 年 8 月 8 日，〈https://www.judicial.gov.tw/tw/cp-1429-70164-46367-1.html〉（檢索日期：2021 年 6 月 25 日）。

116 吳明杰，〈扁：國軍五大信念，刪除主義領袖〉，《中國時報》，2007 年 6 月 27 日，A12 版。

117 葉素萍，〈蔡英文：善盡職責，爲國軍團結榮譽而戰〉，《中央通訊社》，2016 年 4 月 14 日。〈https://www.cna.com.tw/news/firstnews/201604140531.aspx〉（檢索日期：2021 年 6 月 25 日）。

要守衛臺灣。」[118] 同年，在國防部出版的 108 年《國防報告書》上，竟出現多張蔡英文照片，因正值選舉敏感時刻，故遭質疑是為蔡英文宣傳政績，國防部澄清表示，國軍嚴守行政中立。[119]

由此可見，「客觀文人統制」背後的真正意涵，在象徵人民意志的最高法典─《憲法》。當文人政府一再要求國軍必須依法行政、政治中立，不被私人或政黨所利用的同時，執政者亦應相對尊重國軍的專業立場，以維政治中立的文武關係。

三、國防組織變革中的政戰

自民國 77 年李登輝接任總統，國軍即依「文人統制」之精神，進行國防組織變革與兵力調整，共區分四個階段：第一階段，李登輝開啟「十年兵力規劃」，時間從 82 年至 85 年，兵力從 49.8 萬，調整為 45.2 萬。第二階段為「精實案」，從 86 年至 90 年，兵力從 45.2 萬，調整為 38.5 萬；第三階段「精進案」，於陳水扁任內推動，從 93 年至 99 年，兵力從 38.5 萬，調整為 27.5 萬；第四階段則為「精粹案」，從 100 年至 103 年，兵力由 27.5 萬，裁減至 21.5 萬。[120]

從《總政治作戰局組織條例》到《政治作戰局組織法》，刪減或移轉的業務計有：教育訓練、準則研發、軍風紀維護、財產申報、行政調查、國防部公務機密維護等；但同時也增列：全民國防教育、軍眷服務、眷村文化保存等業務。（如下表 4-1）事實上，雖然組織簡併，人力精簡，政治作戰仍然備受總統的關切與重視。據曾任政戰局長王明我中將在專訪中詳述了當年的實況如下：[121]

---

118 林銘翰，〈蔡英文稱：國軍和國民黨在一起，國防部：國軍謹守分際〉，《ETtoday 新聞雲》，2019 年 9 月 11 日。〈https://www.ettoday.net/news/20190611/1464713.htm〉（檢索日期：2021 年 6 月 25 日）。

119 呂炯昌，〈國防報告書為蔡英文政績宣傳？國防部強調：嚴守行政中立〉，《NOWnews 今日新聞》，2019 年 9 月 11 日。〈https://www.nownews.com/news/362457〉（檢索日期：2021 年 6 月 25 日）。

120 「陽明小組」彙編，〈前政戰局長王明我中將訪談訪談〉，前揭書。

121 同上註。

表 4-1　政治作戰局組織法修正後業管事項對照表

法規	國防部總政治作戰局組織條例	國防部政治作戰局組織法
公布	民國 91 年 2 月 6 日	民國 101 年 12 月 12 日
一	政治作戰政策之規劃及核議事項。	
二	政戰計畫、教育訓練、準則研發、心理輔導、福利服務、軍民關係之規劃、督導及執行事項。	政治作戰政策之規劃、核議與心理輔導、福利服務、軍民關係、官兵權益保障業管事件之規劃、督導及執行。
三	政治教育、文宣康樂、心戰資訊之規劃、督導、執行及官兵精神戰力之蓄養。	政治教育、文宣康樂、心理作戰資訊、全民國防教育之規劃、督導、執行及官兵精神戰力之蓄養。
四	軍紀風氣維護、官兵權益保障、財產申報、行政調查之規劃、督導及執行事項。	移轉
五	軍機保密、安全調查、諮詢部署、安全防護、保防教育之規劃、督導及執行事項。	機密維護（不含國防部公務機密維護）、安全調查、諮詢部署、安全防護、保防教育之規劃、督導及執行。
六	眷村改建政策之企劃及督導事項。	國軍老舊眷村改建、軍眷服務與眷村文化保存政策之規劃、督導及執行。
七	軍事新聞之規劃、督導及執行。	軍事新聞之規劃、督導及執行。
八	其他政治作戰事項。	其他政治作戰事項。

資料來源：作者整理。

　　民國 102 年 1 月 25 日，第 474 號的軍事會談，馬總統特別在專題報告後指示國軍政戰部門，針對中共的滲透、吸收及網軍攻擊，應深入檢討，強化官兵心防，保防安全策進作為，以維國軍堅貞氣節與國家安全。

　　民國 103 年 5 月 30 日，總統府發言人傳訊讚許政戰局在國軍形象開拓，和全民國防意識行銷上的努力與成效。同年，中樞秋祭九三軍人

節，忠烈祠舉行秋祭活動，當天抗日緬甸陣亡官兵入祀儀式，軍聞社製作一部短片，馬總統特別指示在忠烈祠大廳上方播放，以彰顯國軍犧牲奉獻，保衛國家的重要貢獻，總統感動落淚，並嘉許政戰局的文宣作為和能量。此外，總統視導政戰局所辦理的活動，如暑期戰鬥營，及召見南沙研習營赴太平島的師生們，都會對政戰事務有所垂詢與指導。

　　雖然政戰總隊藝宣中心已在「精粹案」中簡併至心戰大隊，但為爭取員額、保留其種能，王明我局長在與戰規司的協調會議上，本於「藝宣平戰合一是戰訓本務，本為作戰一環」的立場，以及中共相對性敵情的考量，藝宣部隊必須合理的保留，用以支撐政治作戰及發揮精神戰力。何況，當年軍事失利大陸淪陷，為中共所竊占，其原因之一即在於「低估共軍之無形戰力，而高估己方的有形戰力」。[122]

　　此外，心戰大隊的任務重點，在對外心戰與對內心防，心戰要能達到「吸引、說服、影響、改變」目標對象，心戰技術要與時俱進。為隨時掌握當面敵情及相關情資分析，須以衛星及網際網路等管道，監看整國內外重要輿情，同時將漢聲電台數位化，並成立「光華之聲」臉書粉絲專頁，將陸區確切訊息，廣大人民的真實心聲，透過網路無遠弗屆的特性傳播出去。多年來，從電台與網路上所收到的陸區民眾來函，甚至遠從內蒙古、甘肅等地區的聽友回饋，可知心戰工作的涓滴細流的重要性。

　　在對內心防工作上，除積極建立國軍正面形象，提升國軍社會地位外，全民國防教育也是心戰大隊的重點工作，各種全民國防教育的動態活動，如暑期戰鬥營、走入校園活動，或是靜態文宣，如海報設計、影片拍攝等，心戰大隊必須積極參與，深入群眾。另如藝工隊支援部隊或民間活動，三節的勞軍或是全民國防走入鄉里等，都可看到心戰大隊官兵的身影，為全民國防工作不眠不休，奮力投入。[123]

---

[122] 「總政戰局拜會戰規司協調藝宣種能保留規劃」會議，民國 102 年 5 月 8 日。
[123] 同註 120。

綜上所述，國軍政戰在政治民主化的過程中，可以明顯看出仍勉力發揮其傳統精神與核心能量，對維護軍隊純潔安定，擁護憲政體制，及教育官兵認同國家與愛護人民的內涵，在有限資源條件下，作「極大化」的運用。

四、職能專業化的政戰

面對國內政治、社會環境的變化，政戰不但是建軍備戰不可或缺的憑藉，透過組織運作與功能發揮，協助政府推動政策，以及支援軍事任務之達成。[124] 而政戰職能專業化的目標下，為彰顯其特殊性與重要性，特訂定相關的工作標準、理念、立場和方向如下：[125]

（一）標準：在「變與不變」與「有所捨與有所不捨」的認知情況下，恆以「專業化」、「職能化」、「現代化」、「民主化」、「安全化」的五項標準，來檢驗政戰工作。

（二）理念：政治作戰在落實民意政府與鞏固國軍精實壯大的雙重作為下，今後政戰工作尤須把握「一個目標：追求民主憲政；兩個宗旨：團結國軍官兵與發揮制敵效能；三個面向：面向國軍、面向社會、面向未來」的理念去調整，以全能的政治作戰面貌，呈現在國軍官兵與社會人士眼前，鞏固國軍總體戰力。

（三）立場：秉持依法行政與行政中立的立場，堅定憲政教育與軍隊國家化的目標。

（四）方向：確立大立大破、塑造專業、建立尊嚴、贏得愛戴、永續經營的工作方向。

具體而言，在「擴大正面文宣、鞏固內部心防」方面，國軍政戰本於戰略溝通機制，橫向整合各聯參、縱向發布一致性訊息，除確保資訊正確與完整，更發揮即時告知與影響效能。如考量傳播媒介伴隨網路、

---

124 國防部政治作戰局，《政戰風雲路：歷史、傳承、變革》書面訪問說明資料，民國110年6月15日。
125 國防部政治作戰局，〈國軍政治作戰的體悟、認知、特質、啟示及指導〉。

智慧型手機、行動裝置、社群媒體的興起，年輕族群接收訊息來源與過往主要以電視、報刊、廣播爲主的單一接收模式，大相逕庭，大眾傳播的形式與內容隨之改變，閱聽大眾均可參與資訊編輯與發布，對接收訊息的主題、吸引力和品質要求相應提高。[126]

因此，從功能面觀之，爲因應新媒體世代的到來，心戰大隊建置的「心戰地理資訊系統」，主要提供作戰區政戰兵要，掌握作戰地區的政戰資源，彙整大隊產製的各項心戰品，透過網路傳散，擴大成效。其次，運用衛星及網際網路管道，監看國內外重要輿情，隨時掌握當面敵情及相關情資分析，並參考美軍戰略溝通模式，擬定我軍戰略溝通之運作，結合「漢光演習」做實際演練和成效驗證。

再加上，軍事新聞處爲國軍最早使用臉書的單位，自民國 100 年開始建立，其經營方式，係由軍聞社、各軍司令部提供重要圖片文字，用於國軍戰備訓練，國軍形象的行銷。國軍軍事媒體，如軍聞社、青年日報社及漢聲電台，皆採「分眾化」策略，予以區隔，並透過長期經營，注重閱聽人滿意度，定期更新傳播內容，導入新的行銷概念等舉措，建立強而有力的品牌關注度和社群支持度。

軍事新聞通訊社也與時俱進，充分展現平、戰時特有功能與權威，深化全民國防教育，反制中共對臺散播「假消息」，與「法律、心理、輿論」三戰的重要新聞文宣單位，在對敵「認知作戰」上發揮重要的專業功能。[127] 例如，與 Yahoo 奇摩、中華電信 HiNet、yam 天空新聞、Google、PChome 等入口網站合作，也和中央社結盟，將國軍英勇救災事蹟、統帥視導三軍、每日即時性影音新聞、軍武大觀、軍聞選集、軍聞電子報等，透過迅捷的新聞傳播，使民眾了解部隊訓練狀況，增益國防認知，凝聚全民國防向心。

---

126 同註 124。
127 李吉安，〈回首風雲際，再寫新榮光〉，《全球粥會網》，2021 年 7 月 6 日〈http://www.qqzh. org/ view/16426〉（檢索日期：2021 年 7 月 7 日）。

青年日報社的臉書，內容多元化，已不再局限於軍聞題材，派出專人至重要軍事活動場合，做即時的一分鐘新聞播報，用手機 App 即可收視。同時建立 Flickr 網路相簿，吸引愛好軍事攝影者加入，成為國軍軍媒一大網路傳播平台。這些強化政戰職能的作為，對於民眾了解國防事務，支持建軍備戰，增進全民國防，建立良好軍民關係，都發揮很大的作用。[128]

目前國軍各項演訓中，聯戰指揮機制中的政戰中心，所負責之公共事務（新聞、民事、心理作戰）、戰場宣慰、戰場心理、精神動員等事項，皆由國軍政戰部門統一管理。近年更以國軍各項演習有關「灰色地帶衝突」（gray zone conflicts）[129]的威脅，在有形戰爭開打前的無煙硝戰爭，皆有賴政戰部門充分發揮其專業職能。

此外，國軍政戰工作在「非戰爭性軍事行動」（MOOTW）的發展上，亦益顯其重要性。例如，在每次執行救災的任務中，都需要軍事新聞的專業報導、宣傳，以及對救災官兵的心理建設與輔導，促使政戰人員需要不斷增強相關專業知識與技能。又如「募兵制」的推動，部隊教育訓練的落實，對政戰工作而言，也都是職能專業化上的挑戰，必須嚴肅以對。

綜上所述，隨著國內政治、社會、經濟環境的快速變化，乃至民眾心理認知的差殊，政戰制度與組織功能，必須與時俱進，精益求精，方期有成。前總政戰部主任楊亭雲上將明確指出：「政戰的民主化、專業化，完全是在為部隊服務，其中要防止部隊腐化，必然會牽涉到一些人的利害，要防止部隊惡化，必要做到謹慎細密的機先防處。政戰對軍

---

128 同註 120。
129 「灰色地帶衝突」（gray zone conflicts），源自於 2014 年俄羅斯派遣不具軍隊標誌的武裝部隊，快速佔領原屬烏克蘭的克里米亞半島，故以此「灰色地帶衝突」意指「未達戰爭門檻且非傳統或非常規的武力使用」。又如 2020 年 3 月 16 日，有十多艘中共快艇闖入我國海域，甚至衝撞海巡署多功能艇，以及中共軍機繞臺、藉遠海長航侵擾我西南海空域、散布假消息、發布威嚇性文宣等，參見：〈中國快艇越界衝撞海巡艇，國防灰色地帶衝突升高危國安〉，《東森新聞雲》，〈https://www.ettoday.net/news/ 20200404/1683722.htm〉（檢索日期：2021 年 7 月 29 日）。

事幹部是有利的助手，若以大公無私、天下爲公而論，政戰有效掌握各級部隊，掌握到基層每一個點，多一重管道協助去平衡，這不是很好嗎？」[130]

　　前總政戰部主任曹文生上將勉勵政戰袍澤說：「政戰就要如易經所言：『天行健，君子以自強不息』般的效法天地運行，不斷前進，更要有商湯『苟日新、日日新、又日新』的自省精神，常常自我惕厲、審時度勢，改變自己跟上時代脈動。」又說：「政戰之於國軍，猶如疫苗之於現在疫情充斥人類世界般的重要，是確保內部純淨的第一道防線，更是建立團結、鞏固、精練國軍，永續發展之所需。」[131]

　　曾追隨經國先生多年的葛光越大使強調：「政戰工作就是要像經國先生一樣的做法，愛民如己，促進團結，大家走向一條心，也要有經國先生這種愛國、愛鄉、愛人民的作法。」他進一步指出，政戰的「思想、組織、安全、服務」四大實務工作，其實服務要做在第一步。未來政戰工作，應該是朝向一個團結部隊，共同維持一個目標，爲我們國家長期的生存發展而戰、爲全民的福祉而戰，這一個大目標要清楚。[132]

　　陸軍前副司令黃奕炳中將在接受專訪時表示：「長期以來，國軍政戰制度對穩定金馬臺澎政局，保護民主制度，維護部隊軍紀安全，照顧軍人軍眷，貢獻甚鉅。惟歷經多次組織變革與兵力精簡後，其專業能量已迥異於往昔。」他同時認爲：「國軍政戰的歷次組織改造，有因思慮不周，謀事不全，造成基層保防布建的空洞化，致遇重大軍紀安全事件，無法先知快報，遑論掌握先機、領先反應，弭患於無形？而聯兵旅級裁撤政戰連與反情報隊，尤使戰略基本單位毫無政戰戰力，至今仍無改善，讓人憂心。」[133] 事實證明，目前基層部隊的狀況不斷，各級主官（管）爲危機處理，疲於奔命。上述這番針砭時弊、坦然以對的論述，

---

130 同註 72。
131 同註 98。
132 「陽明小組」彙編，〈空軍前副總司令葛光越中將訪談〉，前揭書。
133 「陽明小組」彙編，〈陸軍前副司令黃奕炳中將訪談〉，前揭書。

誠爲探討新世紀政戰不容迴避的課題。

　　曾任海軍陽字號艦長的閻鐵麟認爲，政戰幹部非常重要，在其服役期間輔導長、保防官、政戰官、還有政戰士等，對艦艇士氣維護，起了很大作用；不論陸、海、空軍的政戰幹部，他們所發揮的功能，是戰鬥能力的加乘，放諸四海皆準，必須要有熱情、要有專業，把自己份內工作做好，如果沒有熱情，能力再強也沒有用。[134] 另如人文科學文教基金會執行長，亦曾擔任三民主義巡迴教官的李顯虎，明確道出「爲誰而戰、爲何而戰」這件事一定要做，政戰存在的目的，就是如此，不能讓軍隊失去中心思想，缺了典範。[135]

---

134 「陽明小組」彙編，〈章昌文將軍、閻鐵麟艦長訪談〉，前揭書。
135 「陽明小組」彙編，〈前三民主義巡迴教官李顯虎訪談〉，前揭書。

第 五 章

革故鼎新
轉型應變歸法治

民國 36 年 12 月 25 日施行憲政以後,對國軍最顯著的衝擊之一,厥為軍隊政工組織被迫產生重大變革。

在抗日戰爭時期,軍事委員會的政治部,地位與軍政部、軍令部等平行,但自國防部成立後,辦理政工業務的各局位階降低,地位上只是參謀總長的幕僚機構。其次,軍事委員會政治部改組過程混亂,也不合國軍既有分工作業傳統,新聞局雖接收大部分政工業務,但電影製片與放映卻在聯勤總部,民事業務需與民事局共同辦理。再者,根本問題在於師法美軍組織編裝不符中國國情所需,因為美軍實務經驗主要是境外作戰,和國軍在國境內作戰的性質殊異,剿共作戰與國際戰爭不能相提並論。最後,國防部民事局、監察局均無相應的基層工作網絡,無法推動相關工作。[1]

遲至民國 36 年 12 月,國防部召開全國新聞工作檢討會議,結論認為自實施美式制度以來,弊多利少,政工地位低落,若再繼續施行,殊無補於軍事戡亂。次年 2 月,國防部正式裁撤民事局,將新聞局改組為政工局(局長仍為鄧文儀中將),嗣後國軍部隊內的國民黨黨部亦陸續恢復。[2] 惟此時變革為時已晚,政工局的重要性與地位亦未見提升。

民國 37 年秋冬之際,國軍作戰的頹勢已趨明顯,個別部隊官長通共行為逐日浮現,變節投共事件與日俱增,各級政工人員縱然發現共諜活動、部隊內部異常,因未獲保防工作正式授權,以致有莫可奈何之慨。故自中央政府遷臺後,對此痛定思痛,於 39 年 4 月 1 日將國防部政工局改制為政治部,將政工參謀系統與軍事參謀系統並列,以提升政工人員地位。但此一「反共復國」新階段的作法,卻引起陳誠、孫立人、桂永清等高階將領的反對,以及當時美國駐臺軍事顧問的疑慮。

民國 38 年 4 月 21 日,共軍渡江南下,國防部隨行政院遷抵廣州;

---

1 陳佑慎,《國防部籌建與早期運作》(臺北:民國歷史文化學社,2019 年 6 月),頁 265-266。
2 國軍政工史稿編纂委員會,《國軍政工史稿》(臺北:國防部總政治部,1960 年 8 月),頁 1198-1202。

6 月間決定再遷往重慶，國防部所屬機構在此過程中裁減甚多，包括蔣
經國中將擔任局長的預備幹部局也被撤銷。受到戡亂戰局急遽惡化的影
響，行政院會議於 12 月 7 日決定「政府遷設臺北，並在西昌設大本營，
統帥陸海空軍在大陸指揮作戰」。當時，國防部人員陸續疏運來臺僅
四七三人，器材物品泰半全失，規模龐大的國防部近乎解體。[3]39 年 3
月 1 日，蔣中正總統在臺復行視事，著即於 3 月 15 日明令撤銷東南行
政長官公署，政務由行政院接管，軍務由國防部接收，國防部人員方得
以獲得實際補充。[4]

第一節　軍隊整編 籌畫反攻復國

一、政工改制

（一）重建政工制度

　　大陸淪陷，戡亂戰事失敗的原因甚多，其中與軍隊政治工作有關
者，包括：軍隊無核心、官兵失監察、組織不健全、軍心動搖、精神訓
練失敗、軍隊與民眾脫節、組訓管理與工作業務之改進，以及不能做到
官兵一體和生活一致等八項。[5]因此，首要工作為重建革命軍隊，而建
軍的先決條件，首在建立軍隊監察制度，次為嚴密軍隊組織，所以政工
制度的重建，成為面對軍事失敗、大陸淪陷的事實，能否重新立足、整
軍經武的關鍵之一。

　　民國 39 年 3 月 1 日，蔣中正總統在臺北復行視事，任命經國先生
為國防部政治部主任，國防部於 4 月 1 日發布命令：「為適應當前反共
抗俄革命戰爭之需要，配合完成軍事全面改革，…特決定加重政工機構

---

3 同註 1，頁 337。
4 〈東南軍政長官公署總統昨明令撤銷〉，《中央日報》，民國 39 年 3 月 16 日，版 1。公署所設「政
　治幹部訓練班」（簡稱政幹班），一併移交國防部政治部，嗣後，核准於民國 40 年 7 月 1 日成立
　政工幹部學校，先於 6 月 30 日撤銷政幹班。移出員額、經費、校舍、場地、裝具等，供創辦學校
　之用。
5 同註 2，頁 1002-1408。

之權責，重建政工制度。並自即日起規定國軍政工制度改制，同時頒布政工改制法規五種。」[6] 同日，國防部政工局改為政治部，各級政工處（室）一律改為政治部（處）。自此，國軍政工組織體系確立，從國防部到基層連隊都編設有專職的政工部門與人員。

經國先生深知，此次政工改制、大幅擴權，必將招致各方議論，特手訂「國軍政工人員須知」，希望藉此提醒政工人員必須保持低調，謹慎行事；同時，也鼓舞大家必須犧牲奉獻，盡忠報國，唯有意志堅強，有理想、有抱負、有才能的人，才配得上作政工。[7]

民國 40 年國防部總政治部為國軍政工最高領導機關，從此，政工制度體系更為明確，在人事、獎懲、預算編列及經費支用等方面，都有一定自主權，逐漸成為國軍內部一套新制且有權力的組織體系，從而將政工制度確實建立起來。

（二）初期推行遭阻礙

1950 年 6 月 25 日朝鮮半島爆發韓戰，至 1953 年 7 月 27 日簽訂協議停戰迄今。美國軍事援助顧問團（US Military Assistance and Advisory Group）於民國 40 年 5 月 1 日成立，首任團長蔡斯 (William C. Chase) 於 4 月底來華履新，隨即派員與總政治部接觸，設法了解政工制度。此後多次質疑與反對國軍政工制度運作，嗣經蔣中正總統指導、國防部有效應處，至 43 年以後方才改觀。[8]

其實，民國 39 年 1 月 12 日，革命實踐研究院於研討政工制度時，當時的東南軍政長官陳誠在會中曾公然發言反對，並以抗日戰爭時軍事委員會首任政治部部長的經驗，認為政工人員不學無術、光說不練，有

---

6 附頒五種法規為：《國軍政治工作要綱》、《國軍政治工作幹部甄選辦法》、《國軍政工人員人事處理辦法》、《各級政工單位文書處理通則》、《各級政工單位印信發辦法》。
7 國軍政戰史稿編纂委員會編，《國軍政戰史稿》（臺北：國防部總政戰部，1983 年），頁 65。
8 「函覆有關顧問團與政治部間合作事項」(民國 43 年 3 月 19 日)，〈國防部與美軍顧問團文件副本彙輯〉，《國軍檔案》，國防部藏，總檔案號：00003190。

如古代「監軍」或俄軍「政委」，受到部隊長的排斥。[9]再者，海軍總司令桂永清於 40 年 5 月 16 日與國防部總政治部主任蔣經國先生，在海軍政工會報中有所衝突，並認為會中提報海軍各項缺失是打小報告、毫無根據，因而遷怒於海軍總部政治部主任趙龍文，雙方產生歧見、水火不容。對此，蔣中正總統曾特地召見桂永清，並面斥其各種不法的軍閥卑劣行為。[10]

針對高階將領不滿政工制度的聲浪，蔣中正總統更透過會議告誡：「集矢政治部制度，甚至對蔡斯顧問團毀謗形同告狀，以期撤銷政治部制度，此種無人格之行為，無異自殺。」[11]當時反對政工制度最力者，為陸軍總司令孫立人。蔣中正總統數度感嘆與憤怒孫立人與美方聯合反對政工制度，直認軍隊政治教育又遭美方干涉，係孫立人不知政治教育之重要，可嘆。並在陸軍第 67 師整編完成，進行美式訓練之際，抱怨美方對我方的控制愈來愈深入，不但參與我國軍事預算之編審，甚至要求撤銷國防部總政治部。即便如此，國防部仍於民國 40 年 11 月 3 日修訂，取消政工對軍隊主官的副署權，以降低美方的壓力與將領不滿。[12]

自美援臺開始，即以國軍部隊不夠民主為由，要求取消政治部。美軍顧問團日後也提出強制國軍改變軍隊政工職權的要求，否則將以減少軍援物資作為要脅。「蔣中正日記」於民國 42 年 12 月 31 日記載，曾因此事幾乎失眠，並認為是「本月受侮之最大者也」。為能化解美方的誤會，蔣中正總統於 43 年 1 月 28 日指示參謀總長周至柔，主持「國軍政治工作調查委員會」，除各軍種總司令和總政治部主任參加外，並邀

9　蔣中正總統復出後，陳誠於 1950 年 3 月 15 日擔任行政院長，至 1954 年 5 月 20 日就任副總統，劉和謙曾任其侍從武官。多年後，其子陳履安於 1990 年 6 月 1 日擔任國防部長，隨後舉薦戰略顧問劉和謙於 1991 年 12 月 5 日出任參謀總長。劉任總長後，即於 1993 年間相繼推出「中原案」、「十年兵力規劃案」，從此國軍政戰制度的組織位階、編制規模與整體功能，開始大幅萎縮迄今。

10　《蔣中正日記》（手稿本）檔案，史丹福大學胡佛研究院（Hoover Institute, Stanford University）館藏，1951 年 6 月 30 日。

11　《蔣中正日記》，1951 年 7 月 30 日。

12　柴漢熙，《強人眼下的軍隊：1949 年後蔣中正反攻大陸的復國夢與強軍之路》（臺北：黎明文化，2020 年），頁 64-6。

請蔡斯團長及美軍顧問們參與。隨後，蔡斯團長應允加入，並要求高級政工人員進入國防大學、指揮參謀學校與其他軍事院校就讀；政工幹校的訓練，要按照美國指揮參謀學理制訂，並派美軍顧問至該校講授指參作業及民政、特勤與監察等課程。國防部完全接受蔡斯團長建議，並依此進行對政工部門與事務的協調。[13]

當然，美軍顧問團改變對國軍政工的觀感與心態，部分原因來自韓國戰場對中共政工能量的實際體驗。韓戰時，聯合國部隊驚異地發現，若干被共軍俘虜的英、美籍士兵，突然間信仰共產主義和毛澤東思想，竟紛紛親上火線，在共軍陣地從事心戰喊話，以流暢英語詆毀自己的祖國，批判資本主義國家的帝國主義侵略行徑。美國第 8 軍團於 1950 年 11 月成立心戰組，由國軍派員支援，以中文對共軍實施喊話、傳單招降。這些經過中共思想改造、洗腦的美軍戰俘，於停戰後竟有 21 人選擇留在中國大陸生活。[14]

民國 43 年 1 月 21 日韓戰反共義士由韓國仁川港口啓航，在美國機艦的護衛下直駛臺灣基隆港。全體反共義士分別在大湖、下湖、楊梅三地，接受爲期三個月的就業輔導教育，第一階段爲精神教育，著重於灌輸民主政治，藉以恢復其個人尊嚴與自由思想；第二、第三階段，則依教育程度施以就業技術教育。[15]

教育期間，各級輔導人員醞釀、發動脫離中共黨團宣誓運動，義士們紛紛響應，在 3 月 8 日舉行「脫離共產匪黨匪團組織宣誓典禮」後，又策動義士從軍運動，於 4 月 5 日舉行從軍宣誓典禮；4 月下旬，士官以下約九千餘人分發三軍部隊，照原階級安置服役，剩下 4 千餘校尉級軍官，編爲「反共義士戰鬥團」，由國防部總政治部直接指揮。至民國

---

13 陳鴻獻，《反攻與再造：遷臺初期國軍的整備與作爲》（臺北：開源書局，2020 年），頁 96-99。

14 貴余，〈他們選擇了中國─韓戰後 21 名美軍戰俘選擇留在中國〉，《每日頭條》，2019 年 4 月 21 日，參見 https://kknews.cc/zh-tw/history/5nbevb2.html（瀏覽日期：2021 年 10 月 8 日）。

15 周琇環，〈接運韓戰反共義士來臺之研究〉，《國史館館刊》，第 28 期（2011 年 6 月），頁 141。

46 年春，反共義士戰鬥團擴編爲兩個總隊，一爲心理作戰總隊，一爲特種作戰總隊。至此，在全體輔導人員的努力下，反共義士與中華民國國軍融爲一體。

（三）改制組織體系

政工局改爲政治部後，國防部設政治部，爲國防部的幕僚單位，承參謀總長命令，主辦軍隊政治業務，各軍事機關學校及部隊師級以上單位設政治部，團、獨立營及醫院設政治處，營設政治指導員，連設政治指導員及政治幹事，海、空軍單位比照陸軍政工機構的編制設置。各級政治部門爲各該級單位的幕僚機構，政治部主任爲各該單位的政治幕僚長，團級以下政工主管爲各該單位的副主官。國防部政治部設辦公室、第一至七組及設計指導委員會，民國 40 年 5 月 1 日改稱總政治部，組織無變動，此後政工組織職掌修訂，單位屢有增減。

民國 41 年 8 月，總政治部第八組主管體育，增設第九組主管退除役官兵農墾業務，是爲行政院國軍退除役官兵就業輔導委員會之濫觴，惟第九組於 43 年裁撤移交該委員會接管。46 年 1 月，爲配合「國軍高級指參儲備案」的實施，奉准將設計指導委員會改爲政治作戰計畫委員會。迨至 47 年 7 月，爲求政工組織科學化，頒布《國軍政工組織改革方案》，修訂各級編制；總政治部自 8 月 1 日起改組爲：政治作戰計畫委員會掌研究發展，第一處掌宣傳心戰，第二處掌政訓工作，第三處掌監察工作，第四處掌保防工作，第五處掌戰地政務，幹部管理處掌幹部管理，行政室掌一般行政，預財室掌預算財務等。

（四）政工幹部教育

古云：「中興以人才爲本」。如本書第一章所述民國 40 年 7 月 1 日，成立政工幹部學校。11 月 1 日第一期學生入學編隊正式上課，次年 1 月 6 日舉行開學典禮。第一期招收研究班（大專學歷）、本科班、業科班，

訓期一年半,第七期改為二年,畢業獲得專科學歷,第八期開始改為大學四年制軍官基礎教育。59 年 10 月 31 日改名為政治作戰學校,95 年 9 月 1 日改隸國防大學,更名為「國防大學政治作戰學院」。

政工幹校首次招生時,由於受到蔣中正總統反攻復國的號召,又是年輕人崇拜的蔣經國先生創辦的學校,而且有新聞、美術、音樂等業科系很吸引人,所以報考第一期的人數有數千人,在臺灣大學校園裡應試,教室都坐滿應考的人。該期於民國 40 年 11 月間入學,北部天氣寒冷,報到入伍受訓苦不堪言!

當時的政工幹校只是一片破舊、廢棄的跑馬場,學生們同住在馬棚裡,木頭上都是馬兒經年累月啃咬的痕跡,臭味根本無法散去。入伍訓練正逢冬天雨季,跑馬場地面有馬蹄踩踏,處處坑洞滿是積水,行進間突聞一聲「臥倒」,全身瞬間濕冷、泥濘不堪,非常難受。尤其部隊伙食,簡直是難以下嚥;只有一盆雜菜餚,露天席地用餐進食,沙塵都吹到飯菜裡,一起吃下肚。有名的「復興鍋」就是這樣演變而來的。[16]

當年在校期間,日常都要勞動服務,美其名為「勞動建校」,學生們私底下自我調侃:研究班修築萬里長城(圍牆),本科班建驛道(馬路),業科班挖運河(排水溝),自行用臉盆裝運鏟出的砂土、石頭,令人深刻感受「天將降大任於斯人也……」的豪壯心情。另一重點是出操上課,每人手持中正 38 式步槍,每天抱著一起睡覺,「槍是軍人的生命」,絕對不能遺失。擦槍、出操,認真讀書,學生們都想要用功讀書,隨時準備出征、作戰。第一期學生到大陳島;第二期學生參加「東山島戰役」,當時臺海兩岸情勢很緊張,隨時準備要作戰,共匪一直要「血洗臺灣」,想一鼓作氣拿下臺灣。[17]

16「陽明小組」彙編,〈前播音總隊副總隊長吳東權上校訪談〉,《政戰風雲路:歷史、傳承、變革—訪談實錄》(未出版),2021 年 4 月。

17 同上註。

（五）符應部隊實需

民國 38 年退守臺灣的陸軍部隊，一再調整建制與整編。45 年，整編成南北軍團、六個軍、二十一個步兵師、兩個裝甲師、一個海軍陸戰師和九個預備師，開始在臺灣徵集義務役士兵，入營服役，以充實基層連隊兵員所需。

民國 40 年 7 月，美軍顧問分析當時國軍部隊士氣問題，發現自殺與逃兵情形嚴重，主因包括宣傳反攻大陸，引發官兵思鄉情切，感染疾病（肺結核），被當成苦力差使構工……等。顯見當時基層部隊的士官兵生活，急需政工人員的輔導與協助。

其實，《兵役法》於民國 25 年 3 月 1 日施行，隨即抗戰軍興，全國實施徵兵，但因連年戰亂，無正確戶籍制度，也沒有身分證，徵兵制的基礎不健全，全靠地方鄉村的保甲長，根據配額來抽壯丁，其中弊端，一言難盡。[18]27 年 3 月，雖通過《努力推行兵役制度案》，採取健全組織、調查戶口、勸勉服役、加強宣傳、防止舞弊等辦法，仍未見改善，造成戰時大後方街談巷議、怨聲四起。富家子弟用各種方法逃避兵役，主管人員徇私枉法，收受賄賂，冒名頂替，強拉壯丁之事，屢見不鮮。以上種種，使得「壯丁痛苦日深，逃役之事日甚，徵調愈困難，補充愈不易。」[19]

民國 29 年 7 月，政府通過《改善兵役辦理以利長期抗戰案》，承認「各地對於兵役辦理不善，竟使壯丁視當兵為畏途。兵源補充日難，兵員素質日劣，所影響於抗戰前途者，實深且大。」甚至在 33 年 8 月，蔣中正主席曾因發生虐待新兵案，將軍政部兵役署長程澤潤中將撤職，送交軍法審判，於次年 7 月 5 日槍決，以平民憤。[20]仍無法從根本上解決問題。

---

18 郝柏村，《郝柏村回憶錄》（臺北：天下文化，2020 年），頁 63。
19〈民國史上的徵兵制〉，《每日頭條》，2017 年 10 月 3 日，參見 https://kknews.cc/zh-tw/history/ka4al9q.html（瀏覽日期：2021 年 10 月 8 日）。
20 同註 18，頁 64。

從陸軍部隊來臺整編的情形，可知基層部隊的實況難謂正常。57個師抵臺整編、核實後，僅剩 38 個師，再依美軍師級編裝整訓，迄民國 45 年僅為 24 個實兵師。可見兵員數量明顯空虛，士兵素質也是參差不齊，從農村拉夫、抓壯丁充數，文盲比例甚高。40 年，國防部總政治部印發基層部隊宣教手冊，以漫畫和文字加注音，教導士官兵愛國家敬國旗，唱國歌要立正，穿服裝要整齊，手和臉應常洗，指甲長要剪去，見長官要敬禮，吃食物要潔淨……等 [21]，透過連指導員、幹事逐一詳加講解、宣導，有效建立士官兵正確生活觀念與習慣，使其能夠符合軍隊訓練與要求。

民國 38 年到 42 年陸軍成立的「幼年兵總隊」，係當時部隊裡隨軍來臺的娃娃兵，經多次清查後，由 6 歲到 16 歲逾 1300 位的孩子們所組成的，總隊長徐博勳上校（博士，黃埔 10 期），副總隊長于新民中校、政治部主任何良殿中校。這群孩童是真正吃糧拿餉，有軍籍、有編制的軍人，在接受體能與軍事訓練之外，也能接受一般的學校教育，經分級、分班後，依不同程度授課，軍事學科、政治教育外，普通的國文、數學等學科佔 50%。[22]

民國 42 年 2 月 26 日，「幼年兵總隊」奉令解散，其中較年幼的330 人撥編至政工幹校，特別成立教導大隊，繼續未完成的學業；少數撥補至總統官邸警衛大隊，另行在他處訓練。其餘，年紀較大者分發部隊補充員額，未能下部隊者，送至運輸兵學校接受汽車駕駛或保修訓練，結訓分發國防部汽車大隊和美軍顧問團擔任駕駛或保修人員。[23]

民國 45 年 7 月 7 日，「中部橫貫公路」開工，為美國軍援計畫中「1955 年軍援軍用道路計畫」之一，由國軍退輔會負責開發，動用一

---

21 Monte R. Bullard, The Soldier and the Citizen: the role of the military in Taiwan's development (New York: M. E. Sharpe, 1997), pp183-192.
22 「幼年兵總隊」聯誼會，〈中華民國「幼年兵」成立始末〉，《雪泥鴻爪》，2011 年 3 月 30 日，參見 http://blog.udn.com/cty43115/5031635（瀏覽日期：2021 年 10 月 8 日）。
23 熊德銓，《中華民國幼年兵》（臺北：黎明文化，2012 年）。

萬餘名大陸來臺退伍官兵投入建設工程。在另一方面，政府依據《兵役法》自45年2月19日開始在臺澎地區徵集役男入營服役，全面實施義務役徵兵制度，陸軍新編九個預備師作爲新兵訓練中心，海軍新訓中心在屏東龍泉，空軍新訓中心在雲林虎尾，兵源充足，每周入伍一梯次。然而，隨著臺籍義務役士兵下部隊服役後，基層連隊的兵員結構產生變化，大陸來臺的外省籍資深士官和本省籍新進士兵言語溝通不良，相處難睦，不當管教、體罰、凌虐、謾罵等情事，時有所聞，更加凸顯連隊政戰輔導長的重要性。

蔣中正總統於民國52年7月29日主持政戰會議時，特別指示政戰幹部要「愛護士兵，尊重士兵個人的人格，保障其權益，嚴禁對部隊士兵辱罵與體罰；消除上下間的隔閡與疑難，排難解紛；了解士兵痛苦，詳查其難言的隱情及心理上的變態，予以勸導慰勉；團結團隊精神，增強和愛氣氛與戰友情感，保持部隊蓬勃的革命朝氣。」[24] 由此足證當時基層連隊的一般實況。

值得一提的是，民國42年8月12日頒行的《國軍隨營補習及進修教育實施辦法》，長期以來均由政戰部門負責辦理，直至93年才停辦。逾50年的時間，在部隊維持一股良好的讀書風氣，無數失學的士官兵因此受益，持續進修而一再提升素質、改善生活，洵爲一大良政。

二、政工易銜

政府遷臺後，實施政工改制，明確政治幕僚長體制，加強監察、保防功能，恢復軍隊黨務工作，推行「四大公開」（意見、賞罰、財務、人事），革新政治訓練與創辦政工幹校，逐步恢復並創新、推展軍隊政治工作，使臺澎金馬復興基地獲得鞏固與發展的有利環境。

---

24 同註7，頁59-60。

（一）改稱正名

民國 52 年 4 月 15 日，蔣中正總統主持國防研究院及政工幹校政治作戰講習班聯合週會時，提出問題研討「考慮就政治工作名義和職銜，酌予更改」，嗣經召集高級將領與學者專家研析後，6 月 18 日提交第十屆軍事會議討論，一致通過將各級「政治部」改稱為「政治作戰部」。會後簽報總統核定，全面修訂各級政工機構與人員職銜，自同年 8 月 16 日起實施。修訂重點有二：政工機構改稱、政工人員易銜，其中原稱「政治指導員」職銜，修訂為「政治作戰輔導長」，深具創意，沿用至今，普獲官兵、民眾的認同與好評。[25]

政治作戰輔導長，簡稱「輔導長」，意指輔助指導官兵具備遂行政治作戰的能力。因為政治作戰為國軍官兵的共同責任，在指揮官的統一領導下，本諸「人人會政戰、個個是政戰、處處有政戰、時時作政戰」的要求，推行政戰工作。唯有如此，方可團結官兵、壯大自己、瓦解敵人，進而在精神戰力凌駕敵人的基礎上，將有形戰力發揮到極致。

為能結合反共復國作戰性質，政戰組織體制亦進行調整與擴編，並將所有政戰幹部（人員）納入國軍編制員額，終止黨（文）、軍職交雜運用情況。國防部總政戰部參謀組織與專業部隊（單位）如附圖 5-1，各軍總部以下單位，則依層級、組織形態及政戰工作業務繁簡，比照編制政戰參謀組織。

政工幹校於民國 59 年 10 月 31 日正名為「政治作戰學校」。60 年創設「遠朋研究班」，後續又增設政戰士官班，政治研究所增設大陸問題組、外國語文研究所、新聞研究所，大學部則增設外文、心理、社工、中文等學系。

此外，專責幹部訓練機構的青邨幹部訓練班，係於民國 48 年 7 月由凱旋組織創設，於 56 年納入國軍政戰建制，65 年合併莒光講習班，

---

25 同上註，頁 54-56。

兼負重要軍職幹部訓練之責。

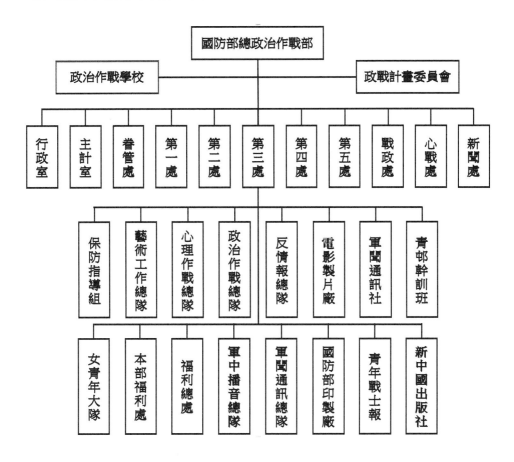

圖 5-1　民國 70 年國防部總政治作戰部組織圖

資料來源：《國軍政戰史稿》（上），頁 93。

（二）政戰理論的建構

　　國軍政治工作進化為政治作戰，是思想發展與工作推進的歷程。自黃埔建軍以來，政工制度著重軍隊內部工作，對敵作戰的作為，另定戰時政工實施。惟平、戰時政工是連續性的，難以涇渭分明、截然劃分，政工特性在其行動都是戰鬥，軍以戰為主，戰以勝為先，唯有發揮政治作戰功能，才能確保軍事任務之達成。

　　政治作戰理論緣起於「先聖先哲的啓發、反共經驗的累積、軍事原理的體現與科技整合的結晶」。廣義而言，舉凡國家的政治、外交、經濟、文化、社會，乃至於人民的生活、心理，都是政治作戰的領域；並將政治作戰定義爲「除直接以軍事或武力加諸於敵人的戰鬥行爲」。其餘均已於第一、四章詳釋，本節不予贅述，惟以簡表示其層次與運用要領如圖 5-2。

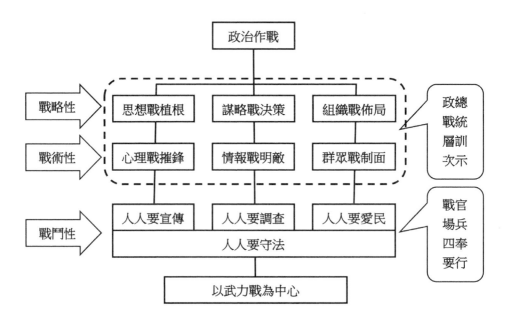

圖 5-2　國軍政治作戰運用體系圖

資料來源：國軍政治作戰指導原則與實踐要領表解

　　因此，爲落實政治作戰運用，除召訓國軍重要幹部外，並研訂政治作戰準則，策進相關專題研究，使政治作戰能往上承接國家總體戰略，往下結合軍事作戰，形成完整的思想體系與戰法運用。

（三）工作制度與措施

　　工作制度是推行政治作戰的組織編裝、準則與計畫作爲的總合。在

革新作法上，從軍民一體的戰地政務與眷管制度，到維護官兵權益的申訴制度與福利制度，以及反制敵人滲透破壞的反情報責任制度，乃至於發揮軍事傳播效能，支援政戰與軍事任務達成的軍事新聞制度，而逐漸建立穩定可靠的工作體系，並革新思想、政訓、文宣、康樂、服務，以及組織、監察、保防與基層政戰工作，從而建立國軍政戰實務工作之宏規。

具體而言，為配合反攻作戰需要，中央政府於民國45年7月將金門、馬祖劃為戰地政務實驗區，國防部於52年成立戰地政務局，至65年縮編為戰地政務處，納為總政戰部幕僚部門，戰地政務工作大隊併入政戰總隊。

再者，國防部動員局主管的軍眷業務，於53年9月改隸總政戰部，編設軍眷業務管理處，組建眷村自治管理組織、推動散戶歸村等管理措施，整建眷舍、改善環境，積極輔導眷屬就業、加強醫療服務、獎助子女教育、改進眷實補給，有效凝聚眷心、爭取向心，促進社會穩定與繁榮。

此外，國防部委由聯勤總部設立的國軍福利事業總管理處，於民國53年11月裁撤，另成立福利總處，由總政戰部督導，以提高層級、統一事權，使福利品供銷日益擴展，除將盈餘發放福利點券回饋官兵外，並提撥支援官兵政訓文康經費與營站設施維護、更新等。

國防部於民國44年12月成立新聞室，之後擴編為新聞局，直屬參謀總長；55年2月改編為軍事發言人室，改隸總政戰部，以發揮軍事新聞工作整體力量，支援遂行六大戰任務。另為整合文宣、心戰、軍聞工作，62年4月設置「文化大樓新聞採訪暨資料供應聯合作業中心」，除成立指導會報，並整合各業參部門與專業部隊（單位）能量，同時於各地設置通訊記者、特約通訊員，發揮聯合採訪與通訊效能。另成立「資料供應中心」，內設有敵情、報刊、圖書、微卷資料組，收藏前國防研究院、戰地政務局、新聞局等單位移交藏書，更不斷充實相關圖書、資

料與國際宣傳，甚至創辦「心廬」（心戰研究班）聚集專家學者作爲智庫。及至民國 60 年代，政戰的整體能量，已從軍中逐步擴展到文化界、傳播界與學術界，蔚爲風潮。

另值得一提的是，民國 40 年代開始，加強對大陸心戰廣播工作，自 49 年 1 月 12 日起，陸續有中共人民解放軍駕機投奔自由，相關事蹟已於第三章詳述。

第二節　戰略轉變　革新力求保臺

美國對外軍援預算自 1962 年開始逐年減少，1966 年對臺軍援減少近千萬美元，並減緩國軍的武器裝備更新，甚至要求減少軍隊員額，顯示美軍高估我方防衛能力，低估中共侵臺能力，因而導致臺灣軍民的心理焦慮與擔憂漸生。

民國 58 年，蔣中正總統於日記中感嘆：「以現在匪方武器占核生化物之情勢，如無特別時機，絕難發動如過去辛亥革命之役可比」；於是下達決心，開始訂定《臺灣本島防禦計畫》，軍隊亦重新編組。60 年 4 月 15 日又在日記中強調，「反攻戰略重新部署，計畫與行動完全變更，將我方軍事戰略以自保爲前提，採取以退爲進、以守爲攻、以靜制動的執行方針。」由此可見，軍事反攻大陸的議題，已自發性的改變軍事戰略構想，從「全面反攻」轉爲「攻守一體」。[26]

民國 36 年施行憲法時，中共武裝叛亂奪權日熾，民主憲政難以落實。我國國防法制的法源，係依據憲法相關條文規範，包括第三十六條「總統統率陸海空軍」、第一百三十七條「中華民國之國防，以保衛國家安全，維護世界和平爲目的。國防之組織，以法律定之。」另在行政院組織法第三條「行政院設國防部等部會」規定。惟因行憲不久，戡亂

---

26 柴漢熙，前揭書，頁 206-208。

戰爭失利，中央政府播遷來臺後，國家長期處於動員戡亂時期，戮力整軍經武，以因應中共武力威脅，而在落實民主憲政的國防法制工作上進展不大。

政府分別在民國 41、43 年兩次擬具《國防組織法》（草案）及其修正案，送立法院審議未果，61 年鑑於十餘年來客觀情勢多有變更，原規範內容已不合時宜，經立法院同意撤回該法案。早期僅有 57 年 11 月 3 日公布施行的《國防部組織法》，以及 67 年 7 月 17 日公布施行的《國防部參謀本部組織法》，在後者的第三條和第八條，皆明確律定國軍政戰體制、單位銜稱與職掌，為國軍政戰制度奠基之法源依據。

一、穩定民心士氣

民國 54 年，國防部中國電影製片廠（簡稱中製廠）製作大量軍教紀錄片，支援部隊實施電化教育，隨後陸續推出《惡夢初醒》、《緹縈救父》、《揚子江風雲》等知名作品。58 年，國防部協助該廠向軍人之友社借貸約五百萬元拍片經費，完成《揚子江風雲》抗日諜報的愛國影片。當時的民心士氣低迷，因此拍攝戰爭影片，公開放映，以激勵社會民心、官兵士氣，結果大受歡迎。其實，在該片準備上市放映前，正逢中日外交關係生變，外交部有所虞慮而試圖加以阻攔，幸經蔣中正總統先行觀賞、稱好，方能順利排入檔期播映，賣座又叫好，造成大轟動，整個社會民心士氣全面上揚。[27]

民國 61 年，梅長齡任中央電影公司總經理期間，陸續推出《英烈千秋》（63 年）、《梅花》（64 年）、《八百壯士》（65 年）、《筧橋英烈傳》（66 年）、《黃埔軍魂》（67 年）等一系列海內外馳名、感人肺腑的愛國電影，全體工作人員挑燈夜戰，戮力以赴，片片叫好又叫座，票房屢創新高。

---

27 同註 16。

　　當時，這一系列推出的愛國電影，正好能符應國家的政策目標與需求；尤其在民國 60 年 10 月 25 日，我國被迫退出聯合國以後，能有效鼓舞全國的民心士氣，莊敬自強，處變不驚。更為以後國家遭遇的橫逆，如 64 年蔣中正總統逝世、67 年底中美斷交等重大事件，打下一劑劑有效的強心針，包括後來的《汪洋中的一條船》（68 年），甚至都送到海外華人僑居地區去放映，更加擴大宣傳、愛國教育成效。

　　民國 61 年 6 月 1 日，蔣經國先生擔任行政院長後，立即提出十項行政革新指示，大舉拔擢青年才俊，充實中央民意代表機構，擴充臺灣地區增額民代，先後推動「十大建設」、「十二項建設計畫」，革新保臺及帶動臺灣經濟蓬勃發展，締造舉世聞名的「臺灣經驗」。

　　值得一提的是，蔣中正總統逝世後，蔣經國院長為能安撫民心士氣，特指示國防部總政戰部製播反共電視影集，時值中共文化大革命末期，中製廠於民國 64 年開始攝製「寒流」，成為我國首部以電影拍攝的電視影集，並在 65 年 1 月 12 日至 68 年 4 月 14 日期間（含重播），透由華視首度以三台（台視、中視）同時聯播方式播出，重播數次且有閩南語、客家話版本，都獲得極高收視率，有效激發、凝聚當時全民的反共意志與決心。

　　經國先生於民國 64 年 4 月 5 日接任中國國民黨主席，他在 66 年 11 月 19 日臺灣舉行的五項地方公職選舉，因發生「中壢事件」，失去四個縣市長席位；而於 11 月 25 日的日記中有如下痛切的檢討：[28]

> 19 日公職人員選舉之挫敗（亦可說失望），乃是自從政以來所遭受的最大打擊。自知此次失敗包含了極嚴重的不利於黨國的危機，至於決策與準備方面，我過估自己的本身力量，而輕視反動力量之發展，對於提名之候選人未加深入之考核，輕信

---

28 黃清龍，《蔣經國日記揭密》（臺北：時報文化，2020 年），頁 72-3。

「幹部」言，木已成舟，後悔莫及。余對選舉之失敗應負全責，惶愧交感。一月來坐立不安、夜不成眠。

余所痛苦者，並不在敗於敵人，而是黨內同志（失意）竟以幸災樂禍之冷笑，以論此痛苦之失敗。（中略）

吾人應從此一傷痛的失敗中詳加檢討：（一）黨的作風落伍，（二）黨的基層組織已經腐爛，（三）黨的幹部已經腐化，（四）民眾把黨看作是壓迫他們的機構，根本談不上服務。

⋯⋯吾人如能痛改全非，則可以因禍得福；如再麻木不仁，未來日子不堪設想矣！今天不是沒有辦法和理想，而是苦於人才之難得。

就此以觀，經國先生決定指調幾位政戰老部屬到中央黨部服務，如楊銳、白萬祥、梁孝煌、張其黑⋯⋯等人，其中白萬祥為政工幹校首任胡偉克校長的辦公室主任，都是中央幹校出身、開辦政戰學校的骨幹，也都是役齡屆滿退伍離開軍隊以後的出路。他們也先後帶了一些畢業校友、部屬到黨部服務，後來的大陸工作會、組織工作會、文化工作會、社會工作會都有。當時，政工幹校先期畢業校友，已陸續役滿退伍，人數日漸增多，正值青壯年紀且有家累，都要另謀生活、自求發展。

當年，很多優秀的政戰校友退伍向外發展，憑藉自己個人的努力，落地生根，到哪裡都能夠發展，不管黨部、情治、新聞、影劇⋯⋯等領域，均能卓然有成，一粒種仔撒向任何地方都能生長茁壯。例如，曾任中央警察大學校長陳璧是政工幹校畢業校友，自己苦幹有成；在退伍後考取行政特考，爾後又到政大讀研究所，被派到警政單位服務，非常努力從基層做起，慢慢做到臺灣省警務處處長，最後從中央警察大學校長任內退休。可見，很多在外面打拚的畢業校友，憑自己奮鬥、苦幹和能力被肯定，顯見政工幹校教育很扎實，畢業校友臥虎藏龍，來自四面八

方，各色各樣的人才濟濟，均能苦幹實幹，出人頭地。[29]

二、中美斷交危機

民國 68 年初，中美斷交未幾，蔣經國總統就洞燭機先，看到社會問題轉變的趨勢，而預為籌謀。他為維持社會治安需要，考量人事經費與國家形象，不能大量擴充警察編制，遂指示國防部於 68 年 7 月 31 日實施「靖安二號」專案，將陸軍四個特戰總隊移編給憲兵，除加強相關軍事訓練外，並請警察部門協助專業訓練，尤其是處理群眾暴力事件方面。

同年 12 月 10 日，高雄市發生「美麗島事件」，當時是由憲兵 204 指揮部，負責指揮由特戰總隊改編的六個憲兵營處理，然因部隊移編不久，裝備尚未補充齊全，且在「不流血」政策之下，打不還手，罵不還口，致被鬧事群眾以狼牙棒攻擊時，第一線受傷的官兵非常多（事後裝全口、半口假牙的受傷憲兵人數達兩百餘人）。

事發時，現場指揮的憲兵 204 指揮官薄一山受傷送醫院，總指揮官南警部司令常持琇在指揮所內，無法立即到達現場應變，所幸憲兵 241 營營長顏廣生（政校 16 期）臨危不亂、當機立斷，聯絡部署在南面的另一憲兵特車營營長林燁，攜帶特種裝備，用噴水車和催淚瓦斯將群眾驅離，得以穩定局面、恢復秩序。[30]

三、解除戒嚴、黨禁與報禁

《國軍政工史稿》詳述民國 13 年黃埔建軍至 49 年的政工發展史，《國軍政戰史稿》接續記述至 72 年為止的政戰發展歷程，此後官方即無系統性的政戰史著作。前行政院長孫運璿曾斷言，中華民國 70 年代，

---

29 「陽明小組」彙編，〈前總政戰部主任楊亭雲上將訪談〉，《政戰風雲路：歷史、傳承、變革－訪談實錄》（未出版），民國 109 年 12 月 25 日訪談實錄。
30 同上註。

將會是「關鍵性的十年」。

　　民國 72 年 4 月 20 日，王昇赴美參訪返國後，蔣彥士親自告知，決定取消「劉少康辦公室」，詳情已於第三章述及。人稱「化公」的王昇將軍，戎馬一生，為國劬勞。從早年政工幹校時期，歷練訓導處長、教育長、校長等職計十年，在總政戰部副主任、執行官任職十六年，主任八年，始終在政戰重要職務上勤懇自勵、奮鬥不懈。

　　但他曾表示：「個人對於政戰系統確實鑽研很長的時間，但不是對此貢獻最多的人，建立這些基礎的人是蔣經國先生，因為他才能改革軍隊，並在短短的十年中，為政戰體系奠定良好的基礎。」[31]同年 5 月 16日，由金門防衛司令部司令官許歷農上將接任總政戰部主任。許上將個性沉穩、勤快、清廉，凡事都先跟部屬溝通，被暱稱為「老爹」，任內四年多無部屬離職，足證當時的政戰系統十分穩定。

　　許歷農將軍在民國 62 年曾任政治作戰學校校長，在擔任總政戰部主任後指出：「政治作戰務必要防堵分化、團結部隊、凝聚向心、成就戰力。」又認為：「國家應有一套整體性政治作戰的規劃，但不該是國防部總政戰部主任的事情。」他曾回應時任國家安全會議秘書長蔣緯國，說道：「國防部總政戰部主任應該做國防部以內的事，國安會秘書長應該負責國家整體的政治作戰。」[32]

　　至於政戰的工作範疇，他認為：「凡是軍事手段不能做到的所有事，都屬於政治作戰。」換言之，政戰是無形的作戰力量，靠的是軟實力、巧實力。尤其是，在臺海兩岸不對稱的架構下，雙方的面積、人口與軍事實力極為懸殊，所以更應該講求政戰力量。[33]

　　許歷農於接任總政戰部主任後，固定在每周四下午向蔣經國總統報

---

31 復興崗文教基金會、中華民國團結自強協會，《「春風化雨 行思長憶」，王昇上將百歲誕辰紀念專輯》，2015 年 12 月 9 日。
32 紀欣，《許歷農的大是大非》（臺北：觀察雜誌社，2018 年），頁 23。
33 同上註，頁 27。

告公事，曾奉經國總統指示：「全心全意把部隊照顧好。」[34] 因此，在許歷農主任殫精竭慮的努力下，國軍政戰工作進行了大幅度、廣正面的重大轉型，從前期的國家階層政治作戰轉變為國軍部隊的政戰工作。如此，正好迎上政府在民國 76 年 7 月 15 日的解除戒嚴，開始政治民主化的第一步，國民革命軍也逐漸轉型為民主憲政國家的專業化軍隊。

蔣經國總統認為，民國 13 年改造國民黨時，在蘇聯政治顧問鮑羅廷指導下，採取列寧式黨國體制，黃埔建軍就是要建立國民黨的軍隊，以黨領軍。如今已經不合時宜，若按照這套架構，國民黨和共產黨一樣，都是意識形態掛帥的革命黨，和多元、民主社會開放、競爭的政治制度根本不相容。[35]

經國總統因已洞察到國內「政治民主化」趨勢，主動改變軍中黨務系統，如裁撤「309 辦公室」[36]，必要的業務併各級政一部門辦理。解除戒嚴、回歸民主憲政以後，著手調整軍中黨務活動，嗣經王師凱委員會提案通過，將師級以上的委員會改為政策研究會，基層則併榮團會及生活小組會，軍中黨務活動完全取消。若干細節已於第四章論及，茲不贅述。

長期以來，國軍政戰的功能已被肯定。政戰始終圍繞著一項工作主軸，亦即確保部隊的純淨與安全，維護部隊的紀律與士氣，政戰的主要功能在此。政戰若受重視，如此功能必然發揮，如若不受重視，打仗時就會見真章，作戰時部隊就會有問題。當時，參謀總長郝柏村於民國 70 年 12 月 1 日上任後，對政戰工作非常支持，海軍、空軍總部的政戰部主任、政戰學校校長、總政戰部第三處處長，原來都是調派兵科軍官

---

34 同註 29。

35 林添貴譯，陶涵 Jay Taylor 著，《臺灣現代化的推手－蔣經國傳》（臺北：時報文化，2000 年），頁 463-4。

36 早期在軍中建立的王師凱黨部，代號「309」單位的編組很龐大，往下到師級單位都設有負責黨務的專職部門，對外稱學術研究科、室。主委由參謀總長兼任，總政戰部主任兼書記長。「309 辦公室」主任為副書記長。黨務工作在軍中的組織很健全，排有小組，連有區分部、營與旅有區黨部、師有支黨部。在師級以上每月都有「組織、監察、保防聯合會報」，對軍中安全和官兵士氣、風紀、個人生活動態，都能加以有效掌握。

擔任，在他的大力支持下，除了空軍因飛行專長因素外，一律改爲政戰軍官擔任；中山科學研究院，原來只設少將編階的安全處處長，他同意提升爲中將編階的政戰部主任，警備總部北、中、南三個師管區司令部和警備學校政戰部主任，也由上校編階恢復爲少將編階。[37]

第三節　兵力精簡　調整政戰組織

民國 70 年迄今，40 年來我國國防主要歷經三大變革：國防政策從反攻大陸、攻守一體到防衛固守；國防預算從中央政府總預算占比的 48% 調降到 18%-16%；國防組織由兵力總員額約 50 萬人減到 21 萬 5千人，兵役制度亦由徵兵制、徵募並行到全募兵制。經此國防三大變革的影響之大、衝擊之深，實爲政府遷臺後前所未有。此期間歷經蔣經國、李登輝、陳水扁、馬英九四位總統任期。[38] 當然，國軍政戰體制首當其衝，所受到的影響最大、衝擊最深。39 年的政工改制，係以「整軍經武，反攻復國」爲目的；72 年以後的政戰轉型，則是以「勤訓精練，保衛臺澎」爲目標。

民國 71 年 3 月 16 日，國防部長宋長志在立法院備詢時表示：「當前我國的國防政策是精兵政策和攻守一體。在戰略指導方面，現階段是戰略守勢……防空、制海、反登陸。」73 年 6 月 23 日，國軍首次「漢光演習」在澎湖實施，翌年「漢光二號」演習在屏東枋山展開，此後逐年實施，成爲國軍年度最大的全軍性演習，其目的即在驗證「臺澎防衛作戰計畫」的可行性，從此不再演練軍事反攻大陸的諸般作爲，如今（110 年）已是「漢光三十七號」演習。

---

37 「陽明小組」彙編，〈前總政治作戰部主任楊亭雲上將訪談〉，《政戰風雲路：歷史、傳承、變革－訪談實錄》（未出版），2021 年 1 月 29 日訪談實錄。
38 黃煌雄，《臺灣國防變革：1982-2016》（臺北：時報文化，2017 年），頁 20。

一、精兵政策

民國 71 年 7 月，總政戰部主任王昇於政戰會報中指示，政戰工作應致力精進，否則會落伍而遭淘汰；另為配合國軍精兵政策，要求詳加檢討各級部隊政戰編組，在不增加員額、不提高編階的原則下，進行適切、合理的調整。總政戰部乃著手擬定《精實國軍各級政戰編組案》，置重點於組織及任（業）務簡併，降低高司單位行政人力編制，進行組織調整。

在此一時期，總政戰部及各軍種政戰部門，配合國防部政策精簡政戰組織。在總政戰部，有戰地政務處併入第五處，資料中心併入心戰處，保防指導組併入第四處，精簡行政室及直屬各政戰專業部隊（單位）的行政人力；裁撤各軍總部政戰部行政室及部分幕僚組織，並配合國軍各級部隊簡併、調整，精簡、降編政戰人力、階額。另在政戰專業單位（部隊）方面，同步精簡者計有：

1. 心理作戰總隊併入政治作戰總隊。
2. 軍事通訊總隊併入反情報總隊。
3. 裁撤陸軍各軍團軍報社，如干城報、正氣中華報、建國日報、東湧報……等。
4. 裁撤陸軍軍團所屬政治作戰連（原編 6，裁撤 3），改為戰時編制。
5. 裁撤陸軍師屬政治作戰連，改為戰時編制。
6. 裁撤聯勤總部所屬藝術工作大隊。

二、國軍中原案

民國 79 年 5 月 20 日，李登輝就任總統，先後安排陳履安、孫震先生擔任國防部長，以回應外界對「文人領軍」的呼聲。劉和謙上將於 80 年 12 月 5 日擔任參謀總長，有鑑於當時國軍作戰部隊的編現比太低，攻勢作戰轉變為守勢作戰的編組架構完全不同，又要汰換老舊武器裝備，以組建二代兵力。因此，隨即要求聯參著手「十年兵力目標規劃」，

亦即所謂的「中原專案」。

　　該案在計畫次長室極機密作業下，未經事前溝通與會議，即擬定「中原案綱要計畫」，於民國82年6月初總統主持的軍事會談前，先期召集各軍總司令、上將級重要軍職人員與會研討，主要內容為「裁編、降階、合署辦公」。與會人員在會中輪流發言反對，無人贊成，最後由副總長兼執行官羅本立上將召集相關人員再作研究。

　　「中原案」的後續發展，分為二大軸線，一是「裁員、縮編、降階」，在「防衛固守」建軍構想的指導下，衡量未來戰備基本需求，提出《國軍未來十年兵力目標規劃執行綱要計畫》，從民國83年至92年分三階段執行：第一階段以「三軍編制合理化，提高編現比」為目標，俾利訓練及平時任務之遂行；第二階段以「調整幕僚組織體系，裁併軍事院校」為目標，俾利指揮運作之便捷靈活；第三階段以「參謀本部與三軍總部簡併，轉移非軍事任務於部外單位」為目標，健全國軍軍制結構，達到不逾40萬人的兵力。[39]

　　二是「合署辦公」，嗣報經行政院指導、修改後，因遷建工程預算無法獲得而暫緩，延至「1996臺海飛彈危機」過後，於民國85年11月另建「博愛專案」和「率真分案」執行。

　　在「中原案」的規畫擬案中，已針對政戰體系進行大幅調整、降編，主要包括「總政戰部主任移編參謀總長室」，「總政戰部更銜政治作戰次長室」，「政戰計畫指導委員會和政三處移編督察部」，「各軍總部政戰部更名為政戰署（處）」及「調整直屬政戰專業單位、部隊編組」等，另有關各軍總部及其所屬部隊所轄政戰專業單位、部隊皆一併檢討減併。

　　前國防部長蔣仲苓曾表示：「中原案」僅為少數人之研究案，後來成為「精實案」規劃調整高司組織的主要基礎，甚至其後接續的「精進

---

39 國防報告書編纂委員會，《中華民國83年國防報告書》（臺北：國防部，1994年12月），頁73-74。

案」、「精粹案」的調整，在一定程度上，也都有「中原專案」的投影。其實，民國 94 年 6 月 30 日，《國軍十年兵力目標調整規劃案》第一階段結束，精減的編制員額多、現員少，以裁減士官兵的空缺為主，易於執行；然為避免外界誤會、質疑或混淆，乃將此案與「中原專案」合併，予以修訂，正式改名為《國軍軍事組織與兵力調整規劃》案，簡稱「精實案」。[40]

換言之，羅本立上將於民國 84 年 7 月 1 日接任參謀總長後，將「中原案」內容加以修改，並縮小精簡幅度，改名為「精實案」，按期程採漸進式執行，不求一步到位。

三、國軍精實案

民國 84 年 6 月 7 日，李登輝赴美訪問母校康乃爾大學，發表「民之所欲，常在我心」公開演說。中共為防堵我國外交行動，關閉兩岸溝通管道，在 7 月至 11 月間，展開多次軍事演習，兩岸緊張情勢逐步升高，造成臺海飛彈危機，意圖透過持續性的「文攻武嚇」，阻止李登輝在 85 年 3 月 23 日首次總統直接選舉中連任。

共軍於 3 月 8 日至 25 日，進行第二次飛彈發射和軍事演習，飛彈落點在基隆和高雄外海，國軍各級部隊進入最高警戒狀態，美軍派出兩個航空母艦戰鬥群，部署在臺灣東北、東南方海域警戒，阻止中共以武力攻臺的軍事企圖，相關過程亦於第三章論及。危機過後，李登輝順利當選連任。

在有效應處第三次臺海危機後，國軍繼續推動「精實案」，以因應軍事戰略轉變、國防預算萎縮、服役兵源減少等客觀條件的衝擊，以及面對第一次波斯灣戰爭後的新戰爭形態，亦即軍事事務革新的要求。羅

---

40 同註 38，頁 128。前總政戰部主任楊亭雲上將於受訪時表示：國軍不斷的精簡，爾後歷任的參謀總長，在計畫次長室（現在的戰規司）策畫下，大量的縮減政戰單位的編制與人員，所顯露出來的狀況，跟當年「中原案」的內容與構想很相似。

本立總長在主持國防部民國 85 年 12 月份國父紀念月會時，特別要求各單位務須貫徹「精簡高層、充實基層」政策，減併高層單位、簡化作業程序，提高行政效率，增加指揮速度；同時，配合新式武器裝備，調整部隊結構與指揮層級，朝聯合作戰方向發展，期能達到「高司組織精簡有效率」、「基層單位充實有戰力」、「建立現代化專業部隊」及「軍人生涯有規劃」之目的。[41]

　　「精實案」自民國 86 年 7 月 1 日開始實施，爲期五年，區分三階段，於 90 年完成。原規劃「十年兵力目標案」第三階段將參謀本部幕僚組織（含政戰部分）進行調整，預劃於 92 年完成。卻因「精實案」執行期程提前，總政戰部積極爭取保留原各級政戰組織編制外，對於各級政戰專業單位與部隊，亦同步進行調整規劃（如圖 5-3），配合作業期程進行減併，主要有下列幾項：

1. 女青年工作大隊併入政治作戰總隊。
2. 中國電影製片廠併入藝術工作總隊。
3. 新中國出版社併入青年日報社。
4. 印製中心移編參謀總長辦公室。
5. 中央廣播電台移編。
6. 裁撤各軍種藝工隊、電影隊、國劇隊、豫劇隊，僅保留陸軍（陸光）和軍管部（白雪）藝工隊。
7. 裁撤陸軍澎湖軍報社。
8. 裁撤各軍種所屬政治作戰連、心戰中隊，改爲戰時編制。

41〈羅本立總長針對國軍「精實案」講話全文〉，《青年日報》，1996 年 12 月 25 日，版 2。

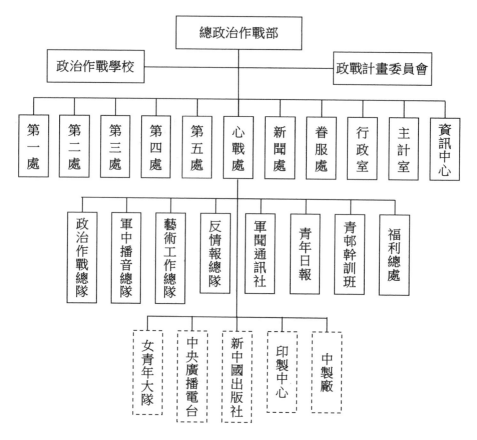

圖 5-3　民國 87 年總政戰部裁併單位組織圖

資料來源：作者自行整理

　　在「精實案」規劃中，修正「中原案」對政戰體系的大幅調整，要求總政戰部應考量國軍戰略構想，社會各界期望，官兵素質提升，軍民關係處理及整體安全維護等因素，結合「官兵忠貞氣節教育」、「軍紀安全維護」、「端正軍風、肅貪防弊」、「官兵心理輔導服務」、「促進軍民和諧」及「增進官兵福利」等工作重點，對國軍政戰組織進行調整與減併。[42]

---

[42] 國防大學軍事共同教學中心，《傳承與蛻變－國軍政治作戰歷史與傳承》（桃園：國防大學，2015 年 12 月），頁 104。

因此，統一總政戰部及各軍總部幕僚編組為四區分，將部門銜稱由「序列」改為「功能」實名，分別為「輔導服務處」、「文化宣教處」、「軍紀監察處」、「軍事安全處」；軍團級與軍級（含比照） 政戰幕僚編組為三區分，部門銜稱為「政戰綜合組」、「軍紀監察組」、「軍事安全組」，各級軍眷服務部門於眷改任務完成後裁撤。另配合陸軍「師指揮機構」和「聯兵旅」之編成，政戰幕僚減編為「政戰綜合科」，戰時編制為「軍紀監察科」、「軍事安全科」。國防部與各軍種政戰專業部隊、單位持續減併，將播音總隊、藝工總隊降編為大隊併入政戰總隊，反情報總隊更名為「軍事安全總隊」。如圖 5-4。

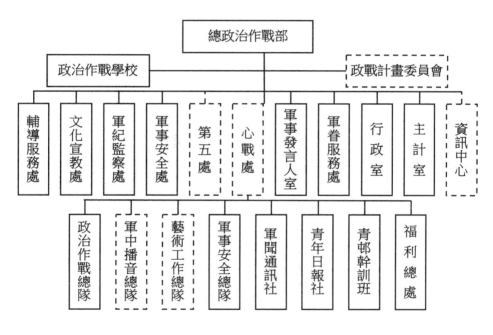

圖 5-4　民國 90 年「精實案」總政戰部裁併單位組織圖

資料來源：作者自行整理

民國 86 年 12 月 16 日，曹文生於接任總政戰部主任後，羅本立總長曾研擬、呈報總政戰部主任的人事安排，由政戰、軍事幹部輪流接任，政戰幹部接任上將主任時，政戰學校中將校長由軍事幹部派任；軍事幹

部接主任，政校校長由政戰幹部擔任。結果，李登輝在該案批示「可，軍事、政戰輪流。」所以，日後有陳國祥執行官於 96 年 3 月 15 日晉升上將局長。[43]

又，李登輝曾指示國防部總政戰部，為使國軍官兵在執行各項任務時，無後顧之憂，全心全力做好保國衛民工作，特由「中華民國婦女聯合會」、「軍人之友社」等公益團體，在發動社會各界善心人士捐助下，於民國 87 年 4 月 17 日成立「財團法人國軍暨家屬扶助基金會」，以發揮自助助人的愛心。[44]

民國 88 年發生「921 大地震」，國軍全力投入救災工作，舉世有目共睹。此期間，國軍政戰各類專業人力悉數投入，包括救災官兵服務與心輔、國內外媒體採訪、災區民（社）情蒐研、災民收容救濟撫慰等，協力整體救災工作順利完成；此外，青年日報社善用軍事新聞作業能量，每日採訪、編輯、印發「重建快報」，立即由直升機往返運送進入災區，即時、有效且全面安撫災民惶惶心緒。

事後，有鑑於救災官兵在災區經常搬運遺體，年輕袍澤弟兄大都沒有經驗，心理上多有顧慮、隔閡和陰影的存在，所以李登輝特別詢問軍中有無考慮參與救災的官兵，在親歷其境後的身心反應與感受。為此，總政戰部在青邨幹訓班安排心道法師就「生死學」作闡述，安撫實際參與救災的官兵。從許多軍中所發生事情的處理環節上，可以感覺李登輝總統對政戰制度應該是重視及肯定的。[45]

很可惜的是，隨著「精實案」的完成，國軍「三民主義巡迴教育」也告結束、走入歷史。早年，總政戰部根據策辦三民主義講習班的回饋與反應，於民國 47 年 4 月創辦「三民主義學術巡迴講演」，聘請知名專家學者擔任講座，分赴本外島地區軍級以上單位巡迴講演，是最受歡

---

43 同註 29。
44 「陽明小組」彙編，〈前總政戰部主任曹文生上將訪談〉，《政戰風雲路：歷史、傳承、變革－訪談實錄》（未出版），2021 年 1 月 12 日。
45 同上註。

迎、最為有效的思想教育方式之一。

　　民國 51 年，總政戰部為擴大巡迴教育規模與成效，開始選拔部分優秀的預備軍官，在青邨幹訓班短期集訓後，成為三民主義巡迴教官。每年定期分赴本外島、離島、高山、偏遠海防班哨，依據部頒宣教主題，進行巡迴宣教，足跡踏遍三軍部隊的各大小單位。長期下來，這些巡迴教官人數逾千人，預官退伍後都有很好的生涯發展與歷練，包括吳伯雄、趙守博、林政則、孫大千、盛治仁、謝震武、唐湘龍、張俊雄、周柏雅、趙天麟……等人 [46]，名流碩彥輩出，頭角崢嶸，不勝枚舉。

　　民國 75 年 9 月 28 日，民主進步黨在臺北市圓山大飯店成立，組織規模日漸成長。該黨「黨綱」第二部分「行動綱領－我們對當前問題的具體主張」，於 88 年 5 月 8 日第八屆第二次全國黨員代表大會修正版中，在國防部分列有十項主張：確保臺灣安全、反對核生化武器、廢除國軍政戰制度、縮短兵役役期、落實軍政軍令一元化、引進文職專業人才、建立積極防禦且有效嚇阻的國防政策、逐年裁減金馬駐軍、強化電子作戰能量等。上述主張，該黨於 89 年勝選執政後，都已先後付諸實施，唯獨「國軍政戰制度」確有存在價值，仍然繼續運作中。有趣的是，已刪除不再提列「軍隊國家化」的主張。

第四節　專業政戰 強化分工職能

　　李登輝總統深知「政戰是在堅定官兵思想、保障部隊安全、防止惡化腐化之外，還有鞏固統帥權的重大功能。」他也明白軍隊效忠國家、效忠總統，不能忽視「主義、領袖、國家、責任、榮譽」基本信念，除非否定現在的憲政體制。因此，李登輝總統時代未曾改變國軍五大信念，直到陳水扁連任後才執意拿掉「主義、領袖」，前已詳述。所以政

---

46 鄭貞銘，〈主義前鋒－金門之戀三部曲之一〉，《中國時報》，2014 年 10 月 26 日，版 20。

戰的興衰，和主政者有著很大的關係。其實，國軍政戰的衰微，不是因為「劉少康辦公室」被裁撤，而是「政黨輪替」的結果。民國 89 年 5 月 20 日，陳水扁就任總統以後，頻頻更動總政戰局局長的人事，第二任期內輪換得很快，四年輪換四位局長晉升上將，以致有身為總政戰局局長離任後卻不支持政戰的憾事。[47]

另一令人不解的是，在馬英九總統的八年任期內，總政戰局上將局長竟然懸缺 3 年 10 個月未補實。由此看出，前後連續三位總統、任期 28 年，他們對國軍政戰最高人事的運用，呈現截然不同的差異。

其實，歷任總統與總政戰部主任或局長的互動模式，多有所不同。在蔣經國總統時期，許歷農主任固定於每週四下午向總統報告政戰重大工作；在李登輝總統時期，經常單獨召見楊亭雲主任諮詢有關政戰事務；在陳水扁總統時期，總政戰局局長固定參加軍事會談；在馬英九總統時期，因政戰局長空缺、降編位階，不再定期參加軍事會談，除非偶爾分配到有關政戰專題報告才列席，至今蔡英文總統任內依然如此。

一、國防二法

我國憲法第一百三十七條：「國防之組織，以法律定之。」惟時隔逾半世紀才有法律規範。民國 79 年，國防部長陳履安指示恢復研擬「國防組織法」，82 年 2 月 27 日孫震接任部長後，完成草案後陳報行政院，獲函示配合憲政改革狀況再議。[48]85 年，國防部長蔣仲苓、參謀總長羅本立向李登輝總統簡報「國防組織法」草案，奉指示：「國防組織法」應擴大範圍，更名為「國防法」，同時應修正「國防部組織法」，朝軍政、軍令一元化方向設計。

民國 88 年，國防部長唐飛任內，研擬完成「國防二法」草案，送

---

47 同註 29。
48 孫震，《寧靜致遠的舵手：孫震校長口述歷史》（臺北：國立臺灣大學出版中心，2016 年 6 月），頁 161-181。

請立法院三讀通過，於 89 年 1 月 29 日公布，施行日期授權行政院於三年內定之。後來提早一年，行政院核定自 91 年 3 月 1 日施行，並由總統主持編成典禮，宣布「國防二法」正式施行，國軍政戰制度相關法源自此確立，政戰工作完全轉型進入法制化時代。

（一）政戰體制法制化

在「國防二法」中，與政治作戰組織權責相關之規定，有「國防法」第十四條：軍隊指揮事項第九款政治作戰之執行，及「國防部組織法」第八條：國防部設總政戰局，掌理政治作戰事項，其組織以法律定之。相較於民國 57 年的「國防部參謀本部組織法」，政戰組織原來隸屬於軍令體系，受參謀總長指揮管制；在新通過的「國防二法」中，將政戰組織改隸屬於軍政系統，由國防部軍政副部長督導，同時律定機關銜稱為「國防部總政治作戰局」，明文規定該局組織須以法律定之。

「國防部組織法」公布後，總政戰部即依該法規定，成立專案規畫小組，研擬「國防部總政治作戰局組織條例」（草案），將國軍政戰組織依軍政、軍令、軍備體系，分別編設總政戰局（軍政）、政戰參謀次長室（軍令）、政戰室（軍備），並據以研擬總政戰局、參謀本部、軍備局組織條例。其中，總政戰局維持五處二室編制，政戰次長室規劃編設二處（作戰訓練、政戰綜合），軍備局政戰室編設三處（政戰綜合、軍紀監察、保防安全）。

「總政戰局組織條例」（草案）於民國 89 年 10 月轉報行政院，期間依行政院審議意見，將該局轄屬之輔導服務處修訂為「政戰綜合處」，文化宣教處改為「文宣政教處」，軍事安全處修訂為「保防安全處」。同年 12 月，行政院通過「總政戰局組織條例」（草案），函送立法院審議。在立法院審議期間，國防部和總政戰部各級官員多次分赴立法院，向朝野委員說明、尋求支持，並主動出席該院於 89 年 12 月 26 日舉行的「國軍政戰體系之定位」公聽會，說明國軍政戰體系的角色與功

能。此外，90 年 9 月辦理「總政戰局功能定位」研討會，邀請專家學者與立法委員共同研討政戰的角色、功能與未來願景。

「總政戰局組織條例」（草案）於立法院法制、國防委員會聯席會議討論三次，經政黨協商，於民國 91 年 1 月 15 日三讀通過全案條文十一條。在一讀程序時，朝野委員曾提出四項附帶決議：監察、福利與眷改部門，檢討移轉相關機關，檢討政戰學校定位，局長官等降為中將，兩年內檢討政治作戰六大戰，並向國防、法制委員會聯席會議報告。亦於三讀會中一併通過。[49]同年 2 月 6 日經總統公布後，配合「國防二法」及其他單位的組織條例，同時於 3 月 1 日起施行，總政戰局亦於當日正式揭牌運作（如圖 5-5）。

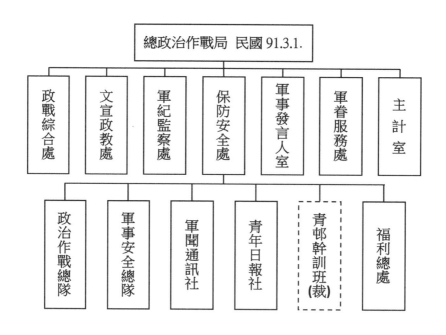

圖 5-5　國防二法施行後總政戰局組織

資料來源：國防部總政戰局組織條例

---

49 立法院，《立法院公報》，第 91 卷第 10 期（中），2002 年 2 月，頁 497-509。

　　此外，《國防部組織法》第八條規定：總政戰局在三年內改編爲政治作戰局。必要時，得延長一年。同時，立法院審查《總政戰局組織條例》附帶決議時，要求局長官等（原編二級上將）降爲中將，成爲爾後民國101年修法的依據之一。至於原規劃於參謀本部成立政戰次長室乙案，於立法院一讀會通過附帶決議，交付朝野協商，嗣後於協商時遭刪除。另規劃於軍備局設立政戰室乙節，經國防部相關會議研討後，決議調整爲於該局綜合事務處下設「政戰科」，爲該局二級單位。

（二）政戰功能再強化

　　陳水扁總統於民國89年5月20日就任，翌日在慰勉金門防區官兵時，特別提出有關「三安政策」（部隊安全、軍人安家、軍眷安心）指示，成爲往後八年任期的國防政策主軸，列爲國軍的重要施政方針之一，對國軍官兵及其眷屬具有實質意義與深遠影響。

　　縱觀「三安政策」的具體規劃與執行內容，絕大部分屬於各級政戰部門業管工作範疇，例如：「部隊安全」大致包括精神教育、部隊掌握、管理實務、戰備訓練、軍紀安全、軍機保密、輔導服務等面向。「軍人安家」、「軍眷安心」內容包括：福利服務、就業輔導、住宅輔助、醫療服務與托兒育嬰等，以照顧軍人家庭生活，重視眷屬福利服務，使官兵無後顧之憂，專心於戰訓本務，厚植國軍戰力，創造部隊、軍人、眷屬三者共贏的理想目標。

　　國防部依據《國防法》第十六條規定：「現役軍人之地位，應受尊重；其待遇、保險、撫卹、福利、獎懲及其他權利，以法律定之。」由總政戰局負責研擬《軍人福利條例》（草案），自民國89年4月開始，歷經三年研議後，報請行政院審查，在不增加國防預算和編制員額原則下，區分二部分：[50]

---

50 國防部，〈說明外界關切「軍人福利條例」（草案）〉，《國防部記者會參考資料》，2003年8月12日。

1.「基本福利」事項為全軍一致而由國防部辦理者：就業輔導、福利服務、住宅輔助、醫療保健等四大項。

2.「彈性福利」事項由國防部及核定之單位，依需要自行辦理者：托兒育幼、生活日用品供應販售、消費暨休閒服務設施等三大項。

如此落實《國防法》規定，將使國軍人員福利事項獲得法律保障，並能達成安定軍人家庭生活，強化部隊戰力之目的。然時至今日，《軍人福利條例》仍未以法律定之。

二、國軍精進案

（一）執行期程目標

從「十年兵力目標整建」到「精實案」期間，依當時國防體制，主導國防組織變革的關鍵者為參謀總長，然經「國防二法」施行後，在「軍政、軍令一元化」規範下，此一關鍵者轉變為國防部長。基於國防法制化的運作，受到美國「九一一事件」、阿富汗戰爭、伊拉克戰爭的影響，因應中共軍力快速發展及我國防資源緊縮等因素，促使國防部重新思考建軍方向與組織規劃，乃於民國92年初研提《兵力結構調整與組織精進案》（簡稱「精進案」），結合軍事事務革新理念、「國防二法」運作檢討、敵情威脅與戰略構想等，研擬改造國軍兵力結構與組織，俾能適應未來臺澎防衛作戰之需求。

其實，在「精實案」後期，計畫次長室即已開始規劃「精進案」，嗣因「國防二法」通過，相關配套之各組織條例尚未完成立法，而暫緩推動，及至民國91年3月1日「精實案」施行後，「精進案」的後續規劃，依法定權責轉移至軍政部門（戰規司）辦理。

「精實案」後，國軍總員額約為38萬5千人。「精進案」自民國93年元旦起實施，預劃期程為10年，第一階段預於95年完成，總員額降至34萬人，後續計畫於101年再精減為30萬人，期藉武器系統更

新及高素質人力獲得，以確保國軍戰力完整，達成防衛作戰的目標。[51]

　　然而，民國 93 年 5 月 20 日，李傑接任國防部長後，考量當時的時空因素，決定將「精進案」第一階段提前於 94 年底前達成，95 年元旦實施第二階段，計畫於 97 年底前完成，屆時將國軍總兵力降為 27 萬 5 千人。事實上，97 年 5 月 21 日，李天羽接任國防部長後，鑑於各單位反映組織與部隊調整過快，不利人員疏處與戰力維持，乃同意將「精進案」第二階段完成時限，延至 99 年 11 月 1 日。

（二）前期規劃要點

　　2003 年 3 月 20 日，「美伊戰爭」爆發，總政戰局專注其中「心理戰」的鑽研，又在稍後的全國抗煞（SARS）作戰中展現政戰功能，以及越戰「政戰特遣隊」和國軍政治作戰連的成功經驗，考量「精實案」、「國防二法」後，國軍政戰組織解構，政戰六大戰難再專責分工與分進合擊。因此依據「軍事事務革新」的思維，專案研討政戰戰力規劃，總政戰局於 92 年 12 月份軍事會談中提報「戰志決勝－政戰戰力規劃」專題，經研討後奉陳水扁總統裁示依規畫執行。[52]

　　依勝兵先勝之道，投資政戰戰力是最廉價的國防建設。該「戰志決勝－政戰戰力規劃」案的落實，首重政治作戰的教育與訓練方向，研修《政治作戰要綱》準則，俾為各級部隊教育訓練與戰力整備之依據，此亦攸關政戰轉型之定向工作。

　　嗣因陳邦治局長在「精進案」中堅持政三（監察）不能併入督察室、政四（保防）不能併入情報次長室、眷服處不能移入軍備局、輔導長不能併副連長、「遠朋班」不能裁撤、藝工隊必須保留一個⋯⋯等，任滿兩年即調任海軍總司令。惟因後繼者的施政理念不同，原有主張全遭改

---

51 立法院，《立法院公報》，第 92 卷第 14 期（下），2003 年 4 月，頁 59-114。
52 許紹軒，〈政戰學校校慶，96 年併入國防大學〉，《自由時報》，2005 年 1 月 7 日。參見 https://news.ltn.com.tw/news/focus/paper/1672（瀏覽日期 2021 年 10 月 8 日）。

弦易轍，甚至「戰志決勝－政戰戰力規劃」案的內容也被更改。[53]

該案明確指出：國軍政治作戰是軍事作戰的一環，其基本任務是「提升精神戰力，鞏固自己，結合群眾，瓦解敵人，造勢布局，開創有利機勢，確保軍事任務之達成。」有鑑於戰爭科技與軍事思維快速變革，政戰幹部自當精實心輔、心戰、監察、保防四項專業職能。

縱觀該案所研擬之政戰戰力規劃爲「軍心士氣之維護、抗敵意志之確保、心理戰、謀略戰、群眾戰」等五項。以「服務、心輔、文宣、監察」，維護軍心士氣，確保抗敵意志；以政治作戰總隊強化「心理戰」能量，以後備體系之後備軍人服務組織，組建保鄉、保產之「群眾戰」編組，以軍事安全總隊建立「謀略戰」之擬訂等。

另在「平戰一體」的目標下，政治作戰平時以「心輔、心戰、監察、保防」爲基礎的幕僚組織體系，凝聚團結向心，鞏固部隊安全。戰時則以「心輔機制」結合軍眷服務、後備軍人輔導組織與民間組織進行群眾戰；運用「心戰機制」建立爲何而戰、爲誰而戰共識，堅定軍民抗敵意志，對敵展開心理戰；透過「監察機制」致力於士氣維護、命令貫徹、督戰監察；發揮「保防機制」綜合各項情資，確保內部安全，擬定對敵謀略戰。[54]

（三）具體執行成果

在「精進案」的規劃中，政戰體系遵照國防部「維持心戰、文宣、心輔、監察、保防等功能，並依整體環境轉變，適切調整組織體制」之提示，進行政戰組織調整規劃。期間，於民國 94 年 5 月 25 日的軍事會談，陳水扁總統指示：政戰制度及功能以往對穩定國家、軍隊的貢獻值得肯定，組織調整轉型係爲因應時代變遷，應深切體認此一變革絕非否

53「陽明小組」彙編，〈前總政戰局前局長陳邦治上將訪談〉，《政戰風雲路：歷史、傳承、變革－訪談實錄》（未出版），2021 年 2 月 2 日訪談實錄。
54 同上註。

定、排斥或消滅政戰制度。面對新時代、新世紀，政戰組織調整工作應與時推移、與時俱進，以充分落實、發揮政戰功能。

　　總政戰局在次月的軍事會談中回報：未來政戰工作，對外將以強化「心理作戰」、「文宣作為」及「為民服務」為重點，對內則以強化「心理輔導」、「心戰訓練」、「軍事新聞處理」及「官兵精神戰力蓄養」等為要項，以達成「鞏固自己、戰勝敵人」的目標，維繫政戰體制與功能。

　　事實上，國防部的政戰組織受到《總政戰局組織條例》的法律保障，原本不需要進行調整，惟在民國 94 年間，國防部逕以行政命令，分別將原屬總政戰局之「軍紀監察處」移編「督察室」，「保防安全處」移編「情報參謀次長室」，並於 10 月 20 日公告《國防部政治作戰局處務規程》，新編「心理作戰處」、「民事服務處」、「國會聯絡處」。[55]如下圖 5-6 所示。

　　但在戰規司的策劃下，大量縮減政戰單位的編制與人員，其所顯示的狀況，一如當年「中原案」的內容與構想。主觀認定政戰不是作戰單位，美軍也沒有類似的政戰體系，所以能減就減、能併就併，全然沒有考慮到當面敵情與共軍武力犯臺的特質。直到民國 96 年 5 月間，國防部長李天羽為恪遵「依法行政」，落實《總政戰局組織條例》規定，於 97 年元旦將上述兩個部門移返總政戰局轄屬。

---

55 行政院，《行政院公報》，第 11 卷第 202 期，2005 年 10 月 25 日。

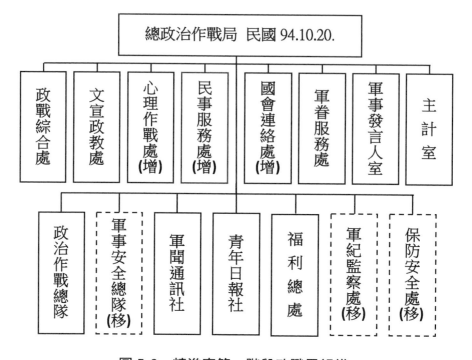

圖 5-6　精進案第一階段政戰局組織

資料來源：國防部政戰局處務規程

　　李天羽部長曾任空軍總部政戰主任，對政戰實務工作有所了解，任國防部長後，在拜會前總政戰部主任楊亭雲時，獲告：「你是懂政戰的，政戰是一個整體，有監察、保防，有對官兵堅定思想、鼓舞士氣，有人做官兵服務，有人要保障部隊安全，防止惡化腐化，阻絕敵人滲透陰謀……等。分開以後，監察部門放在督察室，保防部門放在情報次長室，聯二做情報工作是由駐外武官蒐集國外的一般情報，它的參謀體系沒辦法指揮到連隊輔導長，國軍政戰的正面很廣、縱深很大，不是單一面向或個體。」[56]

　　民國 97 年元旦起，軍紀監察處與保防安全處移回總政戰局後，造成主管階額溢員超編，違反《總政戰局組織條例》第七條規定：本局置

56 同註 29。

處長五人，主任一人，職務列少將或上校。因此，不得不裁撤先前新編的心理作戰處、民事服務處，仍維持法定的五處二室。另為符合《國防部組織法》第八條有關總政戰局易銜之規定，國防部於95年2月17日配合三軍總部銜稱修改為三軍司令部時，同步將總政戰局銜稱修訂為「政治作戰局」，舉行授旗授印典禮。惟因組織條例尚未修訂，新銜稱僅能對內使用，對外仍沿用「總政治作戰局」，直至102年元旦《政治作戰局組織法》施行後，才正式更名為現行的「國防部政治作戰局」。

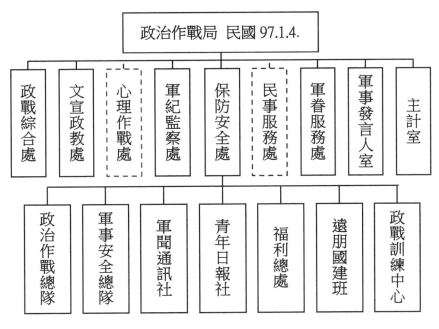

圖 5-7　精進案第二階段政戰局組織

資料來源：國防部政戰局處務規程

民國88年7月14日，《軍事教育條例》公布施行，依據其中第十條規定，將原國軍各軍事院校政戰幕僚組織編成「學員生事務處」，負責心理輔導、生活輔導、衛生保健、課外活動指導、愛國教育、輔導服務、軍紀監察、軍事安全等法定工作事項，同時明訂政戰主任不得兼任學員生事務處處長。

民國 89 年 5 月 8 日，國防部整合北部地區的三軍大學、中正理工學院、國防管理學院和國防醫學院，成立國防大學。95 年元旦，原隸屬於國防大學的國防醫學院，恢復為獨立學院，由國防部軍醫局督導。國防部另推行「北部地區院校調併」案，於 9 月 1 日將政治作戰學校編入國防大學，更名為「政治作戰學院」迄今，並停止專科班與轉服軍官班招生。同時，國軍基礎院校學生班隊連輔導長、區隊長裁撤，僅保留連長、副連長二人，惟因實務運作困難，於 97 年又將副連長改為輔導長而復編至今。

「精進案」之前，總政戰局所屬專業單位與部隊計有六個，配合「精進案」的實施，首先將青邨幹訓班裁撤，又為配合「北部地區院校調併」，將「遠朋國建班」改隸總政戰局，局長兼任班主任。新編「政治作戰教育訓練中心」，負責政戰預官、預士、進修（正規班）教育及其他短期教育訓練工作。各軍種司令部之「反情報隊」、「藝工隊」裁撤。至此，除國防部原直屬單位外，各級部隊所屬政戰專業單位、部隊，全數遭到裁減。

此外，政戰學校於民國 95 年 9 月 1 日併入國防大學時，原有深造教育（政戰研究班）訓額移至各軍事指參學院，分設「政治作戰組（含監察、保防）」，另訂研習政戰專業課程時數。原「總教官室」（含六大戰教官）之編制員額與教學能量，全數移併國防大學軍事共同教學中心，增設為「政治作戰組」，繼續負責深造教育班次之政戰專業課程施教。

值得一提的是，該中心為符民國 94 年 2 月 2 日公布施行的《全民國防教育法》，增設「全民國防教育組」，總政戰局為主管機關。該組主要在協力推行政府機關（構）在職教育，以增進全民之國防知識及全民防衛國家意識，健全國防發展，確保國家安全。另該中心早在 90 年底，即已配合紅十字會國際委員會推廣「戰爭法」與「國際人道法」，邀請該會遠東區代表在國防大學開課，於 92 年培訓種子教官，分赴各級部隊從事「武裝衝突法」宣教工作。

三、國軍精粹案

民國 97 年 5 月 20 日，馬英九總統就職，第二次政黨輪替，國防部依據其選舉所提《國防政策白皮書》，進行相關法案研修作業，其中《總政戰局組織條例》（修正草案），於 101 年 2 月函請立法院第八屆第一會期審議。內容延續以前有關「單位銜稱」和「主官職等」，並結合國防部「精粹案」規劃，其修正重點有：

1. 依據《中央行政機關組織基準法》規定，將組織條例修訂爲組織法。
2. 依據《國防部組織法》第八條規定，將總政戰局修訂爲政戰局。
3. 將局長官等由原編二級上將，修訂爲中將。
4. 配合國防部總督察長室成立，將軍紀監察業務移轉至該室。

事實上，從民國 98 年 2 月起，上將局長一職長年懸缺未派，政戰組織即開始面臨衝擊，包括在「精粹案」相關會議、戰規司的業管要求、長官的個別指導、立法委員的提議等方面，舉其犖犖大者如下：（一）研議政戰學院是否保留；（二）檢討副營長、副連長和營連輔導長的功能性，由副營長、副連長取代營、連輔導長。（三）藝宣中心裁撤；（四）播音大隊、福利總處委外經營；（五）政訓中心移編；（六）「遠朋班」移編；（七）眷服處大幅精簡；（八）軍事發言人降編；（九）保防安全處移編；（十）軍紀監察處移編（最早定案）。[57]

民國 101 年 11 月 22 日，立法院三讀通過修正案，完成《政戰局組織法》的組織更銜、局長降階和部門移編。該法經總統公布後於 102 年元旦起施行。經過「精實案」、「精進案」、「精粹案」等一連串裁減後，國軍政戰編制員額一再快速且大幅減少，包括連隊政戰士官、政治作戰連（政戰特遣隊）、藝工總隊、女青年工作大隊……等，均已正式

---

57 「陽明小組」彙編，〈前政戰局長王明我中將訪談〉，《政戰風雲路：歷史、傳承、變革－訪談實錄》（未出版），2021 年 3 月 11 日訪談實錄。

走入歷史。[58]

　　國軍從「中原案」、「十年兵力目標整建案」、「精實案」、「精進案」、「精粹案」一路走來，其實只有兩條軸線或目標，一是兵力精減為 21 萬 5 千人；一是組織調整、減併和再造。在「精進案」第一階段執行中，從民國 93 年開始招募志願役士兵，自此開始徵、募兵並行制度，並逐年朝募兵為主、徵兵為輔方向發展。97 年第二次政黨輪替後，接任國防部長的陳肇敏、高華柱，更將「精粹案」與募兵制的推動期程同步化，連同「國防二法」施行而成為影響「精進案」、「精粹案」之重大因素。

　　民國 98 年 9 月 30 日，前國防部長高華柱在立法院進行業務報告稱，自 97 年 7 月開始規劃「兵力結構調整案」（簡稱「精進案」），區分兵力結構調整、法制修訂與計畫執行三階段，主要原則包括：減少指揮層級、提高指揮速度，精簡高層、充實基層，簡併與戰訓無關任務，結合民間資源擴大委商……等。[59] 全案自 100 年元旦開始執行，預計 103 年 11 月完成，後因修法作業延遲，延到 104 年完成。[60]

　　國軍政戰體制，為配合國防組織再造（國防六法）與「精粹案」規劃，自民國 102 年元旦起，將原屬「軍紀監察處」移編總督察長室，文宣政教處更名為「文宣心戰處」，軍事發言人室更名為「軍事新聞處」。各軍種司令部、軍團（比照）政戰主任室內區分政戰綜合、文宣心戰、公共事務、保防安全、軍眷服務五個幕僚部門；軍級（比照）分為政戰綜合、保防安全兩個幕僚部門；聯兵旅（比照）維持政戰綜合科編制。

　　另在政戰專業單位與部隊方面，政戰總隊降編為「心理作戰大隊」，下轄五個中隊，其中播音大隊降編為「心戰第四中隊」，藝宣中心降編為「心戰第五中隊」，局屬「遠朋國建班」移編國防大學，福利總處更

---

58 同註 37。
59 立法院，《立法院公報》，第 98 卷第 50 期，民國 98 年 9 月，頁 229-280。
60 立法院，《立法院公報》，第 101 卷第 20 期，民國 102 年 4 月，頁 227-276。

名為「福利事業管理處」，軍事安全總隊不僅維持原編制，員額亦略有增加（如圖5-8）。

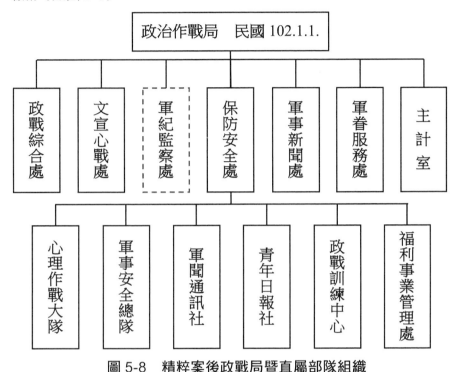

圖5-8　精粹案後政戰局暨直屬部隊組織

資料來源：國防部政戰局組織法

民國100年羅賢哲案爆發後，正值國軍推動「精粹案」。而此期間唯一復編的單位，則是職司保防安全的軍事安全總隊。[61]據媒體披露，民國80年代的反情報總隊，區分以「站」為單位，其工作性質類似憲兵的「社調工作」，著眼點側重部隊。「站」設於營區外，直接聽命總隊；而更小的單位則是組。「組」設於營區內，為軍團級以上設置。[62]隨後反情報總隊改名為「軍事安全總隊」，為國防部政治作戰局的直屬

61 林弘展，〈白色恐怖文獻案，揭發最神秘的「軍事東廠」〉，2016年3月8日《TVBS新聞網》，〈https://news.tvbs.com.tw/ttalk/detail/life/3131〉（檢索日期：2021年4月7日）。
62〈反情報總隊就是軍方小國安局〉，《新新聞週刊》，第247期，1991年12月2日，頁27。

專業部隊，其業務歸屬保防安全處督導，設總隊長及副總隊長各一人。為因應「羅案」，該總隊自102年4月1日起，於三軍司令部設有「安全工作組」。[63]

目前，政戰局屬國防部一級機關，受部長指揮，為國軍政治作戰最高指導單位，負責國軍政治作戰工作之策劃與督導。對外以「心理作戰」、「文宣作為」、「情治協調」、「戰爭面建立」及「軍事新聞處理」為重點，對內則以強化「心理輔導」、「心戰訓練」、「保防安全」及「官兵精神戰力蓄養」等為核心，以達成「鞏固自己、戰勝敵人」之目標。

民國102年元旦起，「國防六法」開始施行，「精粹案」尚在執行期程內，國防部即已著手研究、規劃下一波精簡兵力的「勇固案」。103年1月21日，青年日報以頭版頭條新聞披露「國軍持恆調整未來兵力結構」，報導稱「因應未來作戰形態、政府財政及武器裝備籌獲、人口結構變化等狀況，國防部持恆調整兵力結構。」國防部長嚴明在春節記者聯誼會上，首度說明初步規劃，「從民國104年到108年將實施『勇固案』，國軍兵力將從年底的21萬5千人，繼續調降至17萬到19萬之間，期達到防衛固守、有效嚇阻的目標，建立小而強、小而精、小而巧的國防戰力。」

事實上，嚴明部長任內，「勇固案」曾經過內部建案的作業流程，並在軍事會談中向馬總統報告，嗣後由於立法院外交、國防委員會決議，要求國防部於「勇固案」實施前，應先到該委員會進行專題報告，馬總統因而表示「暫緩」。民國103年4月17日，立法委員陳鎮湘在立法院公開反對「勇固案」，他認為國軍正在推動「精粹案」與募兵制等改革，政府若只為達成數字美化，滿足長官對數字的要求，則是錯誤的；國防部應以對歷史負責的態度來推動變革，不要成為歷史罪人。

民國102年7月4日，陸軍裝甲542旅發生「洪仲丘事件」，引發

---

63 林弘展，〈白色恐怖文獻案，揭發最神秘的「軍事東廠」〉，2016年3月8日《TVBS新聞網》，https://news.tvbs.com.tw/ttalk/detail/life/3131〉（檢索日期：2021年4月7日）。

社會輿論關注，最終導致國軍軍法制度的重大變革，即在承平時期將軍人審判移至司法體系的普通法院。緊接著 103 年 3 月 18 日至 4 月 10 日的「太陽花運動」，導致當時的執政黨在當年九合一選舉、105 年正副總統和立委選舉落敗，以及第三勢力政黨的出現。

　　民國 103 年 4 月起，有意參選臺北市長的柯文哲，陸續公開拋出議題：「要求政戰學校遷移，空出校地興建社會住宅。」當選後，翌年曾偕同吳思瑤立委候選人在復興崗門前，高談政戰學院土地活化利用。106 年，國防部為強化首都防務，調派海軍陸戰隊進駐復興崗，同年 10 月 25 日對外開放陸戰隊演訓過程，展現精實戰技。

　　另一方面，政戰學院依據《文化資產保存法》等相關規定提出申請，於民國 107 年 7 月 13 日獲臺北市政府核定，將校內「國民革命軍政工人員陣亡紀念碑」和「復興武德精神堡壘」登錄為臺北市歷史建築。該紀念碑建於 43 年，為紀念政工幹校學生於 42 年分發部隊實習，7 月 16 日在東山島突擊戰役壯烈成仁，紀念碑彰顯政戰學校訓練精神，及年輕學子為國犧牲之情懷，精神堡壘設計深具特色，且與紀念碑成一軸線，成為復興崗校區的兩大標幟，具見證校史的重要價值。

　　早年，在復興崗的教育班次眾多，生氣蓬勃、熱鬧緊湊[64]，包括有：基礎教育的大學部、專修班、專科班、預官班，進修教育的各類正規班（亦即高級班），深造教育研究部（碩、博士班）、研究班（指吜教育）；還有外國的「遠朋班」、中南美將官班，空勤的飛行政戰班。既有召訓上校以上的莒光班，更有譯電士官班，政戰士官班。早期的聯戰班有文職人員，軍樂班也培養了不少人才。偌大的校園裡，還有安全局獨立的安研班。

　　政戰學校在國軍歷次精簡案中，學系規模一再遭到縮減，民國 90 年以前的，如「精實案」中，革理、敵情、中文、外文、體育等系均紛

---

64 編審委員會，《崗上英華—國防大學政治作戰學院六十週年院慶專輯》（臺北：國防大學政治作戰學院，民國 101 年 1 月），頁 202-222。

紛走入歷史，及至 95 年併入國防大學後，僅有「政治學系」、「新聞學系」、「心理及社會工作學系」及「應用藝術學系」，每期招生人數相對減少。但有趣的是，陸軍官校於 107 學年度成立「應用外語系」，對外招生，國防部隨即通令海、空軍官校亦於 108 學年度成立「應用外語系」，對外招生。國防部又在 108 年 10 月 31 日，核准陸軍官校設立「運動科學系」，自 109 學年度開始對外招生。類此情況足以證明政戰學校當初設立的各系所，均為國軍整體實際需要的。

第五節　募兵新制　迎接國防新局

一、兵制頻更動

　　近年來，我國兵役制度從「徵兵」轉為「募兵」，主要背景因素有三：[65]

　　首先，是總統選舉的訴求。民國 89 年總統選舉，民進黨籍候選人陳水扁主張改革兵役制度，逐步推動募兵制度，建立專業化軍隊；93 年的總統選舉，為爭取青年選票，增加募兵比例，變成募兵為主、徵兵為輔的併行制。97 年總統選舉時，國民黨籍候選人馬英九主張逐年擴大募兵比例，以四到六年內完成全志願役的募兵制。

　　其次，是徵兵役期的縮減。我國徵兵役期規定，海、空軍三年，陸軍二年，直到民國 75 年首次縮短，89 年首次政黨輪替時，三軍常備兵役期，均為一年十個月，在陳水扁任內即連續縮短役期五次、每次二個月，至 97 年第二次政黨輪替時，役期已縮短為一年，使得募兵制成為必然的選擇。惟一年役期，扣除一百餘日的休假日，士兵的軍事訓練時間嚴重不足，基層部隊毫無戰力可言，充其量只是一個龐大的訓練班而已。

---

65 同註 38，頁 222-227。

最後，是軍事專業的需求。隨著各類科技的進步，已改變現代戰爭形態，帶動軍事事務革新，現代科技戰爭的智能化、無人化，減少操作的兵員數量，也要求操縱高科技武器裝備的人力，必須反覆訓練與驗證，以維持一定的專業技能。因此，國軍專業化即需要募兵，一年役期根本無法習得所需軍事專業技能，甚至會損壞新式武器裝備。

從徵兵制改為募兵制，主要經歷陳水扁和馬英九兩人任期，前者是過渡的徵募併行，使兵役制度產生「量變」；後者的全志願役募兵制，則使兵役制度發生「質變」。民國 48 年頒行的《志願士兵服役條例》，在 92 年修訂後，轉變成志願役為主、義務役為輔，從 93 年 11 月開始擴大辦理，惟招募成效不彰。94 年行政院通過「現行兵役制度檢討改進方案」，擴大招募志願役士兵，並修訂《志願士兵服役條例》：屆齡男、女均可報名，提高薪資，從此女性士兵大幅增加。

《中華民國 98 年「四年期國防總檢討」》第三章國防轉型規劃、第三節全募兵制的內文有一套完整的構想與規劃，甚具參考性[66]。惟行政院於民國 101 年 1 月 2 日訂頒「募兵制實施計畫」，力求於 103 年底達成百分之百的募兵比例，兵力規模調減為 21 萬 5 千人。然而，募兵制在實際執行時，受到「人口出生率」與「財政支持度」的嚴重影響，國防預算的人員維持費增多，仍無足夠的薪資誘因，吸引青年從軍。政府不得不將募兵完成期程延長到 105 年年底，並採取放寬招募門檻、提升福利照顧、增加女兵比例等因應措施，以提高招募成效。

民國 105 年 5 月 20 日蔡英文總統就職，同年 8 月 16 日國防部發布新聞：國軍推動「募兵制」的大方向不會改變，經多方努力，志願役人力雖穩定成長，然經審慎評估各單位兵力，仍未滿足國家及國防安全需求，將於 106 年持續徵集 82 年次以前役男……。[67] 直至 107 年元旦起，達成「平募戰徵」形態，即常備部隊以志願役人力補充，未來徵集義務

---

66 國防部，《中華民國 98 年「四年期國防總檢討」》（臺北：國防部，2009 年 3 月），頁 56-58。
67 國防部，〈國防部新聞稿〉，2014 年 8 月 16 日。

役男於完成四個月軍事訓練後，納管為後備軍人接受訓練，戰時徵召後備部隊共同防衛國土。

自此，由募兵新制鑄造的國軍，是在軍事事務革新的**趨勢**下，在兩岸軍事實力失衡的背景下，為能有效確保國家生存與安全，所打造成的量少、質精、戰力強的專業化、現代化勁旅。如此的精銳勁旅，必然是訓練有素、紀律嚴明，不僅要有維繫戰力的現代化、高科技武器裝備，也要培養和提升將校風範、部隊風氣、精神戰力、國民意志等無形戰力，國家領導人更要提出願景、引領方向，使軍人深知「為何而戰！為誰而戰！」

二、政戰開新局

馬英九總統早於民國 97 年 5 月 20 日就職前，即依中華民國憲法架構，提出「不統、不獨、不武」的兩岸政策主張，國防則以守勢戰略為指導，建構「固若磐石」的國防力量，建立「嚇不了（戰志高昂）」、「咬不住（封鎖不住）」、「吞不下（佔領不了）」、「打不碎（能持久抗敵）」的整體防衛軍力。因此，致力打造精銳新國軍、推動全募兵制、重塑精神戰力、編配國防預算、完備軍備機制，以實力作後盾推動兩岸和解、絕不發展核武及其它大規模殺傷性武器等。其中，在「重塑精神戰力」方面，主要是塑造精實強悍的軍風，杜絕虛偽造假、逢迎拍馬、揣摩上意的歪風；尊重國軍歷史傳承，提振軍人榮譽，讓優秀人才出線，建立優質專業之軍官團。

國軍政治作戰，素以建構整體的精神戰力為重點，包括八項指標：（一）堅定國家認同（中華民國）。（二）培養忠貞氣節（軍人武德）。（三）塑造高尚品德。（四）嚴明軍隊風紀。（五）凝聚部隊團結。（六）反制敵人心戰。（七）鞏固決勝戰志。（八）建構全民國防。在精神教育上，全力落實部隊、學校教育，運用莒光日電視教學，青年日報一報三刊、漢聲電台、軍聞社等文宣管道，加強各級主官的親教；政訓課程

規劃專題講演及部隊座談；持續宣導重大戰役史實，表彰先烈忠勇愛國、犧牲奉獻精神，增進官兵武德修養和忠貞氣節。

同時，致力保密防諜工作的強化，期間和國安會、國安局的互動密切，國安會多次集會商議兩岸民間交流熱絡，如何強化全民國防？如何訂定退將到大陸的行為準則等。國安局整合、指導國安團隊，敵人正加劇滲透，在此情況之下，保密防諜乃重中之重。另召開「三戰」諮詢會議，邀請國安單位、政府機關官員，學者專家進行研討，諮商專業意見，供決策單位參考。

心戰大隊為吸引、說服、影響、改變目標對象，將漢聲廣播電台數位化，成立「光華之聲」臉書粉絲專頁，接受來自大陸各地的聽友回饋，精進廣播心戰工作。國內心防工作，以「全民國防」教育為重點，無論靜態文宣走入校園，或青年學生暑期戰鬥營，拍攝微電影，首長下鄉、藝宣中隊走入民間或部隊支援鄉里民間活動，都是政戰專業部隊執行的工作。

政教文宣工作著重「立」與「破」。如何鞏固官兵正確認知，強化眷屬支持國軍，以及導正社會大眾對國家民族與國軍的看法，從民國98年到104年間，國防部舉辦多項重要的紀念軍史、先烈典範的軍民藝宣活動，產生相當宏大的效果。

此期間，國防部政戰局每年策辦暑期戰鬥營、南沙全民國防研習營，以及黃埔建軍、建國百年慶祝活動，七七抗戰、古寧頭戰役、八二三戰役、一江山戰役、紀念「抗戰勝利70周年暨臺灣光復」等一系列活動，多次在軍事會談、活動結束後，深獲馬英九總肯定與嘉勉。例如，為紀念「抗戰勝利70週年暨臺灣光復」，政戰局主辦大型音樂劇「碧血丹心，永續和平」，民國104年7月20日在世貿國際會議廳演出全國五場巡迴中的最後一場，邀各界人士共同觀賞。節目散場時，馬總統與王明我局長握手時說：「政戰局，好！」當晚高秘書長另致電王局長說：「總統有感於音樂劇的演出，弘揚史實，緬懷先烈，達到振

奮人心的目的，特別轉達總統對策演人員的讚許之意。」[68]

三、再創新嘉猷

　　民國 99 年，新任國家安全會議秘書長胡為眞暨副秘書長葛光越、諮詢委員鍾堅等，深知政戰局在國軍體系內外，負有思想、文宣、作戰、安全、民事服務、全民國防…等業務與責任，具有可觀的作業能量和戰力，因此經常透過國防部指導政戰局，遂行國家階層的政戰作戰。嗣後，高華柱接任國安會秘書長，仍繼續倚重政戰局整體作業能量，推展相關國安事務。

　　然而，民國 105 年第三次政黨輪替後，臺海兩岸關係轉趨緊張對立，政戰局及其所屬專業部隊，在遂行穩定內部人心，鼓舞軍心士氣，宣揚政府施政成效（內宣）和「反三戰」（外宣）等具體作為上，為國人有目共睹。

　　民國 105 年 12 月 14 日，蔡英文出席「國軍第 50 屆文藝金像獎頒獎晚會」，頒發終身榮譽獎予李奇茂等七位資深老師，除肯定國軍文藝金像獎的歷史意義，也期許國軍傳承創新精神，持續扎根茁壯。此獎項的重要意義，在於結合「文藝」和「武藝」，鼓勵軍人、眷屬和後備軍人，透過音樂、文字、美術與影劇創作，為時代留下記憶，讓民眾能夠更加認識國軍、了解軍人的情感和精神，並建立藝文交流管道，凝聚軍民向心，使國軍新文藝運動成為國家藝文發展的重要一環。

　　政府另為因應資訊科技發展、戰爭形態轉變及中共翻新安全威脅，民國 106 年 7 月 1 日將原統一通信指揮部擴編，提升為「資通電軍指揮部」，成為我國專門針對中共網軍威脅所設立的反制戰力，也是國軍轄屬兼具「攻守一體」特性的軍事網路安全單位。該單位雖專責於資訊安全的攻防，但與政戰局所屬專業部隊多所交流，蓋後者負責網路心理戰

---

68 同註 57。

的因應與反制。

民國 107 年 6 月 29 日，蔡英文在主持「107 年三軍六校院聯合畢業典禮」時，特別指出：「國防除須因應迫切的威脅，也需要長期和前瞻的視野，評估未來可能的狀況，提前做出因應的準備。……尤其是這兩年多以來，政治作戰局的戰力已經明顯提升，多次成功地反制對岸的宣傳戰。資通電軍指揮部的成立，則擔負起鞏固國家資訊安全的重要使命。戰力的精進、建軍的加速、準則的創新等等，都代表國軍正一步步，往正確的方向前進。」

民國 109 年 4 月 6 日，蔡英文在視導軍事新聞通訊社和青年日報社後，隨即在個人臉書以「史上第一次，軍聞社開箱」為題發文表示：「國軍除戰備演訓外，在當代更面臨來自境外訊息戰的挑戰。……軍聞社、青年日報的同仁，上山下海，不怕苦、不怕難，就是他們的日常工作寫照。他們是『為國家寫紀錄，為國軍寫紀錄』的英雄，希望大家都能多多給他們鼓勵和支持，一起追蹤軍聞社、青年日報，收看國軍最新動態，為守護國家的國軍加油。」

同年 12 月 17 日，蔡英文訪視由國防部與臺北市政府合作共辦，委託實踐大學經營的「國防部大直非營利幼兒園」。隨後，在聽取政戰局簡報「國防部未來推廣公共化教保服務規劃」後，認為國軍透過此一實質托兒照護模式，可達到軍人安家、眷屬安心的目標，還能兼顧弱勢照顧及照顧周邊居民，有效活化土地，深具意義。

另為能有效因應印太國際情勢、中共武力威脅、國家兵制（募兵、軍事訓練役）發展和社會現實（老年化、少子化）情況等實際需要，立法院於民國 110 年 5 月 21 日通過「國防部全民防衛動員署組織法」，將後備指揮部移編至 111 年元旦成立的全民防衛動員署，連帶牽動該部整體組織編制，包括政戰位階、員額均縮小。如此，將使得 34 年 9 月 1 日於重慶成立的臺灣警備總司令部，在歷經保安、軍管區、海岸巡防、後備動員等重要歷史轉折、更銜後，再次展開重要的轉變。

目前對國家安全威脅最重者，主要是中共的「灰色地帶威脅」，係在臺海兩岸和、戰的模糊區間，混合運用非直接動用武力、準軍事或低度軍事手段，進行襲擾、脅迫與企圖引發衝突事件，對我國家安全和區域穩定造成危害。近年來，中共頻繁對我運用灰色地帶策略，包括操作認知戰、資訊戰及機艦侵擾等方式，以動搖民心士氣，消耗國軍戰備，侵蝕我國家安全，亟需加強防範應處。[69]

民國 110 年 3 月，國防部的《中華民國 110 年「四年期國防總檢討」》指出：「認知作戰」（Cognitive Warfare）以影響對方心理意志及改變思維為目標，作戰場域不受時空限制。中共綜合運用心理戰、輿論戰、法律戰之「三戰」作為，及散播不易分辨的假消息，藉由全面性的文攻武嚇手段，企圖造成我國內部矛盾。為有效反制中共認知戰，國軍已建立快速應處機制，持續運用多元媒體導正輿論，消除社會的疑慮與不安，鞏固國人與官兵心理防線，同時做好戰略溝通，即時澄清公布，爭取國際了解與支持。[70]

其實，認知作戰只是政治作戰的「新瓶舊酒」形式。政治作戰係以「人」為主要對象，它屬於思想、意志、精神、心理認知方面的鬥爭，主要展現在「不戰而屈人之兵」的心理征服上。當人類戰爭形態因科技發展而愈趨文明時，心理作戰的重要性愈凌駕於軍事作戰之上。尤其是近年來資訊技術在軍事領域的廣泛運用，使得認知作戰應運而生，成為資訊戰爭下的心理作戰最新態樣之一。[71] 凡此，國軍政戰早有一套完善的因應之道，用以防範敵人的秘密破壞，其具體作法包括防範實體破壞、心理破壞與陰謀導誤等三方面。而此一有效反制敵人對我進行認知作戰的良方，過去、現在和未來，皆是如此。

---

69 中華民國 110 年「四年期國防總檢討」編纂委員會，《中華民國 110 年「四年期國防總檢討」》（臺北：國防部，2021 年 3 月），頁 38。
70 同上註，頁 39。
71 黃筱薔主編，《國軍政治作戰學–政治作戰的理論與實踐（下冊）》，（臺北：黎明文化，2010 年），頁 51。

第六章

鋪天蓋地
三戰攻防搶先機

　　中共的心理戰、輿論戰、法律戰（簡稱「三戰」），首見於 2003 年 12 月修訂的「中國人民解放軍政治工作條例」（以下簡稱《政工條例》）[1]，條例提出之初，僅強調開展心理戰、輿論戰、法律戰，發揮政治工作的作戰功能，同時聚焦在戰時政治工作[2]。從時間點來看，一般認爲是中共汲取兩次「波灣戰爭」，以及 1999 年科索沃戰爭、2001 年阿富汗戰爭等經驗，發展出來的政軍理論與作戰指導[3]。從內容與對象來看，初期也只是聚焦在中國人民解放軍（以下稱共軍）與對臺工作，但由於「三戰」具橫跨平戰、超越軍事特性，當與中共自詡「三大法寶」之一的統戰鏈結後，其所產生外溢的能量遠遠超乎軍事作戰效果，甚至可擴及包括美國在內的任何鬥爭對象。

　　以往反制中共的「三戰」或「統戰」，吾人總樂觀以爲，自由民主普世價值是抗衡中共專制極權的利器；然而，當這個體制運作已然七十餘年，並沒有因爲曾經的動蕩而瓦解。近年來，更由於俄羅斯國力衰退、英國脫歐紛擾、中東地區屢出變局，以及全球疫情影響，讓中共竄起並具備挑戰美國超強的能力，因此中共「三戰」將如何運用其宣稱的「中國特色社會主義」的「制度優勢」，展現出特有的作戰能力，不僅威脅中華民國（以下稱臺灣）的國家安全，甚至影響美國國家利益，同時挑戰其「獨超」地位。準此思考，中共「三戰」的威脅與影響，已然超越其《政工條例》的戰時政治工作範疇，故必須深入了解其黨、政、軍、群整合運用情況，方能窺知其核心能力與作爲效能，進而評估威脅。

　　事實上，在民國 76 年解除戒嚴前，海峽兩岸，無論是大陸的

---

1 中共建政後，於 1954 年 4 月中央軍委會公布《解放軍軍隊政治工作條例（草案）》，該草案於 1963 年 3 月正式公布實施迄今，期間曾經過多次修訂，是現行軍隊政治工作的主要依據；繼 2003 年之後還有 2010 年修頒，今（2021）年 2 月再次修頒，因配合「軍改」組織調整後的修訂，預判修改幅度更甚以往。參見〈開創新時代軍隊政治工作新局面－中央軍委政治工作部領導就新修訂的《軍隊政治工作條例》答記者問〉，《解放軍報》，2021 年 2 月 20 日，第 3 版。

2 許如亨，〈共軍「三戰」就是戰時心理戰：評「誤解」最多的大陸政策〉，《新世紀智庫論壇》第 43 期，2008 年 9 月，頁 53-61。

3 朱顯龍，〈中國「三戰」內涵與戰略建構〉，《全球政治評論》第 23 期，2008 年 7 月，頁 31；許如亨，同上註，頁 53；陳子平，〈中共「三戰」意涵與對臺海安全之威脅〉，《國防雜誌》第 23 卷第 1 期，2008 年 2 月，頁 61。

「黨國體制」或臺灣的「民主威權體制」，其政權形態，均係透過「黨權」整合(分配)國家資源，力求實現國家戰略目標。為區別敵我政治工作的本質、內容、精神之不同，52年蔣中正總統指示研議，將原「軍隊政治工作」更名為政治作戰[4]，後續並將政治作戰區分為「國家」與「軍事」兩個階層，國家階層政治作戰是指「凡為確保國家安全，達成國家目標，除直接使用軍事以外之手段均屬之。」[5] 其特性亦近乎「三戰」所指涉意涵；由於政治作戰既是維護國家安全的戰略運用，亦是協助達成軍事任務的實務作為。懷於國家安全使命、軍事任務職責，以及知敵、勝敵的目標，政治作戰不僅需要掌握共軍「三戰」實際作為，對於影響國家安全之超軍事的「三戰」動態議題，亦須隨時關注。惟隨著民主化、法制化發展（參見第四、五章），國軍政治作戰雖限縮在國防軍事範疇，然基於「經驗傳承」與「敵情共責」之需，仍定期召開「諮詢會議」，藉由專題討論、學者專家與談，彙整因應對策與建議事項，提供國安單位參考運用。

第一節　中共「三戰」的緣起與內涵

　　2003年江澤民主政時期，以《政工條例》這個具有黨、軍性質條令提出「三戰」，檢視當時中共說法，除領導人對傳統軍隊政治工作指導外，並指稱：「是體現了高技術戰爭對政治工作的新要求，並開展輿論戰、心理戰、法律戰等……。」同時強調「政治工作是構成軍隊戰鬥力的重要因素，是實現黨對軍隊絕對領導和軍隊履行職能的根本保證。」[6] 並以「政治工作作戰功能」表述其內涵，顯示「三戰」原是聚

---

4 國軍政戰史稿編纂委員會編，《國軍政戰史稿（上冊）》（臺北：國防部，1983年），頁53-57。
5 國防部政治作戰局，《國軍政治作戰要綱》（臺北：國防部，2016年），頁1-4。
6 〈經黨中央軍委批准《中國人民解放軍政治工作條例》頒布〉，《解放軍報》，2003年12月15日，第1版。

焦輔助（支援）軍事作戰任務，然隨著時空環境轉變與作戰理論推升，「三戰」逐漸超越軍事範疇，成為國家戰略手段，遂引起鄰國與世界強權的警惕與關注。

一、「三戰」的緣起

人世間事物，既非憑空而有，也不能單獨存在，必須具備種種因緣條件聚合才能成立，這些因緣條件，在社會科學的「系統理論」，通常以內、外環境因素及反饋功能來表述；換言之，「一個系統能否持續存在或健全發展，其能否自環境取得所需者，並提供環境所需輸出項，至關重要。」[7]中共提出「三戰」的外因，主要是受到兩次波灣戰爭的啟示，內因則是要彰顯傳統軍隊政治工作效能，同時結合對臺統戰工作的推展和運用。

（一）懍於高技術戰爭形態的啟示

德國軍事學家羅倫斯‧馮史坦（Lorenz Von Stein）曾說：「真實的戰爭是對每一個軍事事務，永恆而生動的批判者。」[8]1991 年爆發的波斯灣戰爭，令世人見識到高科技武器主宰戰爭形態的戰場盛況。在全球追求「軍事事務革命」（Revolution in Military Affairs, RMA）浪潮中，中共亦開始進行一連串「高技術戰爭」之論證研究。隨後 1999 年科索沃戰爭、2001 年阿富汗戰爭，乃至 2003 年剷除海珊政權的第二次波灣戰爭，這期間又夾雜兩次俄羅斯鎮壓「車臣戰爭」[9]。對比之下，讓北京當局見識到其傳統的人民戰爭思想恐難適應高技術戰爭，乃積極展開以資訊化為核心的軍隊現代化，期望建立一支足以「打贏信息條件下局部戰爭」的現代化軍隊；另一方面，也希望發揮宣傳戰、輿論戰、

---

7 呂亞力，《政治學方法論》（臺北：三民書局股份有限公司，1989 年），頁 235。
8 陳新民，《軍事憲法論》（臺北：智揚文化事業公司，2000 年），頁 II。
9 兩次車臣戰爭分別發生在 1994、1999 年，第一次俄羅斯敗給車臣反抗軍，第二次俄羅斯擊潰反抗軍，並奪回對車臣的控制權。

心理戰等軟殺傷能力，對敵人進行心理威懾或進行意識形態領域的作戰行動。

（二）彰顯政治工作作戰功能

正當中共全軍上下傾全力鑽研「第三波戰爭、高技術戰爭」之際，被推崇爲「生命線」的軍隊政治工作，卻難以彰顯其戰場功能，甚至出現「演習場上軍事幹部忙得團團轉，政工幹部沒事幹」[10]的嘲諷，共軍龐大的政工體系，除傳統上鞏固黨領導的核心價值外，亦急於尋找軍事作戰的保障功能。

無獨有偶，2003 年初的第二次波灣戰爭（中共稱「伊拉克戰爭」）軍事熱戰開打，號稱百萬雄師的伊拉克共和衛隊，在高科技制導武器運用下迅即土崩瓦解，作戰過程藉媒體輿論運用、心戰威懾作爲，乃至於爭取國際支持、武裝衝突規範都眞實出現[11]。共軍「總政治部」於同年 11 月向江澤民提報「美伊戰爭」總結與經驗後，經裁示「面對新形態的戰爭環境，必須要開展輿論戰、心理戰、法律戰，要把這『三戰』擺到重要位置。」[12]中共中央軍委會於是將「三戰」納入同年（2003）12 月修頒的《政工條例》，強調「三戰」是政治工作的作戰功能，也是有別於軍事作戰的新形作戰樣式，從而擴大軍隊政治工作的軍事、政治效能。

根據當時參與修訂《政工條例》的共軍學者公方彬自述，爲了將政治工作的作戰功能概念納入《條例》之中，曾多次向首長提報，並指稱以往「瓦解敵軍都強調依託軍事行動，……沒有形成一種獨立的作戰樣式，隨著信息技術的發展，通過政治作戰達成目的的要求愈來愈高，效

10〈政工幹部在演習場上忙起來〉，《戰友報》，2000 年 10 月 28 日，第 3 版。

11 賴世上，〈美伊戰爭政治作戰運用與啓示〉，《國防雜誌》第 18 卷第 10 期，2003 年 4 月，頁 82-98。

12 程寶山主編，《輿論戰、心理戰、法律戰基本問題》（北京：軍事科學出版社，2004 年），頁 2-3。

能愈來愈強。」[13] 因此，戰時政治工作乃成為一種既可依托軍事行動，也可獨立展開的作戰樣式。

憑藉黨與領導者的支持，軍隊政治工作作戰功能，以及心理戰、輿論戰、法律戰等作戰樣式的相關研究論述成為一時顯學。根據 CNKI 中國知識網之《中國期刊全文數據庫》，以「軍隊政治工作、政治工作作戰功能」為題稱，查詢迄今計有 467 篇，其中僅 2004 年至 2008 年間，即有 252 篇相關研究論文，佔 54.3％ [14]。在理論支撐、領導支持下，中共開始組建信息化的心戰部隊（單位），並制定《戰時政治工作綱要》、《三戰要綱》等準則，同時展開訓練推演，力圖形成戰力 [15]。由此可知，「三戰」的問世，充分彰顯了軍隊政治工作功能，讓原本逐漸消退的政工系統重回軍隊權力核心。合理推測，時任總政治部主任徐才厚（2002/11-2004/9），係因籌建與推廣「三戰」之功，而得以晉升中央軍委副主席，並於江、胡時期權傾一時，直至習近平掌權，以「貪瀆」罪名拔除後，罹癌病逝。[16]

（三）基於對臺統戰工作的需要

從 1979 年鄧小平掌權後，中共雖歷經三代領導人，惟其「和平統一、一國兩制、不放棄武力」之對臺政策方針始終未曾改變。2019 年 1 月，習近平在發表《告臺灣同胞書》40 周年紀念會上，提出的「和平統一、一國兩制、一中原則 (不放棄武力)、兩岸合作、心靈契合」五點談話 [17]，仍未跨越鄧小平的對臺政策基調。

回顧以往，臺海兩岸歷經 1996 年「臺海危機」、1999 年「特殊國

---

13 公方彬，《政治作戰初探》（北京：解放軍出版社，2004 年），頁 6。

14 〈http://cnki.sris.com.tw/kns55/brief/result.aspx?dbPrefix=CJFD〉（檢索日期：2021 年 3 月 7 日）。

15 賴世上，〈從共軍政治工作研析對台「三戰」能力與作為〉《國防雜誌》第 22 卷第 3 期，2007 年 6 月，頁 87。

16 〈徐才厚因膀胱癌死亡〉《人民網》，2015 年 3 月 16 日〈http://politics.people.com.cn/n/2015/0316/c1001-26696209.html〉（檢索日期：2021 年 3 月 8 日）。

17 〈《告臺灣同胞書》發表 40 周年紀念會在京隆重舉行，習近平出席紀念會並發表重要講話〉《人民日報》，2019 年 1 月 3 日，第 1 版。

與國關係」，以及 2000 年我國首次政黨輪替後，中共體認到僅依賴單純的軍事威懾或文宣討伐（文攻武嚇），並無法嚇阻日益高漲的台獨意識。隨著兩岸交流擴大，對臺統戰必須更細緻化，而 2003 年提出的「三戰」指導，既可從心理上打擊台獨主張，更可從輿論上爭取國際認同與臺灣民眾支持，同時透過法律戰手段，對外宣示主權、對內敦促統一。如 2005 年 3 月制定通過的《反分裂國家法》，其所提出的動武時機與法律授權規範，即屬「法律戰」之具體運用。

根據中共 2020 年 12 月正式訂頒的《統一戰線工作條例》第 35 條提出：要「廣泛團結海內外臺灣同胞，發展壯大臺灣愛國統一力量，不斷推進祖國和平統一進程，同心實現中華民族偉大復興。」[18] 其所謂發展壯大愛國統一力量手段，即是利用交流管道、宣傳平台，並結合惠臺措施與機艦繞臺，試圖拉攏臺灣民心，並配合威嚇、宣示主權的「三戰」等作爲。

由此可知，對臺統戰既是中共「三戰」初始的作戰對象，也是經常性的策略作爲，只是隨著國際情勢轉變與中共崛起，「三戰」已從對臺正面攻擊，逐漸擴及鄰國，乃至區域、全球的輻射影響，並引起國際關注。

二、「三戰」的內涵

西方兵聖克勞塞維茨（Carl von Clausewitz）認爲：「戰爭是一種以迫使對方實現我方意志的暴力行爲。」[19] 更早之前，中國兵聖孫子已指出，最好的戰爭是透過「伐謀」的手段，達到「不戰而屈人之兵」之目的。前者著眼於暴力、脅迫；後者強調伐謀、屈兵。就謀略戰而言，「戰爭不再是解決各種利共益衝突的有效途徑，而謀求以低風險、低代價，

18〈中共中央印發《中國共產黨統一戰線工作條例》〉《人民日報》，2021 年 1 月 6 日，第 1 版。
19 Roger Ashley Leoward 著、鈕先鍾譯，《克勞塞維茨－戰爭論精粹》（臺北：軍事譯粹社，民國80 年），頁 42。

甚或無風險、無代價，以非武力方式解決利益衝突，成為社會發展的時代要求。」[20]準此，中共「三戰」既符應「不戰而屈人之兵」的作戰形式，在軍事作戰上亦可發揮「損小、效高、快打、速決」的目標。

中共解放軍不僅從世紀交替多次局部戰爭經驗，獲得發展高技術能力的啟示，更融入中國傳統兵學思想精髓，同時運用引以為豪的「統戰」概念，發展出軍隊政治工作作戰樣式的「三戰」內容，在綜合國力與資訊技術的支撐下，呈現多元、靈活樣態。它既是國家戰略呈現「銳實力」的綜合運用，也是支援軍事作戰任務的重要方式。

（一）超軍事、跨平戰，提升為國家戰略

曾任中共軍科院政工研究所副所長的公方彬指出：「『三戰』是圍繞軍事目的，通過對各種資源的整合，從政治、思想、精神、心理、法律等領域展開對敵攻勢，以達成目的的非武力對抗形式。它開展於軍事打擊之前，貫穿於軍事打擊之中，繼續於軍事打擊之後，實現小戰大勝，甚至不戰而勝。」[21]換言之，中共「三戰」是將一些原本不屬於軍事領域的因素，加入構成戰爭的要件中，形成一個包含軍事領域與非軍事領域的新作戰形態。

針對「三戰」威脅，我國《國防報告書(民國95年)》即曾指出：「中共意圖透過輿論戰、心理戰手段，一方面針對我方民心士氣、抗敵意志及內部團結進行破壞、分化與顛覆，另一方面則欲操縱其自身民族主義及國家主義，凝聚其對臺非和平政策的共識與支持。此外尚透過法律戰等手段，削弱我主權地位，冀圖製造未來對臺動武之法理正當性，……。」[22]顯示中共「三戰」不僅橫跨平時與戰時，並且超越軍事作戰範疇。當「三戰」僅止於對臺政策時，實質上，它只是臺海兩岸「交

---

20 郝應祿、趙效民，〈論戰略心理戰的指導原則〉，《西安政治學報》，第17卷6期，2004年12月，頁83。
21 公方彬，前揭書，頁470。
22 國防部，《中華民國95年國防報告書》（臺北：國防部，2006年），頁69。

流」與「對抗」的作為，抑或是對臺統戰策略的運用。

　　然而隨著國際戰略情勢轉變與中國崛起機遇，「三戰」既可用於操作鄰國領土主權爭端的手段，亦可廣泛運用於提升中共的國際影響力。前者如2020年6月間，中共與印度再次爆發拉達克（Ladakh）邊界衝突，就出現諸多「三戰」應處作為[23]；另中共於近期訂頒之《中華人民共和國海警法》，亦呈現其「三戰」意涵。又如在國際上極力推廣「孔子學院」之大外宣作為，乃至於美、中對抗（貿易戰、科技戰）過程中，都有「三戰」運用的身影。從國際間的權力互動與競逐，顯現「三戰」既超越軍事領域，也沒有平戰時之別，在達成國家目標的驅動下，綜合運用政治、經濟、軍事、心理、科技等方面力量，這些作為通常是藉由政策操作中的心理攻防、輿論爭奪、法律支持，而呈現出整體的謀略運用成果。

（二）巧實力、銳實力，靈活的統戰操作

　　「巧實力」（Smart power）為美國哈佛大學奈伊教授（Joseph S. Nye）繼上個世紀九〇年代提出的「吸引、說服、籠絡（co-opt）力量」[24]等軟實力（Soft power）之後，再次修正的權力概念。根據他的說法，巧實力是「結合脅迫收買的硬實力，以及勸服與吸引的軟實力；並在不同情境中發展出有效戰略的能力」。[25]然而隨著國際情勢的發展，美國學者克里斯托弗・沃克（Christopher Walker）和傑西卡・路德維希（Jessica Ludwig）則認為，「硬實力」與「軟實力」這兩種權力概念，已不足以概括目前專制政權在超級全球化時代中的權力行為類型，而提出「銳實力」（Sharp Power）概念。它是指「專制政權將國內壓制言

---

23 張蜀誠，〈近期中印邊境衝突事件之中共「三戰」策略研析〉，《109 年三戰諮詢會議》，2020年 12 月，頁 66-113。

24 Joseph S. Nye, Jr., "Soft Power," *Foreign Policy*, No. 80 (1990), pp. 155-165.

25 Joseph S. Nye, Jr. 著、林靜宜譯，《權力大未來》（The future of power）（臺北：天下文化，2011年），頁 14-15。

論自由的作法，隨著其經濟力量與全球競爭能力的增強，逐漸向外擴散，並日益危害國際民主社會之中。」[26]

另如《經濟學人》雜誌，甚至以中國的銳實力為封面故事（圖 6-1）指稱：銳實力的主要手段是「顛覆、欺凌和壓迫，並將這些相結合，以促進自我審查。」並深入報導說：「北京長期試圖利用簽證、補助、投資和文化，追尋自身利益，使中共的行動，變得更具威嚇性和全面性，……。」[27] 根據中共商務部對外公布：「截至 2019 年末，中國在全球 188 個國家（地區）設立境外企業 4.4 萬家，對外投資存量 2.2 兆美元，居世界第三位，境外資產總額達 7.2 兆美元。」[28] 同樣的，美國「民主基金會」亦發表專文指出，銳實力「側重的是以利誘或恫嚇方式，令有利於己方的輿論變成主流。」[29]

事實上，無論是巧實力，還是銳實力，基本上皆未脫離硬實力與軟實力的交互靈活運用，這些方式與手段，均能以「三戰」樣態體現，甚至可說是中共統戰的概念深化與策略運用。

中共自詡為「三大法寶」之一的「統一戰線」，其實是一種對立統一的辯證概念，也是一種謀略運用。根據《統戰條例》的解釋：「統戰是黨凝聚人心、匯聚力量的政治優勢和戰略方針。」其核心原則是聯合次要敵人打擊主要敵人，所以運用上必須先區分敵、友關係，然後利用他們的矛盾，時而聯合、時而鬥爭，同時採取軟、硬兩手策略，過程中還必須因應情勢靈活變換，而這些宣傳、利誘、聯合、分化，抑或是威嚇、圍堵、打擊、施壓等作為，皆可以「三戰」形態呈現（圖 6-2）。

26 Christopher Walker, Jessica Ludwig, "The Meaning of Sharp Power," *Foreign Affairs*(Nov. 16, 2017), pp.1-6.

27 *"How China's Sharp Power is Muting Criticism Abroad", The Economist*(Dec 14th 2017), p. 9.

28 〈大陸今年外商投資將逾 1.4 億美元創新高〉《聯合報》，2020 年 12 月 30 日，A4 版。

29 *"Sharp Power: Rising Authoritarian Influence"*,The National Endowment for Democracy NED) 〈https://www.ned.org/wp-content/uploads/2017/12/Sharp-Power-Rising-Authoritarian-Influence-Full-Report.pdf〉（檢索日期：2021 年 3 月 8 日）。

圖 6-1　《經濟學人雜誌》
　　　　以中國銳實力為封面故事

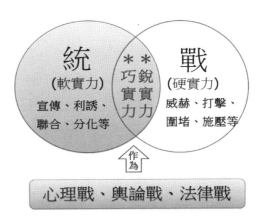

圖 6-2　統戰、巧實力、銳實力關係

（三）「三戰」一體，多層次相互支援

　　大凡概念或理論的普遍性程度愈高，其解釋與適用的廣度就愈大[30]。資訊化環境中的「三戰」，實際上就是不同國家和不同軍隊間運用資訊媒介，透過輿論較量、心理對抗與法理爭奪，以爭取政治主動權和戰爭勝利。[31]共軍相關研究認為：「從本質上講，『三戰』都是以信息為載體，以政治功能為導向，以心理攻擊為目標的政治鬥爭。輿論戰主要是通過輿論宣傳，製造於己方有利的輿論，使敵方喪失輿論的支持；心理戰主要作用於人的心理，以鞏固己方的心理防線，摧毀敵方的戰鬥意志；法律戰則是用法律武器，論證己方作戰行動的合法性，揭露敵方的違法行徑。三者雖各有特定的作戰領域和作戰內容，然而，他們之間的區分只是相對的，在實際作戰行動中，他們互為條件、互為支援。[32]

　　舉例而言，一則善待俘虜的媒體報導，對敵是攻心的心理戰，對外也是宣揚遵守「武裝衝突法」的法律戰，同時也是爭取敵、友支持其輿論戰。由此可知，「三戰」本質上是互為體用、彼此相應的，「心理戰、

30 例如「系統理論」被社會科學廣泛運用；孫子兵法「知己知彼，百戰不殆」，既可用於各類、層級作戰或對抗，甚至適用於商場行銷、人際關係。
31 郝唯學、趙和偉編，《心理戰講座》（北京：解放軍出版社，2006 年），頁 277。
32 王強，〈適應基於信息系統體系作戰要求，提升輿論戰、心理戰、法律戰一體化作戰效能〉，《西安政治學院學報》第 24 卷第 3 期，2011 年 6 月，頁 64。

法律戰需要借助輿論戰手段展開；輿論戰、法律戰需要心理戰引導；輿論戰、心理戰需要法律戰加以強化。唯有實現三者的最佳組合，才能產生政治、軍事所需要的綜合精神效應，最大限度地擴展軍事行動的政治影響力和精神殺傷力。」[33]

　　中共「三戰」之間既具有互爲體用特質，其層次又可區分爲國家階層與軍事階層，抑或區分爲戰略、戰役、戰術層次（表 6-1），各類別與層次所指涉對象、範圍雖不盡相同，但依時空環境與事件性質卻可相互支援、相互策應。[34] 由此可知，「三戰」的功能可從戰略體系階層進行思考，並涵蓋戰鬥、戰術、戰役，以及軍事戰略、國家戰略，針對不同階層，形塑可操作性（operative）作爲，具有普遍存在的價值性。若對應我國現行的國家安全與軍事戰略單位，即是反制中共「三戰」的權責單位，戰略層次無平、戰時之分，戰役、戰鬥層次則須置重點於軍事作戰範疇。

表 6-1　中共「三戰」層次、組織、內容與我國對應單位研判表

層次	中共執行部門	我國對應單位	內　　容
戰略層次	由黨中央及中央軍委領導實施	總統府、行政院相關部會、國家安全會議、國安局	主要針對國際輿論、中立國和敵方上層及廣大民眾，使用各種宣傳媒介和政治、外交手段，震懾敵人、爭取朋友、贏得民心。
戰役層次	戰區和各戰役軍團組織實施	國防部（政戰局）、聯合作戰指揮中心（政戰中心）	由專業部隊承擔任務。主要是針對敵方官兵及民眾，採用廣播、電視、空投、海漂等方式和手段。
戰術層次	由作戰部隊組織實施	各戰區（防衛部）、海軍艦指部、空軍作戰指揮部	工作對象是當面交戰之敵，由作戰部隊組織實施，少量專業部隊配合行動，主要是廣播、喊話、打宣傳彈和執行俘虜政策、防止敵人心戰策反及網路時代，戰術武器如手機、簡訊等。

資料來源：參考潘進章，〈共軍「三戰」功能與運用之探究〉，頁 77，調整繪製。

---

33 同上註。

34 潘進章，〈共軍「三戰」功能與運用之探究〉，《國防雜誌》第 28 卷第 4 期，2013 年 7 月，頁 77。

（四）戰時政治工作，支援軍事作戰任務

中共慣以「生命線」標榜軍隊政治工作地位，提出「三戰」後，又以「直接作戰功能」來表述其效用，前者是傳統「服務與保證」的功能，後者則是資訊時代的創新作為，透過「廣泛開展『三戰』，震懾、瓦解、癱瘓、孤立、動搖和摧毀敵方的抵抗意志，直接或與軍事作戰共同完成作戰任務。」[35]

如前所述，「三戰」雖出於中共中央、中央軍委名義頒布的《政工條例》，但主要規範黨軍關係，以及軍隊政治工作的組織制度。以2010 年的《政工條例》為例，「三戰」主要列述在第 14 條 18 項之戰時政治工作，「進行輿論戰、心理戰、法律戰，開展瓦解敵軍工作，開展反滲透、反心戰、反策反、反竊密工作，開展軍事司法和法律服務工作。」又如第 17 條第 16 項述明：「由總政治部領導全軍開展輿論戰、心理戰、法律戰工作，並負責擬制有關政策和法規制度，並會同其總部展開教育訓練、戰法研究演練，同時加強人才、裝備建設等……。」

另《政工條例》中之政委、各級政治機關，亦都有「三戰」權責規範，所以從法規條文來看，「三戰」主要是戰時政治工作，由總政治部（軍改後稱「軍委政治部」）與所屬各級政工部門負責領導推動執行，藉以發揮政治工作作戰功能，達到瓦解敵軍目的。故「三戰」既是共軍透過平時教育訓練，在戰時展開的具支援作戰性質的工作，也是戰時的心理戰活動。

要言之，「三戰」既以支援軍事任務，達成「瓦解敵軍」為目標，若將敵軍擴大為敵對國的人民群眾，甚至敵對國的友邦盟友，在其實際操作上，就可能提升至國家戰略層級，並超越軍事單位權責與職能。這正是「三戰」為何起於支援軍事作戰，卻擴大為超軍事、跨平戰的作戰樣態之故。

---

35 同上註，頁 78。

三、「三戰」的發展

一般而言，發展是指事物不斷由小到大、由簡單到複雜、由低級到高級的變遷過程。中共「三戰」源自高技術戰爭的體悟，並以臺灣爲主要對象，然因其本身的政治性與資訊化特性，且隨著國力的崛起，不僅已溢出軍事範圍，作戰對象也由對臺統戰擴展爲國際鬥爭。

（一）範圍：從軍事作戰延伸到國家戰略

共軍《政工條例》中，戰時政治工作之「瓦解敵軍」，係以多樣化的作戰樣式，最大限度地發掘和整合參戰力量的政治、精神和智力資源，爭取戰場上的輿論優勢、心理優勢和法理優勢，爲軍事鬥爭提供直接的戰鬥力。此顯示初始的「三戰」是以支援軍事作戰爲目標的，然因心理、輿論、法律三者，不僅涉及爭取「人心」的非軍事作戰行爲，必須先於軍事作戰行動的超前部署，也必須在軍事作戰行動結束後協助綏靖任務。尤其「人心」涵蓋敵、友、我的廣大群眾對象，這種超時空、跨平戰、廣對象特性，注定「『三戰』不再是單純配合純軍事行動、局限於戰場範圍的作戰手段，而是超出了純軍事行動的時空界限，貫穿於國際政治鬥爭的始終，成爲體現國家戰略意志的重要手段。」[36] 事實上，早在 2005 年 8 月，共軍頒布的「三戰」《要綱》即已明確指出：「三戰是配合國家政治、外交、軍事鬥爭的重要形式，是信息化條件下一體化聯合作戰的組成部分。」[37] 此亦顯示「三戰」的廣度及於國家階層的鬥爭行動，而軍事階層的「三戰」則以心理戰活動的作戰功能爲主。

「三戰」在超越軍事作戰範疇後，同時「迅速呈網狀擴散，延展、滲透至政治、經濟、外交、文化、宗教等多個領域，形成了不同的作戰形式。」[38] 進而發展成爲支持國家戰略作爲的重要手段，此一發展趨勢

---

36 程寶山，前揭書，頁 33。
37 引自許子浩，〈中共解放軍「戰時政治工作之研究」－以共軍「三戰」發展爲例〉；李亞明主編，《2013 年中共解放軍研究學術論文集》（國防大學政治作戰學院，民國 102 年），頁 244-246。
38 劉德坡，〈信息化條件下「三戰」的特徵〉，《政工學刊》，2004 年 9 月，頁 52。

隨著中共國力的增長已更趨明顯。

（二）對象：從對臺統戰擴展為國際鬥爭

　　1949 年中共建政初期，對臺政策為「武裝解放」，隨著國內外情勢變化，於 1979 年發表《告臺灣同胞書》，調整為「和平統一」，並於 1982 年提出「一國兩制」，但仍不放棄對臺動武。近四十餘年來，中共雖歷經鄧、江、胡、習多位領導人的更迭，但「和平統一、一國兩制、不放棄武力」的對臺政策方針始終未變，而其政策思維的著眼，在於「統戰」的具體運用。

　　2003 年《政工條例》將「三戰」列為正式作戰樣式，共軍即「責成軍科院成立『臺海問題研究中心』，加強對臺研究與資源整合，並由政治研究所研究『三戰』作戰樣式，以構建一套從組織策劃、情況分析、決心確立，到制定作戰方案的完整科學體系。」[39]同時在鄰近臺灣的福建省福州市成立「三一一基地」[40]，負責執行對臺「三戰」任務，並經常透過「海峽之聲廣播電台」，放送對臺統戰訊息。

　　此外，2005 年通過的《反分裂國家法》[41]，亦屬對臺「法律戰」的實際運用，顯示中共在對臺政策外，還必須應處東海、南海主權島嶼、海域主權爭奪，以及中、印邊界衝突。尤其在習近平「中國夢」的指導下，無可避免地陷入與美國針鋒相對的權力競逐，或奪島之爭，於是「三戰」對象從單純對臺統戰，擴展為國際權力競爭。

（三）內容：從資訊操作到整體國力運用

　　資訊技術的躍升，推進戰爭形態的轉變，而「戰爭目標不再是單純

---

39 趙建中，〈因應中共加強對台非武力『三戰』－我政治作戰應有之作為〉，《國防雜誌》第 20 卷 5 期，2005 年 5 月，頁 6。
40 該基地原隸屬總政治部，屬正師級單位；2016 年「軍改」後，改隸屬戰略支援部隊。
41 該法透過政權體系的「人大常委會」立法、公布，僅 10 條條文，除宣示性的內容外，主要提出「分裂事實、重大事故、和平統一可能完全喪失」對台動武時機。

的攻城掠地，而是把軍事和政治有機結合起來，力求通過有限的軍事手段和強有力的政治攻勢，震懾、瓦解、癱瘓、孤立對手，動搖和摧毀其抵抗意志，進而達到所望的戰略目的。」[42]中共「三戰」，在運用心理學、傳播學、法律學等學科知識，結合衛星通信與電子、網路、多媒體、虛擬實境等技術，廣泛運用於戰前部署、作戰行動，乃至戰後綏靖鞏固。儘管隨著資訊技術操作的純熟，使「三戰」形態、途徑、手段更趨靈活與多樣化，但在技術、戰術層次的運用上，仍有賴國力資源挹注與戰爭指導規範，才能展現其「軟殺傷」的威力。

申言之，中共「『三戰』的能力是借著資訊（信息）系統表現張力與展現功能，從原有的戰術層次提升至戰略層次，甚至於溢出了戰爭範疇達於和平時期，從而進入國家戰略的一環。」[43]目前中共的「三戰」已跨越軍事戰場成為獨立作戰樣式，除了適用於對臺統戰外，更被廣泛運用在國際權力的爭奪，它以政、經、軍、心、科技等綜合國力為依託，從周邊鄰國到亞太地區，乃至世界各國，其影響力已然無所不在。例如，在國際上大力推動「孔子學院」、「大外宣」計畫，乃至於利用制度控制的優勢與龐大經濟實力，對開發中國家展開利誘與合作，並透過「一帶一路」的戰略佈局，力圖擴展勢力範圍，競逐世界強權地位，即為一顯例。

第二節　中共「三戰」的企圖與布局

企圖是指實踐動機（motivation）的初步概念；從心理學觀點，「動機是指引起個體活動（行為），並導使該活動朝向某一目標進行的一種內在歷程」。[44]企圖也是動機的外在徵候，所以動機與企圖通常是專家

---

42 劉德坡，前揭文，頁 52。
43 蔡秉松，〈對中共三戰戰略地位、功能與同質性思維聯想的論述〉，《復興崗學報》，第 104 期，2014 年 6 月，頁 51。
44 張春興、楊國樞、文崇一等主編，《心理學》（臺北：東華書局，1983 年），頁 402。

對個體行為原因及其表現方式的一種推理性解釋。就動機實踐而言，行為者必需在理性的前提下，運用有限能力，去達成所望的動機目標。換言之，動機與企圖是揭示理想目標的指引，能力則是實現目標的機制（資源）。[45] 準此，研究中共「三戰」，除須準確掌握其企圖（動機）外，亦須探討其實踐能力（組織），進而從實際作為的案例中去檢證其真實性，並評估其可能威脅。

一、企圖：力求鞏固與發展

2017 年，中共「十九大」修訂《黨章》，在總綱中揭示「實現『兩個一百年』奮鬥目標、實現中華民族偉大復興的中國夢而奮鬥。」同時提出「按照中國特色社會主義事業，『五位一體』總體布局和『四個全面』戰略布局，統籌推進經濟建設、政治建設、文化建設、社會建設、生態文明建設，……」[46] 的政策指導，顯示中共力圖鞏固永續專政，並以民族偉大復興的「中國夢」[47] 做為發展目標。從戰略觀來看，「兩個一百年」是內部「建力」過程，民族偉大復興則是外部「用力」目標成果；而分離的臺灣永遠是其欲圓「中國夢」的缺角，所以追求兩岸統一，既是鞏固統治基礎，更是民族復興的重要指標。

（一）永續共黨統治，競逐世界強權

中共自詡是「中國人民和中華民族的先鋒隊，是中國特色社會主義事業的領導核心。」以為永久執政提供意識形態憑藉。1982 年，鄧小平為消弭「改革開放」阻力，反制西方「和平演變」，提出具有民族主

---

45 賴世上，〈從共軍政治工作研析對台「三戰」能力與作為〉，頁 84。
46 「兩個一百年」：中國共產黨成立 100 年 (2021 年) 全面建成小康社會；中華人民共和國建國 100 年（2049 年），建成社會主義現代化強國。「四個全面」：全面建設社會主義現代化國家、全面深化改革、全面依法治國、全面從嚴治黨。「五位一體」：經濟建設是根本，政治建設是保證，文化建設是靈魂，社會建設是條件，生態文明建設是基礎。
47 有關「中國夢」的內涵、路徑，以及機遇與挑戰；詳見杜玲玉，〈習近平「中國夢」之探討〉，《展望與探索》，第 13 卷第 3 期，2015 年 3 月，頁 40-64。

義色彩的「中國特色社會主義」論述。他一方面在政治上堅持社會主義道路、堅持人民民主專政、堅持中國共產黨的領導、堅持馬克思列寧主義毛澤東思想的「四項基本原則」；另一方面在經濟上則以「社會主義市場經濟」為主軸來推動生產力發展；如今，中共已然成為區域強權，並累積挑戰美國「一強獨霸」的實力。

「中國特色社會主義」，不僅是鄧小平理論、三個代表、科學發展觀意識形態的傳承依據，並進一步演化為習近平的「新時代中國特色社會主義思想」的論述，以及「中華民族偉大復興」的共識與目標。中共對內運用「民族主義、愛國主義」情懷，結合愛黨宣傳作為，以保障「專政」的既得利益。所以說，中共是透過獨佔的思想政治宣傳機制（輿論戰），將崛起的成就轉化為凝聚支持（心理戰），再透過「依法治國」的控制手段（法律戰），對內達成永續執政目標。如「港版國安法」的立法與執法。

由美國國防部所資助的《中國：三戰》（*China: Three Warfares*）研究報告中指出：「中國正在發動一場針對美國的政治戰役，即是『三戰』戰略，這是中國要把美國軍隊趕出亞洲，並控制中國沿海附近海域的戰略的一部分。」[48] 其實早在 2018 年，美國前副總統彭斯（Mike Pence）就曾嚴厲批評道：「中國試圖破壞美國的民主制度，並以全政府手段（a whole-of-government approach），利用政治、經濟、軍事工具，以及宣傳（propaganda），在美國推進其影響和利益。」[49] 中共雖一再對外宣稱「不稱霸」的立場，[50] 儼然是麻痺西方國家的掩飾，實際上競逐世界強權的企圖十分明顯，美國則以「印太戰略」力圖圍堵，預判未來在政治、經濟、軍事、心理各場域，美、中將會不斷出現「三戰」的攻防與對抗。

48 "*U.S. Unsettled by China's 'Three Warfares' Strategy: Pentagon report*"〈https://smallwarsjournal.com/blog/us-unsettled-by-chinas-three-warfares-strategy-pentagon-report〉（檢索日期：2021 年 3 月 22 日）。
49 亓樂義，〈中共軍改對臺「三戰」之影響〉，《107 年（下）三戰諮詢會議》，2018 年 12 月，頁 2-3。
50 張登及，〈北京不爭全球霸主是合理的戰略遠景〉《中國時報》，2021 年 7 月 3 日，版 A11。

（二）操作對臺統戰，力圖攫取臺灣

統一戰線簡稱「統戰」，是一種利用矛盾、區分敵友、聯友制敵（聯次打主）、軟硬兩手、靈活變換的策略運用。根據中共 2020 年 12 月正式訂頒的《統戰工作條例》第 2 條指稱：「統一戰線是中國共產黨凝聚人心、匯聚力量的政治優勢和戰略方針，……是全面建設社會主義現代化國家、實現中華民族偉大復興的重要法寶。」該《條例》第 4 條，還列舉包括臺灣同胞在內的十二類統戰對象，並於第 35 條揭示對臺統戰任務為「堅持一個中國原則，廣泛團結海內外臺灣同胞，發展壯大臺灣愛國統一力量，……同心實現中華民族偉大復興。」[51] 顯示中共試圖透過情感認同、傾統拉攏、利益引誘等手段，兵不血刃，攫取臺灣。

基此，2019 年 1 月，習近平在《告臺灣同胞書》40 周年紀念會提出「和平統一、一國兩制、一中原則、融合發展、心靈契合」五點談話，並重申不放棄使用武力。[52] 近年來，中共除一方面提出「惠臺措施」、宣揚「兩岸融合」，另一方面持續打壓我外交空間、機艦越域襲擾，根據統計：僅 2020 年共軍軍機襲擾至少 380 次[53]。這種軟硬兩手、靈活變換的對臺統戰，已然成為中共經常性工作，不過顯性的統戰作為，雖有一定程度的宣示性效果（如機艦繞臺彰顯主權），但也造成不少臺灣民眾的疑慮與反感，而中共針對臺灣自由民主環境，細膩「三戰」操作的隱性威脅，伴隨如影隨形的統戰策略，更值國人密切關注。近年來，各種假新聞、網軍攻擊、認知戰，乃至媒體操控、共諜滲透等，都屬其對臺的「三戰」作為。對中共而言，以「三戰」的非暴力與軟性作為，既符合其「和平統一」對臺方針，亦可配合外交、軍事上的封鎖與威嚇，發揮統戰效果。

---

51 〈中共中央印發中國共產黨統一戰線工作條例〉，《人民日報》，2021 年 1 月 6 日，第 1、3 版。
52 〈出席《告臺灣同胞書》發表 40 周年紀念會並發表重要講話，習近平：探索「兩制」臺灣方案〉《人民日報（海外版）》，2019 年 1 月 3 日，第 1 版。
53 〈台灣：共軍軍機 2020 年擾台逾 380 次〉，《聯合新聞網》，2021 年 1 月 1 日，〈https://udn.com/news/story/10930/5138348〉（檢索日期：2021 年 3 月 22 日）。

二、能力：制度控制優勢

能力是達成組織目標（任務）的必要條件，而政、經、軍、心、科技的綜合國力，即是展現一個國家權力，達成國家目標的能力。

中國大陸在共產黨統治下，對外歷經冷戰對抗、和平演變威脅；對內則有「文革」動盪，以及時隱、時現的派系糾纏，然而歷經四十餘年「改革開放」，中國共產黨不僅屹立不搖，甚且運用民族主義情懷，凝聚並帶領中國大陸崛起。2012 年習近平接班後，對內透過反貪清除異己，博得支持，同時以「軍改」措施掌控軍隊；對外推動「一帶一路」抗衡美國、競逐強權，逐步實現其「中國夢」的戰略鴻圖。

中共 2020 年 10 月底「十九屆五中全會」審議制定的〈國民經濟和社會發展第十四個五年規劃和二〇三五年遠景目標的建議〉文件中強調：「中國共產黨領導和我國社會主義『制度優勢』進一步彰顯」[54]，藉以宣揚其「黨國體制」，並標榜習近平「中華民族偉大復興中國夢」的成就。當自由民主國家一再地批判中共「黨國體制」專制獨裁的同時，也不得不折服此一制度所展現的高成長、強效率的運作效能，以及警覺其對自由民主社會「銳實力」的威脅。如西方學者拉里・戴雅門（Larry Diamond）更毫不諱言的指稱，世界如今正面臨著「全球民主的倒退」(Democracy in Retreat Globally) 現象。[55]

（一）依靠「黨國體制」威權操作

依中共《黨章》總綱稱：「中國共產黨的領導，是中國特色社會主義最本質的特徵，是中國特色社會主義制度的最大優勢。」並強調「新中國成立 70 多年來，中華民族所以能迎來從站起來、富起來到強起來

54 〈中共中央關於制定國民經濟和社會發展第十四個五年規劃和 2035 年遠景目標的建議〉，《人民日報》，2020 年 11 月 4 日，第 1 版。

55 Larry Diamond 著、盧靜譯，《妖風：全球民主危機與反擊之道》（*Ill Winds: Saving Democracy from Russian Rage, Chinese Ambition, and American Complacency*）》（台北：八旗文化出版社，2019 年）。

的偉大飛躍，最根本的是因為黨領導人民建立和完善了中國特色社會主義制度。」[56] 其內涵就是在「中國共產黨領導下，立足於基本國情，以經濟建設為核心，堅持四項基本原則，……建設富強民主文明和諧的社會主義現代化國家。」[57] 該論述包括「中國特色」與「社會主義」兩個概念，前者意涵民族主義的內聚力，後者體現「黨國體制」的威權操作。

　　根據中共中央組織部的統計：「截至 2019 年底，中國共產黨黨員總數為 9191.4 萬名，黨的基層組織 468.1 萬個。」[58] 顯示中國大陸大約每 14 人當中就有一名黨員，這尚未包括「共青團」等外圍組織。同時規定，所有「企業、農村、機關、……人民解放軍連隊和其他基層單位，凡是有正式黨員三人以上的，都應當成立黨的基層組織。」（黨章第 30 條）並指示「中央和地方國家機關、人民團體、經濟組織、文化組織和其他非黨組織的領導機關中，可以成立黨組。」（黨章第 48 條）

　　可見，中共是透過黨員、黨組織全方位滲透至國家機關、軍隊、社會、企業等官民組織，並運用思想控制、組織控制與法制等諸般手段，形成堅固的「黨國體制」，並以「民主集中制」與「集體領導」方式，執行威權操作。由於「民主集中、集體領導」為辯證概念下的產物，在對立、統一的過程中，提供領導者（群）寬廣的權力操作空間，一方面有利於領導人意志貫徹，另一方面在控制性支持下，既沒有反對黨制約，也沒有自主性民意與社會輿論監督，使得政策推動易展現出超高效率。

　　就組織體制而言，中共最高權力機構為五年召開一次的黨代表大會，閉會期間則依序由中央委員會、中央政治局、政治局常委行使決策權力（通稱「中共中央」），其中，政治局有七名常委，除總書記兼任國家主席、軍委主席外，另有政權（務）系統的國務院總理、副總理、人大委員長，統戰（社群）系統的政協主席，以及黨務系統的中紀委書

56 顏曉峰，〈堅定制度自信，深刻認識制度優勢是國家最大的優勢〉，《人民網》，〈http://theory.people.com.cn/BIG5/n1/2020/0824/c40531-31833585.html〉（檢索日期：2021 年 3 月 28 日）。

57 〈堅定不移沿著中國特色社會主義道路前進為全面建成小康社會而奮鬥〉，《新華網》，〈http://www.xinhuanet.com//18cpcnc/2012-11/17/c_113711665.htm〉（檢索日期：2021 年 3 月 28 日）。

58 〈中國共產黨黨員繼續發展壯大〉，《人民日報》，2020 年 7 月 1 日，第 7 版。

記、中央書記處首席書記，至於政治局的 25 名委員，也都同時擁有黨、政、軍、群各機構領導的職務。

黨中央設有多個工作部門、辦事機構、派駐機構和事業機構（圖6-3）；另爲發揮集體領導與工作協調效能，還設置有多個領導小組或委員會之諮詢協調機構（圖 6-4），這些領導小組或委員會大多屬常設形態，如「對臺工作領導小組」、「宣傳思想工作領導小組」、「外事工作委員會等」[59]。這些議事協調機構視工作性質與重要程度，分別由總書記、常委擔任組長或主任。

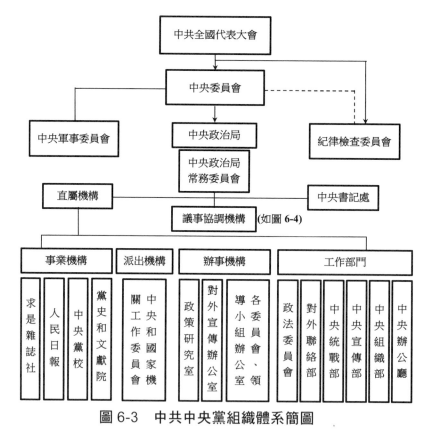

圖 6-3　中共中央黨組織體系簡圖

資料來源：郭瑞華主編，《中國大陸綜覽》（臺北：法務部調查局，2018 年），頁 29。

---

[59] 〈中共中央印發《深化黨和國家機構改革方案》〉《解放軍報》，2018 年 3 月 22 日。陸委會委託研究，〈中共高層領導體制研究（摘要）〉，民國 107 年 10 月，頁 1-4。

中共中央議事協調機構

黨建設工作領導小組	國家安全委員會
思想工作領導小組	深化改革委員會
對臺工作領導小組	軍民融合發展委員會
統戰工作領導小組	精神文明建設指導委員會
外事工作委員會	網路、訊息安全委員會
中央和國家機關委員會	財經委員會
農村工作領導小組	審計委員會
巡視工作領導小組	全面依法治國委員會
教育工作領導小組	其他臨時任務編組

圖 6-4　中共中央議事協調機構圖

資料來源：同上圖。

　　以對外宣傳為例，在黨內設有「中央宣傳思想工作領導小組」，負責領導協調全般思想與宣傳工作。因對外宣傳橫跨宣傳、外事兩大領域，主要由「中央宣傳思想工作領導小組」諮詢、協調「中央外事工作委員會」，並指導黨務機構的「對外宣傳辦公室」，及中央宣傳部對外宣傳局[60]，指揮地方、海外黨政機關外宣相關部門，以及傳媒與出版事業單位、教育研究單位（如圖 6-5），整合對外宣傳口徑與做法，藉以發揮宣傳效果。

　　相較於美國在「九一一事件」後，提出的「戰略溝通」概念，試圖

---

60 中共對外宣傳辦公室與國務院新聞辦公室是採「一套人馬、兩塊招牌」形態；另外中央宣傳部原設有對外宣傳局，負責執行對外宣傳工作，2018 年 3 月機構改革，宣傳部加掛國家新聞出版署（國家版權局）、（國家電影局）牌子，形成一個部門、多塊招牌的奇特現象。

透過資訊、溝通主題、計畫方案及行動的「整合性」作為，達成「告知」
與「影響」效能，然因美國屬分權與制衡政府體制，整合難度相對較高，
以致產生諸多爭議[61]。

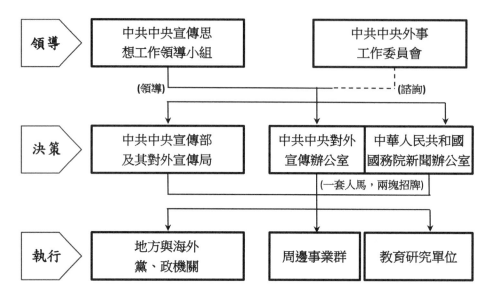

圖 6-5　中共對外宣傳工作組織架構圖

資料來源：姚科名，《冷戰後中共對外宣傳系統的組織與策略》
（臺北：政治大學東亞所碩士論文，2019 年），頁 81。

　　再以法案、政策推動為例，中共於 2018 年 2 月「十九屆三中全會」
審議通過《中共中央關於深化黨和國家機構改革的決定》和《深化黨和
國家機構改革方案》，從中央到地方龐大的黨、政機構幾乎一夕調整，
沒有異議與雜音，權威之大、效率之高，令西方民主國家為之咋舌。又
如 2020 年 6 月通過的《香港特別行政區維護國家安全法》（通稱「港
版國安法」），政權機構的「人大常委會」，依據 2019 年 10 月，「十九
屆四中全會」提出的「建立健全特別行政區維護國家安全的法律制度和
執行機制」指示，在沒有爭論狀況下，半年即完成這部箝制香港自由民

---

61 劉嘉霖、林立偉，〈美國戰略溝通爭論與改革：兼論其對我國發展戰略溝通機制之啓示〉，《國
　防雜誌》第 34 卷第 1 期，2019 年 3 月，頁 89-112。

主的重大法案。[62] 再如 2018 年 3 月，習近平思想「入憲」、刪除國家主席連任一次限制、成立「國家監察委員會」等憲法修訂案，也在「十三屆全國人大」高票通過（2958 票贊成、2 票反對、3 票棄權），[63] 展現「民主集中制」的高效率，這也就是中共對外宣稱的「制度優勢」，並成爲其對外執行「三戰」的綜合性組織戰力。

（二）運用「民族主義」內聚力量

民族主義（nationalism）通常是指認同本民族文化、傳統、利益的一種意識形態，「經由共同制度與共同文化將民族各成員連結在一起，因而發生團結一體的情操。」[64] 其目的在追求民族的生存、發展與興盛。自上世紀八〇年代後，中共爲調和意識形態矛盾，祭出「中國特色社會主義」此一具有強烈民族主義色彩的論述[65]，並透過思想政治教育手段，將「四個堅持」與「改革開放」作辯證結合及運用，進而將民族主義內涵轉化爲愛國、愛黨的情操，不僅讓中共政權度過「和平演變」危機，甚至帶領中國大陸強權崛起。2012 年習近平掌政後，更以「中華民族偉大復興」爲號召，凝聚大陸民眾的支持，以及爭取全球華人的認同。

中共建政後，長期以思想政治工作進行意識形態教育，其思想政治工作不僅要解決人們的政治立場、政治觀點、政治行爲等問題，還要解決人們的世界觀、人生觀、道德觀問題。[66] 爲落實思想政治工作，中共中央設有「思想宣傳工作小組」、「教育工作領導小組」、「精神文明建設指導委員會」等多個諮詢、協調組織，並透過中央宣傳部轄屬或外圍單位，對內、外展開各類對象之宣傳教育。以大學院校教育爲

62 〈人大常委會第二十次會議表決通過香港特別行政區維護國家安全法〉，《人民日報》，2020 年 7 月 1 日，第 3-5 版。
63 〈十三屆人大第一次會議舉行第三次全體會議：表決通過「中華人民共和國憲法修正案」（略）〉《解放軍報》，2018 年 3 月 12 日，第 1、2 版。
64 馬起華，《政治學精義（上冊）》（臺北：帕米爾書店，1982 年），頁 93。
65 邵夏，〈論中國特色社會主義的歷史方位：兼論中國特色社會主義的合理性〉，《求實》，2009 年 1 月，頁 74-78。
66 〈新形勢下如何開展思想政治工作〉《中國網》〈http://aj.china.com.cn/html/zhengwu/20200819/6388.html〉（檢視日期：2021 年 3 月 30 日）。

例，中共國務院曾於 2017 年 2 月頒布《關於加強和改進新形勢下高校思想政治工作的意見》，並推動修改各大學章程，加入「學校堅持中國共產黨的領導」與「辦學是為黨治國理政服務」等條文[67]。

事實上，中國大陸人民在長期愛國主義教育的薰陶下，對中共產生高度支持與認同。根據一項 2003 至 2016 年長期民意調查顯示：「2016 年中國人民對中共政府的滿意度高達 93.1%，創 2003 年該調查進行以來新高。」[68]中共對外宣稱：「這證明中國共產黨代表絕大多數中國人民的利益、為中國人民服務，因此，中國才能在近十幾年來成為世界第二大經濟體的大國。」此顯示民族主義的內聚力有利於鞏固其內部支持，並可適時轉移成為抵制、仇視他國不利於己的行動。

例如在 2012 年日本將釣魚台「國有化」，即引發中國大陸民眾的反日情緒，久難平息；[69]再如 2017 年，中共為反制韓國同意美國部署「戰區高空防禦系統」（通稱「薩德反飛彈系統」），而抵制韓國企業，迫使「樂天集團」產業紛紛撤離中國大陸市場。[70]2021 年 3 月，美國拜登新政府的國務卿布林肯、國安顧問蘇利文，在阿拉斯加與中共外事工作委員會辦公室主任楊潔篪、外長王毅舉行「2+2 會談」；據媒體報導，雙方針鋒相對、火力全開，完全不顧外交禮儀[71]。有趣的是，《人民日報》微博，特意以清廷與八國聯軍簽署《辛丑條約》圖片，與這次中美高層對話照片並列，因兩圖的時代分別是 1901 年和 2021 年，同樣為辛丑年，帶出中國經歷兩個甲子（120 年），已今非昔比[72]，圖、文引起大陸民眾熱烈回響。

67 歐陽新宜，〈如果「高校思想政治工作」違反馬克思主義？－對中國大陸大學思想控制工作的評論〉，《展望與探索》，第 18 卷第 2 期，頁 1。

68 〈93% 大陸人滿意中共政府？一文看懂哈佛研究五大要點〉，《聯合新聞網》，〈https://udn.com/news/story/7331/4710232〉（檢索日期：2021 年 3 月 22 日）。

69 〈陸 20 城，爆大規模反日遊行〉《聯合報》，2012 年 9 月 16 日，A1 版。

70 〈薩德風暴，陸民抵制樂天〉《經濟日報》，2017 年 3 月 1 日，A13 版。

71 引自程富陽，〈一場中美「火光四射」會議背後的意涵〉，《中國評論通訊社》，〈http://hk.crntt.com/crn-ebapp/touch/detail.jsp?coluid=7&kindid=0&docid=106041175〉（檢索日期：2021 年 3 月 25 日）。

72 〈又逢辛丑年 大陸愛國主義爆棚〉《旺報》，2021 年 3 月 21 日，AA1 版。

另外幾乎同一時間，瑞典「恩斯莫里斯」（Hennes & Mauritz AB，簡稱 H&M）因發表來源有疑慮的新疆棉花，暗指對維吾爾族人強迫勞動告示，雖說其間亦有西方對「美中博弈」的操作，但中共藉共青團微博網頁揭露，並透過媒體擴大宣傳，引發大陸民眾集體抵制該企業的行動，並波及其他跨國品牌[73]。此顯然是夾雜濃厚民族主義的操作手法，中共結合這種民族的集體意識與行動，反撲資本主義市場國家或企業的壓制方式，可說是其運用「三戰」的經典模式。

（三）推動「軍事改革」強化軍力

軍力是綜合國力的重要組成部分，也是支持戰略性「三戰」的能力展現。根據 2020 年斯德哥爾摩國際和平研究所（Stockholm International Peace Research Institute）的報告顯示：「美國、俄羅斯、中國是公認的世界前三軍事強國，這一排名將長期保持不變。」值得注意的是，「2019 年全球軍事支出增幅創 10 年來新高，且前三大支出國首度有兩個亞洲國家同時進榜，分別為中國和印度。」[74]2020 年、2021 年，兩國分別以 6.6％、6.8％持續增長[75]。另美國知名軍事網站「全球火力」（Global Firepower）追蹤排序亦認為，中共軍力排名為全球第三，僅次於美國與俄羅斯[76]。

儘管如此，2020 年 9 月，由美國國防部例行公布的《中共軍力報告》卻指出：「中共在造船、陸基中長程飛彈、防空系統擁有優勢，以及 1250 枚射程 500-5500 公里飛彈，足以威脅美國安全。」並表示「中共力圖在 2035 年前完成軍事現代化，2049 年前建立世界一流的軍隊。」[77]

---

73 〈新疆棉風暴 陸抵制跨國品牌〉《聯合報》，2021 年 3 月 26 日，A12 版。

74 〈https://www.sipri.org/media/press-release/2020/global-military-expenditure-sees-largest-annual-increase-decade-says-sipri-reaching-1917-billion〉（檢索日期：2021 年 4 月 2 日）。

75 〈中國國防費保持適度穩定增長〉《解放軍報》，2021 年 3 月 8 日，第 3 版。

76 〈https://www.globalfirepower.com/countries-listing.php〉（檢索日期：2021 年 4 月 2 日）。

77 *Military and Security Developments Involving the People's Republic of China 2020"*〈https://media.defense.gov/2020/Sep/01/2002488689/-1/-1/1/2020-DOD-CHINA-MILITARY-POWER-REPORT-FINAL.PDF〉（檢索日期：2021 年 4 月 2 日）。

中共軍力成長，除提供戰略性「三戰」之需（如武力威懾的心戰效果），同時透過軍演、巡航等行動，傳達維護主權利益訊息。

　　習近平掌權後，於 2013 年 11 月召開「十八大三中全會」，提出 14 項全面深化改革任務，其中「深化國防軍事改革」（以下簡稱「軍改」）被列為末項，當時並未受到外界關注。直到 2015 年 9 月，於「抗戰勝利 70 周年閱兵」宣布裁軍 30 萬，對外公布《關於深化國防和軍隊改革的意見》[78]，並陸續展開一連串軍隊改革措施，除中央軍委原來「四總部」分為 15 個單位，並將七大軍區整併為五大戰區，同時新成立「陸軍領導機構」與「戰略支援部隊」兩個軍種單位，其中「戰略支援部隊」執掌電子干擾、網路攻防、太空衛星與情監偵蒐，並負責「三戰」技術支援任務 [79]。如圖 6-6

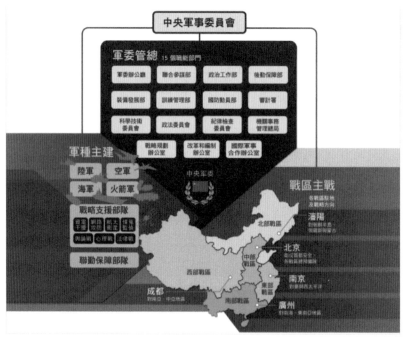

圖 6-6　中共「軍改」改組組織概況圖

資料來源：國防部，《中華民國 108 年國防報告書》（臺北市：國防部，民國 108 年 9 月），頁 32。

78〈中央軍委《關於深化國防和軍隊改革的意見》〉《解放軍報》，2016 年 1 月 1 日，第 1 版。
79 國防部，《民國 108 年國防報告書》（臺北：國防部，2019 年），頁 32。

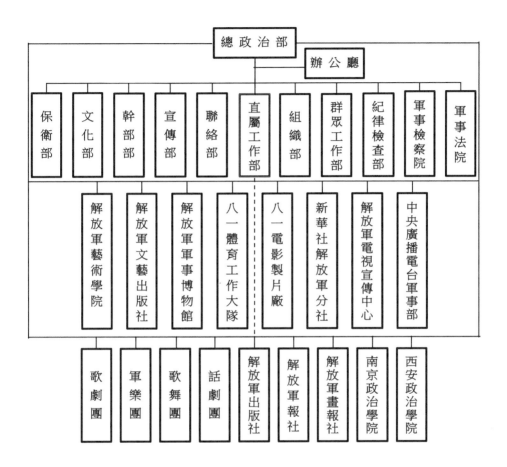

圖 6-7　中共「軍改」前共軍總政治部組織圖

資料來源：賴世上，〈從共軍政治工作研析對臺「三戰」能力與作為〉，
《國防雜誌》，第 22 卷第 3 期，2007 年 6 月，頁 81。

　　如前所述，「三戰」緣起於戰時政治工作，並由中央軍事委員會
原「總政治部」轄屬之相關單位分工推動，雖說 2016 年 1 月重組中央
軍事委員會之後的「軍委政治工作部」職權縮減、組織大量調併（如圖
6-7、6-8 的比較）。

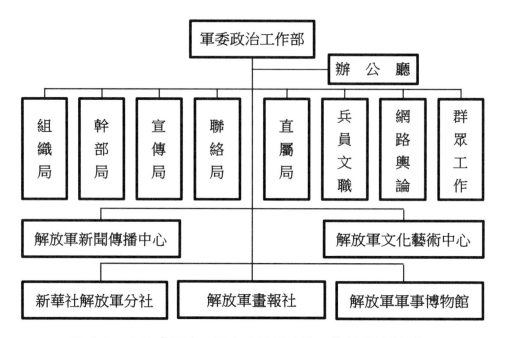

圖 6-8　中共「軍改」後中央軍委政治工作部組織研判圖

資料來源：陳津萍，張貽智，〈軍改後中共「中央軍委政治工作部」組織與職能之研究〉，
《軍事社會科學專刊》第 15 期，2019 年 8 月，本書作者綜合其他資料調整繪製。

　　首先，在延續性方面，雖在內部機構的名稱作了改變，從「部」變
成「局」，譬如，群眾工作部易名為「群眾工作局」、組織部則改稱「組
織局」，其實質內涵並未改變。在變革方面，主要是紀律檢查部、軍事
檢查院、軍事法院的移出，成立軍委紀律檢查委員會、軍委政法委員會，
成為中央軍委的職能機關，和軍委政治工作部處於平行關係，符合權力
相互制約監督的指導走向[80]。

　　另新增兵員和文職人員局、網絡輿論局等，符合中共軍事人力資源
管理，及信息化與輿論引導的發展方向。而「軍改」後軍事階層的「三
戰」，在軍委管總、主席負責體制下，軍委政治工作部仍是心理戰、輿
論戰主要負責部門，而軍委「政法委」則分管「法律戰」推動[81]。根據

---

80 陳津萍，張貽智，〈軍改後中共「中央軍委政治工作部」組織與職能之研究〉，《軍事社會科學
　　專刊》，第 15 期，2019 年 8 月，頁 36-37。
81 陳津萍，〈習近平軍改前後「三戰」組織架構轉變研析〉《陸軍學術雙月刊》，第 54 卷第 559 期，
　　2018 年 6 月，頁 52。

共軍新修頒的《政工條例》指稱：「從定位到職能、從內容到結構、從對象到任務等，都進行了重構重塑；按照政治工作部門、紀委監委工作機構、黨委政法委員會三條鏈路，緊貼各自職能定位規範其主要工作任務。」[82]

其次，在心理戰、輿論戰方面，主要由軍委政治工作部轄屬聯絡局、宣傳局、網絡輿論局，就執掌負責對內鞏固自己、凝聚向心，對外引導輿論的業務部門，並藉業務指導新聞傳播中心、新華社、解放軍分社、文化藝術中心、軍事博物館等專業單位，發揮輿論戰、心理戰的效能。

值得注意的是，「新聞傳播中心」納併解放軍報社、出版社、中央電視台軍事部、中央人民廣播電台軍事部等多個傳播媒體單位，涵蓋報紙、刊物、通訊社、電台、電視、網路、出版等多樣化新聞產品與傳播平台，以開啟軍事廣播、電視媒體融合發展之路，力圖打造具有強大傳播力的軍隊新型主流媒體，展現加強輿論引導的具體作為。

再者，中共於 2021 年拍攝「抗美援朝」歷史戰爭電影「長津湖」，做為慶祝中國共產黨成立 100 周年獻禮片，在 2021 年 10 月 1 日前夕上映，主要製片商為「八一電影製片廠」，現在被併編為「解放軍文化藝術中心」電影電視製作部，但對外使用製片廠名稱未變。該片上映後，票房迅速竄升為史上第二高，中國大陸民眾紛以觀看「長津湖」電影，視為個人的「愛國責任」。

此外，聯絡局仍屬軍事階層心理戰的工作部門，指導軍隊聯絡工作的單位，以瓦解敵軍、團結友軍為主要工作內容，並配合執行軍事行動與國家政治、外交鬥爭。根據研究推斷，戰略支援部隊應具備網路攻防、情監偵蒐技術能力。因此，軍委政治部主要透過聯絡局指導戰略支援部隊政治工作部，執行「三戰」作為，其中改隸戰略支援部隊的「輿論戰

---

82 軍改後《政工條例》雖已正式公布實施，目前尚無法一窺全文，僅由軍報刊載相關說明。見〈開創新時代軍隊政治工作新局面－中央軍委政治工作部領導就新修訂的《軍隊政治工作條例》答記者問〉，《解放軍報》，2021 年 2 月 20 日，第 3 版。

心理戰法律戰基地」（簡稱「311 基地」，部隊番號「61716 部隊」），位於福建福州，任務屬性為對臺進行心理操控戰和宣傳戰的前哨，也參與網絡戰[83]，屬對臺「三戰」專責單位。

至於「三戰」中的「法律戰」，歸屬軍委「政法委」負責，該委員會轄屬政工局、保衛局、軍事法院、軍事檢察院等單位，其中，政工局負責該委員會的政治工作及全軍司法行政工作，研判應屬「法律戰」業務部門。根據共軍對外說明：「戰區黨委政法委員會重點負責戰時和重大軍事行動中政法工作，軍兵種等其他單位黨委政法委員會重點負責預防犯罪綜合治理，維護部隊純潔、鞏固和安全穩定。」[84] 由此推斷，戰區「政法委」是實際執行軍事階層「法律戰」的單位。

最後，儘管「三戰」具有橫跨平戰、超越軍事的特性，然而軍事階層的「三戰」，終究仍以戰時政治工作為主體，僅在軍事、政治交融的時空環境中，以及中共黨、政、軍、群合一的體制下為之。而在非戰爭時期，共軍的「三戰」仍須為黨國所用，以協助達成國家目標；其軍事外交、軍事外宣等作為，就是明顯的實例[85]。

綜上所述，「軍改」後共軍政治工作部門的裁併、降改幅度顯著，連帶影響其「三戰」的職能轉換和部署，尤以新成立的「戰略支援部隊」最受矚目。在航天、網電一體和心理戰的整合下，傳統「三戰」作為不論在客觀形勢、制度革新、技術運用、任務遂行和具體作為上，將有新的面貌。

第三節　中共「三戰」的威脅與評估

基於中共的「三戰」，已從軍事擴及政治，從對臺統戰操作擴大為

---

83 同註 80，頁 39、43。

84 〈建立健全軍隊政法工作新體系－軍委政法委員會負責人就《各級黨委政法委員會設置方案》答記者問〉，《解放軍報》，2016 年 7 月 25 日，第 3 版。

85 董慧明，〈中共軍事媒體外宣傳播策略之研究〉，《復興崗學報》第 113 期，2018 年 12 月，頁 1-26。

國際權力競爭，並隨著資訊科技與綜合國力提升，其對內、對外樣態更趨廣泛多元，殊值重視。僅摘列近年來的六項作為，並概要評估其威脅。

一、作為摘述

（一）廣泛心理戰：推廣「孔子學院」

孔子學院是中、外合作建立推廣漢語，以及傳播中國文化的非營利性教育和文化機構，中共於 1987 年就成立「國家對外漢語教學領導小組」（簡稱「漢辦」），首個孔子學院於 2004 年在韓國開放。隨著中共國力增長，乃力圖透過中華文化的推展，來強化其國際正面形象。於是透過資金補助，以及大量提供師資、教材，成功的將世界華語學習推向高峰。根據其官方統計數據，截至 2019 年底，全球 162 個國家（地區）已建立 550 所孔子學院和 1,172 個孔子課堂[86]，充分展現其「軟實力」的魅力。

然而，此看似單純的推廣中華文化之文教機構，卻因為中共的置入性行銷宣傳，甚至潛藏各種統戰、情蒐等特定任務，逐漸引起國際關注。早在 2009 年 10 月 22 日出版的《經濟學人》，即已引述當時中共中央政治局常委李長春的說法，孔子學院是「中國大外宣格局的重要組成部分」。[87] 復以孔子學院的擴展速度驚人，2017 年 5 月，美國全美學者協會發表的《外包給中國：在美國高等學府的孔子學院及軟實力》（Outsourced to China: Confucius Institutes and Soft Power in American Higher Education）調查報告指出：「中共軟實力入侵美國校園，一方面掩飾其侵害人權，並管制學術自由（無法提及天安門事件、西藏、臺灣等議題），同時提供諸多資金、教育資源、福利（大學校長和行政人員到中國大陸旅行優待禮遇），進而極力美化中共的國際形象。」[88]

86《中國國際中文教育基金會》官網〈https://www.cief.org.cn/qq 〉（檢索日期：2021 年 4 月 5 日）。
87 引自〈「孔子學院」為何惹議？裹著文化糖衣的紅色滲透〉，〈https://opinion.udn.com/opinion/story/11664/4725490〉（檢索日期：2021 年 4 月 5 日）。
88〈https://www.nas.org/reports/outsourced-to-china/full-report〉, National Association of Scholars（檢索日期：2021 年 4 月 5 日）。

從種種跡象顯示，經過多年來的布局與發展，「孔子學院已遠非是純粹的語言文化機構，其建設與營運暴露出許多與國家利益相牽連的內容，遠遠超出軟實力，依靠吸引、說服改變受眾觀念的範疇。」[89] 甚至被指控為從事海外情蒐、監控大陸在美學生、干預學術自由等，已然跨入「銳實力」的界線，造成 2018 年、2019 年各國孔子學院紛紛受到抵制而終止合作。[90]

由此可知，中共藉由公共外交手段，試圖影響國際對其文化認同轉為對其政權認同的心理運用。然隨著美、中對抗日趨激化，迫使中共不得不降低「孔子學院」的官方色彩，乃於 2020 年 7 月取消「漢辦」名銜，改稱「中外語言交流合作中心」（Center for Language Education and Cooperation），並將推廣孔子學院業務交由多家高校、企業等發起成立的民間公益組織「中國國際中文教育基金會」負責[91]。事實上，在「黨國體制」基礎上，任何民間社會團體都必須在中共的控制下運作，預判「中外語言交流合作中心」、「中國國際中文教育基金會」，將會以更精緻的文化包裝、更細膩的「心理戰」，輸出中共意識形態及宣傳其正面國際形象。

（二）深度心理戰：假訊息與認知戰

相較「孔子學院」的大範圍心理戰，近幾年引起各界關注的「假訊息」操作，以及「認知戰」運用，則是針對性較強的深度心理戰。所謂「假訊息」，是指經過人為刻意變造的新聞信息，並透過媒體管道廣為流傳的資訊。一般認為，中共「認知戰」是來自於俄羅斯融合網路攻擊

---

89 周英，〈孔子學院的海外危機及其原因探悉〉，《東亞研究》，第 48 卷第 1 期，2017 年 6 月，頁 57。

90 廖箴，〈中國大陸孔子學院海外擴展的困境〉，《展望與探索》，第 17 卷第 12 期，2019 年 12 月，頁 39-40。

91 2020 年 6 月，該基金會由 27 家高校、企業和社會組織聯合發起成立，旨在通過支持世界範圍內的中文教育項目，促進人文交流，增進國際理解；首任理事長楊衛，中共現任（13 屆）政協常委，曾任浙江大學校長。

與「假訊息」攻勢，從中迅速獲得克里米亞的經驗啓示[92]。它是指「藉資訊與衝突手法，以達到改變思維與行爲的目的，並可從官方與非官方、軍方與民間等協同進擊，不受限平時與戰時，並善用敵方、我方、國際媒體與新媒體平台。」[93]

　　中共的「認知戰」，則是利用訊息操控影響目標對象的認知功能，其涵蓋範圍從和平時期的輿論到戰時的決策，其操作模式主要是先掌控、滲透中文與外文社群媒體，透過製造分享中國故事，以擴大影響力，同時炮製、嵌入、散播爭議訊息，以製造與擴大仇恨對立，在對臺作爲的操作上，輔以軍事武力脅迫（如機艦襲擾），製造「灰色地帶衝突」[94]。事實上，「媒體宣傳與假訊息操作一直是中共統戰的重要手段，也是『認知戰』的關鍵特徵。尤其對中共來說，製造使人混亂的假訊息，可藉以削弱、分裂和分散對手的注意力，使其在國內或國際上與之對抗的能力減弱。」[95] 由此可知，操作「假訊息」是「認知戰」的手段，「認知戰」則是「假訊息」、輿論戰、資訊戰的綜合運用，其目的在影響目標對象心理意志，爲資訊時代進化版的心理戰。

　　我國及歐美西方自由民主與資訊開放的社會，有利於中共運用假訊息或收買媒體、政客，遂行「認知戰」。相對中共的威權體制，在網路與言論上的控制，對民主開放社會的「認知戰」形成不對稱優勢。據美國華府智庫「戰略暨國際研究中心」（CSIS）指出：「臺灣和美國的經驗都表明，激化的政黨競爭，彼此誇大並『相互干涉』的指控，比原始外來假信息對民主國家的潛在信任水平更具破壞性。」[96] 大西洋理事會

---

92 李橋銘，〈從俄羅斯兩場戰事看現代戰爭發展〉，《解放軍報》，2016 年 8 月 16 日，第 11 版。

93 曾怡碩，〈中共認知作戰〉；洪子傑、李冠成主編，《2020 中共軍政發展評估報告》（財團法人國防研究院，2020 年），頁 217。

94 所謂「灰色地帶威脅」，意指在和、戰的模糊區間，混合運用直接動用武力、準軍事或低強度軍事手段，進行襲擾、脅迫與企圖引發衝突事件。引自《中華民國 110 年四年期國防總檢》（臺北：國防部，2021 年），頁 38。

95 林廷憶，〈中共認知戰操作策略與我國因應作爲〉，《國防雜誌》，第 36 卷第 1 期，2021 年 3 月，頁 9。

96 *"Protecting Democracy in an Age of Disinformation － Lessons from Taiwan"*,2021.1.27.〈https://www.csis.org/analysis/protecting-democracy-age-disinformation-lessons-taiwan〉（檢索日期：2021 年 4 月 7 日）

（The Atlantic Council）的研究也認為：「中共正在使用國家媒體機構以及國內外社會媒體，愈來愈多傳播虛假資訊，試圖影響公眾輿論或掩蓋真相。」[97]

例如「太平島租借美軍、佳山基地租借美軍、2,000 件故宮文物與日本換展 50 年、美陸戰隊進駐 AIT、日本關西機場，中國使館派車協助脫困等，其中不少假新聞來自對岸靠流量賺取暴利的網賺型網站『內容農場』所為。」[98] 我國國安單位已證實，中共利用大量後門程式與病毒釋放於網際空間，廣泛蒐集目標國的政治群體分布、地理位置與意識形態差異、年齡層與政治思想關係、意見領袖個人資料等素材，透過「戰略支援部隊」及專責研究單位，運用 AI 系統輔助進行分析，並藉由網路虛擬組織布局，像是粉絲團和社群媒體假帳號，打入網路族群圈，找尋機會傳散變造的影像、圖片，激化對立等。[99]

這種以資訊操控為手段進行的心理戰，形成「三戰」特有的作戰樣態，其針對性強、效果大。然而我國經歷 2018 年「九合一選舉」假訊息攻擊經驗，一方面政府警覺、民間媒體素養逐漸提升；另一方面逐漸形成查證機制[100]，2020 年臺灣和美國同樣經歷了總統大選，以及新冠肺炎（COVID-19）疫情挑戰；競選期間，兩岸疫情等相關議題，一直是候選人攻防論述的焦點。儘管競選期間「假訊息」充斥不斷，但終究無法撼動國人堅持自由民主的信念，相對美國年初總統大選結果的爭議，不免令人懷疑是否有第三勢力實施「認知戰」，居間操控，殊值警惕。

97 "CHINA'S DISINFORMATION STRATEGY ─ Its Dimensions and Future",2020.12 〈https://www.atlanticcouncil.org/wp-content/uploads/2020/12/CHINA-ASI-Report-FINAL-1.pdf〉（檢索日期：2021 年 4 月 7 日）

98 劉榮、丁國鈞，〈「截獲假訊息戰情報」假新聞 6 大手法公開 瞎掰太平島、佳山基地租美軍〉，《鏡週刊》2018 年 10 月 24 日〈https://www.mirrormedia.mg/story/20181023inv019/〉（檢索日期：2021 年 4 月 7 日）。

99 國家安全局，〈中國假訊息心戰之因應對策〉《立法院外交及國防委員會會議》，第 9 屆第 7 會期，2019 年 5 月 2 日。

100 例如 2018 年 7 月，第一個受國際事實查核聯盟（The International Fact-Checking Network，簡稱 IFCN）認證的查核組織「臺灣事實查核中心」成立。〈https://tfc-taiwan.org.tw/about/purpose〉

（三）宣傳輿論戰：推動大外宣計畫

中共建政後，先後歷經「文化大革命」動盪，以及 1989 年血腥鎮壓「天安門民主運動」，引來世界各國譴責與制裁。近 30 餘年來，隨著世界局勢轉變與中國大陸綜合國力持續上升，為降低「中國威脅論」的負面形象，早在胡錦濤掌政時期的「2009 年挹注了 450 億人民幣來進行『大外宣』業務，希望透過『大外宣』的作法，包括強化黨的對外傳播機制，增設官媒的海外業務，以及吸納外語人才等，來改善中國在海外的國家形象。」[101]

習近平繼任後，在「十九大」政治報告中特別提出：「推進國際傳播能力建設，講好中國故事，展現真實、立體、全面的中國，提高國家文化軟實力。」並強調要「堅持正確輿論導向，高度重視傳播手段建設和創新，提高新聞輿論傳播力、引導力、影響力、公信力。」[102] 為落實習近平指示，2018 年初，中共宣傳機構即配合《深化黨和國家機構改革方案》進行調整[103]。

不容輕忽的是，儘管習近平提出公開、正向的對外宣傳指導，但在「黨國體制」下，卻存在許多不透明的操作手段，包括編列了巨大資金，或是直接建立媒體分社、或是收編、聘用外國的記者編輯、或是入股或併購外國的媒體等等。[104] 企圖以經濟力控制外國傳播媒體，力圖建立中國「大外宣」的「本土化戰略」，讓外媒成為中共的傳聲筒。

中共欲向民主社會進行政治穿透與意識形態爭奪，故傾全國之力發展「大外宣」，直接或間接操控中國或非中國的媒體，傳播對中共有利的聲音；並透過「三戰」的運用，形塑有利於己的國、內外語境與氛圍，貫徹中共反西方霸權或對臺統戰方針。目前「據估計中國每年花費

---

101 曾于蓁，〈論習近平「告臺灣同胞書 40 周年」後中共對臺三戰策略〉，《三戰諮詢會議》，2019 年 6 月，頁 61。

102 〈決勝全面建成小康社會 奪取新時代中國特色社會主義偉大勝利－習近平同志代表第十八屆中央委員會向大會作的報告摘登〉，《解放軍報》，2017 年 10 月 19 日，第 2 版。

103 黃柏欽，〈習近平時期對外宣傳〉，《軍事社會科學專刊》第 16 期，2020 年 3 月，頁 47。

104 何清漣，《紅色滲透：中國媒體全球擴張的真相》（臺北：八旗文化出版社，2019 年）。

數十億美元打造海外媒體帝國；這些媒體包括中國環球電視網（China Global Television Network, CGTN）、央視國際頻道、英語版中國日報、人民日報、新華社等，上述官媒，不僅提供多種語言的新聞內容，也在海外設立分支機構，並雇用大量外籍記者，讓新聞製播看起來像是西方的頻道。」[105]

尤其是，2018 年 3 月合併中央電視台、中國國際廣播電台、中央人民廣播電台而成立的中央廣播電視總台 (CMG)，涵蓋了報紙、期刊、雜誌、廣播、電視、網路等不同媒體形態，在「一雲多屏」的傳播體系下，轄下共有 47 個電視頻道、103 個海外電台、129 個廣播頻率與 100 多個海內外記者站，總台已經超越 CNN、BBC，成為全球最大的媒體集團[106]。

儘管如此，依國際民調機構「皮尤研究中心」（Pew Research Center）在歐、美 14 個國家長期追蹤調查中共的國際形象發現，2020 年大多數國家都對中共持負面觀感[107]。畢竟，「金錢外交＋大外宣」所形塑的國家形象，必然備受爭議；況且，既想得到專制國家的擁戴，又想契合民主國家歡迎的「中國形象」，自有其難度，僅依靠通過「大外宣」加以塑造，終究難以獲得西方已逾百年民主開放自由社會的認同。

（四）綜合輿論戰：融媒體的運用發展

2014 年 8 月，中共中央審議通過《關於推動傳統媒體和新興媒體融合發展的指導意見》，要求「傳統媒體」和「新興媒體」在內容、管道、平台、經營與管理等方面，進行深度融合。[108] 歷經多年推廣與實踐，中

---

105 李冠成，〈疫情下的中國大外宣〉；洪子傑、李冠成主編，《2020 中共軍政發展評估報告》（臺北：財團法人國防研究院，2020 年），頁 23-24。

106 〈世界最大的媒體對合作品牌意味著甚麼？〉，《騰訊網》，2018 年 10 月 22 日，〈https://news.qq.com/a/20181022/056502.htm〉（檢索日期：2021 年 4 月 7 日）。

107 "Unfavorable Views of China Reach Historic Highs in Many Countries" Pew Research Center〈https://www.pewresearch.org/global/2020/10/06/unfavorable-views-of-china-reach-historic-highs-in-many-countries/〉（檢索日期：2021 年 4 月 7 日）。

108 〈推動傳統媒體和新興媒體融合發展〉《人民網》〈http://media.people.com.cn/BIG5/22114/387950/index.html〉（檢索日期：2021 年 4 月 7 日）。

共於 2020 年 9 月再次發出《關於加快推進媒體深度融合發展的意見》，要求境內、外媒體「按照資源集約、結構合理、差異發展、協同高效的原則，完善中央媒體、省級媒體、市級媒體和縣級融媒體中心等四級融合發展布局，努力打造全媒體對外傳播格局。」[109]

中共所謂的「融媒體」(media integration) 是指：「在傳播體系中，透過各種傳播形式和傳播技術相互滲透、交融貫通，形成新的傳播矩陣和傳播力量，達到傳播目的。」[110] 換言之，中共將報紙、電視台、廣播電台等傳統媒體，與網路、手機、手持智慧終端機等新興媒體傳播通道，有效結合起來，透過資源分享，集中處理，衍生出不同形式的資訊產品，然後再通過不同的平台傳播給受眾，形成多元化訊息傳輸管道下的作業模式。中共實施「融媒體」政策的目的，在意圖達成整合資源、統一宣傳口徑、集中管理各類（層）宣傳平台，融通不同的傳播產業，以整合化、客製化的多媒體內容，呈現多角化的經營與管理方式，強化對內、對外之宣傳效果。

做為中共官方首席喉舌的《人民日報》，已成為融媒體發展之先鋒。它打破過往集團部門間條塊分割、各自為政的運作思維，將報系內「報、網、端、微」各部門工作人員組成統一工作團隊，聽從總編調度中心指揮，打造「一體策劃、一次採集、多種生成、多元傳播、全天滾動、全球覆蓋」的運作平台[111]。在政策指導、《黨報》牽頭帶領下，從中央到地方、從「傳統媒體」到「新媒體」，形成媒體融合的發展創新。

不容諱言，歷經多年的實驗和推廣，大陸融媒體「已由單體融合、各自融合邁向區域融合、整體融合的關鍵點，由企業雲建設邁向媒體雲建設的新起點。媒體融合已由形式融合、內容融合，一躍而升級至以體

---

109 〈中辦國辦印發《意見》，加快推進媒體深度融合發展〉，《人民日報》，2020 年 9 月 27 日，第 1 版。
110 朱瑩瑩，〈融媒體背景下廣播媒體發展的橫與縱〉，《視聽》，2018 年第 3 期，2018 年 3 月，頁 21。
111 曾于蓁，〈中國大陸疫情防控與維穩：融媒體之功能與作用〉，《展望與探索》，第 18 卷第 9 期，2020 年 9 月，頁 78。

制機制融合爲主要特徵的融合 3.0 時代。」[112]

當中共將輿論空間視爲新的戰場，而「融媒體」技術和多重傳播平台即可提供輿論導引，有計畫的向受眾（閱聽人）傳遞經過選擇後的信息，阻斷、瓦解和反擊敵方的輿論主張，從而影響受眾的情感、動機、主觀判斷和行爲選擇。尤其是在「黨國體制」的集權環境下，有利於「融媒體」發展，藉以產生綜合輿論戰效果。

（五）境外法律戰：《海警法》的宣示效果

中共「十三屆人大」第 25 次會議，審議通過《海警法》，該法授權海警得依相關規定條件與程序進行海上執法工作，其中包括得以使用手持警械與武器、艦載或機載武器（第 48 條）[113]。由於該法對於「管轄海域」界定不清，加上「海警」的軍、警角色不明，已引起周邊國家的高度關注。

首先，「管轄海域」究竟是指領海、經濟海域，抑或是領海基線範圍，若屬後兩者，則涵蓋東海、南海主權爭議範圍，未來執法恐將與日本、菲律賓等鄰國產生衝突，也可能成爲襲擾臺灣外（離）島海域的手段。其次，「海警」隸屬於中央軍委會轄下的「武警」，而非國務院公安部轄屬的警察，若產生公權力衝突，究竟是軍隊「交戰」，還是警察「維安」也有爭議。對此，日本《產經新聞》臺北支局長矢板明夫稱：「《海警法》若嚴格執法，一定會引起戰爭，……但中國的慣性是先把法律訂出來放著，不一定會立刻執行，而是先給對方壓力，等待時機成熟再執行。」[114]

2021 年 3 月，美國、日本外交與防務部長會談（2+2）發表聯合文件，除再度確認臺灣海峽和平安定的重要性，並反對中共對印太地區的

---

112 北京市新聞工作者協會、社會科學文獻出版社，《媒體融合藍皮書：中國媒體融合發展報告（2019）》，〈https://www.pishu.cn/zxzx/xwdt/529866.shtml〉（檢索日期：2021 年 4 月 7 日）。
113 〈全國人大通過《海警法》〉，《解放軍報》，2021 年 1 月 23 日，第 2、3 版。
114 〈矢板明夫：大陸嚴格執行海警法 必開戰〉，《中國時報》，2021 年 3 月 13 日，A4 版。

威嚇和破壞穩定的行爲，同時對中國通過海警局可動武的《海警法》，表示深感憂慮[115]。《海警法》已然成爲國際權力較勁的標的。此外，中共「海事局於 2020 年 7 月 31 日發布最新的《國內航行海船法定檢驗技術規則》，將臺灣海峽與臺灣東岸 50 海里，劃入中國近海航區。」[116] 此舉雖無實質控制意義，但卻有對外宣示主權的心理戰與法律戰效果。

　　儘管《海警法》的宣示意義大於實質執法效果，但中共透過立法手段，一方面展現捍衛海權利益的決心，另一方面也爲可能發生的執法衝突，以及後續談判部署創造有利條件，充分展現法律宣傳（告）、法律威懾的法律戰效果。

（六）境內法律戰：港版國安法威懾效果

　　「法律戰」是指依據國內法、國際法，通過信息傳播而進行的法律宣傳、法律威懾、法律打擊、法律約束、法律制裁等法理鬥爭，其主要作用是爲了強化並宣傳己方行動的合法性、正義性，同時揭露並證明敵方行動的非法性、非正義性，以贏得國際社會和國內輿論的理解、同情與支持[117]。當中共試圖透過國內立法、宣示對外立場，同時震懾可能的利益威脅，這也就是其慣用的法律戰手法。例如 2005 年《反分裂國家法》提出的「分裂事實、重大變故、和平統一可能完全喪失」等三項動武時機，同樣是透過模糊界定、明白宣示的法律戰操作手法。

　　2019 年香港爆發「反送中」群眾運動，促使中共於 2020 年 7 月立法頒布《港版國安法》。該法分 6 章、共 66 項條文，管轄範圍和對象無遠弗屆，而「四宗罪」的犯罪行爲相當廣泛，已賦與港府及警方極大權力。其末章第 62 條，更明列國安法凌駕香港現行法律，解釋權在全國人大常委會，其中「分裂國家、顛覆國家政權、恐怖活動、勾結外國

---

115 〈美日 2+2 會談 確認台海和平重要性〉，《聯合報》，2021 年 3 月 17 日，A1 版。
116 〈中共將台灣近岸水域納沿海航區？海巡破解：政治宣示、無關執法〉，《交通部航港局》，https://data.motcmpb.gov.tw/ListFolders/Document/100298〉（檢索日期：2021 年 4 月 7 日）。
117 楊明，《軟戰爭—信息時代政治戰探析》，（北京：解放軍出版社，2005 年），頁 213。

或者境外勢力，危害國家安全」（第 22 至 30 條），甚至最後還加上「煽動、協助、教唆或以財產資助上述行為者亦屬犯罪。」[118] 這種近乎以「腹誹心謗」式的法律，等同宣告香港「一國兩制」的死亡，並扼殺香港僅有的人權與自由。儘管《港版國安法》引來大多數民主國家的撻伐，但香港包括「眾志」、「民陣」、「大專學界國際事務代表團」、「學生動源」等多個民運組織陸續宣佈解散，部分民運領袖避居海外，以免遭受迫害。「反送中」運動迄今，被捕人數已逾萬 [119]。由此可知，《港版國安法》短期確實發揮法律戰的威懾效果，並顯示中共強勢控制香港的能力。

2020 年 11 月，「國台辦」間接證實「大陸有關方面正在研究制定台獨頑固分子清單，將以有關法律追責懲罰。」[120] 甚至不斷透過大陸官媒表示，即將訂定《國家統一法》、補訂《反分裂國家法》施行細則等消息，都具有法律威懾、法律打擊、法律約束、法律制裁等法律戰的意圖。

二、威脅評估

軍事家和政治家在評估威脅時，重點各有不同。前者偏重於對手的能力；後者則重視分析對手的意圖，但無論意圖或能力都可加以觀察、分析和判斷，進而提出必要的因應。

中共「三戰」屬兼具政、軍性質的戰略作為，本文不僅探討其企圖、能力，並列舉近年來的實際作為，發現隨著中共政權的崛起，不僅展現其稱霸亞洲、競逐世界的意圖，並透過戰略性的「三戰」作為，對內穩固專政、對外擴展權力，甚至力圖兵不血刃攫取臺灣，對我國家安全構成全面威脅。

118〈人大常委會第二十次會議表決通過香港特別行政區維護國家安全法〉，前揭文，第 3-5 版。
119〈以國安法之名港警已拘捕 97 人〉，《聯合報》，2021 年 2 月 3 日，A9 版。
120〈陸台獨分子清單國台辦間接證實〉，《聯合報》，2020 年 11 月 19 日，A14 版。

（一）對自由民主的威脅

從 17 世紀初，英人約翰洛克（John Locke）提出天賦人權思想後，在邁入 21 世紀之前，人類已然歷經了「三波民主化浪潮」[121]。然而隨著世界局勢轉變，美國史丹佛大學拉里・戴雅門教授（Larry Diamond）提出，全球民主面臨倒退危機、威權陰影擴大，並認為俄羅斯與中共是當今自由世界的兩大威脅，尤其中共憑藉經濟實力，在全球的媒體、學校以及政商關係方面的傳播宣傳，其影響力更為全面[122]。無獨有偶，另一位知名學者法蘭西斯・福山（Francis Fukuyama）亦認為，「經濟民族主義」和「獨裁主義」正在顛覆國際秩序，並強調「在『民主衰退期』的幾年，幾個以中國和俄羅斯為首的獨裁國家則更有自信，也更趾高了：中國開始宣傳『中國模式』，……；俄羅斯也乘機抨擊歐盟和美國自由民主的墮落。」[123] 福山所指的「中國模式」，就是中共宣稱的「中國特色社會主義」和「制度優勢」，正挑戰自由民主世界的傳統國際秩序。

如前所述，中共以「銳實力」擴展世界影響力，並透過推廣「孔子學院」、大外宣計畫、法律制定等「三戰」作為，對內鞏固專制領導，對外行銷中共意識形態，並力圖主導世界秩序。西方著名報刊和媒體如《金融時報》、《經濟學人》、《紐約時報》、「德國之聲」、BBC 等，都不約而同地指稱中國手伸得太長，在西方搞「中國滲透」，向世界推銷其專制模式。2019 年，美國國防部發表的《中共軍力報告書》指出，中共以「三戰」向國際組織、文化機構，及政、商、學界與媒體展開影響力行動，以取得有利其政治、涉外、軍事利益。[124]

---

[121] 19 世紀的第一波「慢波」，二戰後的「第二波」，「第三波」是指 1970 年代中期在南歐（葡萄牙）發展，並逐漸擴及拉丁美洲、亞洲的民主化浪潮。詳參閱 Samuel P. Huntington 著、劉軍寧譯，《第三波：二十世紀末的民主化浪潮（4 版）》（臺北：五南圖書公司，2019 年），頁 12。

[122] 參閱 Larry Diamond 著、盧靜譯，前揭書。

[123] 參閱 Francis Fukuyama 著、洪世民譯，《身分政治：民粹崛起、民主倒退，認同與尊嚴的鬥爭為何席捲當代世界？》（臺北：時報文化，2020 年），頁 13。

[124] "Military and Security Developments Involving the People's Republic of China 2019",p112.〈https://media.defense.gov/2019/May/02/2002127082/-1/-1/1/2019_CHINA_MILITARY_POWER_REPORT.pdf〉（檢索日期：2021 年 4 月 9 日）

在「中國威脅論」的陰霾再起的氛圍中，美國雖經歷總統大選與政黨輪替，然民意調查顯示「約有十分之九的美國成年人（89%）認爲中共是競爭對手或敵人，而不是夥伴；近五成的人認爲制約中國的影響力與實力，應是美國的主要外交政策目標。」[125] 新上任的拜登總統（Joe Biden）雖試圖改變川普的單邊主義對抗，但「每個國家都在尋找自己定位，日澳積極向美國靠攏，韓國與印度謹慎表態，俄羅斯與伊朗則堅定站在中國這邊，歐盟正徘徊在選擇的十字路口，難以下定決心。」[126]

美、中對抗「新冷戰」隱約成形，但問題是中共威脅不同於前蘇聯；因爲中共經由改革開放、貿易投資、移民外派、資訊媒體運用，與世界早就形成利害並存，盤根錯節的關係。這也是爲什麼歐盟、印、韓等國面對美國拜登政府招手，卻仍然猶豫不決。畢竟「冷戰」時期，西方各國意識形態清晰，反對共產主義紅色滲透有足夠的號召力，當中共以「中國特色社會主義」，一方面凝聚內部認同向心，另一方面鬆懈外界對共產主義警覺，同時揮舞「助力世界經濟加快復甦、推動構建新型國際關係、主動參與全球治理變革、深化國際和地區合作、推進構建人類命運共同體」[127] 的正義大旗時，反使得民主集團國家每每出現瞻顧不前、彼此觀望，甚至相互掣肘的局面。

然而，中共的集權本質並未因經濟、科技的高度發展而改變，甚至已形成無孔不入的「數位極權國家」，並成爲最嚴重網路自由濫用者。[128] 它對內大力監控、引導人民的思想、輿論；對外展開宣傳、利誘、合作，以及各領域的情報活動。這些都可歸類爲「三戰」的實際運作。

125 "Most Americans Support Tough Stance Toward China on Human Rights, Economic Issues" 〈https://www.pewresearch.org/global/2021/03/04/most-americans-support-tough-stance-toward-china-on-human-rights-economic-issues/〉（檢索日期：2021 年 4 月 9 日）。

126 〈美中對抗 新冷戰聯盟？新全球協調？〉，《聯合報》，2021 年 3 月 27 日，A3 版。

127 〈王毅出席國際形勢與中國外交研討會〉，《人民日報》，2020 年 12 月 12 日，第 3 版。

128 Adrian Shahbaz，"Freedom on the Net 2018：The Rise of Digital Authoritarianism"〈https://freedomhouse.org/report/freedom-net/2018/rise-digital-authoritarianism〉（檢索：2021 年 4 月 9 日）。

　　自由民主的核心價值是「人權、平等、多元、制衡」，中共雖一再對外宣稱絕無「稱霸」意圖，但是從本文探討可知，習近平高調倡議「偉大的民族復興」，並非等同中國傳統「興滅繼絕」、「以大事小」的仁義之舉，而是從國際權力競逐中，逐漸推進「共產世界」的戰略性工程。一旦世界大部分國家屈從於中共，甚至走向集權專制統治模式，即使物質條件無虞，但人性尊嚴是否爲之蕩然無存？在沒有多元聲音的社會、缺乏制衡權威者機制的體制下，若不幸再出現類似「文革」時期盲目獨尊毛澤東的「紅太陽現象」，則極權制度勢必爲人類帶來更大的災難。

（二）對我國家安全的威脅

　　國家安全威脅，可區分爲「傳統」與「非傳統」兩種。對我國而言，不僅疫情、天災等「非傳統安全」的威脅如影隨形；中共對臺不放棄武力進犯的「傳統安全」威脅亦從未稍歇，只是隨著世界局勢轉變、中共綜合國力上升、資媒科技發展等因素，使其對我和、戰兩手策略的操作，更爲廣泛、更加細膩。

　　據我國防部民國 110 年的《四年期國防總檢》報告指出：「近年中共頻繁對我運用灰色地帶策略，包括操作認知戰、資訊戰及機艦襲擾等方式，以動搖民心士氣、消耗國軍戰備，侵蝕我國家安全。……並綜合運用心理戰、輿論戰、法律戰的『三戰』作爲，散播不易分辨的假訊息，藉由全面性文攻武嚇，企圖造成我國內部矛盾。」[129] 此已顯示中共對我國家安全的威脅與日俱增，迫在眉睫。

　　根據本文研究，臺灣是中共「三戰」初始的作戰對象，也是中共和、戰兩手統戰策略運用的標的，尤其是「中共藉由延續及擴大『惠臺利民』措施，以拉攏人心，並配合『三戰』（輿論戰、心理戰、法律戰）策略，以及各式文攻武嚇舉措，對我社會進行意識滲透及內部分化。」[130]

---

129 國防部，《中華民國 110 年四年期國防總檢》（臺北：國防部，2021 年），頁 38-39。
130 國防部，《中華民國 108 年國防報告書》（臺北：國防部，2019 年），頁 44。

在「法律戰」具體策略的運用上，中共在國際法上製造武力犯臺的主權正當性，讓第三國援軍陷入被動立場；以「輿論戰」壓制媒體輿論，使發自臺灣立場的言論在國際上銷聲匿跡，失去話語權；以「心理戰」透過各種直接或間接的訊息傳播管道，如網路、兩岸交流活動等，對臺灣若干意見領袖（Opinion leaders）進行安撫籠絡，使其喪失對抗意志，進而讓高層決策系統陷入癱瘓。

儘管中共對臺統戰作為不斷翻新，「三戰」運用範圍也愈趨廣泛，但根據「陸委會」長期民調結果，仍有近九成民眾不贊成中共的「一國兩制」主張；並認為中共對我政府與民眾不友善態度，分別為 77.2%、60.6%[131]。顯示中共對我之統戰意圖與「三戰」的成效有限。2020 年總統大選期間，因中共的「認知戰」未能奏效，選後乃積極採用軍機擾臺，搭配網路假訊息、駭入總統府網站竊取竄改文件後，再以網路散布之混合戰方式，持續對臺施行認知戰作為。[132]

此外，中共以具有民族主義意涵的「中國特色社會主義」，取代傳統共產主義階級鬥爭的意識形態，並結合「大國崛起」宣稱「制度優勢」，藉以鞏固集權專政，凝聚大陸民眾向心。尤其習近平提出的「偉大民族復興」口號，在中共大肆宣傳下，已引起大陸民眾的高度認同，加上強烈的「反台獨」意識，極可能引發兩岸衝突與戰爭威脅，值得深思警惕。

第四節　評述政戰之反制作為與能力

前揭文提到美國日裔學者法蘭西斯‧福山，雖曾撰文表示對「中國模式」正挑戰自由民主世界傳統國際秩序的擔憂；但他在 2021 年 1 月

---

131 〈「民眾對當前兩岸關係之看法」民意調查 (2021-03-19~2021-03-23)〉，《ROC 大陸委員會》〈https://www.mac.gov.tw/cp.aspx?n=5FA925BBC954E9D8&s=16F4BC70A1660AD4 〉（檢索日期：2021 年 4 月 9 日）。
132 曾怡碩，前揭文，頁 228。

8 日接受法媒費加羅報（Le Figaro）採訪時，也不得不承認，美國的確在 2020 年的總統選舉中出現了民主危機，而世界亦呈現重心逐漸朝亞洲，尤其向中國轉移的趨勢；這讓他不得不對自己在 1989 年發表《歷史終結論》中稱，西方國家自由民主制度的到來，可能是人類社會演化及人類政府的最終形式這種論點，提出自我的重新審視。

美國拜登政府的現任中情局局長威廉姆·伯恩斯（William Burns) 也表示，「勝過中國」將是未來 10 年美國國家安全的關鍵，他還形容「在愈來愈多的領域中，習近平治理下的中國，是不好對付的威權對手。」事實上，中共在 2020 年的五中全會上就已先後提出兩個概念，一個是「西強東弱是歷史，東升西降是未來」，另一個是「西方之亂與中國之治，形成鮮明對比」；這兩段論述與「百年未有之大變局」，共同構成了中共政治精英對今後世界情勢及中共國際地位的基本研判；臺灣著名政論家石齊平甚至大膽預言，「美中博弈」已形成一場「被中國優化的社會主義」與「被美國異化的資本主義」之間的對決。[133]

基此，本篇除敘論中共三戰的內涵，並嘗試尋出中共「三戰」的弱點爲何？在兩岸之間，我政治作戰昔日所倡行的六大戰，是否仍具優勢及反制三戰能力？及我目前政治作戰的限制能力爲何？中華民國當前面對中共軍力及「具中國特色共產制度」下的威脅，是否有化解的能力與可能？只有勇於探索及面對這些問題，方能讓我方找出自身安全的方案；否則，我方在兩岸這場實力不對稱的「和戰」競逐中，勢將喪失「政治作戰博弈」的基本話語權。

一、中共「三戰」的弱點

就兩岸而言，從中共 2003 年實施「三戰」以來，除在《政工條例》中強化它與傳統軍力的鏈接，以厚植它與論戰造勢的強度，並從各種軍

---

133 石齊平，〈美國對華新戰略的 5R- 觀點言〉，《中國時報》，2021 年 1 月 31 日，A14 版。

演熟悉宣示它的深化，強化其心理戰攻心的力度；更在 2005 年藉通過
《反分裂國家法》，植根它法律戰制面的廣度；在 2015 年續通過《國
家安全法》，用法律手段將治權延伸到臺灣。

在縱經角度上，它鏈結了 1978 年鄧小平的「一國兩制」，1981 年
保證臺灣制度生活方式不變的「葉九條」，1984 年鄧小平重申兩岸統一，
以和平但不排除「武力方式實施」，1995 年江澤民提倡和平統一的《江
八點》，2008 年胡錦濤倡議和平發展的《胡六點》，2014 年習近平的
「一個中國夢」及 2019 年「九二共識、一國兩制」爲核心的《習五條》，
完成其對臺實施「一中原則」的統一步調。在橫緯角度上，它以強而不
霸、鬥而不破、一帶一路、強軍建國及一個中國夢，拉開「大國崛起」
的序幕。

但此一運用「三戰」在兩岸或世界所形成的強勢，是否偏離中國《老
子》中所謂：「上善若水。水善利萬物而不爭，處眾人之所惡，故幾於
道。」的智慧，而遭臨「剛者易折」的困境？且習近平對中共現階段採
取「有所作爲」的擴張作風，是否違反鄧小平昔日訂下「韜光養晦」的
外交政策方向？這是否爲今日招致美國欲聯合世界，以印太地緣戰略圍
堵中共的前因？針對中共「三戰」弱點，本篇僅提出以下觀察。

（一）在兩岸遭遇的困境：

自民國 103 年 3 月臺灣發生了「太陽花學運」後，讓強勢掌控立法
院的民進黨在兩岸的立法上，有了推動制約兩岸政經往來的理由。當中
共國家主席習近平於 2019 年 1 月 2 日在「《告台灣同胞書》發表 40 周
年紀念會」上，針對臺灣問題重申「兩岸同屬一個中國，共同努力國家
統一的九二共識」，並延伸鄧小平在 1983 年的《鄧六條》，提出「探
索『兩制』」，且進一步罕見公開申論「制度不同，不是統一的障礙及
分裂藉口」等內容的《習五條》時；臺灣民進黨亦如同找到應對的缺口，
於民國 108 年 12 月在立法院通過回應習近平的包括：「刑法部分條文

修正案」、「國家機密保護法部分條文修正案」、「兩岸條例增訂第五條之三修正案」、「國家安全法部分條文修正案」及「兩岸人民關係條例部分條文修正案」等「國安五法」條例，從法源上切斷了兩岸的主從交流。

回顧從 2003 年起，兩岸自中共前總理溫家寶在 16 大的「三中全會」，開啓以詩情來展現兩岸的和平氛圍；從 2003 年引用于右任詩「大陸不可見兮，只有痛哭；故鄉不可見兮，永難忘懷。」緬懷兩岸歷史情愫，到 2004 年引述臺灣早期本土作家鍾理和「原鄉人的血，必須流返原鄉，才會停止沸騰。」闡述中國情；從 2005 年面對國際及臺灣對《反國家分裂法》的抗議，強調「一尺布尚可縫，一斗粟尚可舂，同胞兄弟何不容。」來化解各界疑慮，到 2007 年提出「沉舟側畔千帆過，病樹前頭萬木春。」表達對兩岸合作的善意憧憬。

從 2008 年國民黨重返執政，中共加大兩岸交流步伐，更釋出「度盡劫波兄弟在，相逢一笑泯恩仇。」淡化兩岸的歷史情仇，到 2012 年更以臺灣著名詩人余光中《鄉愁》一詩「那淺淺的海灣，是最深的鄉愁」，及晚清臺灣臺中人林朝崧詩句「晴天再補雖無術，缺月重圓會有時。」深刻描繪兩岸的現況與未來展望。

2013 年，中共「習李體制」登台，未改「胡溫」話語基調；李克強一上台就以「打斷筋骨連著肉，花好總有月圓時。」來連結兩岸的過去與未來；到了 2014 年，習近平則把李白《行路難》詩中「長風破浪會有時，直掛雲帆濟滄海。」譬喻兩岸波濤之路，雖如「蜀道難，難於上青天」之實境，但終究要共同努力與承擔，回歸到中華文化傳承的統一道路上。

但從 2015 年臺灣大選，強調本土意識的民進黨執政後，習近平即於 2016 年拋出「基礎不牢，地動山搖」，把兩岸的話語氛圍，又拉回到「政治語言」的層次；至於 2018 年春節團拜會上，習近平引用毛澤東詩：「爲有犧牲壯士多，敢教日月換新天。」則讓兩岸對峙掀牌情境，

也讓臺灣多數民眾認為之前的詩情「話」意，只是其對臺統戰的手法而已。

（二）在「美中」遭遇的困境：

揆視美國自二戰後的國家戰略，從 50 至 60 年代以圍堵為中心思想的「大舉報復戰略」，到 60 至 70 年代的甘迺迪至詹森總統時代，以嚇阻為中心思想的「靈活反應戰略」；及從 70 到 80 年代尼克森總統為擺脫越戰的泥淖，退回以自保的「和解戰略」，到 80 至 90 年代雷根提出的「競力戰略」，強化軍備並推出「星戰計畫」拖垮蘇聯經濟，並使其聯邦帝國遭到瓦解。

冷戰後的老布希倡議「世界新秩序」藍圖，勾畫以美國國家利益的全球安全戰略，甚為宏寬，可惜一場「波灣戰爭」讓他事與願違，而黯然下台。至於 20 世紀末的柯林頓政府則推出「交往與擴大的國家安全戰略」，成功積極介入全球事務，並獲得政治、經濟、軍事上的戰略利益；緊接小布希，則因肇發「九一一事件」而部署全球的「反恐戰略」，卻為美國帶來霸權主義的聲名；[134]2008 年的歐巴馬改弦更張為「以和為貴」的多極戰略，但結果讓他在中東地區陷入進退失據情境，讓 2015 年的川普得以高呼「以美國優先」，一舉掀起迄今不歇的「美中博弈」。[135] 儘管川普在 2020 年的連任大選中敗下陣來，但甫上場的拜登政府仍謹守「美國第一」的戰略；雖說他在 2021 年 5 月宣布美國從阿富汗全面撤軍後，由其扶持的阿富汗政權隨即於 8 月 15 日，在遭逢塔利班武裝勢力的攻擊下一夕垮台，引起舉世對美國的負面評議，但並不影響其未來執政重心由中東轉向中國的「圍堵戰略」路線，只是對象將由前蘇聯轉換成中共政權而已。[136]

---

134 參見張錫模，《全球反恐戰爭》（臺北：廣場出版股份有限公司，2017 年 6 月）。
135 程富陽，〈「美中博弈」近程看「兩岸關係」〉《愛傳媒》〈https://today.line.me/tw/v2/article/KqGgvR〉（檢索日期：2021 年 4 月 20 日）。
136 程富陽，〈淺論國際現象背後的兩岸情勢〉《愛傳媒》〈https://today.line.me/tw/v2/article/noaDEx〉（檢索日期：2021 年 4 月 20 日）。

二、政戰反制「三戰」的能力與限制

我中華民國在軍事上所謂的政治作戰，乃延伸先總統蔣公「總體戰爭」思維。回顧我國民革命軍於對日抗戰勝利後，對繼之而來的國共內戰，已是走向一條「間接路線」的非純粹軍事戰爭思想。

上個世紀 50 年代，隨著國軍轉進臺灣後，由經國先生結合軍事力量與政治教育，以思想植根，組織布局，心理攻心，情報明敵，謀略誤敵，群眾制面，深化精研所謂「六大戰法」的軍事教育學府，於焉誕生，那就是建立於北投復興崗的「政工幹校」。該校可說是先總統蔣公總結民國 38 年國共戰爭失敗經驗，再次以「三分軍事，七分政治」的理論，委派經國先生所創立的學校。

回顧政工幹校 70 年的建校發展，可說是建軍復國教育的一部發展史；既是承襲以教育治國的情懷，也是以教育強國的胸襟，更是 70 年前蔣公及經國先生萃取國共內戰失敗總結，以教育復國理念的體現。政工幹校可說是一部窺視歷史的痕跡，亦是一輪記取失敗的回響，是總結現實環境丕變而創建的一所多元軍事教育學校；[137] 但這個能量在目前所處的環境還存在嗎？實值研究兩岸情勢及關心中華民國未來者深思探索，以找出一條符合時代需求的政治作戰道路。

（一）我政治作戰反制三戰的能力

就如國軍政治作戰的政略概念而言，在國內首先是由蔣中正總統於民國 46 年 4 月 14 日，在一篇題為「政治作戰要領」講詞中，提出：「除直接以軍事或武力加諸敵人的戰鬥行為外，皆可謂之政治作戰；政治作戰的意義，簡言之，就是『鬥智』，武力作戰，就是『鬥力』。」[138] 又

---

137 程富陽，〈風雨百年情，襟抱樹人心〉，《復興崗全球會訊》，第 100 期，2020 年 12 月，頁 63。
138 引自李台京，〈論政治作戰的時代意義〉，《復興崗學報》，第 41 期，1989 年，頁 281-298。

在「對政治工作的檢討」講詞中指出：「雖然它重在鬥智，但也不完全排斥鬥力，因爲政治作戰是含非武力示威，準武力暴動，和半武力的特種作戰性質」。嚴格說來，這和 19 世紀德意志帝國鐵血宰相俾斯麥倡議的「麵包與鞭」，20 世紀 50 年代美國小羅斯福總統提出的「胡蘿蔔與棒子」，與日據時期臺灣總督府民政長官後藤新平對臺人執行的「糖飴與鞭」，及中國共產黨那套老舊傳統的「軟硬兼施、兩手策略」，都有異曲同工之妙。

次就軍事階層而言，國軍政治作戰著力於精神戰力的鞏固提升，並以「激發愛國思想、凝聚防衛意識、嚴密安全作爲、深化戰略溝通機制」爲施政重點。具體而言，就是以政治教育、文宣康樂、心戰心防、心理輔導，以及保防安全與官兵權益保障等實務工作的推動，鞏固我內部體制與綜合戰力，進而透過全民國防教育、民事服務、新聞工作等作爲，經營民間友我戰力。

此外，國防部政治作戰局爲掌握相對性敵情，並反制中共「三戰」威脅，依據每年「心戰工作指導計畫」，針對兩岸情勢及中共「三戰」動態議題，[139] 責由國防大學軍事共同教學中心定期策辦「三戰策略諮詢會議」（原稱「反三戰論壇」），邀請國際事務、兩岸關係、共軍軍事及政工（三戰）、戰略溝通（新聞傳播）等領域學者專家、相關部會業務主管，以及政戰局轄屬心戰、新聞等單位人員與會研討，判斷敵情，分析利弊，提出建議，並建立跨部門協調平台，發揮政策諮詢之綜效。

（二）我政治六大戰反制三戰的限制因素

然而上述的優勢，幾乎集中於上個世紀九十年代以前，我政戰體制仍未式微，及中共尚未崛起之時的雙方政治作戰態勢；但我國軍自上世紀 80 年代起到目前爲止，就分階段以精實案、精進案、精粹案將國軍

---

139 研究議題由政治作戰局視敵情發展擬定，聚焦中共「三戰」總能動態、策略發展，以及國軍戰略溝通研究（心戰文宣），除分析事件作爲影響，並提供政策建議。

兵力結構作大幅度的調整，對政戰的編裝員額作了大幅調降，讓我政治作戰能量大爲削弱[140]。

　　反觀中共政治作戰能量卻相對增長，美國民主基金會在 2017 年 12 月發表「銳實力：崛起中的專制影響力（Sharp Power：Rising Authoritarian Influence）報告」中，分析中共與俄羅斯兩國均以此方式擴大其國際影響力[141]。根據西方學者克里斯托佛・沃克（Christopher Walker）和傑西卡・路德維希（Jessica Ludwig），於 2017 年年底在《美國外交事務》（Foreign Affairs）合作發表的「銳實力的意義」（The Meaning of Sharp Power）一文，提出所謂「銳實力」是專制政權將國內壓制言論自由的作法，隨著經濟力量與全球能量的增強，而逐漸擴散國際間的民主社會之中[142]。換言之，中共挾其經濟優勢，從對兩岸的經濟「讓利」，及其藉「一帶一路」、「孔子學院」對世界各國實施經濟影響，及文化的擴展日益深化，反觀我們卻受限於政治作戰編裝的削弱，而在兩岸的政治作戰作爲趨於弱勢。

　　面對此現況，我們應該盡速思考從中去建構我們安全的政治路線。以目前臺灣針對政治作戰在戰略與軍略上的區隔，及國軍現行政治作戰編裝的萎縮，如無法解決此一上層編裝結構問題，則縱使今日臺灣仍存有一所政戰學院，在教育上汲汲於將昔日「團結三軍、戰勝敵人」的純軍事教育目標，擴展至心輔、文宣、心戰、軍聞、民事與新媒體專業技能等非傳統安全領域，並認眞培植一批批具備「領導管理」、「輔導服務」、「溝通協調」、「解決問題」、「研究分析」、「思辨創造」與「團隊合作」等現代多元能力的政戰軍官，但卻因受限於如下的因素，而無

---

140 「陽明小組」彙編，〈前陸軍副司令黃奕炳中將訪談〉，《政戰風雲路：歷史、傳承、變革—訪談實錄》，（未出版），2021 年 4 月，頁 184。

141 Juan Pablo Cardinal. Jacek Kucharczyk, Grigorij Mesaznikov, and Gabriela Pleschova, Sharp Power: Rising Authoritarian Influence(Washington D.C: National Endowment for Democracy,International Democracy Studies, Dec.12,2017).

142 William R. Kintner & Joseph Z. Kornfeder 著、紐先鍾譯，《戰爭的新境界—政治戰，現在與將來(The New Frontier of War: Political Ware, Present and Future)》（臺北：國防計劃局編譯室，1963），頁 3-4。

法解決當前國際及兩岸錯綜複雜的政治作戰局勢，它們分別是：

1. 國內政黨對現行中華民國憲法的「未來一中」內容，無法形成共識，致我方在政略政治作戰上的攻防，喪失主動優勢，對中共三戰只能隨其設定的「議題」反應，而無主導「議題」能力。

2. 因國軍政戰編制大幅縮減及位階降低，致無法擔任及因應國家層級政略問題的角色，而只能就軍事政治層級執行相關全民國防教育宣傳、部隊思想、服務、安全紀律維護之任務，缺乏整體應用六大戰內涵處理國際事務之能力。反觀近年中共屢採取對我進行如「三中一青」的滲透，並整合出「一代（年輕一代）一線（基層一線）」[143]，及一系列如「大秦帝國」影片，倡議「一中原則」歷史潮流等三戰攻勢行動，相對於我政治作戰現況，我們只能被迫處於消極防禦之局勢。

3. 中共的三戰向來講求「彈性」，遑論前揭文論及一系列的「詩情『話』意」軟化我防範心態；胡錦濤時期就提出「三貼近原則」：貼近實際、貼近生活、貼近人群，以求效果；事實上，中共對兩岸戰略思維一向採「主動出擊、區隔對待、軟硬兼施、入島入心」十六字箴言，作為現階段對臺統戰的最高指導原則；指導方針則是「有拉有打，打要一擊必中，不留餘地；拉要培養感情，成為朋友」；策略講究「不談政治，只講實務；不作爭論，只講感情；密切聯繫，為我所用」，清楚表達，易於執行。而我政治作戰因限於能量不濟，在執行上不是只能偏重於論文式的論述，就是無法以實際行動支援理論，致政策易落於空洞，無法打動人心。

4. 人才難以整合運用，是目前我政治作戰最受限制的困境，我方各領域的一流人才，有日趨移轉中國大陸現象；從中共 2014 年春晚，《央視》插播一則公益廣告《筷子篇》，透過 8 個場景和 8 個不同故事，呈

---

143 蘇紫雲，〈中共在十九大前針對內部穩定之新三戰作為與對兩岸關係之影響〉，《105 年（下）三戰諮詢策略會議》，2016 年 12 月 2 日，頁 70。

現中國人生活中的文化傳承和情義，感動全世界，[144] 但其製作小組人才皆出自臺灣；另大陸以廣大市場吸引我國如台積電晶圓等廠，不得不部分移至大陸設廠，讓我優秀人力資源轉向大陸。相對臺灣對中國大陸卻選擇偏離情感，與經濟文化的交流，傾向全面支持美國立場，而陷入兩岸軍事不對稱威脅，及主權意識的衝撞現況，把原來美中臺的三角關係變成蹺蹺板的對立情勢，增高兩岸衝突與戰爭的風險。[145]

5. 從馬英九時代到蔡英文總統的國防戰略目標，由前者的「預防戰爭、國土防衛、應變制變、防範衝突與區域穩定」；轉型到後者於《民國 106 年國防白皮書》揭示的「防衛國家安全、建制專業國軍、落實國防自主、維護人民福祉與促進區域穩定。」[146] 明顯將我國防戰略從以「避戰」為主軸的政治作戰思維，轉向凸顯「不畏戰」的國防思維，使臺灣成為「美中博弈」的軍事熱點，值得深思。

事實上，一場演繹國際政治作戰的會議，已從 2021 年 3 月 18 日於美國阿拉斯加的「中美 2 加 2 會談」上演。這場可能改變未來數十年國際戰略布局的主角，正是中共中央政治局委員、中央外事工作委員會辦公室主任楊潔篪，他在會議中痛斥美國的「金句」[147]，震撼了世界，成了中共平視及挑戰美國霸權主義的起點，而這些內涵將成為未來中共對應在「美中博弈」下的全球政治趨勢。

前美國國家安全顧問布理辛斯基，在他 1997 年所撰述的《大棋局》中，就曾預言美蘇冷戰後，中國將可能成為威脅美國霸權潛在的國家[148]。面對此境，美國極力籌謀「多元圍堵」中國的一場新國際關係競

---

144 〈「淚目」中國人的一雙筷子，讓全世界感到⋯⋯〉，《環球網》，2017 年 1 月。〈http://world.huanqiu.com/weinxinghao/2017-01/9983116.html〉（檢索日期：2021 年 4 月 12）。
145 〈弘安觀點：中美對抗角力，美台交往準則將台灣捲入戰局？〉，《風傳媒》，2021 年 4 月 19 日。〈https://www.storm.mg/article/3610925?mode=whole〉，（檢索日期：2021 年 4 月 12 日）。
146 國防部，《中華民國 106 年四年期國防總檢討》（臺北：國防部，2017 年），頁 36。
147 〈不平則鳴：中國人不吃這一套〉，《東方日報 (Oriental Daily News)》，2021 年 3 月 24 日，〈https://orientaldaily.on.cc/cnt/news/20210324/00184_009.html〉（檢索日期：2021 年 4 月 12）。
148 布里辛斯基 (Zbigniew Brzezinski) 著、林添貴譯，《大棋盤：全球戰略大思考》（臺北：立緒文化事業有限公司，1998 年），頁 203。

逐路線，正在形成。從國家階層政治作戰而言，我應全面思考建構國家
及國防相鏈結的安全政治路線，在兩強中爭取主動權，及尋找強化我們
現階段政治作戰應具備的能量，而非只在軍事層面著力及被動依附美
國，落入「今日阿富汗，明日臺灣」的困境，並在這場國力「不對稱」
的兩岸競爭中，讓中華民國逐漸喪失反制中共的先機與勝算。

第七章

興國路未濟
傳薪政戰人

本書終章以「興國路未濟 傳薪政戰人」為名，來比喻前瞻政戰的未來之路。「未濟」一語，取自《易經》第64卦的卦象——「火水未濟」。「濟」的字義是渡河；「未濟」代表渡河尚未完成。《象》辭曰：「火在水上，未濟，君子以慎辨物居方。」在此引為本書之結尾，意指自民國39年「政工改制」迄今，風雲際會，前路迢遙，有如渡水之舟尚未抵達彼岸，期望我政戰校友們慎思明辨，真知篤行，以迎接未來各種艱鉅的挑戰。

回顧過往的七十年來，國軍政戰人員曾經走過一段風起雲湧、跌宕起伏的時代，與國脈民命休戚相關。如今，政戰人的思想和信念、工作和作風，依然深契國家與軍隊之實需。尤值當今傳統軍事武力，在面對「網路空間戰」（cyber war）的凌厲挑戰之際，也正是我們重新審視「政治作戰」價值的關鍵時刻。本書之推出，旨在拋磚引玉，借箸代籌，並籲請各界賢達共同正視政治作戰時代的來臨。

本書於撰述期間，國防部政戰局長簡士偉，特提供「答訪錄」，對增進國人了解當前政戰工作要務與未來願景，頗具參考價值。本章將依照全書體系，綜整其脈絡後，分從下列五個面向以論政戰的未來之路。

一、對「政戰人」的期許

（一）興學為育才、誓作官兵橋樑

古云：「中興以人才為本」。政府遷臺之初，蔣經國先生即奉蔣中正總統之命創建政工幹校（現名國防大學政戰學院），從初期的淡水成功閣，至北投復興崗，一路走來，篳路藍縷、慘澹經營。綜覽其教育目標為訓練政工（戰）幹部，文能執墨論據，鞏固軍心；武可籌謀獻策，參贊軍務樞機。在「誠實校風」與「文武合一、術德兼修」的薰陶下，復興崗子弟日後於軍民各界，各擅勝場，開花結果，益見興學育才，成果斐然。

回顧黃埔建軍迄今，歷經近百年來的奮鬥，始終護衛著中華民國之

國脈與民命，而各級政戰幹部的堅守崗位，宵旰憂勤，和士官兵同甘共苦、不避橫逆。如今「政戰輔導長」一詞，已成為鞏固部隊團結，強化精神戰力；使軍隊如家庭，作官兵橋樑之具體表徵。而國軍的政戰教育，即是以「為用而育、計畫培養、訓用合一」的宗旨，讓青年學子在接受完整的教育之後，轉化成願為國家犧牲奉獻的國軍骨幹和領導幹部。

在基礎教育階段，重點在奠定學術基礎，培養適應力強、心理素質穩定，思想、武德、武藝兼備之基層領導幹部。尤自 110 學年度起，未來的正期學生均須參與部隊實務見學 10 週，期藉由部隊見習、分科教育，銜接學校教育與基層歷練，俾能於畢業任官後，無縫接軌，有效勝任其專業職能。而一般基層政戰幹部，則透過在職訓練、實務磨練、親教親考等作為，強化其實務技能。

部隊營級（含以下）幹部，以熟稔基礎戰術及政戰專業學能為重，由政訓中心統籌進修教育全般事宜，實施專業輔導、兵棋推演、協同演習、現地戰術及合格簽證等課程，建立其善用政戰戰術與戰法的觀念及作為。而深造教育則由國防大學軍事學院負責，使中、高階政戰軍官熟諳國防管理、規劃評估、軍事戰略與戰術，並結合年度大型演訓，實際參與聯戰機制運作，培育未來戰場指揮之領導幹部。

政工幹校創辦人蔣經國先生曾殷切期許政戰幹部，要具有「傳教士的說教態度」；「醫生的博愛胸懷」；「無名英雄的犧牲精神」。因此，我們要期勉政戰袍澤們，傳承傳統優良精神，誠懇負責，樂觀奮鬥，作母校後盾，激教育活水，共同發揚「復興崗精神」。

（二）強化核心價值，落實部隊管理

《復興崗信約》裡有八個字：「吃苦、負責、冒險、忍氣。」此即砥礪我全體政戰人員，潔身自愛，以身作則，冒險犯難，使命必達。並不斷追求自我成長，學以致用，發揮所長，知官識兵，服務當先，不斷提升工作能量，來凝聚官兵向心，發揮克敵致勝力量。

　　部隊實務爲政戰幹部工作的重點，不論是往昔的「思想、組織、安全、服務」，或是當前的「心輔、心戰、保防、精神戰力」，皆爲遂行部隊管理、達成軍事任務之實需。新時代的政戰幹部，尤應熟稔部隊管理規則，善用心輔技巧，發揮弭患於無形之功能，協助主官落實部隊管理，確保單位之純淨與安全。

　　政戰初官區分長役期、中長役期等兩類，來源分別爲政院軍費生及ROTC、專業軍官班、士官轉服等管道。近三年報考人數與錄取現況，政戰官科仍屬有志從軍青年之首選。目前志願役基層官兵，皆爲千禧年後出生，爲3C產品環繞的「滑（手機）世代」，亦稱「ME」世代。其特質包含「數位高手」、「靈活創意」、「勇於表現自我」、「活在當下」等。當「ME」世代進入軍旅，面對講求團隊紀律的軍事體系，勢必會產生不少群我間的摩擦與調適問題。

　　部隊的問題始終在「人」，爲協力領導統御，消弭部隊危安，自民國109年6月起，爲推動心輔鏈結保防預警機制，編組各級保防幹部，教育其心輔個案態樣，主動蒐處部隊人員危安與狀況反映，並適時採「邊回報主管、邊通報心輔官」之作法，節約時效、及時應處。施行迄今，全軍以複式通報機制，掌握實境，已發揮預警功能，對部隊內部安全之維護，強化風險管控之機能，著有績效。

二、對「敵情」的先著

（一）精研政戰略術，無懼敵人威脅

　　民國50至60年代，政戰諸先進即已洞燭敵情，審度國勢，參酌中外兵學思想，建立了政治作戰的理論體系，作爲戰略指導與戰術運用之契要。進言之，政治作戰之戰略指導爲七分（政治、敵後、心理、鬥智）對三分（軍事、敵前、物理、鬥力）；作戰指導以六大戰（思想、謀略、組織、心理、情報、群眾）爲內容，區分戰略（思想植根、謀略決策、組織布局）、戰術（情報明敵、心理摧鋒、群眾制面）及戰鬥（宣傳、

調查、愛民、守法）層次。而作戰形態則區分爲「全民總動員作戰」、「戰地政務」、「部隊政戰」三大態樣。究其終極目標，在發揮統合戰力，完成復國建國任務。

民國 58 年 6 月 30 日，國防部修頒「國軍政治作戰典則」，爲國軍政戰執行對敵行動之準據，體系完備，邏輯嚴謹，略術兼施，方法實際，且不受時空限制（詳見照片頁附圖「表解」）。多年來，國軍政戰人員皆以此爲教範，長官教部屬，逐級傳授，了然於胸。

自民國 92 年後，中共對臺推出了「三戰」（心理戰、輿論戰、法律戰）攻勢，惟推究其核心思維，仍不脫我上述的六大戰範疇。縱觀當前中共對臺的「三戰」作爲，概有以下數端：

1. 對我進行「三中一青」攻勢，並透過「一代（年輕一代）一線（基層一線）」，及製作一系列歷史性影視作品，爲倡議「兼併臺灣論」加持。

2. 中共對兩岸的戰略思維，慣以「主動出擊、區隔對待、軟硬兼施、入島入心」十六字箴言，作爲現階段對臺統戰之最高指導原則。

3.「三戰」的指導方針爲「有拉有打，打要一擊必中，不留餘地；拉要培養感情，成爲朋友」；在實施策略上，講究「不談政治，只講實務；不作爭論，只講感情；密切聯繫，爲我所用」。

有鑑於此，我國家階層的政治作戰，須由政府「國安團隊」爲主導，統籌建立跨部會機制，結合外交、國防、科技、文化、社會與大陸事務等相關部會的力量，以收事半功倍之效。目前國軍政戰囿於法制分工與限制，僅能進行軍事階層以下之作爲，國家階層以上之政治作戰亟需積極整合、綿密開展。

就軍事階層而言，國防部政戰局爲掌握相對性敵情，反制中共「三戰」威脅，依據每年「心戰工作指導計畫」，就兩岸情勢及中共「三戰」動態議題，責由國防大學軍事共同教學中心定期策辦「三戰策略諮詢會議」（屬跨部門協調平台）。並邀請國際事務、兩岸關係、共軍軍事及

政工、戰略溝通（新聞傳播）等領域學者專家、相關部會業務主管，以及政戰局轄屬之心戰、新聞等單位人員與會，針對敵情，研析對策，以發揮政策諮詢之綜效。

（二）嚴防共諜滲透，確保部隊安全

自 1978 年中共實施改革開放，即對我復興基地不斷展開新攻勢。先以「認同回歸」為統戰號召，繼倡「入島、入戶、入腦、入心」，動搖民心，以遂圖謀。彼時，蔣經國總統盱衡變局，洞燭機先，乃著由王昇將軍主導成立「劉少康辦公室」。期間，在所秉持「鞏固復興基地；團結海外力量；反制大陸統戰」之總目標下，結合海內外力量，執行全方位、多面向之反統戰工作，成效有目共睹。

另一方面，國軍歷來重大戰演訓，如漢光演習、軍種聯戰操演或飛彈射擊等，素為敵對我情蒐之重點，國軍各單位應側重人員管考、安全調查、徵候防處及保密作為，以確保軍機安全。另為強化反情報蒐情整合能量，政戰局依民國 109 年 5 月 1 日行政院頒布之「全國安全防護工作會報作業要點」，積極推展全軍於重大戰演訓前，召開「地區安全防護會報——保防臨時會報」，由作戰區（含比照）保防安全組任秘書單位，召集轄內國安局、調查局、海巡署、移民署、警察局、憲兵隊及軍事安全總隊等情治機構，依權責分配反情報蒐情要項，掌握影響任務遂行之預警情資，優先妥處、防範破壞。施行迄今，有效消弭多項危安事件。

此外，「國防自主」為我國防戰略之重大政策，其中又以外軍交流與軍備技術轉移更屬關鍵。政戰局乃借鏡美方管控措施，依「國防產業發展條例」第四條第四項規定，制訂「列管軍品廠商安全查核辦法」，因應新增業務項量及人力需求，擴編安全查核成員與編組，對進駐國防廠商成立專案辦公室，執行安全查核任務。施行迄今，計辦理相關安全調查達數萬人次，有效提升科研機密安全之維護。

三、對「變局」的應對

（一）國軍組織再造，政戰續創佳績

民國 46 年 4 月 14 日，蔣中正總統於主持政工幹校政戰研究班第一期開學典禮演講〈政治作戰的要領〉時曾指出：「除直接以軍事和武力加諸敵人的戰鬥行為，皆可謂之『政治作戰』。」而國軍政治作戰，旨在體現「以武力為中心的思想總體戰」功能，履行「鞏固自己、團結群眾、瓦解敵人」的基本任務，並因勢利導，開創有利機勢，發揮統合戰力。

惟自民國 82 年起，國防部參謀本部開始推動「中原案」（十年兵力整建），進行國防組織再造，期藉組織精簡，功能強化，達成軍事事務革新之目標。嗣後歷經「精實案」、「精進案」、「精粹案」等各階段的組織變革與人員精簡，方案名稱雖異，而目的一同。坦言之，國軍政戰組織迭經調整，戰力流失甚鉅，尤以部分專業單位為最。

縱觀國防法制之變革，政戰法制化為其中重要環節之一。民國 89 年「國防二法」三讀通過，政戰制度法源據此確立；91 年 3 月 1 日依據《總政戰局組織條例》正式運作。102 年 1 月 1 日《政治作戰局組織法》公布施行，正式更銜為「國防部政治作戰局」。目前，政戰局屬國防部一級機關，受部長指揮，為國軍政治作戰最高指導單位，負責國軍政治作戰工作之策劃與督導。

為配合國防組織改革，因應國家安全及國內政治、社會環境的變化，在提升國軍官兵的精神戰力上，當前政戰工作仍以「堅定國家認同、培養堅貞氣節、砥礪高尚品格、嚴明軍隊風氣、凝聚部隊團結、反制敵人心戰、鞏固戰鬥意志、建構全民國防」為目標；並依據聯戰指揮機制六大中心之架構，藉年度戰備任務訓練及「漢光演習」時機，增進狀況應處能力，落實平戰結合目標。

事實上，自民國 70 年代後期，國軍政戰的整體規模已逐漸縮減，因動員戡亂的終止，戰地政務最先走入歷史。隨後巡迴宣教、愛民助割、

康樂電影……等工作，皆次第取消。在基層政戰實務上，亦從往昔的「思想、組織、安全、服務」四大工作，於民國94年間，轉變爲「心戰、心輔、文宣、民事服務」，後又調整爲「心輔、心戰、保防、精神戰力」。其中，政戰專業部隊之屬性，不同於一般部隊，其人力精簡與組織調整，不宜純「量化」計算，而應以戰力能否有效發揮爲衡度。

國軍政戰爲因應特殊需要或重大事件，透過各項跨部會會報、軍事會談或專案任務時機，均有直接回報決策者之管道。足見，當前政戰局的角色定位、組織效能，固不免因時空環境與階段任務不同，有所調整，但協助政府推動政策，與有效支援軍事任務達成之主軸，則始終如一。

值得注意的是，工作轉型並非僅止於工作項目的改變，隨著科技昌明，資訊爆炸，帶動國軍政戰工作的資訊化與科技化，在網際網路環境及相關科技的應用下，繼續創新政戰工作，符應新時代、新戰爭需求，實屬責無旁貸、任重道遠。

（二）結合國際力量，發揮加乘效果

1960年代，國際姑息主義瀰漫，蘇共集團挾其「紅流」之勢，向第三世界國家輸出共產思想，藉軍武援助爲餌，擴大勢力範圍。中華民國身爲反共成員之一，對抗「紅流」責無旁貸。如越戰期間，成立的「奎山軍官團」，協助南越政府對抗越共，屢建殊勳。惟日後南越的江山易色，實肇因於內政不修、外援不繼，難以七年之病求三年之艾；我援越任務雖未竟全功，但以政治作戰對抗共黨侵略之聲名鵲起，成爲反共國家之先鐸。

1970年代，政府爲結合國際反共力量，政戰學校「遠朋班」應運而生。1989年柏林圍牆倒塌，「蘇東波」效應擴大，「紅流」潰退，而中共挾其經濟改革，籠絡第三世界國家，並以經援爲手段，擴大國際影響，壓縮我外交空間。然成立迄今的「遠朋國建班」，確已爲我鞏固邦誼，爭取同盟，發揮了積極效能。

　　環顧全球進行的「非戰爭性軍事行動」（Military Operations Other Than War），其主要著眼於「救災」、「維和」、「人道救援」等事項。美軍以其強大之軍力，常年征戰四方，故具有豐富臨場經驗，相關智庫的研究成果，亦最爲豐碩。而軍隊進行非武裝行動時，所需考量之行政協調、後勤支援、民心維繫等均直接影響行動成敗。相形之下，我國軍政戰的諸般作爲，在擴張「非戰爭性軍事行動」的成效上，亦日益凸顯其存在價值與實質作用。

　　事實上，政戰作爲並非我國獨有，如俄羅斯官方使用之「軟實力」及「新世代戰爭」；美國官方常見之「灰色地帶衝突」、「混和式作戰」、「不對稱作戰」及「非正規作戰」等，皆爲箇中顯例。而國軍聯戰指揮體系中之政戰中心，其所轄管的公共事務（新聞、民事、心理作戰）、戰場宣慰、戰場心理、精神動員等，相較於美軍係配置於聯戰體系的各個不同部門，猶略勝一籌。故美方對國軍政戰組織明確、事權統一之作法，曾多次表示肯定，並分享於海軍研究院，相關智庫也開始研磨「政治作戰」相關課題。

　　展望未來，國軍政治作戰與友我國家間之合作，亦應列爲努力方向，既可吸取外軍經驗，建立互助機制，又可啓迪日後工作，創新政戰戰法，可謂一舉數得。故籲請相關單位未來應建立「現役互訪」、「學員（生）交換」、「參與觀摩」、「案例交流」等方式，強化國軍與友我國家間政治作戰事務之交流合作，有效拓展戰爭面，發揮政治作戰的實質效能。

四、對「政戰史」的體認

（一）力主政工改制，重整軍心士氣

　　民國 38 年，大陸淪陷，政府遷臺；士氣低迷，百廢待興。蔣中正總統檢討敗因，瞻矚未來，決心改革政工制度，幸賴張群、黃少谷、谷正綱、鄧文儀等國之忠藎，輔佐有功；復由蔣經國先生帶領基幹，全力

以赴，制度得以規復，士氣為之大振。政工改制期間，雖受到諸多掣肘，外有美軍顧問對政工之疑慮，內有部分將校對改制之誤解，惟經日後臺海大小戰役，湔雪前恥，屢創勝績，確保臺澎金馬安全，鞏固復國基地至今，政工改制之功，於焉而顯。

七十年後的今天，重溫政工改制的一頁，已在在彰顯出它不僅是鞏固軍隊組織，凝聚軍心士氣的重要支柱，同時也是反共與防共的重要武裝機制。政工改制的目的，是為「嚴密軍隊組織」與「照顧官兵生活」，此皆為鞏固國軍內部安全，發揮國軍精神戰力之重要舉措。我們若從政工改制後的五大工作範疇，探討組織、政訓、監察、保防、民運等實際作為，相信一切皆坦然於事，了然於胸矣。

尤其是民國 52 年，蔣中正總統裁示將「政工」改為「政戰」，此乃基於反攻大陸作戰的實際需要，絕非靈光乍現之舉。究其過程，主要得自蔣公豐富的反共與治軍經驗，以及各種軍事演訓、攻防的實證結果。又如政工幹校更名為政治作戰學校，亦不僅是名稱的轉換，而是面對反共戰爭，擴張人員培育與戰力、戰果的積極作為。

從國軍近百年建軍史的教訓上，屢見不鮮，即每當政（工）戰制度遭受貶抑挫折之際，即為國軍精神渙散、戰力衰敗之時。正如國民革命軍之父蔣公所警示的，政戰的弱化將導致國軍「缺乏戰鬥意志與精神」，因為「政戰制度是國軍具有靈魂意義的基本制度」。如今，儘管國內民主制度深化，政黨輪替成為常態，但國軍對中華民國的認同，須有忠貞不貳的志節；對「為誰而戰、為何而戰」的軍隊目標，須有堅定不移的信念，絕不可因國家領導人的更迭而有所飄移，使國軍成為真正的「有主義、有思想、有紀律、有精神之革命軍」。

事實證明，國軍服膺中華民國憲法，堅守民主體制，落實軍隊國家化，其間政戰人員的貢獻，是有目共睹的。同樣地，當前為鞏固抗敵禦侮之心防，強化國軍精神戰力之重責，又捨我其誰？

（二）為國安奠宏基，為民主樹風範

古云：「勿恃敵之不來，恃吾有以待之。」國防安全為國家治理的核心，鞏固心防為國防安全之首務。政戰職司國軍心防工作，唯有健全的政戰體系，才有穩固的心理防線可言。

面對當前中共謀我日亟，「武統」之聲，不絕於耳；滲透破壞，屢見不鮮。故我政戰袍澤尤須提高環境警覺，常保憂患意識，重視敵情研究，推行全民國防教育，以強化內部心防，激勵官兵保家衛國、抗敵禦侮意志，誓為維護國家安全之堅實後盾。

回顧中華民國復興基地臺灣的一頁民主政治發展史，政戰制度在鞏固領導中心、穩定軍民士氣、促進部隊團結上，著有卓績。尤其在國家發展轉型階段，對「軍隊國家化」、「文人領軍」等相關理論之建立及推展，不遺餘力，遂開啟了軍事社會科學學門之先例。此期間，政戰學校的研究所師生藉由「軍事社會學」、「軍事政治學」、「軍事新聞學」等各個領域的鑽研，學術活動的推廣，研究成果的發表，無疑大幅拓展了新時代政治作戰之知識領域。

令人記憶猶新者，殆為民國 89 年首次政黨輪替時，國防部為確保軍心穩固，政權無縫接軌，免於時局動蕩，乃率先提出「服膺憲法、尊重憲制」之呼籲，即為落實「文武關係」之最佳範例。嗣後，國軍所進行的一系列國防體制改革，皆在遵循「文人領軍」的理念下，朝軍政、軍令一元化目標推進，而政戰學校師生多年來為國安奠宏基，為民主樹風範之貢獻，實功不可沒。

政工幹校草創之初，遴聘之師資均為一時俊彥，所傳授之知識學養，不惟以反共為限。畢業校友，在參與國家發展的歷程中，對民主法治之信守與踐行，以身作則，拳拳服膺。政工幹校學生素以學習認真，誠實為重。日後更有無數校友紛至海外深造，回國後貢獻所學，垂範士林。譬如校友繆綸將軍曾提及，王昇將軍任校長時對帶動復興崗的讀書風氣，影響到萬千學子的一輩子。而軍事社會科學之研創，僅為其中一

例。因此，當國人享受民主政治的生活之際，莫忘前賢開拓耕耘之劬勞，我復興崗子弟更要牢記前輩先賢們的叮嚀，為國家的富強康樂，軍隊的團結精進，攜手合作，繼續努力，無畏強梁，為所當為。

五、對「未來」的展望

（一）以人文為本，善盡匡導之功

時序邁入二十一世紀後，資訊科技更加發達，已呈「躍升」之勢。人手一機，也已成常態。惟近年來，民主國家發生的諸多資安案例，在在顯示全球的駭客行動，已由個人、團體行為上升到國家、國際層次的攻防，「網路空間戰」，確已成為不容輕忽的新型戰場，也是當前國家戰略研究的重要課題。

科技的重要性，固與日俱增，但主宰戰爭的永遠是「人」。人，始終是決定槍口方向的主體。國軍向以「思想領導」為圭臬，「精神戰力」為憑藉。工欲善其事，必先利其器；面對新環境、新戰爭和新工具的選擇，務期國軍政戰幹部均能善用最新科技而達事半功倍之效，進而發揮以人文為本，匡導思想輿論之功。

當下的年輕世代，因成長於網際網路和數位環境，而慣用具有「雙向互動」、「即時參與」的社群媒體，並以臉書、IG（Instagram）、推特（Twitter）為主流，喜好影音資訊、網路新聞及直播通訊，結合此項發展趨勢，已成為當前推展全民國防理念的主要媒介。

針對傳媒使用環境的變化，政戰局乃致力整合運用國防部發言人臉書、青年日報社、軍事新聞通訊社、漢聲電台、全民國防教育網等多元平台。另設置 IG、推特、YouTube、Podcast（播客）、Hichannel（網路收音機）等官方帳號，主動發布軍方政策與各項全民國防訊息，藉由網站連結分享，擴大傳播效果。經統計分析，近年來成品觸擊率、按讚、分享數，已漸收顯著成果。

（二）踵武前賢路，經文緯武開新局

　　昔《貞觀政要》有云：「以史爲鏡，可以知興替；以人爲鏡，可以明得失」。本書採近代史研究者第一人稱視角，讓政戰人說出眞心話，而我們的眞實感受是，「政戰的興衰榮枯，不在制度而在人事；不在典則事功，而在主官胸襟。」史跡斑斑，歷歷可考。

　　中華民國政府遷臺迄今，國祚綿延，屹立不搖，國軍政戰是不容抹煞的一頁。如今，政戰已不再是單純軍事意義上的概念，它意味著一種歷史，一種文化，和一種使命。同時，政戰也是國民革命之路的表徵和縮影、精神和志節。

　　本書於撰述期間，深受 COVID-19 新冠疫情影響，能夠排除萬難，順利付梓，幸賴諸軍界耆宿、學界碩彥及退休袍澤之鼎助，有以致之。從多位個人專訪中，我們了然於先總統蔣公當年力主政工改制的眞正緣由與遠見宏識；感戴蔣經國先生領導政戰、革新軍務、團結三軍、嘉惠官兵的決心和毅力，以及敬佩王昇將軍爲國獻替，不辭辛勞，「險夷原不滯胸中」的坦蕩情懷。

　　展望國家情勢，大敵當前，國步猶艱，作爲國軍建軍備戰之路的重要機制，政戰也必將迎來新的機遇和挑戰。曾經發生的故事，已成歷史，歷史本身並不重演，但人會重演歷史。尤其在邁向未來的關鍵時刻，國家需要有正確的方向，國軍需要有明確的目標，我政戰人員尤須謹記校訓精神，發爲奮鬥不懈、爲所當爲的團隊力量。

　　本書的完成，代表著一種新的嘗試和新的期盼，嘗試爲政戰七十年歷史，立豐碑，樹華表；期盼它能喚起復興崗的校友們，將「政戰人」所做的「政戰事」，一部一部地繼續傳唱下去，直到永遠……。

謝　辭

　　本書能夠在全球新冠疫情肆虐、阻礙重重之際，排除萬難，如期推出，我首先要代表研究團隊向下列單位與個人，致以由衷的謝忱。他們不但為政戰七十年歷史提供了多元的見證，表達了真實的心聲，也為時代變遷、國軍變革與政戰前途，分享了諸多寶貴的見聞掌故和經驗智慧。

　　個人專訪：楊亭雲上將、吳東權先生、曹文生上將、陳邦治上將、丁渝洲上將、葛光越大使、陸炳文博士、黃奕炳將軍、王明我將軍、章昌文將軍、閻鐵麟先生、李顯虎先生。

　　學術指導：呂芳上教授、郭岱君教授、張悅雄將軍、洪陸訓教授、王明我將軍、陳偉華教授、張志雄博士。

　　行政支援單位：國防部政戰局、青年日報社、軍事新聞社、復興崗校友會暨復興崗文教基金會等。

　　此外，要向為本書惠賜序文的許歷農上將、楊亭雲上將、丁渝洲上將、邱國正部長、帥化民委員、李天鐸總會長，以及喬振中先生致敬，長者的叮嚀，殷殷在耳，校友的回響，銘感於心。同時也要對提供相關文獻史料與惠賜專稿的陳邦治上將、王明我中將、前政戰預官陸炳文教授、李顯虎先生，以及李吉安、曾德堂、王忠孝、林興禮、魏治民等諸位校友，使得本書取材更為多元豐富，內容更具可讀性，敬表謝意。惟限於時間及篇幅，在此謹向未及載入本書之諸位前輩與校友，表達誠摯之歉意。

　　最後，要向催生本書的李天鐸先生，研究夥伴陳東波博士、柴漢熙博士、程富陽先生、謝奕旭博士、王先正博士、祁志榮博士、特約資深校對酆台英女士，共同參與編撰、審校本書所付出的熱忱和辛勞，以及感謝時報出版公司趙董事長政岷及編輯團隊，玉成此書，一併深致謝忱！

王漢國

民國 110 年 12 月 1 日

國軍政戰工作大事年表

110 年 10 月 31 日編製

民國 13 年 5 月 9 日	黃埔陸軍軍官學校創立，設置黨代表暨政治部。黨代表與政治部，為政工制度之創始，稱「黨代表制」。
民國 14 年 7 月 3 日	「軍事委員會」成立，著手統一軍政，稱「國民革命軍」，下設「政治訓練部」。
民國 15 年 2 月	「軍事委員會」頒布「國民革命軍黨代表條例」及「政治訓練部組織條例」，自此政工制度始正式確立。
民國 15 年 6 月	「國民革命軍」改組「軍事委員會政治訓練部」為「國民革命軍總司令部政治部」，簡稱總政治部。
民國 17 年 1 月	蔣中正總司令復職後，成立「軍事委員會政治訓練部」，任命戴傳賢為政治訓練部主任，黨代表制無形廢止。
民國 17 年 12 月	國民政府撤銷軍事委員會，成立「訓練總監部」，原「政治訓練部」，改為「政治訓練處」。
民國 19 年秋	成立「南昌行營政治訓練處」，負責剿共之政治工作。
民國 21 年 6 月	「訓練總監部政治訓練處」改組為「軍事委員會政治訓練處」，統一政工指揮。
民國 27 年 1 月	抗戰軍興，將大本營第六部、軍委會政訓處、訓練總監部國民軍訓處，合併改組為軍事委員會政治部。
民國 35 年 6 月 1 日	召開政治協商會議，改組軍事委員會為「國防部」；軍事委員會政治部改為「國防部新聞局」，既有職能頓失。
民國 35 年 7 月 7 日	軍事新聞通訊社成立，負責軍事新聞之採訪與報導。
民國 37 年 2 月	「國防部新聞局」改為「國防部政工局」，政工體制採幕僚制。

民國 39 年 4 月 1 日	蔣中正總統檢討大陸失敗教訓,決心重建政工制度,特頒布改制令,「國防部政工局」調整為「國防部政治部」,直屬參謀總長,下設:組織、新聞、監察、保防、民運、立法連絡、政訓,以及康樂總隊、播音總隊、女青年工作隊、軍聞社。並任命蔣經國為首任主任。
民國 39 年 4 月	各級成立人事評判委員會、經理(伙食)委員會、生活檢討委員會及中山室工作委員會,掃除軍中積弊,增進官兵團結,提高部隊士氣,鞏固主官威信。
民國 40 年 5 月 1 日	「國防部政治部」復改銜為「國防部總政治部」,另設「設計指導委員會」(民國 46 年改為「政治作戰計畫委員會」)。
民國 40 年 7 月 15 日	成立政工幹部學校,招考有志投入政工行列之現役軍人與社會青年。
民國 41 年 1 月 6 日	蔣中正總統蒞校主持第一期學生開學典禮,並訂是日為建校紀念日。
民國 41 年 10 月 10 日	創立青年戰士報。
民國 42 年 8 月	頒行《國軍隨營補習及進修教育實施辦法》,提升部隊良好讀書風氣及官兵素質。
民國 43 年 9 月	總政治部奉示建立革命軍人五大信念,將原有各級四大公開組織,歸併為榮譽團結委員會。
民國 44 年 12 月	國防部成立新聞室,負責對外界之公眾關係。
民國 46 年 1 月	總政治部為配合「國軍高級指參儲備案」之施行,將「設計指導委員會」改為「政治作戰計畫委員會」。
民國 46 年 4 月	政工幹部學校創設政治作戰研究班。
民國 46 年 11 月	國防部總政治部奉准試行《戰地政務實施綱要》,推動戰地政務業務。
民國 47 年 4 月	創辦三民主義學術巡迴講演,分赴本、外島地區軍級以上單位巡迴講演。
民國 47 年 7 月	頒布《國軍政工組織改革方案》,修訂各級編制。
民國 48 年 7 月	成立「青邨幹部訓練班」,調訓各級組織幹部。

民國 49 年 3 月	政工幹校自第八期改制為四年制大學教育，原設政治、新聞、音樂、美術、影劇、體育六科，改為六系。
民國 50 年 3 月	訂頒「國軍官兵申訴處理實施大綱」及「國軍官兵申訴作業實施程序」，建立國軍官兵申訴制度。
民國 51 年	總政治部為擴大巡迴教育成效，選拔優秀預備軍官，擔任三民主義巡迴教官，執行基層宣教任務。
民國 51 年 3 月	國防部成立戰地政務局，受總政治部主任督導。
民國 51 年 3 月 15 日	國防部總政治部主任之編階，由中將一級修訂為二級上將。
民國 52 年 8 月 16 日	「國防部總政治部」，易銜為「國防部總政治作戰部」。
民國 53 年 5 月	策訂「國軍基層單位設置中山室工作委員會實施準則」，提高軍中文化，倡導業餘康樂，推展官兵服務。
民國 53 年 9 月	國防部動員局主管之軍眷業務，移交總政戰部第五處接辦。
民國 53 年 11 月	訂頒《軍事與政戰軍官相互輪調計劃綱要》，規定政工幹校正期畢業軍官自第七期起遴調連長，軍官學校畢業軍官遴調營、連輔導長。至民國 59 年 10 月 1 日明令廢止。
民國 53 年 12 月	國防部總政治作戰部增設「軍眷業務管理處」、「福利總處」，另創設心戰工作組（對外稱「心廬」）。
民國 54 年 6 月	將各級政戰幕僚編組，與政戰六大戰相結合，國防部總政戰部改編為一會（政治作戰計劃委員會）、二室（行政、主計室）、六處（分別主管組織、心戰、監察、保防、民事福利、及政教政訓等業務）。
民國 55 年 2 月	國防部新聞局改為軍事發言人室，納為總政治作戰部編制。
民國 56 年 7 月	正式編成「國防部青邨幹部訓練班」，專司組織幹部教育之責。
民國 57 年 7 月	原軍法學校編併至政工幹校，增設法律系。
民國 57 年 11 月	政工幹校創設政治研究所碩士班，內分三民主義、國際共黨、政治作戰三組。

民國 58 年 3 月	國防語文學校編併政工幹校。
民國 58 年 6 月	設立心戰研究班，施以兩年之心戰教育。
民國 59 年 2 月	總政戰部增設軍眷業務管理處，專責軍眷業務。
民國 59 年 3 月	設立「莒光講習班」，訓練營長以上重要幹部。
民國 59 年 4 月 15 日	創設莒光日政教制度，通令三軍各級全面實施。
民國 59 年 10 月	政工幹部學校，奉核定改銜為政治作戰學校。
民國 60 年	軍事新聞通訊社增設電視業務，以報導軍事新聞為主要任務。
民國 60 年 6 月	創設「遠朋研究班」，訓練各友邦保送之軍政人員。
民國 60 年 11 月	軍事發言人室復改稱新聞處，由新聞處長兼任發言人，以統一軍事新聞事權。
民國 64 年 8 月	政治作戰學校增設專科學生班，內分行政管理、社會工作兩組，招收二年制學生。
民國 64 年 9 月	政治作戰學校增設政戰士官班。
民國 65 年 2 月	「國防部青邨幹部訓練班」奉命與「莒光講習班」合併，沿用「青邨幹訓班」名稱，兼負重要軍職幹部訓練之責。
民國 65 年 2 月	戰地政務局改編為戰地政務處，納為總政戰部幕僚編組。
民國 65 年 5 月	訂頒「國軍基層連隊設置互助組實施規定」，全面推展學習、生活、安全、戰鬥等四大互助。
民國 67 年 5 月	修頒「各級榮譽團結會組織規定」，貫徹執行政訓、文康、安全、服務、戰鬥等五項工作。
民國 68 年 7 月	總政治作戰部增編心理作戰處。
民國 70 年 6 月	政治作戰學校政治研究所增設大陸問題組，並創設外國語文研究所。
民國 70 年 7 月	政治作戰學校大學部增設心理、社會兩系，專科學生班招訓三年制學生，增設為七科。
民國 73 年	青年戰士報，更名為青年日報。
民國 80 年 6 月	政府終止動員戡亂時期，國防部裁撤戰地政務處。

民國 84 年	「遠朋研究班」更名為「遠朋國家建設研究班」，招訓各國軍事首長、重要官員及社會菁英。
民國 86 年	青年日報納編新中國出版社。
民國 88 年 7 月	軍事新聞通訊社正式開展網路供稿功能，提升軍事新聞時效。
民國 90 年 12 月	國防大學軍事共同教學中心，邀請紅十字會國際委員會遠東區代表至校授課，推廣「戰爭法」與「國際人道法」，並落實部隊「武裝衝突法」之宣教工作。
民國 91 年 3 月 1 日	依《總政治作戰局組織條例》立法施行，「國防部總政治作戰部」更名為「國防部總政治作戰局」，並由軍令系統改為軍政系統。下轄：政戰綜合、文宣政教、軍紀監察、保防安全、軍眷服務等處，及軍事發言人室與主計室、福利總處、青年日報社、軍事通訊社、軍事安全總隊、政治作戰總隊，裁撤青邨幹訓班。
民國 94 年	「遠朋國建班」增辦「解放軍國際軍官班」、「遠朋複訓班」及「國際高階將領班」等班隊。
民國 94 年 2 月	國防大學軍事共同教學中心，依《全民國防教育法》，增設全民國防教育組，總政戰局為主管機關。
民國 94 年 10 月 20 日	國防部總政治作戰局之軍紀監察處併入督察室，保防安全處併入情報次長室。
民國 95 年 9 月 1 日	國防部推行「北部地區院校調併案」，政治作戰學校納編國防大學，更名為「政治作戰學院」，僅設政治學系、新聞學系、心理及社會工作學系及應用藝術學系。 原政戰研究班之訓額移至各軍事指參學院，分設政治作戰組（含監察、保防）。 原總教官室（含六大戰教官），全數移併國防大學軍事共同教學中心，增設政治作戰組，繼續負責深造教育班次之政戰專業課程施教。
民國 96 年 3 月	軍事新聞通訊社陸續與雅虎奇摩、中華電信 Hinet 等國內主要入口網站簽約合作，使採訪報導同步在 Yahoo、Hinet、Yam 等新聞網刊登。

民國 97 年 1 月 4 日	軍紀監察處與保防安全處移回總政戰局，新增心理作戰處、民事服務處。
民國 97 年 2 月	軍事新聞通訊社發行網路電子報，強化讀者資訊服務，同年 7 月，與電信業者合作，提供手機行動加值服務，以擴大全民國防宣教成效。
民國 98 年 2 月	裁撤先前新編之心理作戰處、民事服務處。
民國 101 年 4 月	「遠朋國建班」移編國防大學；福利總處更名為福利事業管理處。
民國 102 年 1 月 1 日	依《國防部政治作戰局組織法》，「國防部總政治作戰局」更銜為「國防部政治作戰局」，精簡上將局長，原中將副局長轉用為中將局長。「軍紀監察處」移編「總督察長室」；「文宣政教處」更銜為「文宣心戰處」；「軍事發言人室」更銜為「軍事新聞處」。
民國 103 年 11 月	政治作戰總隊降編為心理作戰大隊，播音大隊降編為心戰第四中隊，藝宣中心降編為心戰第五中隊。
民國 105 年	為慰勉戰訓、救災支援部隊，設置國軍行動福利站，機動便捷，嘉惠官兵。
民國 106 年 4 月	青年日報配合數位轉型，改版為八開小型報，每日出刊二大張、十六個版面。
民國 107 年	政戰局與台北市政府合作辦理「國防部大直非營利幼兒園」案，于 109 年開始招生。
民國 107 年 4 月	政戰局完成「假訊息辨識暨處理流程」，納入任務訓練，強化官兵職能。
民國 107 年 7 月 13 日	復興崗校區之「國民革命軍政工人員陣亡紀念碑」與「復興武德精神堡壘」，登錄為台北市歷史建築，永久保存。
民國 108 年 1 月	政戰局頒布《國防科技工業合作廠商安全調查執行作法》。
民國 109 年	政戰局頒布《精進國軍聯合情監偵訊息作法》。
民國 110 年	政戰局制定《列管軍品廠商安全查核作法》。

參考文獻

一、中文文獻

（一）檔案、文件、日記

〈國軍政治作戰指導原則與實踐要領表解〉，《國軍政治作戰典則》。國防部 1969 年 6 月 30 日望得字第 8279 號令頒。

《王昇日記》，1980/01/31。

《王昇日記》，1983/04/04。

《王昇日記》，1983/04/21。

《蔣中正日記》（手稿本）檔案，史丹福大學胡佛研究院（Hoover Institute, Stanford University）館藏，1949/01/12〈雜錄〉。

《蔣中正日記》（手稿本）檔案，史丹福大學胡佛研究院（Hoover Institute, Stanford University）館藏，1949/01/22，上星期反省錄。

《蔣中正日記》（手稿本）檔案，史丹福大學胡佛研究院（Hoover Institute, Stanford University）館藏，1951/06/30。

《蔣中正日記》，1949/01/17〈雜錄〉。

《蔣中正日記》，1949/07/09。

《蔣中正日記》，1949 年大事紀要，1 月份。

《蔣中正日記》，1950/01/08。

《蔣中正日記》，1950/02/18，上星期反省錄。

《蔣中正日記》，1951/07/30。

《蔣中正日記》，1956/10/22。

《蔣中正日記》，1958/12/31。

《蔣中正日記》，1961/06/30。上月反省錄。

「P2V710 號機失蹤報告書」（1962 年 1 月 8 日）─〈專案計畫－南圖計畫國光演習等〉，《蔣經國總統文物》，國史館藏，數位典藏號：005-010100-00028-004。

「民國四十七年三月十四日蔣經國主持心戰會報開幕演講稿」（1958 年 3 月 14 日）〈蔣經國演講稿（二十六）〉，《蔣經國總統文物》，國史館藏，數位典藏號：005-010503-00026-006。

「民國四十五年國家安全工作總檢討報告書」，（1956 年）〈國家安全會議資料（三）〉，《蔣經國總統文物》，國史館藏，數位典藏號：005-010206-00016-001。

「民國四十六年歷次中央心理作戰指導會報主席指示有關加強外島之心戰工作及本省同胞之反共教育等事項」（1957 年 12 月 11 日）〈民國四十六年各項會報指示〉，《蔣

經國總統文物》，國史館藏，數位典藏號：005-010206-00001-004。

「東南區高級將領研討會（政工改制審查案）會議記錄（計四次）」，（1950年2月20~21日），國史館藏，〈中央政工業務（一）〉《蔣中正總統文物》，典藏號：002-080102- 00014-004。

「政治工作綱領草案」，（1950年2月12日），國史館藏，〈中央政工業務（一）〉《蔣中正總統文物》，典藏號：002-080102-00014-005。

「美軍顧問團蔡斯團長與蔣經國談話紀要中英文本」，（1951年11月16日），國史館藏，〈國防部總政治部任內文件（三）〉《蔣經國總統文物》，典藏號：005-010100-00052-022。

「陳建中呈蔣經國擬定空飄高中空氣球作業計畫草案代名凌霄計畫」（1965年3月11日）-〈心戰工作〉，《蔣經國總統文物》，國史館藏，數位典藏號：005-010100-00090-003。

「陳嘉尚呈訪問反共義士劉承司問答參考資料及其報告投奔自由經過」（1962年3月）〈空軍報告與建議（四）〉，《蔣中正總統文物》，國史館藏，數位典藏號：002-080102- 00096-017。

「國防部1950年4月1日第1號一般命令」，國史館藏，〈國防部總政治部任內文件（三）〉《蔣經國總統文物》，典藏號：005-010100-00052-012。

「國防部一般命令：國軍政工制度自四月一日起實施及頒佈政工改制法規五種」，（1950年4月1日），國史館藏，〈國防部總政治部任內文件（三）〉《蔣經國總統文物》，典藏號：005-010100-00052-012。

「國防部政治部說明破獲汪李國際匪諜案的意義，蔣經國呈蔣中正民國三十九年度各部隊處理匪諜嫌案件統計表及四十年九至十一月軍中自首分子清冊，前第四軍訓練班聯誼會情形」，（1951年10月9日），國史館藏，《蔣中正總統文物》，〈中央政工業務（二）〉，數位典藏號：002-080102-00015-005。

「曾琦等五人提出停止軍事衝突實行軍隊國家化案」（無日期）《蔣中正總統文物》，〈國共協商（四）〉。數位典藏號：002-080104-00012-005。

「黃少谷函蔣孝肅檢送國家階層政治作戰指導綱領之總體戰中政治作戰實施綱要如奉蔣中正垂詢調閱請代為呈核」，《蔣經國總統文物》（1969年10月16日），國史館藏，《蔣經國總統文物》，〈軍事－總體戰實施綱要等〉，數位典藏號：005-010202-00124-002。

「葛光越呈蔣經國為與美國華盛頓郵報董事長葛蘭姆等人談話紀錄」（1986年10月10日）民國七十五年蔣經國約見外賓談話紀錄（二）〉，《蔣經國總統文物》，國史館藏，數位典藏號：005-010303-00021-021。

「蔣中正主持革命實踐研究院紀念週並訓講軍事改革之基本精神與要點」（1949年10月24日）國史館藏，《蔣中正總統文物》，〈事略稿本（一）〉，數位典藏號：002-060100- 00257-024。

「蔣中正自記軍事教育應注重之點謂軍隊戰勝之基本條件爲以主義與信仰爲軍人之靈魂以紀律組織倫理與學術爲精神以主管長官與黨員爲骨幹以政工與黨部爲核心等」（1949年10月9日），國史館藏，《蔣中正總統文物》，〈事略稿本（一）〉，數位典藏號：002-060100-00257-019。

「蔣經國主持戰地政務委員會籌備處第一至十六次會議紀錄」（1963年01月09日）〈民國五十二年各項會報指示〉，《蔣經國總統文物》，國史館藏，數位典藏號：005-010206- 00003-008。

「蔣經國呈蔣中正軍隊政工人員信條暨政工改制的重要指示與辦法」，（1950年4月20日），國史館藏，〈中央政工業務（二）〉《蔣中正總統文物》，典藏號：002-080102- 00015-001。

國史館，《蔣中正總統文物》，〈革命文獻－政治協商與軍事調處（一）〉，1946年1月16日。數位典藏號：002-020400-00005-018。

國史館，《蔣經國總統文物》，〈蔣經國演講稿（三十六）〉，（1965年03月15日）。數位典藏號：005-01503-00036-016。

（二）政府出版品

《國軍檔案》。臺北市：國防部。

《蔣中正總統文物》。臺北市：國史館。

《蔣經國總統文物》。臺北市：國史館。

《中華民國史事紀要》民國 13-18 年。臺北市：國史館。

四年期國防總檢編纂委員會，2021。《中華民國110年四年期國防總檢》。臺北：國防部。

立法院，2002/02。《立法院公報》。第91卷第10期（中），頁497-509。

立法院，2003/04。《立法院公報》。第92卷第14期（下），頁59-114。

立法院，2009/09。《立法院公報》。第98卷第50期，頁229-280。

立法院，2013/04。《立法院公報》。第101卷第20期，頁227-276。

立法院，2017/05/17。《立法院公報》。第106卷第51期，頁55-63。

行政院，2005/10/25。《行政院公報》。第11卷第202期，頁26099-26105。

周美華編，2013/06。《蔣中正總統檔案:事略稿本(80)民國三十八年五月至七月(上)》。臺北市：國史館。

國防部，2003/08/12。〈說明外界關切「軍人福利條例」（草案）〉，《國防部記者會參考資料》。

國防部，2016。《國軍政治作戰要綱》。臺北：國防部。

國防部，2017。《中華民國106年四年期國防總檢討》。臺北：國防部。

國防部史政編譯局編，1994。《國軍外島地區戒嚴與戰地政務紀實（上）》。臺北：國防部史政編譯局。

國防部總政治作戰局，2011。〈國軍政治作戰的體悟、認知、特質、啓示及指導〉。臺北：

國防部總政治作戰局，頁 1-6。

國防部總政治作戰部，1983。《國軍政戰制度研析與探討》。臺北：國防部總政治作戰部。

國防報告書編纂委員會，2000。《中華民國 89 年國防報告書》。臺北：黎明文化。

國防報告書編纂委員會，2006。《中華民國 95 年國防報告書》。臺北：國防部。

國防報告書編纂委員會，2019。《中華民國 108 年國防報告書》。臺北：國防部。

國軍政工史編撰委員會編，1960。《國軍政工史稿（上）》。臺北：國防部總政治部。

國軍政工史編纂委員會編，1960。《國軍政工史稿（下）》。臺北：國防部總政治部。

國軍政戰史稿編纂委員會編，1983。《國軍政戰史稿》。臺北：國防部總政戰部。

國家安全局，2019/05/02。〈中國假訊息心戰之因應對策〉，《立法院外交及國防委員會會議》。第 9 屆第 7 會期。

國家安全會議，2006。《2006 國家安全報告》。臺北：國家安全會議。

葉健青編，2013/06。《蔣中正總統檔案：事略稿本 (81) 民國三十八年七月 (下) 至九月》。臺北市：國史館。

（三）專書、專書文章

「陽明小組」彙編，2021/04。《政戰風雲路：歷史、傳承、變革－訪談實錄》。臺北：未出版。

《國父全集》。臺北市：中央文物供應社，1980/08。

Cimbala, Stephen J. 著，楊紫函譯，2005。《軍事說服力》（*Military Persuasion in War and Policy: The Power of Soft*）。臺北：國防部史政編譯室。

Diamond, Larry 著，盧靜譯，2019。《妖風：全球民主危機與反擊之道》（*Ill Winds: Saving Democracy from Russian Rage, Chinese Ambition, and American Complacency*）。臺北：八旗文化出版社。

Fukuyama, Francis 著，洪世民譯，2020。《身分政治：民粹崛起、民主倒退，認同與尊嚴的鬥爭為何席捲當代世界？》。臺北：時報文化。

Hans van de Ven 著，何啓仁譯，2020/11。《戰火中國 1937-1952：流轉的勝利與悲劇，近代新中國的內爆與崛起》。臺北：聯經出版公司。

Huntington, Samuel P. 著，洪陸訓等合譯，2006。《軍人與國家》（*The Soldier and The State: the Theory and Politic of Civil-Military Relations*）。臺北：時英出版。

Huntington, Samuel P. 著，劉軍寧譯，2019。《第三波：二十世紀末的民主化浪潮（4 版）》。臺北：五南圖書公司。

Kintner, William R.、Joseph Z. Kornfeder 著，紐先鍾譯，1963。《戰爭的新境界－政治戰，現在與將來》（*The New Frontier of War: Political Warfare, Present and Future*）。臺北：國防計劃局編譯室。

Leoward, Roger Ashley 著、鈕先鍾譯，1991。《克勞塞維茨－戰爭論精華》。臺北：軍事譯粹社。

Marks, Thomas A. 著，李厚壯等翻譯，2003/09。《王昇與國民黨－反革命運動在中國》。

臺北：時英出版社。

Nye, Joseph S. Jr. 著，林靜宜譯，2011。《權力大未來》（*The future of power*）。臺北：天下文化。

Smith, Paul A. Jr. 著，洪陸訓等譯，2003。《論政治作戰》（*On Political War*）。臺北：政治作戰學校。

Taylor, Jay 著，林添貴譯，2000。《臺灣現代化的推手－蔣經國傳》。臺北：時報文化。

丁渝洲口述，汪士淳整理，2004。《丁渝洲回憶錄》。臺北：天下文化。

中央文化工作會，1984。《中國國民黨與國際關係》。臺北：正中書局。

中共中央黨校，1991/02。《中共中央文件選輯，第一冊，1921–1925》。北京：中共中央黨校出版社。

亓樂義，2006。《捍衛行動》。臺北：黎明文化。

公方彬，2004。《政治作戰初探》。北京：解放軍出版社。

毛思誠編撰、陳布雷校訂，1971。〈第 6 篇：韜養時期〉，《民國十五年前之蔣介石先生（卷 1）》，1936 年 10 月。臺北：中央文物供應社。

王力行、汪士淳，1998。《寧靜中的風雨－蔣孝勇的真實聲音》。臺北：天下文化。

王子瀚，2011。《一位政戰老兵的故事－七十年憶往》。臺北：大屯出版社。

王昇，1959/07。《政治作戰概論》。臺北：政治作戰學校。

王昇，1971。《政治作戰概論》。臺北：國防部總政治作戰部。

王國琛，1988。《戎馬四十年的省思與信念》。臺北：黎明文化。

王銘義，2016。《波濤滾滾：1986-2015 兩岸談判 30 年關鍵秘辛》。臺北：時報文化。

王駿，1999。《財經巨擘－俞國華生涯行腳》。臺北：商智文化出版公司。

王駿，2020。《十信風暴》。臺北：鏡文學出版公司。

王耀華，2006。〈思念化公恩師〉，收錄於《永遠的化公》。臺北：財團法人促進中國現代化學術研究基金會，頁 148-150。

司馬璐，1974/06。《中共的成立與初期活動》。香港：自聯出版社。

尼洛，1995。《險夷原不滯胸中》。臺北：世界文物出版社。

布里辛斯基（Zbigniew Brzezinski）著、林添貴譯，1998。《大棋盤：全球戰略大思考》。臺北：立緒文化事業有限公司。

矢板明夫著，鄭天恩譯，2020/05。《人民解放軍的真相：中共 200 萬私軍的威脅、腐敗與野心》。臺北：八旗文化。

安徽大學蘇聯問題研究所、四川省中共黨史研究會編譯，1988。《蘇聯〈真理報〉有關中國革命的文獻資料選編，第一輯，1919-1927》。成都：四川省社會科學院出版社。

江南，2017/10。《蔣經國傳》。臺北：前衛出版社。

江海東，1955。《一萬四千個證人》。臺北：新中國出版社。

何清漣，2019。《紅色滲透：中國媒體全球擴張的真相》。臺北：八旗文化出版社。

克勞塞維茨著，楊南芳等譯，2012/03。《戰爭論》。新北市：左岸文化出版。

吳建國，2017。《破局：揭祕！蔣經國晚年權力佈局改變的內幕》。臺北：時報文化。

吳學明，1982。〈孫中山與蘇俄〉，收錄於張玉法主編，《中國現代史論集（第十輯）》。
　　臺北：聯經。

吳寶華，2007。《風雲七彩豔陽天》。臺北：黎明文化。

呂芳上，1997。《北伐時期國民革命軍的政治組織與政治工作（1924-1928）》。臺北：
　　中研院近史所。

呂芳上主編，2014。《蔣中正先生年譜長編（第一冊）》。臺北：國史館。

呂芳上、黃克武訪問，2001。《歷盡滄桑八十年－楚崧秋先生訪問記錄》。臺北：中央研
　　究院近代史研究所。

呂夢顯，2006。〈赤手空拳定工作 赤膽忠心報國家－推介陳祖耀著《王昇的一生》〉，
　　收錄於《永遠的化公》，臺北：促進中國現代化學術研究基金會，頁 4-7。

宋楚瑜、方鵬程，2019/03。《從威權邁向民主開放：臺灣民主化關鍵歷程（1988-1993）》。
　　臺北：商周出版社。

李元平，1980。《平凡平淡平實的蔣經國先生》。臺北：青年戰士報。

李亞明主編，2013。《2013 年中共解放軍研究學術論文集》。臺北：國防大學政治作戰
　　學院。

李宗黃，1954。《中國地方自治總論》。臺北：中國地方自治學會。

李冠成，〈疫情下的中國大外宣〉，2020。收錄於洪子傑、李冠成主編，《2020 中共軍
　　政發展評估報告》。臺北：財團法人國防研究院。

李登輝，2016。《餘生－我的生命之旅與臺灣民主之路》。臺北：大都會文化。

李潔明著，林添貴譯，2003。《李潔明回憶錄》。臺北：時報文化。

杜敏君，2014。《政戰老兵的回憶》。臺北：天工書局。

汪士淳，1998。《千山獨行－蔣緯國的人生之旅》。臺北：天下文化。

汪士淳，1999。《忠與過－情治首長汪希苓的起落》。臺北：天下文化。

汪浩，2020。《借殼上市：蔣介石與中華民國臺灣的形塑》。新北：八旗文化。

邵宗海，2006/04。《兩岸關係》。臺北市：五南圖書公司。

林孝庭，2018/07。《臺海冷戰蔣介石：1949-1988 解密檔案中消失的臺灣史》。臺北：聯
　　經出版。

林孝庭，2021。《蔣經國的臺灣時代：中華民國與冷戰的臺灣》。新北：遠足文化。

林秋敏編，2013/06。《蔣中正總統檔案：事略稿本（78）民國三十七年十二月至三十八
　　年一月》。臺北市：國史館。

林桶法，2009。《大撤退－蔣介石暨政府機關與人民遷臺之探析》。臺北：輔大出版社。

武士嵩，2017/01。《大漠男兒：武士嵩回憶錄》。臺北：黎明文化。

武治自，2003。〈最難忘的一件事－協辦政工幹校建校的曲折經過〉，《政工幹部學校第
　　一期畢業五十週年專集》。臺北：政工幹部學校第一期畢業五十週年紀念活動籌備委
　　員會。

法蘭西斯‧福山等，2018/08。《從歷史的終結到民主的崩壞》（*From the End of History to the Decline of Democracy*）。臺北：聯經出版。

政治作戰學校軍事社會科學研究中心，1995/06。《國防建設專題－政治作戰理論與實踐》。臺北：黎明文化事業公司。

政治作戰學校校史編纂委員會，1978/06。《政治作戰學校校史》。臺北：政治作戰學校校史編纂委員會。

段彩華，2006。〈悼念王老師化行先生〉，收錄於《永遠的化公》。臺北：財團法人促進中國現代化學術研究基金會。頁 175-178。

段復初、郭雪眞主編，2014。《軍事政治學：軍隊、政治與國家》。臺北：翰蘆圖書出版。

洪陸訓、李台京，1995/06。《國軍政戰制度與各國政戰工作簡介》。臺北：政治作戰學校軍事社會科學研究中心。

洪陸訓、詹哲裕編，2007。《新世紀的政治作戰》。臺北：國防部總政戰局心戰處。

洪陸訓等譯，2003/12。《論政治作戰》（*On Political War*）。臺北：政治作戰學校。

紀欣，2018。《許歷農的大是大非》。臺北：觀察雜誌社。

胡國康，1963。《對敵鬥爭經驗回憶錄》。臺南：廣明出版社。

胡璉，1974。《金門憶舊》。臺北：黎明文化。

郝柏村，1995。《郝總長日記中的經國先生晚年》。臺北：天下文化。

郝柏村，2000。《八年參謀總長日記》。臺北：天下文化。

郝柏村，2011。《郝柏村解讀蔣公日記，1945-1949》。臺北：天下文化。

郝柏村，2019。《郝柏村回憶錄》。臺北：遠見天下文化。

郝唯學、趙和偉編，2006。《心理戰講座》。北京：解放軍出版社。

范英，1984。〈國父晚期的軍事思想與黃埔軍校的創立〉，《黃埔建校六十週年論文集，上冊》。臺北市：國防部史政編譯局。

茅家琦，2003/06。《蔣經國的一生與他的思想演變》。臺北：商務印書館。

軍事科學研究院軍事歷史研究部編，1996。〈中國人民解放軍 70 年大事紀〉，《中國人民解放軍全國解放戰爭史，第 2 卷》。北京：軍事科學出版社。

孫 震，2016/06。《寧靜致遠的舵手：孫震校長口述歷史》。臺北：國立臺灣大學。

徐立德，2010。《情意在我心－徐立德八十回顧》。臺北：天下文化。

徐靜淵，2006。〈追憶五十年前一則難忘的往事〉，收錄於《永遠的化公》。臺北：財團法人促進中國現代化學術研究基金會，頁 103-105。

柴漢熙，2020。《強人眼下的軍隊－ 1949 年後蔣中正反攻大陸的復國夢與強軍之路》。臺北：黎明文化。

秦孝儀主編，1978。《總統蔣公大事長編初稿》。臺北：中國國民黨黨史委員會。

秦孝儀主編，1984。《先總統蔣公思想言論總集》。臺北：中國國民黨中央委員會黨史委員會。

馬英九，2018。《八年執政回憶錄》。臺北：天下文化。

馬英九，2019。〈用和平民主方式解決兩岸難題〉，參見黃年，《韓國瑜 vs. 蔡英文－總統大選與兩岸變局》。臺北：天下文化。

馬起華，1982。《政治學精義（上冊）》。臺北：帕米爾書店。

連戰，2006。〈悼王昇將軍追思文〉，收錄於《永遠的化公》。臺北：財團法人促進中國現代化學術研究基金會，頁 14-15。

郭廷以校閱、張朋園、馬天綱、陳三井訪談，1988。《袁同疇先生訪問記錄》。臺北市：中央研究院近代史研究所。

陳水扁，2001。《世紀首航》。臺北：圓神出版社。

陳水扁，2019。《堅持－陳水扁口述歷史回憶錄》。臺北：財團法人彭明敏文教基金會。

陳存恭，1994。《八二三戰役文獻專輯》。南投：臺灣省文獻委員會。

陳佑慎，2009/02。《持駁殼槍的傳教者，鄧演達與國民革命軍政工制度》，臺北：時英出版社。

陳邦燮，2007。《奔向藍天的響尾蛇》。臺北：時英出版社。

陳祖耀，2006。〈哭恩師化公〉，收錄於《永遠的化公》。臺北：財團法人促進中國現代化學術研究基金會，頁 44-49。

陳祖耀，2008。《王昇的一生》。臺北：三民書局。

陳祖耀，2011。《大時代的心聲》。臺北：三民書局。

陳新民，2000。《軍事憲法論》。臺北：揚智文化事業公司。

陳鴻獻，2020。《反攻與再造：遷臺初期國軍的整備與作為》。臺北：民國歷史文化學社。

陶滌亞，1985/10。《國父與領袖的戰略思想》。臺北：黎明文化。

陸鏗、馬西屏，2001。《別鬧了，登輝先生－12 位關鍵人物談李登輝》。臺北：觀察雜誌社。

國父紀念館主編，2015。《國父全集》。臺北：國父紀念館。

國防部，1994/12。《國防報告書》。臺北：國防部。

國防部史編局編，1994。《國軍外島地區戒嚴與戰地政務紀實（上）》。臺北：國防部史政編譯局。

張人俊，2007。《張人俊八五自述－戎馬回憶錄》。臺北：作者自行出版。

張子為，2014。〈專訪梁孝煌中將〉，《政工九十》。臺北：復興崗文教基金會，未出版。

張玉法主編，1982/06。《中國現代史論集，第十輯國共鬥爭》。臺北：聯經出版。

張念鎮，2006。〈王昇將軍對復興崗教育的貢獻〉，收錄於《永遠的化公》。臺北：財團法人促進中國現代化學術研究基金會，頁 73-75。

張春興、楊國樞、文崇一等主編，1983。《心理學》。臺北：東華書局。

張淑雅，2011。《韓戰救臺灣？解讀美國對臺政策》。新北：衛城出版。

淡寧，2006。〈化公令人難忘的一次演講〉，收錄於《永遠的化公》。臺北：財團法人促進中國現代化學術研究基金會，頁 33-37。

許倬雲，2006。《萬古江河：中國歷史文化的轉折與展開》。臺北：英文漢聲。

傅高義（Ezra F. Vogel）著，2012。《鄧小平與中國轉型（*Deng Xiaoping and the*

Transformation of China）》。臺北：天下文化。

彭大年主編，2013。《枕戈待旦－金馬地區戰地政務工作口述歷史》。臺北：國防部政務辦公室。

彭懷恩，1991。《中華民國政府與政治》。臺北：風雲論壇。

復興崗文教基金會，2014。《政工九十》。臺北：復興崗文教基金會（未出版）。

曾永賢口述，2018。《從左到右六十年－曾永賢先生訪談錄》。臺北：南天書局。

曾瓊葉，2008/04。《越戰憶往口述歷史》。臺北市：國防部史政編譯室史政處。

程寶山主編，2004。《輿論戰、心理戰、法律戰基本問題》。北京：軍事科學出版社。

黃仁宇，1995/04。《近代中國的出路》。臺北：聯經出版。

黃年，2013。《兩岸大架構－大屋頂下的中國》。臺北：天下文化。

黃年，2019。《韓國瑜 vs. 蔡英文－總統大選與兩岸變局》。臺北：天下文化。

黃克武等著，2011/12。《追尋百年崎嶇路：夜話民國 12 講》。臺北：傳記文學。

黃清龍，2020/08。《蔣經國日記揭密》。臺北：時報文化。

黃越宏，2001。《態度－鄭淑敏的人生筆記》。臺北：平安文化。

黃煌雄，2017/04。《臺灣國防變革：1982-2016》。臺北：時報文化。

黃筱薌主編，2010。《國軍政治作戰學－政治作戰的理論與實踐（下冊）》。臺北：黎明文化。

黃瑤、張明哲，2007。《羅瑞卿傳》。北京：當代中國出版社。

鄒景雯，2001。《李登輝執政告白實錄》。臺北：印刻出版。

楊明，2005。《軟戰爭－信息時代政治戰探析》。北京：解放軍出版社。

楊國樞等著，1993/02。《民主的重創與重創》。臺北：允晨文化叢刊。

葉邦宗，2005。《蔣經國一生》。臺北：德威出版。

董顯光，1980。《蔣總統傳》。臺北：中國文化大學出版部。

漆高儒，1997。《蔣經國評傳－我是臺灣人》。臺北：正中書局。

熊德銓，2012。《中華民國幼年兵》。臺北：黎明文化。

趙明義，2005。《當代國家安全法制探討》。臺北：黎明文化。

劉文孝，1992。《中國之翼（第三輯）》。臺北：中國之翼出版社。

劉北辰、李吉安，2011。《文才武略，繞指柔情－杜金榮，從學兵到上將的非凡人生》。臺北：勒巴克顧問有限公司。

蔡相煇編，1994。《蔣中正先生在臺軍事言論集》：臺北：中央黨史會。

蔣中正，1957。《蘇俄在中國》，臺北：中央文物供應社。

蔣中正，1970/01。〈領袖蔣公訓詞：政治作戰要旨（五十二年四月一日至十五日對政工幹校政戰講習班第三期學員講）〉，《總統對本校訓詞集－再版》。臺北：政治作戰學校。

蔣中正，1971/10。〈領袖蔣公訓詞：政治作戰幹部的責任與修養（五十二年七月廿九日主持政戰會報講）〉，《蔣總統最近言論選集》。臺北：國防研究院印行。

蔣永敬，1963/12。《鮑羅廷與武漢政權》，臺北市：中國學術著作獎助委員會。

蔣永敬，1981。《北伐時期的政治史料：1927 年的中國》。臺北：正中書局。

蔣永敬，1982。〈胡漢民與清黨運動〉，收錄於《中國現代史論集第十輯》。臺北市：聯經出版。

蔣經國，1977/11。〈本校的革命任務〉，《復興崗講詞（第一輯）》。臺北：政治作戰學校訓導處。

蔣經國，1977。〈革命課程的必修科與選修科〉，《復興崗講詞（第三輯）》。臺北：政治作戰學校訓導處。

錢復，2020。《錢復回憶錄（卷三）》。臺北：天下文化。

龍應台，1999/08。《百年思索》。臺北：時報文化。

戴季陶，1954/02。《戴季陶先生文存，1–4 冊》，臺北：中國國民黨中央委員會。

薛月順編輯，2005。《陳誠先生回憶錄 – 建設臺灣（上冊）》。臺北：國史館。

繆縕，2006。〈師恩難忘〉，收錄於《永遠的化公》。臺北：財團法人促進中國現代化學術研究基金會。頁 19-20。

羅家倫、黃季陸、杜元載、蕭繼宗、秦孝儀等主編，1953-1989。《革命文獻》。臺北：中國國民黨中央委員會黨史史料編纂委員會。

關中口述，張景爲，2020。《明天會更好：關中傳奇》。臺北：時報文化。

蘇起，2003。《危險邊緣 – 從兩國論到一邊一國》。臺北：天下文化。

蘇起，2014。《兩岸波濤廿年紀實》。臺北：天下文化。

蘇紹智等主編，林蔭成等翻譯，1988。《共產國際第二次代表大會文件，1920 年 7–8 月》。北京：中國人民大學出版社。

（四）期刊論文

王昇，1981/12。〈如何貫徹以三民主義統一中國〉，《憲政論壇》，第 27 卷第 7 期，頁 9-16。

王東原，1998/01。〈反共義士爭奪戰紀實〉，《傳記文學》，第 308 期，頁 21-16。

王強，2011/06。〈適應基於信息系統體系作戰要求，提升輿論戰、心理戰、法律戰一體化作戰效能〉，《西安政治學院學報》，第 24 卷第 3 期，頁 63-65。

白貴一，2018/05。〈南京國民政府縣長選用制評述〉，《河南牧業經濟學院學報》，第 31 卷第 168 期，頁 46-52。

任育德，2017/06。〈由《胡適日記》「妄人說」觀察胡適－蔣中正關係中的美國因素〉，《成大歷史學報》，第 52 號，頁 171-208。

朱顯龍，2008/07。〈中國「三戰」內涵與戰略建構〉，《全球政治評論》，第 23 期，頁 29-49。

李台京，1989。〈論政治作戰的時代意義〉，《復興崗學報》，第 41 期，頁 281-298。

李翔，2016/08。〈北伐前黃埔軍校與第一軍的黨軍體制－以國共關係的演變爲視角〉，《江蘇社會科學》，第 4 期，頁 219-229。

杜玲玉，2015/03。〈習近平「中國夢」之探討〉，《展望與探索》，第 13 卷第 3 期，頁 40-64。

汪振堂，1988/07。〈揭開「劉少康辦公室」面紗〉，《傳記文學》，第 90 卷第 2 期，頁 45-50。

邵夏，2009/01。〈論中國特色社會主義的歷史方位：兼論中國特色社會主義的合理性〉，《求實》，頁 74-78。

周英，2017/06。〈孔子學院的海外危機及其原因探悉〉，《東亞研究》，第 48 卷第 1 期，頁 39-66。

周琇環，2011/06。〈接運韓戰反共義士來臺之研究〉，《國史館館刊》，第 28 期，頁 115-154。

林正義，2016/03。〈「中美共同防禦條約」及其對蔣介石總統反攻大陸政策的限制〉，《國史館館刊》，第 47 期，頁 119-166。

林岦恼，2021/03。〈中共認知戰操作策略與我國因應作為〉，《國防雜誌》，第 36 卷第 1 期，頁 1-22。

林孝庭，2015/12/01。〈沙裡淘金：從胡佛檔案重溫東亞冷戰史〉，《國史研究通訊》，第 9 期，頁 4-16。

林紹翰口述，陳俊華整理，2012/02。〈從北大荒到心戰處〉，《傳記文學》，第 576 期，頁 86-96。

柯遠芬，1967/03。〈我的戰地政務經驗〉，《三軍聯合月刊》，第 5 卷第 1 期，頁 77-78。

韋慕庭（C. Martin Wilbur），1986/06。〈孫中山的蘇聯顧問，1920–1925〉，《中央研究院近代史研究所集刊》，16 期，頁 277-295。

郝應祿、趙效民，2005。〈論戰略心理戰的指導原則〉，《西安政治學報》，2005 年第 6 期，頁 116-119。

郝應祿、趙效民，2005。〈論戰略心理戰的指導原則，高研希、高康捷，2017，〈毛錫仁先生訪談紀錄〉，《桃園文獻》，第 4 期，頁 107。

陳子平，2008/05，〈中共「三戰」意涵與對臺海安全之威脅〉，《軍事社會科學專刊》，第 5 期，頁 1-27。

陳巧云，2017/01。〈國民革命軍黨代表制度的演變與失敗〉，《濮陽職業技術學院學報》，第 30 卷第 1 期，頁 41-44。

陳建中資政治喪委員會，2009/01。〈陳故資政建中先生事略〉，《陝西文獻》，第 112 期，頁 17-23。

陳津萍，2018/06。〈習近平軍改前後「三戰」組織架構轉變研析〉，《陸軍學術雙月刊》。第 54 卷第 559 期，頁 39-58。

陳津萍、張貽智，2019/08。〈軍改後中共「中央軍委政治工作部」組織與職能之研究〉，《軍事社會科學專刊》，第 15 期，頁 36-37。

陳鴻獻，2014/12。〈1950年代初期國軍政工制度的重建〉，《國史館館刊》，第42期，頁63-87。

陳鴻瑜，2021/11。〈一九六〇-七〇年代臺灣軍援越南〉，《傳記文學》，第119卷第5期，頁15-40。

許如亨，2008/09。〈共軍「三戰」就是戰時心理戰：評「誤解」最多的大陸政策〉，《新世紀智庫論壇》，第43期，頁53-61。

曾于蓁，2020/09。〈中國大陸疫情防控與維穩：融媒體之功能與作用〉，《展望與探索》。第18卷第9期，頁76-85。

黃天才，2010/05。〈韓戰第一線上審訊共軍戰俘（上）〉，《傳記文學》，第576期，頁4-21。

黃宗鼎，2013/03。〈越戰期間中華民國對越之軍援關係〉，《中央研究院近代史研究所集刊》，第79期，頁137-172。

黃柏欽，2020/03。〈習近平時期的對外宣傳〉，《軍事社會科學專刊》，第16期，頁33-75。

楊靜文，2008/09。〈《越戰憶往口述歷史》臺灣人的越戰故事〉，《全國新書資訊月刊》，頁32-35。

廖篈，2019/12。〈中國大陸孔子學院海外擴展的困境〉，《展望與探索》，第17卷第12期，頁30-41。

趙明義，2001/12。〈政戰制度與國軍現代化〉，《復興崗學報》。第73期，頁17-47。

趙建中，2005/05。〈因應中共加強對臺非武力「三戰」－我政治作戰應有之作為〉，《國防雜誌》，第20卷5期，頁6-16。

劉嘉霖、林立偉，2019/03。〈美國戰略溝通爭論與改革：兼論其對我國發展戰略溝通機制之啟示〉，《國防雜誌》，第34卷第1期，頁89-112。

劉維開，2000/06。〈蔣中正第三次下野之研究〉，《國立政治大學歷史學報》，第17期，頁131-155。

劉德坡，2004/09。〈信息化條件下「三戰」的特徵〉，《政工學刊》，2004年第9期，頁52-53。

歐陽新宜，〈如果「高校思想政治工作」違反馬克思主義？－對中國大陸大學思想控制工作的評論〉，《展望與探索》，第18卷第2期，頁1-7。

潘進章，2013/07。〈共軍「三戰」功能與運用之探究〉，《國防雜誌》，第28卷第4期，頁75-92。

蔡秉松，2014/06。〈對中共三戰戰略地位、功能與同質性思維聯想的論述〉，《復興崗學報》，第104期，頁49-76。

賴世上，2003/04。〈美伊戰爭政治作戰運用與啟示〉，《國防雜誌》，第18卷第10期，頁82-98。

賴世上，2007/06。〈從共軍政治工作研析對臺「三戰」能力與作為〉，《國防雜誌》，第22卷第3期，頁85-101。

魏萼，2014/01。〈析論「劉少康辦公室」的歷史意義〉，《海峽評論》，第 277 期，頁 52-56。

（五）學位論文

王先正，2008/06。《論我國軍人的政治中立－政黨輪替之檢驗（2000-2008）》，國防大學政戰學院政治研究所博士論文。

陳佑慎，2017。《國防部的籌建與早期運作（1946-1950）》。國立政治大學歷史研究所博士論文。

陳鴻獻，2013。《反攻三部曲：1950 年代初期國軍軍事反攻之研究》。臺北：中國文化大學歷史學系博士論文。

姚科名，2019/06《冷戰後中央對外宣傳系統的組織與策略》。臺北：政治大學東亞所碩士論文。

（六）研討會論文暨研究報告

亓樂義，2018/12。〈中共軍改對臺「三戰」之影響〉，《107 年（下）三戰諮詢會議》，頁 1-51。

林正義、鍾堅、張中勇，1999。《如何落實全民國防》。臺北：國防部 88 年度委託研究報告，計畫編號：NMD-88-02。

林孝庭，2020/12/12-13。〈蔣經國主政後『本土化』與兩條路線的難題〉，發表於「威權鬆動－解嚴前臺灣重大政治案件與政治變遷（1977-1987）」國際學術研討會。臺北：國史館。

陸委會委託研究，2018/10。〈中共高層領導體制研究（摘要）〉，頁 1-6。參見 https://ws.mac.gov.tw/001/Upload/295/relfile/7845/73470/1921537c-7766-4dee-8236-7cad632e60b1.pdf（瀏覽日期：2021 年 5 月 10 日）

張五岳，2019/06。〈論習近平「告台灣同胞書 40 周年」後中共對臺三戰策略專題評析〉，《108（上）三戰策略諮詢會議》，頁 85-89。

張蜀誠，2020/12。〈近期中印邊境衝突事件之中共「三戰」策略研析〉，《109 年三戰諮詢會議》，頁 66-113。

曾于蓁，2019/06。〈論習近平「告台灣同胞書 40 周年」後中共對臺三戰策略〉，《108 年三戰諮詢會議》，頁 59-79。

監察院，2015。《全民國防教育執行成效之檢討專案調查研究報告》。臺北：監察院。

謝登旺、張揚興，〈各級學校全民國防教育實務工作之推動〉，《100 年全民國防教育學術研討會論文集》，頁 49-57。

（七）雜誌

未刊名，1991/12/02。〈反情報總隊就是軍方小國安局〉，《新新聞週刊》，第 247 期，

頁 27。（本文僅一頁）

未刊名，1996/03。〈章孝慈不以「蔣孝慈」下葬〉，《亞洲週刊》，第 10 卷第 9 期，頁 78。（本文僅一頁）

王漢國，2020/12。〈情牽遠邦友 誼繫三洋外－憶往天涯聚一堂，塵，封不住來自海角的曾經〉，《復興崗全球會訊》，第 100 期，頁 22-24。

朱　明、何豪毅，2011/02/17。〈將軍共諜羅賢哲重傷作戰指揮系統〉，《壹週刊》，第 508 期，頁 40-44。

朱瑩瑩，2018/03。〈融媒體背景下廣播媒體發展的橫與縱〉，《視聽》，2018 年第 3 期，頁 21。

邱銘輝，1990/11/26。〈「岳忠義」一直在暗中搞「常青工作」－國民黨目前在軍中如何推展黨務工作〉，《新新聞週刊》，第 194 期，頁 34-35。

邱銘輝，1993/03/28。〈黨費停繳，小組會停開，黨部停止運作－獨家報導最近國民黨退出軍隊的具體內容〉，《新新聞週刊》，第 316 期，頁 12-13。

邱銘輝，1993/04/25。〈剛斷奶的阿兵哥又被塞入一個奶嘴〉，《新新聞週刊》，320 期，頁 35。

花逸文，1988/07/11。〈獨家訪問王昇〉，《新新聞週刊》，第 70 期，頁 35-39。

張悅雄，2020/12。〈重建思想戰，榮光政戰魂〉，《復興崗全球會訊》，100 期，頁 10-11。

湯明哲，2013/10。〈公司需要政戰官嗎？〉，《遠見雜誌》，第 208 期，頁 42。

程富陽，2020/12。〈風雨百年情，襟抱樹人心〉，《復興崗全球會訊》，第 100 期，頁 63-65。

楊立傑，1996/04/14。〈總統府打算把中華民國版圖縮水〉，《新新聞週刊》，第 475 期，頁 26-27。

鄧文儀，1971/09。〈我的政工生涯〉，《藝文誌》，第 27 期，頁 22-27。

蔣良任，1991/08/19。〈把這兩塊封建牌位請下民主供桌〉，《新新聞週刊》，第 232 期，頁 18-19。

謝金河、吳光俊，2000/04/27。〈陳水扁當選後的關鍵七十二小時〉，《今周刊》，頁 22。

（八）報紙

1996/12/25。〈羅本立總長針對國軍「精實案」講話全文〉，《青年日報》。版 2。

2000/10/28。〈政工幹部在演習場上忙起來〉，《戰友報》，版 3。

2003/12/15。〈經黨中央軍委批准《中國人民解放軍政治工作條例》頒布〉，《解放軍報》，版 1。

2016/01/01。〈中央軍委《關於深化國防和軍隊改革的意見》〉，《解放軍報》，版 1。

2016/07/25。〈建立健全軍隊政法工作新體系－軍委政法委員會負責人就《各級黨委政法委員會設置方案》答記者問〉，《解放軍報》，版 3。

2017/10/19。〈決勝全面建成小康社會 奪取新時代中國特色社會主義偉大勝利－習近平同

志代表第十八屆中央委員會向大會作的報告摘登〉，《解放軍報》，版2。

2018/03/22。〈中共中央印發《深化黨和國家機構改革方案》〉，《解放軍報》。

2019/01/03。〈《告台灣同胞書》發表40周年紀念會在京隆重舉行，習近平出席紀念會並發表重要講話〉，《人民日報》，版1。

2019/01/04。〈新時代對臺工作的綱領性文獻：論學習貫徹習近平總書記在「告台灣同胞書」發表40周年紀念會重要講話〉，《解放軍報》，版2。

2020/07/01。〈人大常委會第二十次會議表決通過香港特別行政區維護國家安全法〉，《人民日報》，第3-5版。

2020/10/29。〈中國共產黨第十九屆中央委員會第五次全體會議公報〉，《人民日報》，版1。

2020/11/19。〈陸台獨分子清單 國台辦間接證實〉，《聯合報》，版A14。

2020/11/04。〈中共中央關於制定國民經濟和社會發展第十四個五年規劃和2035年遠景目標的建議〉，《人民日報》，版1。

2020/12/12。〈王毅出席國際形勢與中國外交研討會〉，《人民日報》，版3。

2020/12/30。〈大陸今年外商投資將逾1.4億美元創新高〉，《聯合報》，版A4。

2020/07/01。〈中國共產黨黨員繼續發展壯大〉，《人民日報》，版7。

2020/09/27，〈中辦國辦印發《意見》加快推進媒體深度融合發展〉，《人民日報》，版1。

2021/01/23。〈全國人大通過《海警法》〉，《解放軍報》，版2、3。

2021/01/06，〈中共中央印發中國共產黨統一戰線工作條例〉，《人民日報》，版1、3。

2021/02/03。〈以國安法之名 港警已拘捕97人〉，《聯合報》，版A9。

2021/02/20。〈開創新時代軍隊政治工作新局面－中央軍委政治工作部領導就新修訂的《軍隊政治工作條例》答記者問〉，《解放軍報》，版3。

2021/03/08。〈中國國防費保持適度穩定增長〉，《解放軍報》，版3。

2021/03/13。〈矢板明夫：大陸嚴格執行海警法 必開戰〉，《中國時報》，版A4。

2021/03/17。〈美日2+2會談 確認臺海和平重要性〉，《聯合報》，版A1。

2021/03/21。〈又逢辛丑年 大陸愛國主義爆棚〉，《旺報》，版AA1。

2021/03/26。〈新疆棉風暴 陸抵制跨國品牌〉，《聯合報》，版A12。

2021/03/27。〈美中對抗 新冷戰聯盟？新全球協調？〉，《聯合報》，版A3。

王文玲，2012/04/27。〈羅賢哲無期徒刑定讞〉，《聯合報》，版A1。

王光慈，2013/02/04。〈羅賢哲案翻版？海軍將領涉嫌洩密中共〉，《聯合報》，版A1。

丘采薇、王蕙瑛，2021/07/05。〈邱義仁：台獨非臺灣人可自己決定〉，《聯合報》，版A4。

未刊名，1996/03/10。〈華興目標將領輔選，軍票集結D日集結〉，《聯合晚報》，版4。

石齊平，2021/01/31。〈美國對華新戰略的5R－觀點言〉，《中國時報》，版A14。

羊曉東，1994/03/29。〈立院國防委員會首度赴總政戰部考察業務〉，《中國時報》，版6。

吳明杰，2007/06/27。〈扁：國軍五大信念，刪除主義領袖〉，《中國時報》，版A12。

吳明杰，2008/05/13。〈國軍「轉進」改為中華民國而戰〉，《中國時報》，版15。

吳明杰，2011/05/21。〈羅賢哲毀在愛嫖，非中美人計〉，《中國時報》，版A2。

吳明杰、呂昭隆，2011/03/08。〈高華柱：共諜案線索是美提供〉，《中國時報》，版A12。

吳明杰等，2012/10/30。〈涉洩漏護漁計畫，三退伍軍官被捕〉，《中國時報》，版A6。

呂昭隆，2002/04/09。〈湯曜明：國軍五大信念不會改變〉，《中國時報》，版3。

呂昭隆，2011/07/16。〈遺失保密器羅賢哲沒懲處，有內情未招？〉，《中國時報》，版A2。

呂昭隆，2011/02/11。〈兄：羅去年赴美，被FBI問話〉，《中國時報》，版A2。

林守俊，2007/05/08。〈國軍五大信念變三大，立委砲轟〉，《中華日報》，版A4。

洪哲政，〈二代心戰車首度曝光〉，《聯合報》，2021年9月21日，版A4。

洪哲政，2011/05/20。〈羅賢哲涉共諜〉，《聯合晚報》，版A3。

洪哲政，2012/10/29。〈退休軍官涉共諜〉，《聯合晚報》，版A10。

高凌雲，2007/05/13。〈軍中五大信念，廢主義、領袖〉，《聯合晚報》，版2。

陳志賢，2021/03/15。〈中共軍委聯參情報局，對臺諜報主力〉，《中國時報》，版A1。

陳志賢，2020/07/06。〈檢調急培訓，近期嚴辦共諜案〉，《中國時報》，版A3。

陳志賢，2021/03/15。〈中共軍委聯參情報局，對臺諜報主力〉，《中國時報》，版A1。

張文馨，2021/07/07。〈白宮印太總監：美不支持臺灣獨立〉，《聯合報》，版A9。

張景為、康添財，1996/03/09。〈因應臺海危機，政院立院進行對話〉，《中國時報》，版4。

張登及，2021/07/03。〈北京不爭全球霸主是合理的戰略遠景〉，《中國時報》，版A11。

傅希堯，2007/05/15。〈軍人五大信念，去主義、領袖〉，《中華日報》，版A2。

葉萬安，2021/01/05。〈福山錯估美式民主危機〉，《聯合報》，版A13。

鄭貞銘，2014/10/26。〈主義前鋒－金門之戀三部曲之一〉，《中國時報》。版20。

劉星君，2014/02/13。〈共諜案軍法轉司法，無期變六年〉，《聯合報》，版A11。

劉峻谷、劉時均，2014/12/16。〈政戰官當共諜，判15年定讞〉，《聯合報》，版A12。

盧德允，2001/10/01。〈不知「為何而戰」，小兵惹火總長〉，《聯合報》，版6。

盧德允，2007/05/14。〈軍人五大信念要廢主義領袖〉，《聯合報》，版A2。

（九）數位影音資料

復興崗文教基金會、中華民國團結自強協會，2015/12/09。《「春風化雨 行思長憶」，王昇上將百歲誕辰紀念專輯》DVD。

（十）網路資料

〈「民眾對當前兩岸關係之看法」民意調查(2021-03-19~2021-03-23)〉，《ROC大陸委員會》。參見 https://www.mac.gov.tw/cp.aspx?n=5FA925BBC954E9D8&s=16F4BC70A16

60AD4（檢索日期：2021 年 4 月 9 日）。

2017/01。〈「淚目」中國人的一雙筷子，讓全世界感動〉，《環球網》。http://world.huanqiu.com/weinxingonghao/2017-01/9983116.html（檢索日期：2021 年 4 月 12）。

〈93% 大陸人滿意中共政府？一文看懂哈佛研究五大要點〉，《聯合新聞網》。參見 https://udn.com/news/story/7331/4710232（檢索日期：2021 年 3 月 22 日）。

2021/03/24。〈不平則鳴：中國人不吃這一套〉，《東方日報 (Oriental Daily News)》。參見 https://orientaldaily.on.cc/cnt/news/20210324/00184_009.html（檢索日期：2021 年 4 月 12）。

2020/04/04〈中國快艇越界衝撞海巡艇，國防灰色地帶衝突升高危國安〉，《東森新聞雲》。參見 https://www.ettoday.net/news/ 20200404/1683722.htm（檢索日期：2021 年 7 月 29 日）。

〈中華民國與美利堅合眾國間共同防禦條約〉，《全國法規資料庫》。參見 https://law.moj.gov.tw/LawClass/LawAll.aspx?pcode=y0010095（瀏覽日期：2020 年 10 月 5 日）

2018/10/22。〈世界最大的媒體對合作品牌意味著甚麼？〉，《騰訊網》。參見 https://news.qq.com/a/20181022/056502.htm (檢索日期：2021 年 4 月 7 日)。

2021/01/01。〈臺灣：共軍軍機 2020 年擾臺逾 380 次〉，《聯合新聞網》。參見 https://udn.com/news/story/10930/5138348（檢索日期：2021 年 3 月 22 日）。

〈外交關係的展開〉，《教育雲》。參見 http://163.28.10.78/content/junior/history/ks_edu/taiwan/chap7/index731.htm#（瀏覽日期：2020 年 10 月 5 日）

2021/04/19。〈弘安觀點：中美對抗角力，美臺交往準則將臺灣捲入戰局？〉，《風傳媒》。參見 https://www.storm.mg/article/3610925?page=1（瀏覽日期：2021 年 5 月 20 日）

〈堅定不移沿著中國特色社會主義道路前進 為全面建成小康社會而奮鬥〉，《新華網》。參見 http://www.xinhuanet.com//18cpcnc/2012-11/17/c_113711665.htm（檢索日期：2021 年 3 月 28 日）。

2019/07/06。〈黃奎博觀點：國安「五法」還是國安「無法」？〉，《風傳媒》。參見 https://www.storm.mg/article/1454974（檢索日期：2021 年 4 月 9 日）。

〈歷史事件老照片 – 劉自然事件〉，《文化部》。參見 https://cna.moc.gov.tw/home/zh-tw/history/36160

1997/05/01。〈總統簽署宣告終止動員戡亂時期六周年〉，《總統府新聞》。參見 https://www.president.gov.tw/NEWS/4007（檢索日期：2021 年 6 月 14 日）。

2005 年 4 月 27 日。〈陳興國 – 駐越期間履險如夷〉，《榮光雙週刊》，第 2005 期。參見 https://epaper.vac.gov.tw/zh-tw/C/35% 7C1/6733/1/Publish.htm（瀏覽日期：2021 年 7 月 10 日）

2007/02/25。〈一段失落的軍援越南秘史〉。參見 https://blog.xuite.net/maximilian_wang/twblog/141227920（瀏覽日期：2021 年 7 月 10 日）

2013/07/25。〈帥化民：政戰系統早就不該存在〉，《今週刊》。參見 https://www.

businesstoday.com.tw/article/category/80392/post/201307250040/（瀏覽日期：2021 年 8 月 10 日）

2020/12/23。〈越南內戰，臺灣想興風作浪，美國沒有允許最終臺灣給了什麼支援〉，《壹讀》。參見 https://read01.com/zh-tw/xmBOg5N.html#.YIqd9tUzbIU

2020/07/30。〈「務實外交」從孤立走向破冰 李登輝被稱來自臺灣的總統〉，《ETtoday 新聞雲》。參見 https://www.ettoday.net/news/20200730/1772115.htm（瀏覽日期：2020 年 10 月 5 日）

中央社，2020/05/20。〈蔡英文總統就職演說全文〉，《中央社新聞》。參見 https://www. cna.com.tw/news/firstnews/202005205005.aspx（瀏覽日期：2021 年 7 月 10 日）

中央社，2021/10/10。〈蔡英文總統國慶演說全文〉，《中央社新聞》。參見 https://www. ydn.com.tw/news/firstnews/20211010.aspx（瀏覽日期：2021 年 10 月 10 日）

北京市新聞工作者協會、社會科學文獻出版社，2019。《媒體融合藍皮書：中國媒體融合發展報告（2019）》。參見 https://www.pishu.cn/zxzx/xwdt/529866.shtml（檢索日期：2021 年 4 月 7 日）。

司法院，2013/08/08。〈軍審法三讀修正，實現國家司法權一元化，強化軍中人權保障〉，《司法周刊第 1657 期》。參見 https://www.judicial.gov.tw/tw/cp-1429-70164-46367-1. html（檢索日期：2021 年 6 月 25 日）。

朱重聖，2013/12。〈永續經國 – 蔣故總統經國先生百年誕辰紀念特展〉，《歷史館刊》，第 23 期。參見 https://www.yatsen.gov.tw/information_155_94005.html（瀏覽日期：2020 年 10 月 5 日）

呂炯昌，2019/09/11。〈國防報告書為蔡英文政績宣傳？國防部強調：嚴守行政中立〉，《NOWnews 今日新聞》。參見 https://www.nownews.com/news/362457（檢索日期：2021 年 6 月 25 日）。

李吉安，2021/07/06。〈回首風雲際，再寫新榮光〉，《全球粥會網》。參見 http://www. qqzh.org/ view/16426（檢索日期：2021 年 7 月 7 日）。

周志宏，2009/09/24。〈中國青年救國團〉，《臺灣大百科全書》。參見 http://nrch. culture.tw/twpedia.aspx?id=3946（檢索日期：2021 年 6 月 20 日）。

周志宏。〈軍訓教育〉，《臺灣大百科全書》。參見 http://nrch.culture.tw/twpedia. aspx?id=3949（檢索時間：2021 年 6 月 20 日）。

林弘展，2016/03/08。〈白色恐怖文獻案，揭發最神秘的「軍事東廠」〉，《TVBS 新聞網》。參見 https://news.tvbs.com.tw/ttalk/detail/life/3131（檢索日期：2021 年 4 月 7 日）。

林孝庭，2018/11/20。〈兩岸史話 – 蔣派王昇赴南越協助抗共〉，《中時新聞網》。參見 https://push.turnnewsapp.com/content/20181120000267-260306（瀏覽日期：2021 年 8 月 5 日）

林祖偉、李宗憲，2019/01/02。〈中美建交 40 年：臺灣如何在大國之間找出自己的路〉，《BBC 中文網》。參見 https://www.bbc.com/zhongwen/trad/world-46719017（瀏覽日期：

2020 年 10 月 5 日）

林銘翰，2019/09/11。〈蔡英文稱：國軍和國民黨在一起，國防部：國軍謹守分際〉，
《ETtoday 新聞雲》。參見 https://www.ettoday.net/news/20190611/1464713.htm（檢索
日期：2021 年 6 月 25 日）。

徐國棟、劉曉農，2007/12/25。〈三灣改編：軍魂建樹的開端〉，《中國共產黨新聞》。
參見 http://cpc.people.com.cn/BIG5/64162/64172/85037/85040/6696159.html（檢索日期：
2021 年 6 月 25 日）。

高靖，2018/05/20。〈高靖觀點：蔣經國推動政戰制度引發國府內部政爭〉，《風傳媒》。
參見 https://www.storm.mg/article/438678?page=1（瀏覽日期：2021 年 5 月 5 日）

陳禹瑄，2021/02/04。〈中華民國政戰制度的過往與今日〉，《中華振興同心會》。參
見 http://city.udn.com/50257/7106035#ixzz6tz6xPjZj（瀏覽日期：2021 年 5 月 5 日）

程富陽，〈一場中美「火光四射」會議背後的意涵〉，《中國評論通訊社》。參見 http://
hk.crntt.com/crn-webapp/touch/detail.jsp?coluid=7&kindid=0&docid=106041175（檢索日
期：2021 年 3 月 25 日）。

程富陽，2021/03 /31。〈兩岸是春暖花開？還是東風惡？〉，《中國評論中訊社》。參
見 http://hk.crntt.com/crn-webapp/touch/detail.jsp?coluid=7&kindid=0&docid=106046121
（檢索日期：2021 年 4 月 9 日）。

國防部後備指揮部，2021/06/15。〈關於後備，組織遞嬗〉，《國防部後備指揮部》。參
見 https://afrc.mnd.gov.tw/AFRCWeb/Unit.aspx?MenuID=2&MP=2（檢索時間：2021 年
6 月 20 日）。

黃宗鼎，2016/04/08。〈學校不教的歷史－軍援的故事〉，《獨立評論＠天下》。參見
https://opinion.cw.com.tw/blog/profile/353/article/4108（瀏覽日期：2021 年 5 月 5 日）

楊秀菁。〈臺灣警備總司令部〉，《臺灣大百科全書》。參見 http://nrch.culture.tw/
twpedia.aspx?id=3869（檢索時間：2021 年 6 月 20 日）。

葉素萍，2016/04/14。〈蔡英文：善盡職責，為國軍團結榮譽而戰〉，《中央通訊社》。
參見 https:// www.cna.com.tw/news/firstnews/201604140531.aspx（檢索日期：2021 年 6
月 25 日）。

劉榮、丁國鈞，2018/10/23。〈「截獲假訊息戰情報」假新聞 6 大手法公開 瞎掰
太平島、佳山基地租美軍〉，《鏡週刊》。參見 https://www.mirrormedia.mg/
story/20181023inv019/（檢索日期：2021 年 4 月 7 日）。

薛化元，2009/09/24。〈國會全面改選〉，《文化部臺灣大百科全書》。參見 http://nrch.
culture.tw/twpedia.aspx?id=3897（檢索日期：2021 年 6 月 14 日）。

薛化元，2009/09/24。〈總統直選〉，《文化部臺灣大百科全書》。參見 http://nrch.
culture.tw/twpedia.aspx?id=3895（檢索日期：2021 年 6 月 14 日）。

顏曉峰。〈堅定制度自信，深刻認識制度優勢是國家最大的優勢〉，《人民網》。參見
http://theory.people.com.cn/BIG5/n1/2020/0824/c40531-31833585.html（檢索日期：2021

年 3 月 28 日）。

羅添斌，2020/05/12。〈情報機關擴編！軍安總隊增設機動 6 組防廠商洩密〉《自由時報》。
參見 https://news.ltn.com.tw/news/politics/breakingnews/3162667（檢索日期：2021 年 5
月 20 日）

二、外文文獻

（一）官方文件、出版品

Headquarters, 2012. Department of the Army, *Special Operations, Army Doctrine Reference Publication, No. 3-05*. Washington, D.C.: Department of the Army.

United States Department of State, 1956/08/01. "Document 198: Memorandum of a Conversation, Presidential Residence, Yang Ming Shan, Taiwan." in John P. Glennon ed., *Foreign Relations of the United States 1955~57*, Volume III, pp.411~415.

United States Department of State, 1962/06/18. Document 119: Memorandum from the Director of the Bureau of Intelligence and Research（Hilsman）to Secretary of State Rusk." in GlennW.LaFantasieed., *ForeignRelationsoftheUnitedStates, 1961~1963,Northeast Asia*, Volume XXII. pp. 247~249.

（二）專書、專書論文

2008. *The Effectiveness of Foreign Military Assets in Natural Disaster Response*. Solna, Sweden: Stockholm International Peace Research Institute.

Andrews, Molly, 2003. *Shaping History: Narratives of Political Change*. Boulder. CO: Rowman & Littlefield.

Cardinal, Juan Pablo, Jacek Kucharczyk, Grigorij Mesaznikov, and Gabriela Pleschova, 2017. *Sharp Power: Rising Authoritarian Influence*. Washington D.C: National Endowment for Democracy, International Democracy Studies.

Clausewitz, Carl von, edited and translated by Michael Howard and Peter Paret, 1984. *On War*. New Jersey: Princeton University Press.

Codevilla, Angelo, 2008. "Political Warfare: A Set of Means for Achieving Political Ends," in J. Michael Waller ed., *Strategic Influence: Public Diplomacy, Counterpropaganda, and Political Warfare*. Washington, D.C.: The Institute of World Politics Press.

Dickson, B. J., 1996. "The Kuomintang before Democratization: Organizational Change and the Role of Elections," in H.-M. Teine ed., *Taiwan's Electoral Politics and Democratic Transition: Riding the Third Wave*. Armonk, NY: M.E. Sharpe.

Echevarria II, Antulio J., 2004. *Toward an American Way of War*. Carlisle: US Army War College, Strategic Studies Institute.

Garfield, Andrew, 2008. "Recovering the Lost Art of Counterpropaganda: An Assessment of the War of Ideas in Iraq," in J. Michael Waller ed., *Strategic Influence: Public Diplomacy, Counterpropaganda, and Political Warfare*. Washington, D.C.: The Institute of World Politics Press.

Hardin, Russell, 1995. *One for All*. Princeton, New Jersey, Princeton University Press.

Haung, T. F., 1996. "Elections and the Evolution of Kuomintang," in H. M. Teine ed., *Taiwan's Electoral politics and Democratic Transition: Riding the Third Wave*. Armonk, NY: M. E. Sharpe.

Huntington, Samuel P. 1991. *The Third Wave: Democratization in the Late Twentieth Century*. Norman: University of Oklahoma Press.

Kennedy, John F. (John Fitzgerald), 1962. *Public Paper of the President of the United States, 1962: The President's News Conference of June 27, 1962*. Washington D.C.: United States Government Printing Office.

Lord, Carnes, 1989. "The Psychological Dimension in National Strategy," in Carnes Lord, Frank R. Barnett, *Political Warfare and Psychological Operations: Rethinking the US Approach*. Washington, DC: National Defense University.

Lumley, F., 1979. *The Republic of China under Chiang Kai-Shek: Taiwan Today*. London: Barrie & Jenkins.

Smith, Paul A. Jr., 1989. *On Political War*. Washington D. C.: National Defense University Press.

Robinson, Linda, et al., 2018. *Modern Political Warfare: Current Practices and Possible Responses*. Santa Monica, California: RAND Corporation.

Walter S. Poole, 1998. *The Joint Chiefs of Staff and National Policy 1950 ~1952*. Washington, DC, : Office of Joint History, Office of the Chairman of the Joint Chiefs of Staff.

Wells II, Linton, Larry Wentz, and Walker Hardy, 2008. "Linking U.S. Capacity to Local Actors," in Hans Binnendijk, Patrick M. Cronin eds., *Civilian Surge: Key to Complex Operations*. Washington, DC: The National Defense University.

Wendt, Alexander, 1999. *Social Theory of International Politics*. Cambridge, Cambridge University Press.

Wiharta, Sharon, et al., 2003. *Future War/Future Battle Space: The Strategic Role of American Landpower*. Carlisle: US Army War College, Strategic Studies Institute.

Wilbur, C. Martin, 1984. *The Nationalist Revolution in China,1923-1928*. Cambridge University Press.

（三）期刊論文

Bass, Carla D., 1999. "Building Castles on Sand: Underestimating the Tide of Information Operations." *Airpower Journal*, 13(2): 27-45.

Christian, Patrick James, 2006. "Meeting the Irregular Warfare Challenge: Developing an Interdisciplinary Approach to Asymmetrical Warfare." *Small Wars Journal*, 5: 51-52.

Dunlap, Charles J.,2006. "Neo-Strategicon: Modernized Principles of War for the 21st Century." *Military Review*, 86(2): 42-48.

Forum Staff, 2011. "Coordinating Disaster Relief: Exercise in Indonesia Leads the Way." *Asia Pacific Defense Forum*, 36(3): 18.

Gray, Colin S., 2005. "How Has War Changed since the End of Cold War?." *Parameters*, 35(1): 14-26.

Joseph S. Nye, Jr., "Soft Power." *Foreign Policy*, No. 80 (1990), pp. 155-165.

Kilcullen, David J., 2007. "New Paradigms for 21st-Century Conflict." *E-Journal USA, Foreign Policy Agenda* (Bureau of International Information Programs, U.S. Department of State), 12(5): 39-40.

Madiwale, Ajay, Kudrat Virk, 2011. "Civil–military Relations in Natural Disasters: A Case Study of the 2010 Pakistan Floods." *International Review of the Red Cross*, 93(884): 1085-1105.

Mistry, Kaeten, 2006. "The Case for Political Warfare: Strategy, Organization and US Involvement in the 1948 Italian Election." *Cold War History*, 6(3): 301-329.

Payne, Kenneth, 2008. "Waging Communication War." *Parameters*, 38(2): 37-51.

Pee, Robert, 2008. "Political Warfare Old and New: The State and Private Groups in the Formation of the National Endowment for Democracy." *49th Parallel*, 22: 22-36.

Porter, Patrick, 2007. "Good Anthropology, Bad History: The Cultural Turn in Studying War." *Parameters*, 37(2): 45-58.

Record, Jeffrey, 2005. "Why the Strong Lose." *Parameters*, 35(4): 16-31.

Sargent, Ron, 2005. "Strategic Scouts for Strategic Corporals." *Military Review*, 88(3): 12-17.

Walker, Christopher, Jessica Ludwig, 2017/11/16. "The Meaning of Sharp Power." *Foreign Affairs*, pp.1-6.

（四）研討會論文

Yoshizaki, Tomonori, 2012. "The Military's Role in Disaster Relief Operations: A Japanese Perspective," in *NIDS International Symposium on Security Affairs 2011–The Role of the Military in Disaster Relief Operations*. Tokyo: The National Institute for Defense Studies.

（五）網路資料

"About USSOCOM." *U.S. Special Operations Command*. At http://www.socom.mil/Pages/AboutUSSOCOM.aspx（Accessed 2013/12/23）

"China Mutual Defense (1954)." *American Institute in Taiwan*. At https://web-archive-2017.ait.org.tw/en/sino-us-mutual-defense-treaty-1954.html（Accessed 2020/10/05）

"U.S. Unsettled by China's 'Three Warfares' Strategy: Pentagon Report." *Small Wars Journal*. At https://smallwarsjournal.com/blog/us-unsettled-by-chinas-three-warfares-strategy-pentagon-report（Accessed 2021/03/22）

2017/12. "Sharp Power: Rising Authoritarian Influence." *The National Endowment for Democracy*. At https://www.ned.org/wp-content/uploads/2017/12/Sharp-Power-Rising-Authoritarian-Influence-Full-Report.pdf（Accessed 2021/03/08）

2017/12/14. "How China's Sharp Power is Muting Criticism Abroad." *The Economist*. At https://www.economist.com/briefing/2017/12/14/how-chinas-sharp-power-is-muting-criticism-abroad（Accessed 2021/04/27）

2019/05/02. "Military and Security Developments Involving the People's Republic of China 2019." *Department of Defense*. At. https://media.defense.gov/2019/May/02/2002127082/-1/-1/1/2019_CHINA_MILITARY_POWER_REPORT.pdf（Accessed 2021/04/09）

2020/09/01. "Military and Security Developments Involving the People's Republic of China 2020." *Department of Defense*. At https://media.defense.gov/2020/Sep/01/2002488689/-1/-1/1/2020-DOD-CHINA-MILITARY-POWER-REPORT-FINAL.PDF（Accessed 2021/04/02）

2020/10/06. "Unfavorable Views of China Reach Historic Highs in Many Countries." *Pew Research Center*. At https://www.pewresearch.org/global/2020/10/06/unfavorable-views-of-china-reach-historic-highs-in-many-countries/ (Accessed 2021/04/07)

2020/12. "China's Disinformation Strategy: Its Dimensions and Future." *Atlantic Council*. At https://www.atlanticcouncil.org/wp-content/uploads/2020/12/CHINA-ASI-Report-FINAL-1.pdf（Accessed 2021/04/07）

2021/01/27. "Protecting Democracy in an Age of Disinformation: Lessons from Taiwan." *Center for Strategic and International Studies*. At https://www.csis.org/analysis/protecting-democracy-age-disinformation-lessons-taiwan（Accessed 2021/04/27）

2021/03/04. "Most Americans Support Tough Stance Toward China on Human Rights, Economic Issues." *Pew Research Center*. At https://www.pewresearch.org/global/2021/03/04/most-americans-support-tough-stance-toward-china-on-human-rights-economic-issues/Accessed 2021/04/09）

Boot, Max, Jeane J. Kirkpatrick, Michael Doran, Roger Hertog, 2013. "Political Warfare." *Policy Innovation Memorandum* (Council on Foreign Relations), No. 33. At http://www.cfr.org/wars-and-warfare/political-warfare/p30894（Accessed 2013/08/05）

Cohen, Ariel, 2003/03/12. "War of Ideas: The Old-New Battlefield." *National Review Online*. At http://www.nationalreview.com/articles/206138/war-ideas/ariel-cohen （Accessed 2020/12/16）

Drumsta, Raymond, 2013/06/10. "Disaster Relief Exercise Builds Relationships in Asia-Pacific Region." At http://www.pacom.mil/media/news /2013/06/10-DR_exercise-buildsrelationships-asia-pacific-region.shtml（Accessed 2020/07/20）

Elhefnawy, Nader, 2007. "Book Review: The Utility of Force: The Art of War in the Modern World by General Rupert Smith," *Strategic Insights*, 6(4). At http://www.ccc.nps.navy.mil/si/2007/Jun/elhefnawyJun07.pdf (Accessed 2007/7/20）

Friberg, John, 2016/07/02. "Political Warfare–Defining the Contemporary Operating Environment." *SOFREP News*. At https://sofrep.com/58070/political-warfare/（Accessed 2020/08/25）

Gaffney, Frank Jr., 1988/01/01. "Political Warfare." *Center for Security Policy*. At http://www.centerforsecuritypolicy.org/1988/01/01/political-warfare-2/（Accessed 2020/08/05）

Jones, Seth G., 2018/02/02. "The Return of Political Warfare." *Center for Strategic and International Studies*. At https://www.csis.org/analysis/return-political-warfare（Accessed 10/02/2021）

Kiran, Afifa, 2016. "Strategic Communication in 21st Century: Understanding New Evolving Concept and Its Relevance for Pakistan." *ISSRA Papers*. At http://www.ndu.edu.pk/issra/issra_pub/articles/issra-paper/ISSRA_Papers_Vol8_IssueI_2016/02_RA_kiren.pdf（Accessed 2021/05/05）

Lajeunesse, Gabriel C., 2008/10/14. "Winning the War of Ideas." *Small Wars Journal*. At http://smallwarsjournal.com/jrnl/art/winning-the-war-of-ideas（Accessed 2020/12/16）

Maxwell, David S., 2013/10/31. "Thoughts on the Future of Special Operations." *Small Wars Journal*. At http://smallwarsjournal.com/jrnl/art/thoughts-on-the-future-of-special-operations（Accessed 2020/12/17）

Morgan, John G., Anthony D. Mclvor, 2003/10. "Rethinking the Principles of War." *Proceedings*. At https://www.usni.org/magazines/proceedings/2003/october/rethinking-principles-war（Accessed 2021/05/05）

Noonan, Michael P., 2013/08/16. "Re-Inventing Political Warfare." *U.S. News*. At http://www.usnews.com/opinion/blogs/world-report/2013/08/16/political-warfare-in-a-time-of-defense-cuts（Accessed 2020/08/05）

Pronk, Danny, 2018-2019. "The Return of Political Warfare." *Strategic Monitor*（The Hague Centre for Strategic Studies）. At https://www.clingendael.org/pub/2018/strategic-monitor-2018-2019/the-return-of-political-warfare/（Accessed 10/02/2021）

Scales Jr., Robert H., 2004. "Culture-Centric Warfare," *Proceedings*, Vol. 130. At http://www.usni.org/Proceedings/Articles04/PRO10scales.htm.（Accessed 2021/4/20）

歷史與現場312

政戰風雲路：歷史 傳承 變革

作者	復興崗文教基金會
圖表提供	復興崗文教基金會
主編	王漢國
編撰	王漢國、陳東波、柴漢熙、程富陽、謝奕旭、王先正、祁志榮
編輯	謝翠鈺
特約校對	鄺台英
企劃主任	賴彥綾
封面設計	頑石文創－程湘如
美術編輯	趙小芳

董事長	趙政岷
出版者	時報文化出版企業股份有限公司
	108019 台北市和平西路三段二四〇號七樓
	發行專線｜(〇二)二三〇六六八四二
	讀者服務專線｜〇八〇〇二三一七〇五｜(〇二)二三〇四七一〇三
	讀者服務傳真｜(〇二)二三〇四六八五八
	郵撥｜一九三四四七二四時報文化出版公司
	信箱｜一〇八九九　臺北華江橋郵局第九九信箱
時報悅讀網	http://www.readingtimes.com.tw
法律顧問	理律法律事務所｜陳長文律師、李念祖律師
印刷	勁達印刷有限公司
初版一刷	二〇二一年十二月三十一日
定價	新台幣五〇〇元

（缺頁或破損的書，請寄回更換）

政戰風雲路：歷史 傳承 變革 / 王漢國, 陳東波, 柴漢熙, 程富陽,
謝奕旭, 王先正, 祁志榮編撰. -- 初版. -- 臺北市：時報文化, 2021.12
　面；　公分. -- (歷史與現場；312)
ISBN 978-957-13-9825-9(平裝)

1.政治作戰　2.政戰制度

591.74　　　　　　　　　　　　　　　　　　110020846

ISBN 978-957-13-9825-9
Printed in Taiwan